计算机基础课程系列教材

Visual Basic.NET
程序设计教程

邱李华 曹青 郭志强 编著

U0339154

机械工业出版社
China Machine Press

图书在版编目（CIP）数据

Visual Basic.NET 程序设计教程 / 邱李华，曹青，郭志强编著 . —北京：机械工业出版社，2014.1（2018.6 重印）

（计算机基础课程系列教材）

ISBN 978-7-111-45092-4

Ⅰ. V… Ⅱ.①邱… ②曹… ③郭… Ⅲ. BASIC 语言—程序设计—高等学校—教材 Ⅳ. TP312

中国版本图书馆 CIP 数据核字（2013）第 292178 号

本书以 Visual Basic 2010 为语言背景，结合大量的实例，深入浅出地介绍了 Visual Studio 2010 集成开发环境、程序设计的基本概念和基础知识、结构化程序的三种基本结构、数组、过程、面向对象程序设计基础、Visual Basic 2010 常用控件、界面设计、图形设计、文件和数据库基础。

本书概念叙述严谨、清晰，内容循序渐进、深入浅出，示例丰富，实用性强，包含大量常见算法，并配有大量的上机练习题，在注重程序设计基本概念和基础知识介绍的同时，重在强调程序设计能力的培养，配套的习题集提供了大量的多种题型的练习题并附有参考答案。

本书可作为高等学校或培训机构计算机程序设计基础课程的教材，也可作为初学 Visual Basic.NET 程序设计语言的读者的自学用书或参考用书。

机械工业出版社（北京市西城区百万庄大街 22 号 邮政编码 100037）

责任编辑：朱秀英

三河市宏图印务有限公司印刷

2018 年 6 月第 1 版第 3 次印刷

185mm × 260mm · 20.5 印张

标准书号：ISBN 978-7-111-45092-4

定 价：39.00 元

前　　言

Visual Basic.NET（本书简称 VB.NET）是 Microsoft 公司推出的新一代程序设计语言，是 Microsoft 公司的 Visual Studio.NET 系列产品的一个重要组成部分，它继承了早期 Visual Basic 语言语法简单、易学易用，且功能强大的优点，并对其进行了重大升级，引入了面向对象程序设计方法，功能更加强大、编程效率更高，自发布以来一直深受广大编程人员的喜爱。使用 Visual Basic.NET 可以在微软的 .NET 平台上建构各种应用程序，是真正专业化的、面向对象的软件开发工具。

本教材以 Visual Studio 2010 版本和 Windows 7 运行环境为平台，介绍程序设计语言 Visual Basic.NET 的使用。编写本套教材的作者都是教学一线的教师，长期讲授 Visual Basic 程序设计语言，在教学实践中积累了丰富的经验，此前编写的多部 Visual Basic 程序设计语言相关教材及习题集、实验指导等，深受读者的欢迎并被许多高校采纳作为教学用书。

本教材面向初学程序设计语言的读者编写，在编写过程中充分考虑了程序设计语言初学者的特点，注重程序设计基本概念的介绍和基本技能的训练。Visual Basic.NET 功能强大，涉及内容广泛、繁多，但由于篇幅所限，本教材不可能全部涵盖。教材在内容的选择上充分考虑到了 Visual Basic.NET 的系统性、完整性和自包含性，涵盖了应用程序设计的主要知识环节，在内容的介绍上做到了深入浅出、循序渐进。书中引入了大量的示例，示例包含了各种典型算法、结合实际，有利于对概念的理解和掌握，各章之后精心设计了上机练习题，上机练习题题量大、结合实际并具有一定的趣味性，便于教师开展实践教学，有利于培养学生的学习兴趣、加深对理论知识的理解。

与本教材配套出版的习题集提供了大量的多种题型的练习题，练习题紧密结合教材的知识点精心设计，并配有参考答案，非常有利于读者对教材所涉知识的掌握和巩固。

全书共分为 14 章，可以划分为以下 5 个部分：

第 1 部分由第 1 ～ 3 章构成，主要介绍 Visual Studio 2010 的安装、启动和集成开发环境的使用，程序设计语言的基本概念，以及编写代码的基础知识。

第 2 部分由第 4 ～ 8 章构成，主要介绍程序的基本结构和程序设计的基本方法，包括程序的三种基本结构以及数组、过程等，并结合示例引入了大量的典型算法。

第 3 部分由第 9 章构成，该章简明扼要地介绍了面向对象程序设计的概念及设计和使用对象的基本方法。

第 4 部分由第 10 ～ 13 章构成，介绍了 Visual Basic.NET 的进一步应用，包括常用控件的使用，菜单、工具栏、状态栏、对话框的设计，文件、图像的概念及应用。

第 5 部分由第 14 章构成，简单介绍了 Visual Basic.NET 如何通过 ADO.NET 实现对数据库的访问和操作。

本书约定：书中使用符号"|"来分隔多级菜单操作。例如，使用"格式"菜单下的"对齐"子菜单下的"左对齐"命令，在书中描述为：使用"格式 | 对齐 | 左对齐"命令。

为满足广大教师的教学需要，本书免费向教师提供配套的电子教案、教材中的所有示例源程序、教材各章之后的上机练习题参考答案，需要的教师可以登录华章网站 www.hzbook.com 下载。

由于编者水平有限，书中难免存在不足或疏漏之处，恳请读者批评指正，帮助我们不断改进和完善。

编者
2013.11

教 学 建 议

这里给出总学时数为 96 学时（48 学时讲课 +48 学时上机）的课程安排建议，教师可根据本校的实际教学大纲要求和学生的基础及后续课程的安排等进行相应的调整。

内　容	讲　授	上　机	小　计
第 1 章　Visual Basic.NET 概述	2	2	4
第 2 章　Visual Basic.NET 编程基础	4	4	8
第 3 章　Visual Basic.NET 代码基础	4	4	8
第 4 章　顺序结构程序设计	3	3	6
第 5 章　选择结构程序设计	3	3	6
第 6 章　循环结构程序设计	4	4	8
第 7 章　数组	4	4	8
第 8 章　过程	4	4	8
第 9 章　面向对象程序设计	4	4	8
第 10 章　Visual Basic.NET 常用控件	2	2	4
第 11 章　界面设计	2	2	4
第 12 章　图形设计	4	4	8
第 13 章　文件	4	4	8
第 14 章　数据库	4	4	8
总计	48	48	96

目　录

第1章　Visual Basic.NET 概述

1.1　程序设计语言与程序设计

要使计算机能够按人的要求完成一系列的操作，就要求计算机能够理解并执行人们给出的各种命令，因此就需要在人和计算机之间制定一种二者都能识别的特定的语言，这种特定的语言就是程序设计语言。使用程序设计语言编写的用来使计算机完成一定任务的一系列命令的集合构成程序，编写程序的工作则称为程序设计。VB.NET 是一种程序设计语言，本书将介绍 VB.NET 程序设计语言的基础知识以及如何使用 VB.NET 进行简单的程序设计。

1.1.1　程序设计语言

可以从不同的角度对程序设计语言进行分类。例如，从应用范围来分，可以分为通用语言与专用语言；从程序设计方法来分，可以分为面向过程与面向对象语言；从程序设计语言与计算机硬件的联系程度分，可以分为机器语言、汇编语言和高级语言，其中，机器语言、汇编语言依赖于计算机硬件，常统称为低级语言，而高级语言与计算机硬件基本无关，因此，可以说程序设计语言经历了由低级向高级发展的过程。

目前已经出现了许许多多的高级程序设计语言。例如，早期出现的 BASIC、Quick BASIC、Pascal、FORTRAN、COBOL、C 等，适用于 DOS 环境的编程，采用的是面向过程的程序设计方法，而较新出现的 Visual Basic、Visual C++ 、Delphi、Java 等，适用于 Windows 环境的编程，采用的是面向对象的程序设计方法。面向过程的语言致力于用计算机能够理解的逻辑来描述需要解决的问题和解决问题的具体方法和步骤；面向对象的语言站在更高、更抽象的层次上来解决问题，将客观事物抽象为一系列的对象，程序的执行是靠在对象之间传递消息来完成的。面向对象的语言通过继承与多态可以很方便地实现代码的重用，已经成为当前流行的一类程序设计语言。VB.NET 是一种面向对象的高级程序设计语言。

在所有的程序设计语言中，除了用机器语言编写的源程序可以在计算机上直接执行外，用其他语言编写的源程序都需要使用相应的翻译工具对其进行翻译，才能被计算机所理解并执行，这种语言翻译工具称为语言处理程序或翻译程序，用不同的程序设计语言编写出来的源程序，需要使用不同的语言处理程序。通过语言处理程序翻译后的目标代码称为目标程序。

对高级语言源程序进行翻译可以有两种方式：解释方式和编译方式，相应的翻译工具分别称为解释程序和编译程序。在解释方式下，解释程序对高级语言源程序进行逐句分析，如果没有错误，则将该语句翻译成相应的机器指令并立即执行，如果发现有错误，则立即停止执行。解释方式不生成可执行程序，其工作过程如图 1-1 所示。

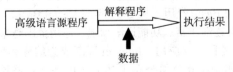

图 1-1　解释方式的工作过程

在编译方式下，编译程序对整个源程序进行编译处理，产生等价的目标程序。通常在目标程序中还可能调用一些其他语言编写的程序和标准程序库中的标准子程序，因此需要使用连接程序将目标程序和有关的其他程序库组合成一个完整的可执行程序，产生的可执行程序可以脱离源程序和语言处理程序独立存在，且可以重复运行。编译方式的工作过程如图 1-2 所示。

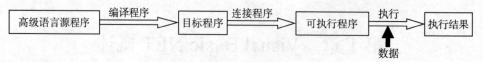

图 1-2　编译方式的工作过程

1.1.2　程序设计

程序设计就是使用某种程序设计语言编写一些代码来驱动计算机完成特定功能的过程。要完成程序设计，除了要学习某种程序设计语言外，还要掌握用计算机解题的方法和步骤，也就是算法。

随着计算机应用领域的扩大，编制的程序规模会有很大的差距，对于大型的程序，编制程序是一个复杂而庞大的工程，需要遵循一定的规范、按一定的步骤进行。程序设计的基本过程一般包括：分析所求解的问题、抽象数学模型、设计合适的算法、编写程序（编写代码）、调试运行直至得到正确结果、编写程序文档等阶段。

1.2　Visual Basic.NET 语言简介

VB.NET（全称为 Visual Basic.NET，本书简称为 VB.NET）是 Microsoft 公司推出的新一代可视化的面向对象的程序设计语言，其中，Basic 表示以结构化 BASIC 语言为基础；Visual 指开发图形用户界面的方法，即"可视化"设计方法；.NET 指基于 .NET 框架。

Basic 语言是 20 世纪 60 年代由美国 Dartmouth 学院的 J.Kemeny 和 T.Kurtz 两位教授共同设计的计算机程序设计语言，其含义是"初学者通用符号指令代码"（beginners all - purpose symbolic instruction code）。它仅由十几条语句组成，运行于 DOS 环境下，简单易学，很快得到了广大编程人员的喜爱。经过多年的发展，Microsoft 公司相继推出了 True Basic、Quick Basic、Turbo Basic 等多个 DOS 环境下的 Basic 语言版本。

1988 年，Microsoft 公司推出了 Windows 操作系统，以其为代表的图形用户界面 (Graphic User Interface，GUI) 在微型计算机上引发了一场革命。在图形用户界面中，用户只需通过鼠标的单击和拖动来形象地完成各种操作，不必键入复杂的命令，深受用户的欢迎。但是对于程序员来说，用传统的编程语言来开发一个基于 GUI 的应用程序，其工作量非常浩大。可视化程序设计语言正是在这种背景下应运而生的。可视化程序设计语言除了提供常规的编程功能外，还提供了一套可视化的设计工具，非常便于程序员建立图形用户界面。

1991 年，Microsoft 公司推出了 Visual Basic 程序设计语言。Visual Basic 是以结构化 BASIC 语言为基础，以事件驱动作为运行机制的新一代可视化程序设计语言。其中，Visual 指的是开发图形用户界面的方法，使用 Visual Basic 设计界面时，不需要编写大量的代码去描述界面元素的外观和位置，而只要把预先建立的对象"画"到屏幕上即可。Visual Basic 是计算机技术发展史上应用最为广泛的程序设计语言之一，它的诞生标志着软件设计和开发的一个新时代的开始。在以后的十多年时间里，Visual Basic 经历了从 1991 年的 Visual Basic 1.0 至 1998 年的 Visual Basic 6.0 的多次版本升级，其控件逐渐丰富、功能逐渐增强、应用范围越来越广泛。

随着 Internet 技术的发展和广泛应用，Internet 逐渐成为编程领域的核心。为适应这种新局面的变化，2000 年 6 月，Microsoft 公司公布了其下一代基于互联网平台的软件开发构想——.NET，在 IT 界引起了广泛反响。.NET 是 Microsoft 公司为适应 Internet 发展的需要所提供的特别适合网络编程和网络服务的开发平台。在 .NET 环境下，程序设计人员不必担心程序设计语言之间的差异，不同语言开发出来的程序，彼此可以直接利用对方的源代码，一种语言与另一种语言之间还可以通过原始代码相互继承，这样，在程序设计过程中，设计人员可以根据功能需求的不同，随心所欲地选择不同的语言，大大提高了软件开发的效率。另外，在 .NET 环境下，因为采用了标准通信协议，所以可以实现应用程序在不同平台上的沟通。

2002 年 6 月，Microsoft 公司正式推出了 VB.NET，它不是一个独立的开发工具，而是与 Visual C++、Visual C#、Visual F# 等一起被集成在 Visual Studio .NET 中。Visual Studio .NET 是一套完整的开发工具，用于生成 ASP.NET Web 应用程序、XML Web services、桌面应用程序和移动应用程序。VB.NET、Visual C# 和 Visual C++ 等都使用相同的集成开发环境（Integrated Development Environment，IDE），这样就能够进行工具共享，并能够轻松地创建混合语言解决方案。Visual Studio .NET 基于 .NET 开发平台，依靠 Microsoft .NET Framework(.NET 框架) 的支持，是真正专业化的软件开发工具。

1.3 .NET Framework 概述

随着 Internet 的不断发展和广泛应用，未来将是以网络为中心的世界。面对这个正在来临的世界，Microsoft 公司在 2002 年正式发布了在技术上具有革命性意义的网络计算平台——Microsoft.NET Framework。.NET Framework 是一个集成在 Windows 中的组件，是构建以互联网为开发平台的基础工具。.NET Framework 旨在实现下列目标：

❑ 提供一个一致的面向对象的编程环境，而无论对象代码是在本地存储和执行，还是在本地执行但在 Internet 上分布，或者是在远程执行。

❑ 提供一个将软件部署和版本控制冲突最小化的代码执行环境。

❑ 提供一个可提高代码执行安全性的代码执行环境。

❑ 提供一个可消除脚本环境或解释环境的性能问题的代码执行环境。

❑ 使开发人员的经验在面对类型大不相同的应用程序（如基于 Windows 的应用程序和基于 Web 的应用程序）时保持一致。

❑ 按照工业标准生成所有通信，以确保基于 .NET Framework 的代码可与任何其他代码集成。

.NET Framework 具有两个主要组件：公共语言运行时（Common Language Runtime，CLR）和 .NET Framework 类库。

  1. 公共语言运行时

公共语言运行时（CLR）是 .NET Framework 的基础，它提供了程序代码可以跨平台运行的机制，是一个可由多种编程语言使用的运行环境。可以将 CLR 看做是一个在执行时管理代码的代理。CLR 管理内存、线程执行、代码执行、代码安全验证、编译以及其他系统服务，并保证应用程序和底层操作系统之间必要的分离。为了提高平台的可靠性，以及为了达到面向事务的电子商务应用所要求的稳定性级别，CLR 还要负责其他一些任务，比如监视程序的运行。CLR 将监视形形色色的常见编程错误，许多年来这些错误一直是软件故障的主要根源，其中包括访问数组元素越界、访问未分配的内存空间、由于数据体积过大而导致的内存溢出等。

使用基于 CLR 的语言编译器开发的代码称为托管代码，托管代码在 CLR 监视之下运行。托管代码具有许多优点，如跨语言集成、跨语言异常处理、增强的安全性等。有了 CLR，就可以很容易地在组件和应用程序中设计出能够跨语言交互的对象。也就是说，用不同语言编写的对象可以互相通信，并且它们的行为可以紧密集成。

不在 CLR 监视之下、直接在裸机上运行的程序称为非托管代码。.NET Framework 可由非托管组件承载，这些组件将 CLR 加载到它们的进程中并启动托管代码的执行，从而创建一个可以同时利用托管和非托管功能的软件环境。

要使 CLR 能够向托管代码提供服务，语言编译器必须生成一些元数据来描述代码中的类型、成员和引用。元数据与代码一起存储。

执行托管代码的过程包括下列 4 个步骤：

1）选择编译器。为获得 CLR 的优点，必须使用一个或多个针对 CLR 的语言编译器，如

Visual Basic、C#、Visual C++、F# 或其他第三方编译器中的一个。由于 CLR 是一个多语言执行环境，因此它支持各种数据类型和语言功能。所选择的语言编译器决定了可用的 CLR 功能，也决定了用户设计代码时可以使用的功能。如果希望所设计的组件完全能够被用其他语言编写的组件使用，则所设计的组件的导出类型必须是公共语言规范（Common Language Specification，CLS）中包括的语言功能。

2）将代码编译为 Microsoft 中间语言。当将代码编译为托管代码时，编译器将源代码翻译为 Microsoft 中间语言（Microsoft Intermediate Language，MSIL）并生成所需的元数据。MSIL 是一组可以有效地转换为本机代码且独立于 CPU 的指令。

3）将 MSIL 编译为本机代码。要使代码可以运行，还必须先将 MSIL 转换为特定于 CPU 的代码，.NET Framework 提供了以下两种方式来执行此类转换。

① .NET Framework 实时（Just In Time，JIT）编译器。由于 CLR 为它支持的每种计算机结构都提供了一种或多种 JIT 编译器，因此同一组 MSIL 可以在所支持的任何结构上实时编译和运行。但是，如果托管代码调用特定于平台的本机 API 或特定于平台的类库，则只能在该操作系统上运行。

② .NET Framework 本机映像生成器（Ngen.exe）。公共语言运行时支持一种提前编译模式。此提前编译模式使用 Ngen.exe（本机映像生成器）将 MSIL 程序集转换为本机代码，其作用与 JIT 编译器极为相似。但是，Ngen.exe 的操作与 JIT 编译器的操作有 3 点不同。

- ❑ 它在应用程序运行之前，而不是在应用程序运行过程中执行从 MSIL 到本机代码的转换。
- ❑ 它一次编译一整个程序集，而不是一次编译一个方法。
- ❑ 它将本机映像缓存中生成的代码以文件的形式持久保存在磁盘上。

在编译为本机代码的过程中，MSIL 代码必须通过验证过程，除非管理员已经建立了允许代码跳过验证的安全策略。验证过程检查 MSIL 和元数据，以确定代码是否是类型安全的，这意味着它仅访问已授权访问的内存位置。类型安全帮助将对象彼此隔离，因而可以保护它们免遭无意或恶意的破坏。它还提供了对代码安全限制的保证，使其能够可靠地执行。.NET 应用程序的编译过程如图 1-3 所示。

图 1-3　.NET 应用程序的编译过程

4）运行代码。在执行过程中，托管代码接收若干服务，这些服务涉及垃圾回收、安全性、与非托管代码的互操作性、跨语言调试支持、增强的部署，以及版本控制支持等。

2 ..NET Framework 类库

.NET Framework 的另一个主要组件是类库，它是一个与公共语言运行时紧密集成的可重用类型集合，该类库是面向对象的，可以使用它开发多种应用程序，包括传统的命令行或图形用户界面应用程序，以及基于 ASP.NET 所编写的最新应用程序。.NET Framework 类库以"命名空间"的方式来组织。关于命名空间的概念与使用将在后续章节介绍。

1.4　Visual Basic 2010 的安装

Visual Basic 2010 是 Visual Studio 2010 开发平台的一部分，它的安装和配置实质上包含在 Visual Studio 2010 的安装和配置中。Visual Studio 2010 有多种版本，不同的版本对安装环境的要求也有所不同。这里以 Visual Studio 2010 高级专业版为例，介绍其运行环境和安装方法。

1.4.1　运行环境

支持 Visual Studio 2010 高级专业版的操作系统可以是以下几种：

❑ Windows XP (x86) Service Pack 3。

❑ Windows Vista (x86 & x64) Service Pack 2。

❑ Windows 7 (x86 & x64)。

❑ Windows Server 2003 (x86 & x64) Service Pack2。

❑ Windows Server 2003 R2 (x86 & x64)。

❑ Windows Server 2008 (x86 & x64) Service Pack 2。

❑ Windows Server 2008 R2 (x64)。

硬件要求：

❑ 1.6GHz 或更快的处理器。

❑ 1GB(32Bit) 或 2GB(64Bit)RAM（如果在虚拟机上运行，则再添加 512MB）。

❑ 3GB 的可用硬盘空间。

❑ 5400RPM 硬盘驱动器。

❑ 以 1024×768 或更高显示分辨率运行且支持 DirectX 9 的视频卡。

❑ DVD-ROM 驱动器。

1.4.2　安装

Visual Basic 2010 的安装步骤如下：

1）将光盘放入光驱中，安装程序自动启动，显示如图 1-4 所示的安装程序界面。

图 1-4　"Microsoft Visual Studio 2010 安装程序"界面

2）单击"安装 Microsoft Visual Studio 2010"，显示如图 1-5 所示的"Microsoft Visual Studio 2010 高级专业版"安装向导界面。

3）在如图 1-5 所示的"Microsoft Visual Studio 2010 高级专业版"安装向导界面中，安装程序将加载相应的安装组件。加载组件后，向导显示如图 1-6 所示的"Microsoft Visual Studio 2010 高级专业版 安装程序 – 起始页"界面。

4）选择"我已阅读并接受许可条款"单选按钮后，单击"下一步"按钮，显示如图 1-7 所示的"Microsoft Visual Studio 2010 高级专业版 安装程序 – 选项页"界面。

5）选择"完全"单选按钮，将安装所有编程语言和工具；选择"自定义"单选按钮，可以在下一页中选择要安装的编程语言和工具；单击"浏览"按钮可以改变安装路径。这里选择"完全"安装，并使用默认的安装路径。单击"安装"按钮，显示如图 1-8 所示的"Microsoft Visual Studio 2010 高级专业版 安装程序 – 安装页"界面。

6）系统会在当前页上显示安装进度，当所有组件安装完成后，显示如图 1-9 所示的"Microsoft Visual Studio 2010 高级专业版 安装程序 – 完成页"界面。

图 1-5 "Microsoft Visual Studio 2010 高级专业版"安装向导界面

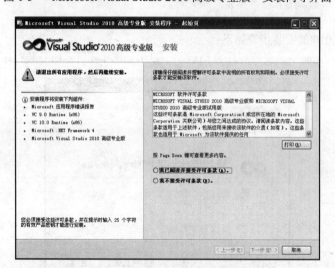

图 1-6 "Microsoft Visual Studio 2010 高级专业版 安装程序 – 起始页"界面

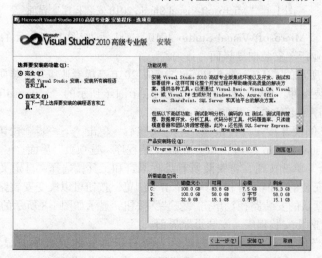

图 1-7 "Microsoft Visual Studio 2010 高级专业版 安装程序 – 选项页"界面

图 1-8 "Microsoft Visual Studio 2010 高级专业版 安装程序 – 安装页"界面

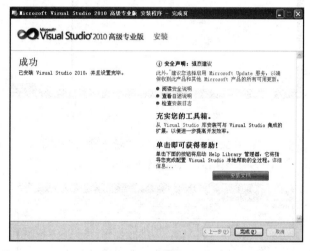

图 1-9 "Microsoft Visual Studio 2010 高级专业版 安装程序 – 完成页"界面

7）如果单击"完成"按钮，则完成 Visual Studio 2010 的安装，如果单击"安装文档"按钮，则可以进一步安装"Help Library 管理器"，配置 Visual Studio 本地帮助。

1.4.3 启动

由于 Visual Basic 2010 应用程序的开发是在 Visual Studio 2010 集成开发环境中完成的，因此启动 Visual Basic 2010，实质上是启动 Visual Studio 2010。与一般的 Windows 应用程序一样，可以使用"开始 | 所有程序 |Microsoft Visual Studio 2010|Microsoft Visual Studio 2010"命令启动 Visual Studio 2010 集成开发环境。

在首次启动时，系统显示如图 1-10 所示的"选择默认环境设置"对话框，从列表中选择"Visual Basic 开发设置"，然后单击"启动 Visual Studio"按钮，启动 Visual Studio 2010 集成开发环境。

图 1-10 "选择默认环境设置"对话框

1.5　Visual Basic 2010 的集成开发环境

启动 Visual Studio 2010 集成开发环境后，首先看到如图 1-11 所示的起始页，起始页分为 3 个主要部分：

❑ 命令部分：显示"新建项目"和"打开项目"命令以及最近使用的项目列表。

❑ 选项卡式内容区域：包括"入门"选项卡、"指南和资源"选项卡和"最新新闻"选项卡。

❑ 在页面底部的两个复选框：可以设置启动时是否显示起始页、项目加载后是否关闭起始页。

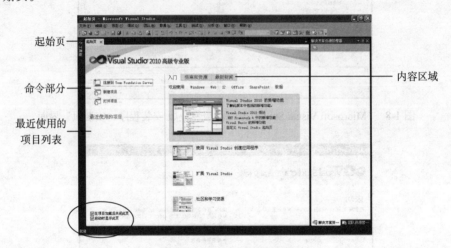

图 1-11　"起始页"选项卡

单击"新建项目"命令，打开如图 1-12 所示的"新建项目"对话框。"新建项目"对话框提供了一组与所要创建的应用程序类型相关的模板选项。

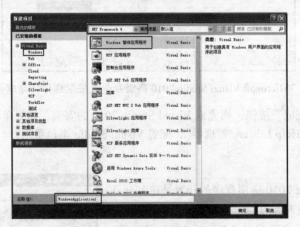

图 1-12　"新建项目"对话框

在"新建项目"对话框的项目类型下拉列表中默认选择".NET Framework 4"。在左侧窗格"已安装的模板"中，展开"Visual Basic"分支，选择"Windows"节点，在中间窗格选择"Windows 窗体应用程序"，在下面的"名称"文本框中输入要创建的项目名称，单击"确定"按钮，进入 Visual Studio 集成开发环境，并使用 Windows 应用程序模板创建一个新的 Windows 窗体应用程序项目，如图 1-13 所示。

Visual Studio 2010 的集成开发环境与 Windows 环境下的许多应用程序相似，同样具有标题栏、菜单栏、工具栏、快捷菜单，除此之外，还有工具箱、解决方案资源管理器窗口、属性窗口、Windows 窗体设计器窗口等，如图 1-13 所示。

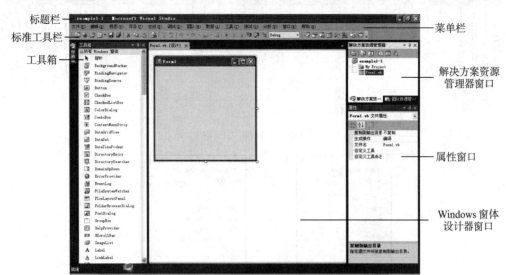

图 1-13　Visual Studio 集成开发环境

1．标题栏

启动 Visual Basic 2010 后，标题栏中显示的信息是"项目名称 - Microsoft Visual Studio"（"项目名称"为建立项目时输入的项目名称，如"example1-1"），表明当前的工作状态是处于"设计模式"。随着工作状态的不同，标题栏上的信息也随之改变。

Visual Basic 2010 有 3 种工作模式：设计模式、运行模式、调试模式。

1）设计模式：可以进行用户界面的设计和代码的编写。

2）运行模式：运行应用程序，此时不可以编辑代码，也不可以编辑界面。标题栏中显示的信息是"项目名称 (正在运行) - Microsoft Visual Studio"。

3）调试模式：应用程序运行暂时中断，此时可以编辑代码，但不可以编辑界面。标题栏中显示的信息是"项目名称 (正在调试) - Microsoft Visual Studio"。这时按 F5 键或单击工具栏上的"启动调试"按钮▶，程序将继续运行；单击工具栏上的"停止调试"按钮■，则结束程序的运行。

2．菜单栏

菜单栏提供了用于开发、调试和保存应用程序所需要的所有命令。通常菜单栏中有 14 个菜单项，即文件、编辑、视图、项目、生成、调试、团队、数据、格式、工具、测试、分析、窗口、帮助。随着工作状态的不同，菜单项的种类和数量会相应发生一些变化。

3．工具栏

工具栏提供了对常用命令的快速访问。单击工具栏上的按钮，即可执行该按钮所代表的操作。Visual Basic 2010 提供了 30 多类工具栏，并可以根据需要定义用户自己的工具栏。一般情况下，启动 Visual Basic 2010 之后显示如图 1-14 所示的"标准"工具栏。其他工具栏可以使用"视图 | 工具栏"子菜单中的命令打开或关闭。

4．工具箱

Windows 应用程序的界面常包含如文本框、列表框和按钮等元素，Visual Basic 2010 将这些元素及设计应用程序常用的一些部件作为控件放置在工具箱中，并将控件分为"所有 Windows 窗体"、"公共控件"、"容器"、"菜单和工具栏"、"数据"等多种类型组织到不同的选项卡中，如图 1-15a 所示，当选择不同的选项卡时，会显示出该类别中的所有控件，如图 1-15b 所示。

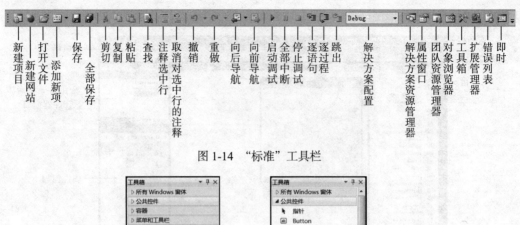

图 1-14 "标准"工具栏

a）控件分类选项卡　　　b）展开的"公共控件"选项卡

图 1-15 工具箱

工具箱标题栏右边的图钉按钮 ▭ 为"自动隐藏"按钮，所谓自动隐藏，即当窗口失去焦点时自动最小化显示，并将其图标隐藏到集成开发环境的边框上，以节省屏幕空间，当把鼠标移到最小化图标上时，又可以打开该窗口。当单击图钉按钮，图钉转变为垂直方向（ ▯ ）时，关闭自动隐藏功能，窗口一直保持打开状态显示在屏幕上。

如果关闭了工具箱，可以执行"视图 | 工具箱"命令或单击工具栏中的 ✕ 按钮将其打开。

5. 解决方案资源管理器窗口

为了有效地管理开发应用程序所需的项（如文件夹、文件、引用、数据连接等），Visual Studio 2010 提供了两类容器：解决方案和项目。使用解决方案资源管理器可以查看和管理解决方案和项目及其关联的项。

解决方案包含了开发一个应用程序的所有组成部分。一个解决方案可以只由一个项目组成，也可以由多个项目组成。解决方案所含有的项目可以用不同的语言开发。

项目通常包含代码模块和引用。代码模块可以是窗体、类、模块等；引用含有项目运行时所需要的程序集或组件。

一个解决方案由多种文件组成。在解决方案资源管理器窗口中，以树状结构的形式列出了当前解决方案中包括的所有文件，当一个解决方案包含多个项目时，在解决方案名后面的括号中会显示当前所含项目的数量。

以图 1-16 所示的解决方案为例，该解决方案的名称为 example1-1，含有两个项目，第 1 个项目的名称为 example1-1，含有 5 个成员。第 2 个项目的名称为 example1-1-1，含有两个成员。保存该解决方案时，将在磁盘上形成如图 1-17 所示的文件夹结构。一个解决方案对应磁盘上与其同名的文件夹，每个项目对应其中的一个子文件夹，子文件夹名与项目名称相同，分别为 example1-1、example1-1-1。

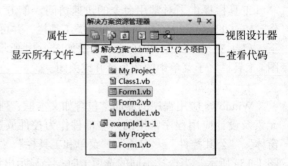

图 1-16 解决方案资源管理器窗口

VB.NET 中用户创建的常见的文件类型和扩展名如下：

1）解决方案文件（.sln 和 .suo）：VB.NET 将解决方案的定义存储在 .sln 和 .suo 两个文件中。.sln 文件存储定义解决方案的元数据，如解决方案中的项目组成，以及项目在磁盘上的存储位置等。.suo 文件用于存储与集成开发环境有关的一些信息，以便在解决方案资源管理器窗口进行显示和组织。

2）项目文件（.vbproj）：每个项目对应一个项目文件，用于存储该项目的信息（如组成该项目的所有文件）以及指定的配置和生成设置。打开图 1-17 中 example1-1 项目所对应的文件夹，显示如图 1-18 所示的项目成员。

3）代码模块文件（.vb）：在 VB.NET 中，所有包含程序代码的源文件均以 .vb 作为扩展名。在图 1-16 中，项目 example1-1 含有两个窗体 Form1、Form2，一个标准模块 Module1 和一个类模块 Class1。凡是写在窗体 Form1 中的程序代码将保存在 Form1.vb 文件中；写在标准模块 Module1 中的程序代码将保存在 Module1.vb 文件中；写在类模块 Class1 中的程序代码将保存在 Class1.vb 文件中，如图 1-18 所示。

图 1-17　解决方案与其相关项目对应的文件夹结构

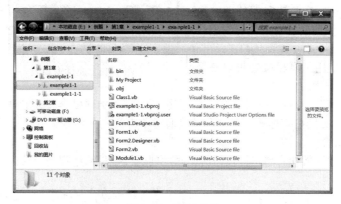

图 1-18　项目成员

各种文件的层次关系如图 1-19 所示。

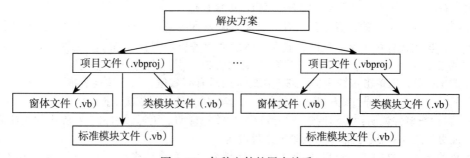

图 1-19　各种文件的层次关系

在解决方案资源管理器窗口有一个工具栏，其所显示的工具图标与当前所选中的条目有关。图1-16为选中窗体模块文件Form1.vb时的工具栏状态。主要按钮如下：

1）"查看代码"按钮：切换到代码编辑器窗口，该窗口用于显示和编辑代码。

2）"视图设计器"按钮：切换到Windows窗体设计器窗口，该窗口用于显示和设计用户界面。

3）"显示所有文件"按钮：显示当前解决方案中的所有文件夹和文件，包括隐藏文件。

4）"属性"按钮：在属性窗口中显示当前选择条目的属性。

在解决方案资源管理器窗口中以粗体字显示的项目为"启动项目"。启动项目就是当该程序执行时运行的项目。当一个解决方案中有多个项目时，默认情况下，最先加入的项目为启动项目。如果要设置某一个项目为启动项目，用鼠标右击该项目，在弹出的快捷菜单中执行"设为启动项目"命令即可，此时该项目名称以粗体显示。

如果关闭了解决方案资源管理器窗口，执行"视图 | 解决方案资源管理器"命令，或使用工具栏上的"解决方案资源管理器"按钮可以打开该窗口。

6. 属性窗口

在VB.NET中，每个对象都可以用一组属性来刻画其特征，如颜色、字体、大小等。在对象上面可以发生一些事件，如鼠标单击、双击、获得焦点等。使用属性窗口可以查看或更改选定对象的属性和事件，或查看、更改文件、项目和解决方案的属性。属性窗口结构如图1-20所示，由以下几部分组成。

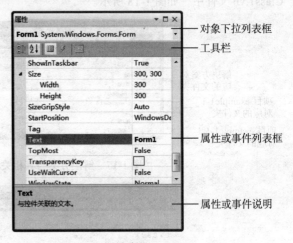

图 1-20 属性窗口

1）对象下拉列表框：显示当前选定对象的名称及其类型。单击其右端的下拉箭头，列出当前窗体及其所含有的所有对象的名称及其类型。

2）工具栏：使用工具栏按钮可以确定属性或事件的显示方式。

❑ "按分类顺序"按钮：单击该按钮时，属性列表按类别列出当前选定对象的所有设计时属性或事件，类别按字母顺序列出。可以通过单击类别名称旁边的小三角按钮对该类别进行展开或折叠。

❑ "按字母顺序"按钮：单击该按钮时，属性列表按字母顺序列出当前选定对象的所有设计时属性或事件。

❑ "属性"按钮：单击该按钮时，显示当前对象的所有设计时属性及其属性值。

❑ "事件"按钮：单击该按钮时，显示当前选定对象的事件，有关事件的概念将在第2章介绍。

3）属性或事件列表框：列出当前对象的属性或事件。如果列出的是属性，则列表中左边为属性名，右边为属性值，在设计模式下，可以改变属性值。

不同的属性有不同的设置方式。有的属性值需要直接输入，有的可以从列表或对话框中选择。例如，当用鼠标单击某属性时，其属性值的右边若显示浏览按钮，如图1-21a所示，则单击该按钮，将弹出一个对话框；当单击某属性时，其属性值的右边若显示下拉按钮，如图1-21b所示，则单击该按钮，将列出该属性的所有有效值，从下拉列表中可以选择属性值，也可以不单击该按钮，通过鼠标双击属性值，在多个属性值之间依次切换。

4）属性或事件说明：显示所选属性或事件的简短说明。可通过右击，在弹出的快捷菜单中选择"说明"命令来显示或隐藏"属性或事件说明"。

如果关闭了属性窗口，可以执行"视图 | 属性窗口"命令，或单击工具栏上的"属性窗口"

按钮，或按 F4 键打开属性窗口。

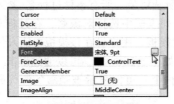
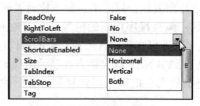

a）用浏览按钮设置属性　　　　　　　　　　b）用下拉列表设置属性

图 1-21　属性值的设置方式

7．Windows 窗体设计器窗口

Visual Studio 2010 提供了多种设计器，包括 Windows 窗体设计器、Web 窗体设计器、组件设计器、XML 设计器等，这里只介绍 Windows 窗体设计器。

窗口是用户与应用程序交互的界面，Windows 窗体设计器窗口是设计Windows 应用程序界面的场所。应用程序的窗口在设计期称为"窗体"，每个窗体都有自己的窗体设计器窗口。建立一个新的 Windows 窗体应用程序项目后，在窗体设计器窗口中可以看到系统自动建立的一个窗体，其默认名称为 Form1，如图 1-22 所示。

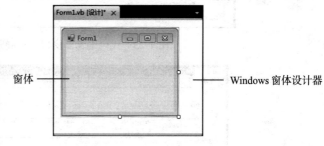

图 1-22　Windows 窗体设计器

窗体在设计期不能最大化、最小化或关闭，只能调整大小。

可以使用下列方法之一进入 Windows 窗体设计器窗口：

❑ 在集成开发环境的中央区域，单击选项卡中的"×××.vb[设计]"（其中"×××"为要打开的窗体名称，如 Form1.vb[设计]）。

❑ 在解决方案资源管理器窗口，双击要打开的窗体名称。

❑ 在解决方案资源管理器窗口，单击选中要打开的窗体名称，再单击解决方案资源管理器窗口中的"视图设计器"按钮 。

❑ 在解决方案资源管理器窗口，单击选中要打开的窗体名称，执行"视图 | 设计器"命令。

❑ 在解决方案资源管理器窗口，右击要打开的窗体名称，执行快捷菜单中的"视图设计器"命令。

8．代码编辑器窗口

代码编辑器窗口又称为代码编辑器、代码窗口，是显示和编辑程序代码的窗口。应用程序中的每个窗体、标准模块和类模块都有一个独立的代码编辑器窗口与之对应。可以通过下列方法之一进入代码窗口。

❑ 双击窗体的任何地方。

❑ 右击窗体，在弹出的快捷菜单中选择"查看代码"命令。

❑ 在解决方案资源管理器窗口中，选择一个窗体或模块，然后单击"查看代码"按钮 。

❑ 执行"视图 | 代码"命令。

❑ 在集成开发环境的中央区域，单击选项卡中的"×××.vb"（其中"×××"为模块名称，如 Form1.vb）。

❑ 选择窗体上的某个对象，单击属性窗口中的"事件"按钮，双击事件列表中的某个事件。

代码窗口如图 1-23 所示，主要包括以下几部分：

1）对象下拉列表框：列出了当前窗体及其所包含的所有对象名。

2）过程下拉列表框：列出了对象下拉列表框中所选对象的所有事件过程名。

3）代码区：编写程序代码的位置。在对象下拉列表框中选择对象名，在过程下拉列表框中选择事件过程名，即可在代码区形成对象的事件过程模板，用户可在该模板内输入代码。

默认情况下，VB.NET 以大纲方式显示源代码，如图 1-23 所示，可以通过单击"+"或"-"来展开或折叠源代码。把鼠标指针移到折叠后的方框上，可以显示被隐藏的源代码，如图 1-24 所示。

执行"编辑 | 大纲显示"子菜单中的命令，可以设定代码的显示方式。

对象下拉
列表框　　　　　　　　　　　　　　　　　　　　　　　　　　　过程下拉
列表框

代码区

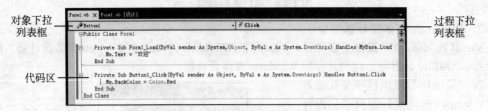

图 1-23　代码编辑器窗口——展开的源代码

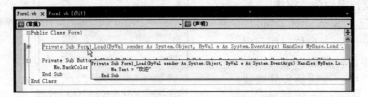

图 1-24　代码编辑器窗口——折叠的源代码

为了便于代码的编辑与修改，代码编辑器提供了"智能感知（IntelliSense）"功能，智能感知包括以下选项：列出成员、参数信息、快速信息、完成单词。另外，代码编辑器还具有"自动语法检测"、"自动缩进"、"编辑器字体缩放"等功能。

1）列出成员：当输入对象名并键入一个小数点后，系统就会自动在一个下拉列表中列出该对象的所有有效成员，如属性、方法和事件，如图 1-25 所示。可以通过滚动鼠标或使用箭头键浏览列表并选择某成员，或者键入该成员名称的前几个字母，直接从列表中选中该成员，按 Tab 键、空格键、Ctrl+Enter 组合键或双击该成员完成这次输入，将该成员插入代码中。如果关闭了"列出成员"功能，可以使用 Ctrl+J 组合键或执行"编辑 |IntelliSense| 列出成员"命令启用该功能。

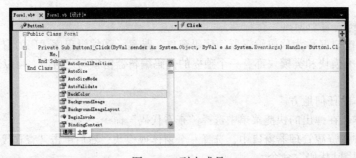

图 1-25　列出成员

2）参数信息：该功能可以打开"参数"列表，以提供有关函数或属性所需的参数数目、参数名称和参数类型信息，如图 1-26 所示。当在代码窗口输入合法的函数名及左括号之后，智能感知会在插入点紧下方的弹出窗口中显示完整的函数声明，并以粗体显示列表中的第一个参数。在输入第一个参数值之后，第二个参数粗体显示……。如果关闭了"参数信息"功能，可以使用

"Ctrl+Shift+I"组合键或执行"编辑 |IntelliSense| 参数信息"命令启用该功能。

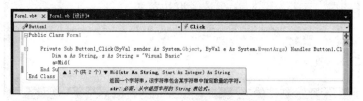

图 1-26　参数信息

3）快速信息：该功能可为代码中的任意标识符显示完整的声明。将鼠标指针移到某标识符上方，弹出一个提示框，显示标识符的声明，如图 1-27 所示。如果关闭了"快速信息"功能，可以用"Ctrl+I"组合键或执行"编辑 |IntelliSense| 快速信息"命令启用该功能。

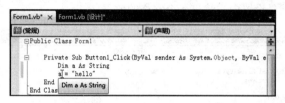

a）标示符 a 的快速信息

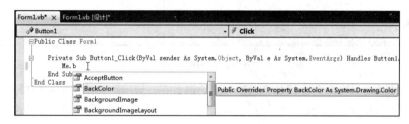

b）"列出成员"列表中成员的快速信息

图 1-27　快速信息

4）完成单词：当输入了某个名称的前几个字母之后，"完成单词"功能将列出以这些字母开头的所有可识别的单词（如对象名、函数名等），并自动选择最先匹配的单词，这时可以使用箭头键或单击改变选择的单词。按空格键或双击单词可以直接用列表中选择的单词来完成该单词的输入，如图 1-28 所示。

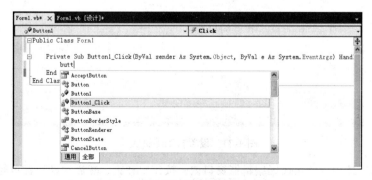

图 1-28　完成单词

5）自动语法检测：当输入完一行代码按回车键后，如果该行代码存在语法错误，那么系统会在错误的代码行中显示一条或多条蓝色的波浪线，光标停留其上会显示错误信息，在"错误列表"中也会列出相应错误，如图 1-29 所示。

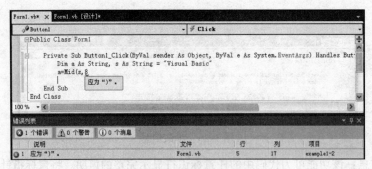

图 1-29   自动语法检测

6）自动缩进：可以自动对编写的代码进行"缩进"处理，以更清楚地体现程序的层次结构。例如，图 1-30 的代码就是设置向右缩进 4 个空格的效果。

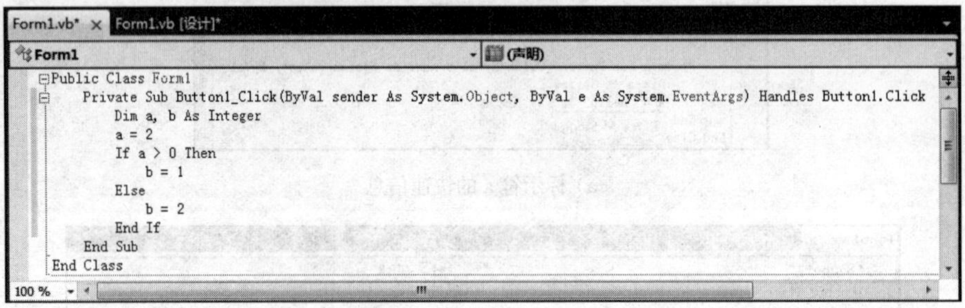

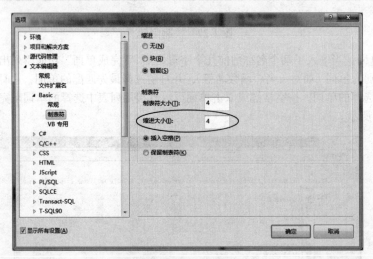

图 1-30   自动缩进

执行"工具 | 选项"命令，打开"选项"对话框，在"选项"对话框的左窗格展开"文本编辑器"，再展开"Basic"，选择"制表符"，在右窗格设置缩进大小，如图 1-31 所示。

图 1-31   设置自动缩进大小

7）编辑器字体缩放：在代码编辑器窗口内，按住 Ctrl 键，然后滚动鼠标滚轮即可放大 / 缩小编辑器中的字体大小。

9. 即时窗口

执行"调试 | 窗口 | 即时"命令可以打开即时窗口，直接在该窗口中使用问号（？）跟一个表达式来显示所关心的表达式的值。此窗口在调试应用程序时特别有用，例如，当程序执行到某个

位置中断时，可以在即时窗口中检查此时的某些变量值、表达式的值，以检验程序执行到中断位置的状态。

1.6 Visual Basic 2010 的帮助系统

Visual Basic 2010 的帮助系统集成在 Visual Studio 2010 的帮助系统之中，是针对由 MSDN Online 提供的内容或本地安装内容的端对端帮助系统。Visual Studio 2010 的帮助系统重新定义了帮助体验，用户可以使用所喜欢的 Web 浏览器联机或脱机查看帮助内容。帮助系统的客户端部分名为 Microsoft Help 查看器，其中包含 Help Library 代理和 Help Library 管理器这两个组件。

Help Library 代理是一个任务栏应用程序，用于在默认浏览器中显示本地内容。在 Visual Studio 集成开发环境中，执行"帮助 | 查看帮助"命令可以打开 Help Library 代理。

Help Library 管理器应用程序用于添加、更新和删除脱机内容，并可以管理帮助设置。在 Visual Studio 集成开发环境中，执行"帮助 | 管理帮助设置"命令可以打开 Help Library 管理器。

使用 Visual Studio 2010 的"上下文帮助"功能可以快速获取帮助信息。单击或选取需要获取帮助的主题，按键盘上的 F1 键，则可以直接打开与之相关的帮助。获取上下文帮助的主题可以是以下几种：

- ❏ 工具箱中的控件。
- ❏ 窗体上的对象。
- ❏ 属性窗口中的属性。
- ❏ VB.NET 的关键字。

1.7 上机练习

【练习 1-1】启动 Microsoft Visual Studio 2010，新建一个 Windows 窗体应用程序项目，在集成开发环境中找出以下部分：菜单栏、工具栏、工具箱、解决方案资源管理器窗口、属性窗口、Windows 窗体设计器窗口、即时窗口，并在图 1-32 中标出。

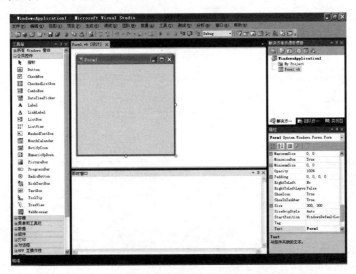

图 1-32 Visual Studio 2010 集成开发环境

【练习 1-2】在 Visual Studio 2010 的集成开发环境中执行以下操作。

1）自动隐藏工具箱，再关闭工具箱的自动隐藏功能。

2）关闭工具箱，再打开工具箱（使用菜单操作和工具栏操作两种方法）。

3）关闭属性窗口，再打开属性窗口（使用菜单操作和工具栏操作两种方法）。

4）关闭解决方案资源管理器窗口，再打开解决方案资源管理器窗口（使用菜单操作和工具栏操作两种方法）。

5）在解决方案资源管理器窗口中，使用"查看代码"和"视图设计器"按钮在窗体设计器窗口与代码窗口之间进行切换。

6）在窗口中央区域选项卡组中通过单击"Form1.vb[设计]"、"Form1.vb"选项卡，切换窗体设计器窗口和代码窗口。

7）单击工具箱上的"Button"控件，在窗体上拖动鼠标画一个命令按钮，双击该按钮打开代码编辑器窗口，在显示的默认 Click 事件处理程序中键入：

```
Me.BackColor =Color.Red
```

注意成员列表功能的使用。单击工具栏的"启动调试"按钮▶运行程序，单击窗口上的命令按钮观察所编写的代码的功能：将窗口的背景颜色设置为红色。

第 2 章　Visual Basic.NET 编程基础

Visual Basic 2010 是美国微软公司推出的 Visual Basic 的全新版本，它既支持全部面向对象的语言特性，又保持了 Visual Basic 赖以成功的亲和性和简单性。本章将介绍有关面向对象的基本概念、Visual Basic 2010 的几个常用对象，包括 Windows 窗体、命令按钮（Button）、标签（Label）、文本框（TextBox）等，同时介绍 VB.NET 的核心概念即命名空间，以及开发 VB.NET 项目的基本设计步骤。

2.1　Visual Basic.NET 编程基本概念

面向对象不仅仅是一种新的程序设计技术，而且是一种全新的设计和构造软件的思维方法，它使计算机解决问题的方式更加类似于人类的思维方式，更能直接地描述客观世界。从程序设计的角度看，面向对象代表了一种通过模仿人类建立现实世界模型的方法（包括概括、分类、抽象、归纳等）进行软件开发的思想体系。

2.1.1　面向对象程序设计基本概念

一般来说，面向对象的程序设计语言应具备：对象、消息、类、抽象、封装、继承和多态等基本概念。

1. 对象

在自然界中，"对象（object）"随处可见，大到整个宇宙及我们生活的地球，小到细胞、原子与分子，世间万物都可以是对象，如公司、雇员、时间表、房屋、人、汽车等，对象描述了某一实体。

在计算机中，将数据和处理该数据的过程、函数等打包在一起而生成的新的数据类型称为对象，它是代码和数据的组合，可以作为一个单位来处理。对象可以是窗口、模块、数据库和控件等，也可以是整个应用程序。

2. 面向对象

面向对象（Object Oriented，OO）主要是从问题所涉及的对象入手来研究该问题。面向对象的概念用在许多行业中。例如，当设计一个办公楼时，一个设计人员只需要考虑工作空间、框架和管道系统等对象的设计需求，而不必关心如何钉钉子、连接管道等较低层次的工作过程。

3. 消息

如何要求对象完成指定的操作？如何在对象之间进行联系呢？所有这一切都只能通过传递消息来实现。传递消息是对象与其外部世界相互关联的唯一途径。对象可以向其他对象发送消息以请求服务，也可以响应其他对象传来的消息，完成自身固有的某些操作，从而服务于其他对象。例如，直升机可以响应轮船的海难急救信号，起飞、加速、飞赴出事地点并实施救援作业。在面向对象程序设计中，程序的执行是靠在对象间传递消息来完成的。

一个对象可以接收不同形式、不同内容的多个消息；相同形式的消息可以送往不同的对象；不同的对象对于形式相同的消息可以有不同的解释，能够做出不同的反应。

4. 类

人们喜欢将事物分类，以发现事物中的相似性，并将它们相应地组合。将带有相似属性和行为的事物组合在一起，可以称为一个"类"（class）。例如，所有的汽车构成了"汽车"类，所有的动物构成了"动物"类，而所有的人构成了"人"类。

一个类具有成员变量和成员方法。成员变量相当于"属性"，比如"人"具有的属性有胳膊、手、脚等。而成员方法是该类能完成的一些功能，如"人"可以说话、行走等。

类中的一个具体对象称为类的实例。如果说类是一个抽象概念，那么类的实例就是一个具体对象。例如，在"汽车"类中，每一辆汽车都是一个具体的对象，是"汽车"类的一个实例。又如，我们说"人"就是一个抽象概念，是"人"类，但是具体到某个人，如你、我、他，就是"人"的实例，是具体对象。

5. 封装

封装（encapsulation）是指将对象的属性和方法包装在一起，从而包含和隐藏对象的内部信息（如内部数据结构和代码）的技术。通过封装对象的属性和方法，可以将操作对象的内部复杂性与应用程序的其他部分隔离开来，这样对象的内部实现（代码和数据）受到了保护，外界不能访问它们，只有对象中的代码才可以访问对象的内部数据。对象内部数据结构的不可访问性称为数据隐藏。封装简化了程序员对对象的使用，程序员只需知道输入什么和输出什么，而对类内部进行何种操作不必追究。封装还使得一个对象可以像一个部件一样用在程序中，而不用担心对象的功能受到影响。就像电视机一样，因为我们不需要知道它的内部是由哪些零件组成、如何工作的，所以把它们封装起来了，我们只需知道电视机上的那些按钮和插口的使用或如何用遥控器来控制电视机就可以了。

6. 继承

在面向对象程序设计中，可以从一个类生成另一个类，前者称为基类，后者称为派生类或子类，这样就形成了一种类的层次结构，如图 2-1 所示，Class21、Class22 是 Class1 的子类，Class31 是 Class21 的子类，Class32 是 Class22 的子类。这种层次结构具有继承性，即派生类继承（inheritance）了其父类和祖先类的所有属性和方法，并可以附加新的属性和新的操作。例如，飞行器、汽车和轮船都是交通工具类的子类，它们都继承了交通工具类的某些属性和操作。又如，在进行程序设计时，创建了一个叫做 Shape（图形）的基类，并赋予它 Move（移动）方法，然后创建一个 Shape 类的子类 Circle（圆形），默认情况下，新的 Circle 类具有 Move 方法，程序设计人员不必再编写新的实现对圆形进行移动的代码。

这种继承还具有传递性。例如，图 2-1 中的类 Class21 继承 Class1，而 Class31 继承 Class21，则 Class31 继承 Class1。其中 Class21 对 Class1、Class31 对 Class21 的继承叫做直接继承，而 Class31 对 Class1 的继承叫做间接继承。一个类实际上继承了层次结构中在其上面的类的描述。因此，属于某个类的对象除具有该类所描述的特性外，还具有层次结构中该类上层各类所描述的性质。

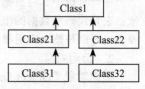

图 2-1　类的层次结构

在子类中可以通过声明新的数据成员和成员函数来增加新的功能。另外，子类在继承的成员函数不适合时也可以弃之不用。

继承提供了自动共享类、子类和对象中的方法和数据的机制，如果没有继承机制，则类对象中的数据和方法就可能出现大量重复。继承机制可以大大减少程序设计的开销，这正是面向对象系统的优点。

7. 多态性

两个或多个类可以具有名字相同、基本目的相同但实现方式不同的方法或属性，这就是多态性（polymorphism）。多态性是一种面向对象的程序设计功能，当同样的消息被不同的对象接收时，可能导致完全不同的行为，即完成了不同的功能。这里的消息指的是类成员函数的调用。

8. 抽象

抽象（abstraction）是使具体事物一般化的一种过程，即对具有特定属性及行为特征的对象进行概括，从中提炼出这一类对象的共性，并从通用性的角度描述共有的属性及行为特征。抽象包括两方面的内容：一是数据抽象，即描述某类对象的公共属性；二是代码抽象，即描述某类对象共有的行为特征。

例如，如果我们进行一个图形编辑软件的开发，就会发现问题领域存在着圆形、三角形、矩形等这样一些具体概念，它们是不同的，但是它们又都属于形状这样一个概念，形状这个概念在问题领域是不存在的，它就是一个抽象概念。我们可以对所有图形的共性进行概括，提炼出它们的共性并进行描述，形成一种抽象类——"形状"。

因为抽象的概念在问题领域没有对应的具体概念，所以用以表征抽象概念的抽象类是不能够实例化的。

2.1.2 命名空间

.NET 框架提供了一个巨大的类库，该类库包含了设计应用程序所需要的大量的类（包括结构）及其成员。此外，根据实际需要，程序设计人员还可以创建自己的类。为了提高开发效率，避免程序代码中的类名冲突，.NET 通过命名空间（namespace）来组织管理如此众多的类。

1. 命名空间的概念

操作系统使用文件夹来组织文件，若把成千上万个文件全部无组织地放在一起，那么要找到所需要的文件就很困难，如果使用文件夹来对文件进行分类管理，则可以高效、方便地组织并使用文件。通过将相同名称的不同文件保存到不同的文件夹中，也避免了名称的冲突。

.NET 对类库的管理也采用了类似的方式，可以将命名空间想象成文件夹，将类想象成文件。把功能相近的类组织到相同的命名空间，每一个命名空间下可以包含许多类，且命名空间还可以包含其他的命名空间，构成一种层次结构。通过命名空间控制名称的作用范围，防止引用时出现二义性。

一个应用程序可以包含多个命名空间。在命名空间内，可以定义类、模块、接口、枚举、结构等。大多数命名空间的顶层为 System。它根据功能在逻辑上划分为若干子命名空间。

2. 命名空间的使用

在 VB.NET 中，要创建应用程序就必须引用要使用的命名空间。命名空间的使用有以下 3 种方式。

（1）导入命名空间

在一个新建的 Windows 窗体应用程序项目的解决方案资源管理器窗口中，双击"My Project"节点，打开项目的"属性页"对话框，单击左侧窗格的"引用"，在右侧窗格的"导入的命名空间"列表中，显示了所有可用的命名空间，其中，当前项目中已包含的命名空间对应的复选框已被选中，如果要添加其他命名空间，可以在列表中进一步勾选所需的命名空间，如图 2-2 所示。在"属性页"对话框中指定导入的命名空间，将应用于项目中的所有文件。

图 2-2　项目的"属性页"对话框——
导入命名空间

（2）直接定位

直接定位类似于文件系统中的完整路径。当需要使用某个成员时，在该成员名称的前面给出其所在的命名空间的完全限定名（相当于路径）。例如，求开平方函数 Sqrt 是在 System 命名空间的 Math 类中定义的，则在代码中要使用该函数求 6 的开平方时，使用命名空间的完全限定名表示如下：

```
System.Math.Sqrt(6)
```

这种表示方法对所有命名空间都适用，但使用这种方法输入代码时，需要键入较多的字符。

（3）使用 Imports 语句

直接定位方法可以准确地指定一个命名空间，避免了名称冲突，但在编写代码时，对每一个成员名都使用完全限定名，代码冗长，书写繁琐。为了避免这种情况，可以使用 Imports 语句引入命名空间，从而隐含地指定要使用的命名空间，或为命名空间定义别名，并在代码中使用简短的别名代替冗长的命名空间名称。Imports 语句的格式如下：

```
Imports [别名 =]命名空间
```

说明：

1）别名：可选项。如果定义了别名，则在代码中可以使用该别名而不是完全限定名来引用命名空间；如果省略了别名，在代码中可以不加限定直接访问指定命名空间中的成员。

例如，以下 Imports 语句没有指定别名。

```
Imports System.Math
```

则以下语句用一个消息框显示 6 的开平方，在 Sqrt 函数前面不需要加限定名。

```
MsgBox(Sqrt(6))
```

以下 Imports 语句指定了别名 MyMath。

```
Imports MyMath = System.Math
```

则以下语句用一个消息框显示 6 的开平方，在 Sqrt 函数前面需要用别名 MyMath 进行限定。

```
MsgBox(MyMath.Sqrt(6))
```

当需引用的多个命名空间中具有相同名字的类时，就需要使用别名，以免产生歧义。

2）命名空间：要引用的命名空间的完全限定字符串。

3）每个代码模块可以包含任意数量的 Imports 语句。这些语句必须位于任何选项声明（如 Option Strict 语句）之后、任何编程元素声明（如 Module 或 Class 语句）之前。例如，以下代码表明了在窗体的代码模块中 Imports 语句的位置。

```
Imports System.Math
Public Class Form1
    Private Sub Button1_Click(ByVal sender As System.Object, ByVal e As System.
EventArgs) Handles Button1.Click
        MsgBox(Sqrt(6))
    End Sub
End Class
```

3．根命名空间的设置

实际上，应用程序中的所有代码都在命名空间中。VB.NET 中的每个项目都有一个根命名空间。默认情况下，系统会根据项目的名称自动生成一个根命名空间。在解决方案资源管理器中，选中项目名（如 WindowsApplication1），然后执行"视图 | 属性页"命令，打开该项目的属性页对话框，即可设置根命名空间，如图 2-3 所示。

2.1.3　VB.NET 的对象

VB.NET 是真正面向对象的程序设计语言，在 VB.NET 中创建应用程序的过程，就是不断地处理对象的过程。程序设计人员不仅可以使用 VB.NET 提供的对象，如控件、窗体等，而且可以创建自己

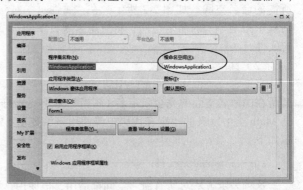

图 2-3　项目的"属性页"对话框——设置根命名空间

的对象，并为它们定义其属性和方法。因此，准确地理解对象的有关概念，是设计 VB.NET 应用程序的重要环节。

1. 对象

在现实生活中，一个实体就是一个对象，如一个人、一个气球、一台电脑等都是对象。在面向对象的程序设计中，对象是系统中的基本运行实体，是代码和数据的集合。

在 VB.NET 中，对象分为两类，一类由系统设计，可以直接使用或对其进行操作，如工具箱中的控件、窗体、菜单等；另一类由用户定义。建立一个对象之后，其操作是通过操作与该对象有关的属性、方法和事件来实现的。为了便于使用对象，每个对象都有一个名称，即对象名。

2. 属性

属性是一个对象的特性，不同的对象具有不同的属性。例如，对于某个人，有名字、职务和住址等属性；对于某辆汽车，有型号、颜色、各种性能指标等属性。在 VB.NET 中，对象常见的属性有名称（Name）、文本（Text）、字体（Font）、是否可见（Visible）等。通过修改对象的属性，可以改变对象的外观和功能。可以通过下面两种方法之一来设置对象的属性：

❑ 在设计阶段，利用属性窗口对选定的对象进行属性设置。

❑ 在代码中，用赋值语句设置，使程序在运行时实现对对象属性的设置，其格式为：

```
［对象名 .］属性名 = 属性值
```

其中，"对象名" 用方括号括起来，表示可以省略。如果省略对象名，则表示是当前对象，一般是当前窗体。当前窗体对象只能用 Me 表示，不能用窗体名称，如 Form1 表示。

例如，将一个对象名为 "btnOK" 的命令按钮的 "Text" 属性设置为 "确定"，相应的语句为：

```
btnOK.Text = " 确定 "
```

在代码中，当需要对同一对象设置多个属性时，可以使用 With...End With 语句，其格式为：

```
With 对象名
    ［语句］
End With
```

例如，设置文本框 txtInput 的文本属性（Text）为 " Visual Basic"，背景颜色属性（BackColor）为黄色（Color.Yellow），前景颜色属性（ForeColor）为红色（Color.Red），可以使用下面的 With 语句：

```
With txtInput
    .Text = "Visual Basic"
    .BackColor = Color.Yellow
    .ForeColor = Color.Red
End With
```

3. 方法

对象的方法用于对对象执行一定的操作。实际上，方法是在类中定义的过程，方法可以只完成某些功能，还可以返回值，有返回值的方法通常也称为函数。

如果方法无返回值，或在代码中不需要利用其返回值，其使用格式为：

```
对象名 . 方法名 (［参数表 ])
```

说明：

1）有些方法不需要参数，因此方法的使用格式中可以没有 "参数表"。

例如，使用 Show 方法显示名为 frmSecond 的窗体，语句如下：

```
frmSecond.Show()
```

2）某些方法在使用时需要多个参数，这些参数放在圆括号中，并用逗号分隔。

如果方法具有返回值，可以将返回值赋给变量或属性，其使用格式为：

```
变量名或属性名 = 对象名 . 方法名 ([ 参数表 ])
```

例如，VB.NET 提供了一个 Color 结构，Color 结构是一种特殊的类，不需要实例化，可以直接使用。Color 结构有一个 FromArgb 方法，可以用颜色的红、绿、蓝分量创建颜色，以下代码使用 Color 结构的 FromArgb 方法生成颜色，并用该颜色设置当前窗体的背景颜色。

```
Me.BackColor = Color.FromArgb(255, 0, 0)        ' 将窗体的背景设置为红色
```

VB.NET 提供了大量的方法，有些方法适用于多种甚至所有类型的对象，有些方法只适用于少数对象，在后续章节中，将逐步介绍各种方法的使用。

4. 事件

事件是指可以被对象识别的动作，如单击鼠标、双击鼠标、按下键盘键等。VB.NET 为每个对象预先定义好了一系列的事件。例如，单击鼠标事件 Click、双击鼠标事件 DoubleClick、按键事件 KeyPress、窗体加载事件 Load 等。

事件的发生可以由用户触发（如用户在对象上单击了鼠标），也可以由系统触发（如窗体加载），或者由代码间接触发。用户可以为每个事件编写一段相关联的代码，这段代码称为事件过程（或叫事件处理程序）。当在一个对象上发生某种事件时，就会执行与该事件相关联的事件过程，这就是事件驱动的编程机制。在事件驱动的应用程序中，代码执行的顺序由事件发生的先后顺序决定，因此应用程序每次运行时所经过的代码路径可以是不同的。

事件过程的一般格式如下。

```
Private Sub 对象名 _ 事件名 ( 对象引用，事件信息 ) Handles 事件列表
    程序代码
End Sub
```

说明：

1）对象名：指该对象的 Name 属性。如果在创建完某个事件过程之后，重新修改了该对象的 Name 属性，则此处的对象名仍保持创建时的名称。

2）事件名：是由 VB.NET 预先定义好的、该对象可以响应的事件。

3）对象引用：是产生事件的对象的引用，即指明引发该事件的对象。

4）事件信息：指的是与事件相关的信息。对于不同的事件处理程序，"事件信息"是不一样的。

5）Handles 事件列表：指定该事件过程是用来处理哪一个对象的哪一个事件。这里的"事件列表"可以包含多个事件，事件格式为：

```
对象名 . 事件名
```

其中"对象名"与调用该事件过程的对象的 Name 属性一致，修改对象的 Name 属性会自动修改这里的对象名，多个事件之间用逗号隔开。

例如，新建一个 Windows 窗体应用程序项目，使用工具箱的 Button 控件向窗体上添加两个命令按钮 Button1 和 Button2。假设运行时，要在命令按钮 Button1 上发生单击（Click）事件时，将窗体的背景颜色设置成红色，则相应的事件过程为：

```
Private Sub Button1_Click(ByVal sender As Object, ByVal e As System.EventArgs)
Handles Button1.Click
    Me.BackColor = Color.Red
End Sub
```

其中的 Button1_Click 表示要执行的事件过程的名称。Handles Button1.Click 表示在 Button1 上发生 Click 事件时要执行该事件过程，即执行过程中的代码 Me.BackColor = Color.Red，实现将当前窗体的背景颜色设置成红色。在设置窗体的背景色时，使用了 Color 结构，在 VB.NET 中已命名的颜色（如 Red、Yellow 等）可以使用 Color 结构的属性来表示。

如果希望运行时单击 Button2 也触发上述的 Button1_Click 事件过程，则只需要在以上事件

过程的 Handles 之后添加事件 Button2.Click，即将代码修改为：

```
Private Sub Button1_Click(ByVal sender As System.Object, ByVal e As System.
EventArgs) Handles Button1.Click, Button2.Click
     Me.BackColor = Color.Red
End Sub
```

在上面例子的基础上，将 Button1 和 Button2 的 Name 属性改为 Btn1、Btn2，则事件过程自动被修改为：

```
Private Sub Button1_Click(ByVal sender As System.Object, ByVal e As System.
EventArgs) Handles Btn1.Click, Btn2.Click
     Me.BackColor = Color.Red
End Sub
```

可以看出，事件名称自动变为 Btn1.Click、Btn2.Click，而事件过程名称仍然为 Button1_Click。

一个对象可以响应一个或多个事件，因此可以使用一个或多个事件过程对用户或系统的事件做出响应。建议在代码窗口中通过对象下拉列表框及过程下拉列表框来选择对象及事件，由系统自动生成对象的事件过程模板，以避免键入错误或遗漏参数。

2.2 开发 Visual Basic.NET 应用程序的一般步骤

在 VB.NET 中，建立一个简单的 Windows 窗体应用程序项目一般按以下步骤进行：
1）新建一个 Windows 窗体应用程序项目。
2）设计用户界面。
3）编写代码。
4）运行、调试并保存项目。

2.2.1 新建项目

新建一个项目有以下两种方法。
方法一：启动 VB.NET 后，在起始页上单击"新建项目"按钮。
方法二：执行"文件 | 新建项目"命令。

用以上方法均可以打开"新建项目"对话框，如图 2-4 所示。在左侧窗格"已安装的模板"中，在展开的"Visual Basic"分支中，选择"Windows"节点，在中间窗格选择"Windows 窗体应用程序"，在下面的"名称"文本框中输入要创建的项目名称（如 example2-1），单击"确定"按钮，进入 Visual Studio 集成开发环境，并使用 Windows 应用程序模板创建一个新的 Windows 窗体应用程序项目。观察"解决方案资源管理器"窗口，可以看见新建的项目名称，在该项目中已经有了一个窗体 Form1。接下来就可以在窗体 Form1 上设计应用程序界面，或添加新的窗体，设计多个界面。界面设计是通过在窗体上放置各种对象并设置对象的属性来实现的。

2.2.2 设计界面

界面是用户与应用程序交互的场所，应用程序的界面应该能够向用户提供所需要的操作，因此，在设计阶段需要根据应用程序的初始界面要求向窗体上添加必要

图 2-4 "新建项目"对话框

的控件、调整控件布局、设置对象的初始属性（如对象的名称、显示的字体大小、颜色）等。

1. 控件的画法

在窗体上画一个控件有以下 4 种方法：

1）在工具箱中单击所需的控件按钮，在窗体上拖动鼠标画出控件。

2）双击工具箱中所需的控件按钮，如果当前窗体上有选中的控件，则所画的控件位于选中的控件之上；如果当前窗体上没有选中控件，则所画的控件位于窗体工作区的左上角。

3）在工具箱中单击所需的控件按钮，然后在窗体的适当位置单击鼠标。

4）将工具箱的控件直接拖动至窗体适当位置。

用后三种方法所画的控件大小是固定的，用户可以根据需要进一步调整。

一般情况下，每单击一次工具箱中的控件按钮，只能在窗体上画一个相应的控件。如果要单击一次工具箱中的控件按钮，即可在窗体上画出多个相同类型的控件，可按如下步骤操作。

1）单击工具箱中所需的控件按钮。

2）按住 Ctrl 键不放，在窗体上画出一个或多个控件。

3）画最后一个时，松开 Ctrl 键。

2. 控件的选择

在对某个控件或某些控件进行操作之前，需要先选择相应的控件。当画完一个控件或用鼠标单击某个控件之后，控件的 4 个边框上有 8 个空心的小控制柄，表明选择了该控件（有些控件选择后只在其左右两个边框上各有 1 个空心的小控制柄，甚至只在其左上角有 1 个空心的小控制柄）。

如果要同时选择多个控件，则可以使用以下两种方法。

❑ 先用鼠标单击其中一个控件，然后按住 Shift 键或 Ctrl 键不放，再用鼠标依次单击其他各控件。

❑ 在窗体的空白区域按住鼠标左键拖曳鼠标，只要鼠标拖曳出的虚线框接触到的控件都会被选择，如图 2-5 所示。

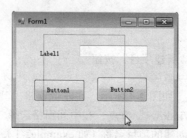 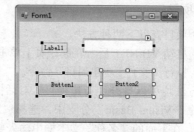

a）拖曳鼠标选择 4 个控件 　　　　 b）Button2 为当前控件

图 2-5 拖曳鼠标选择多个控件

选择了多个控件之后，在所有控件的边框上会出现小控制柄，其中有一个控件的控制柄为空心，表明该控件是"活动"的，称为当前控件。图 2-5b 中的命令按钮 Button2 即为当前控件。如果要改变当前控件，只需要单击相应的控件即可。

选择了一个或多个控件之后，在属性窗口显示的是这些控件共有的属性，这时在属性窗口可以为多个控件同时设置属性。

如果要取消多个控件的选择，可以单击窗体的空白区域或其他未选择的控件，或按键盘上的 Esc 键。

3. 控件的缩放和移动

在窗体上画出控件后，其大小和位置不一定符合设计要求，此时可以对控件进行放大、缩小和移动等操作。

要改变控件的大小，可以首先选择该控件，然后通过拖拉控件边框上的控制柄实现，还可以使用组合键"Shift+'方向箭头'"实现；要调整控件的位置，可以将鼠标指针移到控件内，并拖曳鼠标将控件移到合适的位置上，还可以用组合键"Ctrl+'方向箭头'"实现。

另外，还可以通过属性窗口改变控件的位置和大小。在属性窗口中，有两个属性与控件的大小和位置有关，即 Size 属性和 Location 属性。Size 属性有两个分量，第一个分量表示控件的高度（Size.Height 属性），第二个分量表示控件的宽度（Size.Width 属性），分别对应控件的 Height 属性和 Width 属性；Location 属性也有两个分量，表示控件的左上角相对于其容器左上角的坐标。第一个分量表示水平距离（Location.X 属性），对应控件的 Left 属性；第二个分量表示垂直距离（Location.Y 属性），对应控件的 Top 属性。各属性的作用如图 2-6 所示。

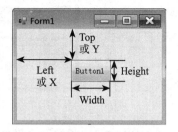

图 2-6　控件的大小及位置属性

控件的大小和位置属性都是以像素为单位来表示的。

4. 控件的复制与删除

VB.NET 允许对当前控件进行复制操作。首先选中需要复制的控件使其成为当前控件，然后执行"编辑|复制"命令，再执行"编辑|粘贴"命令，此时系统将控件粘贴在窗体中央，并自动给新控件命名。

要删除一个控件，必须先选中该控件使其成为当前控件，再按 Delete（或 Del）键。

5. 控件的布局

窗体设计器提供了类似网格线和对齐线的工具，在向窗体添加控件、调整控件大小或移动控件时，可以简化对齐控件的操作。当窗体上存在多个控件时，如果需要对这些控件进行排列、对齐、统一大小、调整间距等精确操作时，可以通过"格式"菜单来完成。

首先选定多个控件，然后使用"格式"菜单对这些选定的控件进行格式调整。如果要进行对齐或使大小相同，需要首先确定以哪个控件为准。在选定多个控件之后，可以单击某一控件，使该控件成为当前控件（控制柄成为空心），则对齐或调整大小时会以该控件为准。例如，对于图 2-5b 中的 4 个选择的控件，如果使用"格式|使大小相同|两者"命令，则将所有控件的宽度和高度调整为与命令按钮 Button2 相同。

在设计界面阶段需要特别注意的是，要首先确定好各对象的名称属性。如果在编写完代码后再修改对象的名称属性，则需要再次修改代码中所有使用该对象名称的部分。

完成窗体界面设计后，就可以编写代码，实现应用程序的功能了。

2.2.3　编写代码

代码也叫程序，用于完成应用程序的功能。代码的编写需在代码窗口中进行。

VB.NET 采用事件驱动的编程机制，代码的执行需要由事件来驱动，除了一些通用的常量、变量、过程等之外，大多数代码都要写在相应的事件过程中。因此编写代码之前首先要明确该代码的编写位置。例如，如果希望在窗体加载时设置窗体的字体为隶书、24 磅，则需要在窗体的 Load 事件过程中编写该段代码。又如，如果希望在单击某命令按钮时实现某些功能，则需要将代码写在该命令按钮的 Click 事件过程中。

从下一章开始将介绍 VB.NET 的代码基础知识以及如何编写 VB.NET 的代码，完成所需的功能。

2.2.4　保存项目

在建立一个新的项目时，VB.NET 已要求用户输入了项目的名称，例如，在图 2-4 中的"名称"栏中填写的新建项目名称（如 example2-1）。执行"文件|全部保存"命令，打开"保存项目"对话框，如图 2-7 所示，"名称"栏中显示项目名称（如 example2-1），单击"浏览"按钮选择存

盘位置，本教材的所有示例均为单一项目，所以建议不创建解决方案目录，也就是在图 2-7 的对话框中不选择"创建解决方案的目录"复选框。单击"保存"按钮，保存当前项目中的所有文件。

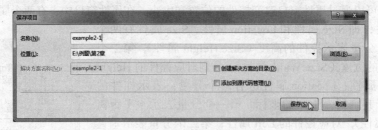

图 2-7 "保存项目"对话框

VB.NET 将根据所提供的项目名称在指定的位置下建立一个与项目同名的子文件夹（如 example2-1），并在此子文件夹中保存与应用程序有关的所有信息，包括解决方案文件（.sln）、项目文件（.vbproj）、窗体文件（.vb）等，如图 2-8 所示。从图中可以看出，系统还自动建立了一些文件和文件夹，用户不必关心它们的内容，也不要对它们进行随意修改。

在保存项目之后，如果对项目中的某项（如窗体模块）进行了修改，还可以通过执行"文件 | 保存 ×××"命令（××× 代表具体项的名称），对有过修改的项进行单独保存，最后再保存项目文件。例如，对于以上创建的项目 example2-1，如果对其窗体模块 Form1 做了修改，则可以在"解决方案资源管理器"窗口选择窗体文件 Form1.vb，然后执行"文件 | 保存 Form1.vb"保存窗体文件，最后选择项目文件，执行"文件 | 保存 example2-1"命令，保存项目文件。

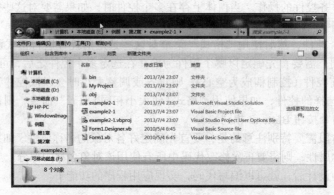

图 2-8 保存项目时所产生的文件夹和文件

若要对某项进行重命名，可以在"解决方案资源管理器"窗口中右击相应的项，在快捷菜单中选择"重命名"，直接输入新的名称。无论对项目中的哪一项进行了重命名，最后都要再次保存项目文件，因为，在保存项目文件时，系统要记录其所含文件所在的路径和文件名。解决方案涉及的 .sln 和 .suo 文件的文件名和文件夹名的修改，可以直接在 Windows 的"我的电脑"或"资源管理器"中进行。

注意，在保存项目文件后，对项目进行的任何修改都需要在最后再次保存项目文件。

至此，一个完整的项目编制完成了。执行"文件 | 关闭项目"命令可以关闭当前项目。执行"文件 | 新建项目"命令可以继续设计其他项目。

若用户需要再次修改或运行已关闭的项目，可以执行"文件 | 打开项目"命令。如果用户在 Windows 中的"我的电脑"或"资源管理器"中打开项目，应双击扩展名为 .sln 的文件，若解决方案中只含有一个项目，也可以直接双击扩展名为 .vbproj 的项目文件。

需要注意的是，不要直接在"我的电脑"或"资源管理器"下直接修改窗体文件或其他模块文件的文件名，更不要修改其扩展名。

2.2.5 运行与调试

编写好代码后，代码正确与否，能否实现预期的功能，需要通过运行，观察运行效果才能确定。执行"调试|启动调试"命令，或单击工具栏的"启动调试"按钮，或按 F5 功能键，都可以运行当前项目。

如果运行过程出现错误，或者不能达到预期的目的，则需要执行"调试|停止调试"命令，或单击工具栏中的"停止调试"按钮，或单击窗体的"关闭"按钮结束运行，重新回到设计状态，修改代码甚至修改界面，然后再次运行，检查修改结果是否正确。这一步骤往往需要多次重复才能完成，这个过程就是调试程序的过程。对于简单的程序，可能凭借经验、通过仔细观察、阅读代码就可以找出程序中的错误，对于较复杂的程序，则需要使用一定的调试方法、借助调试工具才能找出问题所在。VB.NET 为用户提供了丰富的调试程序的手段，如断点执行、单步执行等，以帮助编程人员查找代码中的错误。

2.3 Windows 窗体、命令按钮、标签、文本框

本节将介绍 VB.NET 中 4 个常用的对象：Windows 窗体、命令按钮、标签和文本框，并结合示例介绍 VB.NET 简单项目的设计。

2.3.1 Windows 窗体

应用程序的窗口在设计期称为"窗体"（Form）。窗体是 VB.NET 应用程序中最常见的对象，也是界面设计的基础。各种控件对象必须建立在窗体上，窗体是所有控件的容器。一个窗体对应一个窗体模块。窗体是由 System.Windows.Forms.Form 类继承来的。

1. 窗体的结构

和 Windows 环境下的应用程序窗口一样，VB.NET 中的窗体也具有控制菜单、标题栏、最大化/还原按钮、最小化按钮、关闭按钮及边框，如图 2-9 所示。

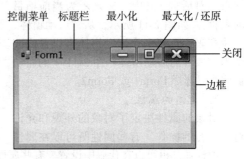

图 2-9　窗体的结构

在设计阶段，不能将窗体最大化、最小化和关闭。在运行阶段，窗体同 Windows 下的窗口一样，如果不加特别限制，可以对其进行最大化、最小化、关闭、移动、调整大小等操作。

2. 窗体的添加和排除

当建立新项目时，系统会自动创建一个 Windows 窗体，默认名称为 Form1。在实际应用中，可能需要使用多个窗体，这时就需要向当前项目中添加新的窗体。添加新窗体的步骤如下：

1）执行"项目|添加 Windows 窗体"命令，系统显示如图 2-10 所示的"添加新项 – × × ×"对话框（× × × 为当前项目名）。

2）在"添加新项"对话框的"已安装的模板"列表框中选择"常用项"，在中间展开的列表框中选择"Windows 窗体"，在"名称"栏中输入窗体文件名或使用默认的窗体文件名（如 Form2.vb）。

3）单击"添加"按钮，一个新的 Windows 窗体即添加到当前项目中。

也可以将一个窗体从当前项目中排除，排除窗体可以有以下两种方法：

方法一：在解决方案资源管理器窗口中选择要排除的窗体，执行"项目 | 从项目中排除"命令。

方法二：在解决方案资源管理器窗口中右击要排除的窗体，执行快捷菜单中的"从项目中排除"命令。

执行"从项目中排除"命令只是将该窗体文件从该项目中移除出去，而在磁盘上仍然保留该

窗体文件。如果要将窗体文件同时从磁盘上永久删除，可以在解决方案资源管理器窗口中右击要删除的窗体，执行快捷菜单中的"删除"命令。

图 2-10　"添加新项"对话框

一个项目在运行时必须有一个启动窗体。通常，项目有一个默认的启动对象。如果将启动窗体从项目中排除，或者需要改变项目的启动窗体，则可以通过执行"项目|×××属性"命令，打开项目的"属性页"对话框（其中，×××为当前项目的名称），如图 2-11 所示，从"启动窗体"下拉列表中选择一个启动窗体来设置或改变当前项目的启动窗体。图 2-11 中的启动窗体可以选择 Form1 或 Form2。

图 2-11　项目的"属性页"对话框——设置启动对象

3．窗体的属性

对象的属性决定了对象的外观和允许对其进行的操作。有些属性既可以在属性窗口中设置，也可以在代码中设置。有些属性只能在属性窗口设置（称为设计期属性），有些属性只能在代码中设置（称为运行期属性）。

1）Name 属性：获取或设置窗体的名称，在属性窗口中，该名称用小括号括起来，以保证该属性在排序后总在前面。

2）Text 属性：获取或设置窗体标题栏显示的文本。

3）Font 属性：获取或设置窗体上文字的字体。Font 属性是一个 Font 类型的对象，该对象具有 Name、Size、Unit、Bold、Italic、Strikeout、Underline 等子属性，分别表示字体名称、大小、字体大小的单位、粗体、斜体、删除线、下划线等。

Font 对象的属性是只读的，在代码中可以获取其属性值，如获取它的字体、字体大小等。例如，在消息框中显示窗体的字体大小，语句如下：

```
MsgBox(Me.Font.Size)
```

但不能为 Font 对象单独设置其任何一个属性值，例如，不能使用以下语句设置当前窗体的字体大小。

```
Me.Font.Size = 8
```

因此需要在代码中修改 Font 属性时，就必须给其 Font 属性分配一个新的 Font 对象。例如，以下是一种设置格式：

```
对象名 .Font = New Font( 字体名 , 字体大小 , 字体样式 )
```

例如，将当前窗体的字体设置为隶书、18 磅、带删除线，可以使用如下语句：

```
Me.Font = New Font(" 隶书 ", 18, FontStyle.Strikeout)
```

4）BackColor 属性：获取或设置窗体的背景颜色。

5）ForeColor 属性：获取或设置窗体的前景色。

6）Enabled 属性：获取或设置一个值，该值指示窗体是否可以对用户交互做出响应。当设置为 False 时，窗体上的控件呈灰色显示，表示处于禁止状态（无效），不能响应用户的鼠标、键盘等动作。该属性默认值为 True。

7）MaximizeBox 属性：获取或设置一个值，该值指示是否在窗体的标题栏中具有最大化按钮。

8）MinimizeBox 属性：获取或设置一个值，该值指示是否在窗体的标题栏中具有最小化按钮。

9）FormBorderStyle 属性：获取或设置窗体的边框样式。

10）ControlBox 属性：获取或设置一个值，该值指示在该窗体的标题栏中是否显示控制菜单。

11）Icon 属性：获取或设置窗体的图标。窗体的图标是指运行时窗体最小化时在任务栏显示的图标，也是窗体左上角的控件菜单图标。

12）BackgroundImage 属性：获取或设置在窗体上显示的背景图片。在属性窗口单击该属性右侧的浏览按钮![...]，会打开如图 2-12 所示的"选择资源"对话框。如果选择"本地资源"，则可以单击其下面的"导入"按钮，选择所需要导入的图片，单击"清除"按钮，清除导入的图片；如果选择"项目资源文件"，则可以单击最下面的"导入"按钮，导入所需要的图片，同时，该图片会保存到当前项目的 Resources 文件夹下。导入后在解决方案资源管理器中也可以看到 Resources 文件夹及其中的文件。

图 2-12　"选择资源"对话框

右击 BackgroundImage 属性，在弹出的快捷菜单中选择"重置"命令，可以删除添加到窗体上的背景图片。

13）BackgroundImageLayout 属性：获取或设置背景图片的布局，其值是 System.Windows. Forms 命名空间下的 ImageLayout 枚举类型，有以下取值：

❑ None：图像与控件的矩形工作区顶部左对齐。

❑ Tile：图像沿控件的矩形工作区平铺，默认值为 Tile。

❑ Center：图像在控件的矩形工作区中居中显示。

❑ Stretch：图像在控件的矩形工作区内拉伸。

❑ Zoom：图像在控件的矩形工作区中按比例缩放。

14）Opacity 属性：获取或设置窗体的不透明度级别，默认值为 100%。将此属性设置为小于 100%(1.00) 的值时，会使整个窗体（包括边框）更透明。将此属性设置为 0%(0.00) 时，会使窗体完全不可见。

15）AcceptButton 属性：指定窗体的"接受"按钮。如果在窗体上已经放置了一些命令按钮，则该属性的下拉列表中会列出这些命令按钮的名称，从中选择某一个命令按钮（称为"接受"按钮），运行时，如果焦点不在某个命令按钮上，当用户按 Enter 键时相当于单击该命令按钮。

16）CancelButton 属性：指定窗体的"取消"按钮。如果在窗体上已经放置了一些命令按钮，则该属性的下拉列表中会列出这些命令按钮的名称，从中选择某一个命令按钮（称为"取消"按钮），运行时，当用户按下 Esc 键时相当于单击该命令按钮。

17）WindowState 属性：获取或设置窗体运行时的状态。可以用该属性设置运行时窗口是正常、最小化，还是最大化。

18）StartPosition 属性：获取或设置运行时窗体的起始位置。

4. 窗体的事件

1）Click（单击）事件：单击窗体中不含任何其他控件的空白区域时，触发该事件。

2）DoubleClick（双击）事件：双击窗体中不含任何其他控件的空白区域时，触发该事件。

3）Load（加载）事件：当窗体被装入工作区时，触发该事件。

4）Activated（激活）事件：当使用代码激活或用户激活窗体时，触发该事件。

5）MouseDown（鼠标按下）事件：在窗体上按下鼠标键时，触发该事件。

6）MouseUp（鼠标释放）事件：在窗体上释放鼠标键时，触发该事件。

7）MouseMove(鼠标移动)事件：在窗体上移动鼠标时，触发该事件。

在设计阶段，双击窗体中不含任何其他控件的空白区域，进入代码窗口，直接显示窗体的 Load 事件过程模板。通常在窗体的 Load 事件过程中编写一个窗体的启动代码，如指定窗体的初始背景颜色、指定窗体上控件的初始属性设置等。

5. 窗体的方法

1）Close 方法：用于关闭指定的窗体。窗体关闭后，将关闭在该对象内创建的所有资源并且释放该窗体。例如，关闭当前窗体的语句为 Me.Close()。

2）Show 方法：用于显示指定的窗体，例如，显示窗体 Form2 的语句为 Form2.Show()。

3）Hide 方法：用于隐藏指定的窗体。例如，隐藏当前窗体的语句为 Me.Hide()。

【例 2-1】设计一个简单的欢迎界面。

界面设计：启动 VB.NET，新建一个 Windows 窗体应用程序项目，将窗体的 Name 属性改为 frmFirst，将窗体的 StartPosition 属性设置为 CenterScreen。使用工具箱的 Label 控件向窗体添加一个标签，使用其默认名称 Label1。

代码设计：在窗体的激活（Activated）事件过程中编写代码，设置窗体的背景色和前景色、清空窗体标题栏、设置字体，在标签 Label1 上显示"欢迎使用 Visual Basic"。代码如下。

```
Private Sub frmFirst_Activated(ByVal sender As Object, ByVal e As System.
EventArgs) Handles Me.Activated
    With Me
        .BackColor = Color.Yellow
        .ForeColor = Color.Red
        .Text = ""
        .Font = New Font("隶书", 20, FontStyle.Bold)
    End With
    Label1.Text = "欢迎使用 Visual Basic"
End Sub
```

运行界面如图 2-13 所示。

代码中使用到了 Me 关键字表示当前窗体，而不能使用当前窗体的名称。在设置窗体的背景色、前景色时，使用了 Color 结构，在 VB.NET 中已命名的颜色（如 Red、Yellow 等）可以使用 Color 结构的属性来表示。Font 属性和 BackColor 属性是环境属性。环境属性是一种控件属性，如果不设置，

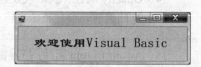

图 2-13　简单的欢迎界面

就会继承其所在容器控件（如窗体）的该属性值。代码中，标签 Label1 使用的就是窗体的 Font、BackColor 属性值。

2.3.2 命令按钮

命令按钮（Button）常常用来接受用户的操作信息，激发相应的事件过程，是用户与应用程序交互最简便的方法。命令按钮在工具箱中的图标为 [ab Button]。

1. 命令按钮的属性

1）Text 属性：命令按钮的标题，即显示在命令按钮上的文本信息。可以给命令按钮定义一个访问键，在想要指定为访问键的字符前加一个"&"符号，该字符就会带有一个下划线。运行时，同时按下 Alt 键和带下划线的字符与单击该命令按钮效果相同。

2）TextAlign 属性：获取或设置命令按钮控件上文本的对齐方式。

3）FlatStyle 属性：获取或设置命令按钮控件的平面样式外观。其值是 System.Windows.Forms 命名空间下的 FlatStyle 枚举类型，有以下取值：

- ❏ Standard：默认值，命令按钮显示为标准三维样式。
- ❏ Flat：命令按钮显示为平面样式。
- ❏ Popup：当鼠标光标不在命令按钮上时，命令按钮显示为平面，当鼠标光标移到命令按钮上时，命令按钮显示为三维效果。
- ❏ System：该控件的外观是由用户的操作系统决定的。

将 FlatStyle 属性设置为前 3 种值时，均可以用 Image 和 BackgroundImage 属性显示图像，也可以使用 BackColor 属性为按钮设置颜色；设置为 System 时，按钮的外观取决于用户的操作系统，此时不能显示图像或设置颜色。

4）Image 属性：在 FlatStyle 属性值不为 System 时，获取或设置显示在命令按钮上的图像。

5）ImageAlign 属性：获取或设置命令按钮上图像的对齐方式。

6）BackgroundImage 属性：获取或设置在命令按钮中显示的背景图像。

7）TextImageRelation 属性：获取或设置命令按钮上文本和图像之间的相对位置。

8）Enabled 属性：获取或设置一个值，该值指示该命令按钮是否可以对用户交互做出响应。该属性值为 False 时，表示命令按钮无效，不能对用户产生的事件做出反应，呈暗淡显示。默认值为 True。

9）Visible 属性：获取或设置一个值，该值指示在运行时是否显示该命令按钮。该属性值为 False 时，表示命令按钮在运行时不可见。

2. 命令按钮的事件

1）Click 事件：在命令按钮上单击鼠标时，触发该事件。

2）KeyPress 事件：当命令按钮具有焦点时按下一个键盘按键时，触发该事件。使用其参数 e 的 KeyChar 属性可以获取运行时按键的字符。KeyPress 事件不能由非字符键触发。

3）KeyDown 事件：当命令按钮具有焦点时按下一个键盘按键时，触发该事件。使用其参数 e 的 KeyCode 属性可以获取运行时按键的 ASCII 码。

4）KeyUp 事件：当命令按钮具有焦点时抬起一个键盘按键时，触发该事件。

在设计阶段，双击命令按钮，进入代码窗口，直接显示该命令按钮的 Click 事件过程模板。

在程序运行时，可以用以下方法之一触发命令按钮的 Click 事件：

- ❏ 用鼠标单击命令按钮。
- ❏ 按 Tab 键，把焦点移动到相应的命令按钮上，再按回车键或空格键。
- ❏ 按命令按钮的访问键，即按下 Alt 键和命令按钮上带下划线的字母键。
- ❏ 在代码中设置命令按钮的 PerformClick 方法，如 Button1.PerformClick()。
- ❏ 如果该命令按钮是窗体的"接受"按钮，那么即使焦点在另一个控件上（但该控件不可以是另一个命令按钮或捕获 Enter 键的自定义控件或多行文本框），按回车键也将触发该命令按钮的 Click 事件。

❑ 如果该命令按钮是窗体的"取消"按钮，那么即使焦点在另一个控件上，按 Esc 键也将触发该命令按钮的 Click 事件。

3．命令按钮的方法

1）PerformClick 方法：可以使用 PerformClick 方法激活命令按钮的 Click 事件。例如，使用 btn.PerformClick() 将触发命令按钮 btn 的 Click 事件。

2）Focus 方法：可以使用 Focus 方法将焦点定位在指定的命令按钮上。例如，使用 btnOk.Focus() 表示将焦点定位到名称为 btnOk 的命令按钮上。

【例 2-2】设计如图 2-14a 所示的界面。编程序实现：运行时初始界面如图 2-14b 所示；单击"隐藏"按钮隐藏图像，并且使"隐藏"按钮无效，"显示"按钮有效（见图 2-14c）；单击"显示"按钮显示图像，并且使"显示"按钮无效，"隐藏"按钮有效（见图 2-14b）。

　　　　a）设计界面　　　　　　　　b）运行界面 1　　　　　　　c）运行界面 2

图 2-14　图像的显示与隐藏

界面设计：新建一个 Windows 窗体应用程序项目，向窗体上添加两个命令按钮，单击工具箱的 ![PictureBox] 图标，向窗体上添加一个 PictureBox 控件，该控件用于显示图片。各对象的属性设置如表 2-1 所示。

表 2-1　图 2-14a 中各对象的属性设置

对象	属性名	属性值	说明
窗体	Name	frmSecond	定义窗体名称
	Text	单击隐藏按钮隐藏图像	定义窗体标题
命令按钮	Name	btnShow	定义"显示"按钮名称
	Text	显示 (&S)	定义命令按钮显示的文本，设置访问键为 Alt+S
	Enabled	False	使运行时命令按钮的初始状态为无效
命令按钮	Name	btnHide	定义"隐藏"按钮名称
	Text	隐藏 (&H)	定义命令按钮显示的文本，设置访问键为 Alt+H
	Enabled	True	使运行时命令按钮的初始状态为有效
图片框	Name	PictureBox1	定义图片框控件的名称，这里使用默认名称
	Image	任意指定一幅图像	该属性用于指定在图片框中显示的图像
	BorderStyle	Fixed3D	设置图片框边框为三维边框
	SizeMode	StretchImage	设置图像根据 PictureBox 的大小自动伸缩

代码设计：在命令按钮的 Click（单击）事件过程中，通过设置 PictureBox1 控件的 Visible 属性和命令按钮的 Enabled 属性完成图像的显示与隐藏，并改变命令按钮的状态。

1）"隐藏"按钮 btnHide 的 Click 事件过程如下：

```
Private Sub btnHide_Click(ByVal sender As System.Object, ByVal e As System.
EventArgs) Handles btnHide.Click
        PictureBox1.Visible = False          ' 隐藏图像
        btnHide.Enabled = False              ' 使"隐藏"按钮无效
        btnShow.Enabled = True               ' 使"显示"按钮有效
        Me.Text = "单击显示按钮显示图像"      ' 修改窗体的标题内容
End Sub
```

2）"显示"按钮 btnShow 的 Click 事件过程如下：

```
Private Sub btnShow_Click(ByVal sender As System.Object, ByVal e As System.
EventArgs) Handles btnShow.Click
        PictureBox1.Visible = True          ' 显示图像
        btnHide.Enabled = True              ' 使"隐藏"按钮有效
        btnShow.Enabled = False             ' 使"显示"按钮无效
        Me.Text = "单击隐藏按钮隐藏图像"       ' 修改窗体的标题内容
End Sub
```

2.3.3 标签

标签（Label）常用于在界面上提供一些文字提示信息。标签在工具箱中的图标为 A Label 。

1. 标签的属性

1）Text 属性：获取或设置在标签中显示的文本。

2）TextAlign 属性：获取或设置标签中文本的对齐方式。

3）AutoSize 属性：获取或设置一个值，该值指示是否自动调整标签的大小，以完整显示其内容。当该属性设置为 True（默认值）时，标签的宽度被自动调整，以便能完整显示其中的内容；设置为 False 时，标签保持设计时定义的大小，太长的文本内容将不能显示出来。

4）BorderStyle 属性：获取或设置标签的边框样式。在默认情况下，该属性值为 None，标签无边框；设置为 FixedSingle 时，标签有单边边框；设置为 Fixed3D 时，标签有三维边框（凹陷）。

2. 标签的事件

标签控件可以支持 Click、DoubleClick 等事件，但通常不在标签的事件过程中编写代码。

【例 2-3】设计一个水平滚动的条幅。

界面设计： 新建一个 Windows 窗体应用程序项目，向窗体添加一个标签和两个命令按钮；单击工具箱的 Timer 图标，向窗体添加一个定时器（Timer）控件，使用 Timer 控件可以实现每隔一定的时间间隔自动执行指定的功能。Timer 控件是不可见控件，将其画到窗体之后，该控件会显示在窗体下方的专用面板中。界面如图 2-15a 所示。各对象的属性设置如表 2-2 所示。

设运行时单击"开始"按钮，使条幅从窗体左侧逐渐移向窗体右侧，如图 2-15b 所示；单击"结束"按钮，条幅回到窗体左侧，停止移动，如图 2-15c 所示。

定时器 —— ⏲ Timer1

a）设计界面   b）运行界面 1   c）运行界面 2

图 2-15　水平滚动的条幅

表 2-2　图 2-15a 中各对象的属性设置

对象	属性名	属性值	说明
窗体	Text	水平滚动的条幅	定义窗体标题
命令按钮	Name	btnBegin	定义"开始"按钮名称
	Text	开始 (&B)	定义命令按钮显示的文本，设置访问键为 Alt+B
命令按钮	Name	btnEnd	定义"结束"按钮名称
	Text	结束 (&E)	定义命令按钮显示的文本，设置访问键为 Alt+E
	Enabled	False	使运行时命令按钮的初始状态为无效

（续）

对象	属性名	属性值	说明
标签	Name	Label1	定义标签控件的名称，这里使用默认名称
	Text	北京您早	定义标签的显示内容
	Font	隶书、粗体、三号	设置标签字体大小
定时器	Name	Timer1	定义定时器控件的名称，这里使用默认名称
	Enabled	False	初始状态关闭定时器，这里使用默认值
	Interval	100	设置定时器两次调用 Timer 事件间隔的毫秒数为 100 毫秒，即 0.1 秒，这里使用默认值

代码设计：

1）在窗体的 Load 事件过程中编写代码，使得运行时，标签的初始位置在窗体的左侧。

```
Private Sub Form1_Load(ByVal sender As System.Object, ByVal e As System.
EventArgs) Handles MyBase.Load
    Label1.Left = 0        ' 将标签的初始位置设置在窗体左侧
End Sub
```

2）在"开始"按钮的 Click 事件过程中，激活定时器，并设置"开始"按钮无效，"结束"按钮有效。

```
Private Sub btnBegin_Click(ByVal sender As Object, ByVal e As System.EventArgs)
Handles btnBegin.Click
    Timer1.Enabled = True        ' 激活定时器
    btnBegin.Enabled = False
    btnEnd.Enabled = True
End Sub
```

3）在"结束"按钮的 Click 事件过程中，关闭定时器，使标签回到窗体左侧，设置"开始"按钮有效，"结束"按钮无效。

```
Private Sub btnEnd_Click(ByVal sender As Object, ByVal e As System.EventArgs)
Handles btnEnd.Click
    Timer1.Enabled = False        ' 关闭定时器
    Label1.Left = 0               ' 标签回到窗体左侧
    btnBegin.Enabled = True
    btnEnd.Enabled = False
End Sub
```

4）在定时器的 Tick 事件过程中编写代码，实现对标签的移动。当定时器的 Enabled 属性为 True 时，定时器的 Tick 事件过程会每隔一定时间（由 Interval 属性决定）自动执行一次。通过在该事件过程中设置标签的 Left 属性实现标签自动从左向右移动。

```
Private Sub Timer1_Tick(ByVal sender As System.Object, ByVal e As System.
EventArgs) Handles Timer1.Tick
    Label1.Left = Label1.Left + 10
End Sub
```

2.3.4 文本框

文本框（TextBox）控件用于在界面上提供一个文本编辑区域，该编辑区域既可以显示文本信息，也可以获取用户输入或修改的文本信息。文本框控件在工具箱中的图标为 abl TextBox 。

1. 文本框的属性

1）Text 属性：获取或设置文本框中的当前文本。

2）AcceptsReturn 属性：获取或设置一个值，该值指示在多行 TextBox 控件中按 Enter 键时，是在控件中创建一行新文本，还是激活窗体的"接受"按钮。

如果该窗体没有"接受"按钮，则不管该属性的值是什么，按 Enter 键时总是会在该文本框控件中创建一行新文本。

如果该窗体有"接受"按钮，且该属性值设置为 False 时，则在按 Enter 键时激活窗体的"接受"按钮。此时若要在多行 TextBox 控件中创建一个新行，则必须按 Ctrl+Enter 组合键才能实现。该属性的默认值为 False。

3）MultiLine 属性：获取或设置一个值，该值指示该文本框是否为多行文本框。当 MultiLine 属性为 True 时，文本框可以输入或显示多行文本，且当 WordWrap 属性为 True 时，会在输入的内容超出文本框时自动换行。MultiLine 属性的默认值为 False。

在设计阶段，在属性窗口输入文本内容时，按 Enter 键开始一个新行，按 Ctrl+Enter 组合键完成文本的输入。

在运行阶段，如果窗体上没有"接受"按钮，则在多行文本框（TextBox）控件中按 Enter 键，可以把光标移动到下一行；如果有"接受"按钮存在，则必须按 Ctrl+Enter 组合键才能移动到下一行。

在设计阶段，选中文本框控件时，其右上角有一个三角图形的按钮，单击该按钮，可以弹出一个小菜单，如图 2-16 所示，选中复选框相当于在属性窗口将 MultiLine 属性设置为 True。

4）ScrollBars 属性：用于确定文本框是否带滚动条。其值是 System.Windows.Forms 命名空间下的 ScrollBars 枚举类型，有以下取值。

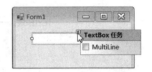

- ❑ None：不显示任何滚动条。
- ❑ Horizontal：只显示水平滚动条。
- ❑ Vertical：只显示垂直滚动条。
- ❑ Both：同时显示水平滚动条和垂直滚动条。

图 2-16　在文本框控件上直接设置 MultiLine 属性

只有当 MultiLine 属性值为 True 时，文本框才可以显示滚动条。如果将 WordWrap 属性设置为 True，则不管 ScrollBars 属性的值是什么，都不会显示水平滚动条。

5）WordWrap 属性：指示多行文本框控件在必要时是否自动换到下一行的开始。当 WordWrap 属性为 True 时，多行文本框控件可自动换行；否则，即使用户键入的内容超过了控件的右边缘，也不会自动换行。默认值为 True。

6）PasswordChar 属性：获取或设置用于屏蔽文本框控件中文本的密码字符。默认情况下，该属性被设置为空串，用户在文本框中键入字符时，每个字符都可以显示出来。如果将 PasswordChar 属性设置为一个字符，如星号（*），则在文本框中键入字符时，只显示星号，不显示键入的字符。Text 属性接收的仍是用户输入的文本。使用该属性可以将文本框设计为一个口令输入框。

7）UseSystemPasswordChar 属性：获取或设置一个值，该值指示单行 TextBox 控件中的文本是否应该以默认的密码字符显示。当 UseSystemPasswordChar 属性为 True 时，文本框中的文本以系统默认的密码字符显示。默认值为 False。

UseSystemPasswordChar 属性的优先级高于 PasswordChar 属性。当 UseSystemPasswordChar 设置为 True 时，将使用系统默认的密码字符，并忽略由 PasswordChar 设置的字符。

当 MultiLine 属性为 True 时，UseSystemPasswordChar 属性无效。

8）ReadOnly 属性：获取或设置一个值，该值指示文本框中的文本是否为只读。当 ReadOnly 属性为 True 时，文本框是只读的，用户不能在运行时直接在窗口界面上更改文本框中的内容。默认值为 False。

9）SelectionStart 属性：在程序运行期间获取或设置文本框中选定的文本起始点。例如：

```
TextBox1.SelectionStart = 1
```

表示设置选择文本的起始位置从第 2 个字符开始，第 1 个字符的起始位置为 0。

10）SelectionLength 属性：在程序运行期间获取或设置文本框中选定的字符数。例如：

```
TextBox1.SelectionLength = 5
```

表示选择文本框 TextBox1 中的 5 个字符。

11）SelectedText 属性：获取或设置一个值，该值指示控件中当前选定的文本。如果文本框中当前没有选定的文本，则此属性返回一个零长度字符串（""）。

例如，设在窗体上有一个命令按钮 Button1，一个文本框 TextBox1。要在程序运行时，单击命令按钮 Button1，选择文本框的前 3 个字符，并将它们显示在消息框上，可以使用以下代码实现：

```
Private Sub Button1_Click(ByVal sender As System.Object, ByVal e As System.
EventArgs) Handles Button1.Click
    TextBox1.Focus()                          ' 将焦点定位在文本框中
    TextBox1.SelectionStart = 0               ' 设置选择文本的起点为第一个字符
    TextBox1.SelectionLength = 3              ' 设置选择文本的长度为 3 个字符
    MsgBox(TextBox1.SelectedText) ' 在消息框上显示选择的文本
End Sub
```

运行时，单击命令按钮 Button1，文本框中选择的文本和消息框上显示的文本如图 2-17 所示。

TextBox1 ——  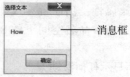 —— 消息框

图 2-17 选择文本示例

12）TextLength 属性：获取文本框中文本的长度，即字符个数。

13）MaxLength 属性：获取或设置用户可在文本框控件中键入的最大字符数。

2．文本框的事件

1）TextChanged 事件：当用户向文本框输入新的内容，或通过代码改变了文本框的 Text 属性时，触发 TextChanged 事件。在 TextChanged 事件过程中应避免改变文本框自身的内容。

在设计阶段，双击窗体上的文本框，进入代码窗口，直接显示该文本框的 TextChanged 事件过程模板。

2）GotFocus 事件：当运行时单击文本框对象、按 Tab 键或用 Focus 方法将焦点定位到文本框时，触发该事件，称为"获得焦点"事件。

3）LostFocus 事件：当运行时按下 Tab 键使光标离开文本框对象、用鼠标选择其他对象或用 Focus 方法将焦点设置为其他对象时触发该事件，称为"失去焦点"事件。

4）KeyPress 事件：当焦点在文本框时按下键盘上的某个按键时触发该事件。借助 KeyPress 事件处理程序的第 2 个参数 e 的 KeyChar 属性，可以返回按键的 ASCII 字符。例如：

```
Private Sub TextBox1_KeyPress(ByVal sender As Object, ByVal e As System.Windows.
Forms.KeyPressEventArgs) Handles TextBox1.KeyPress
    Debug.Print(e.KeyChar)
End Sub
```

此示例在即时窗口打印出在文本框 TextBox1 中所按键对应的 ASCII 字符。

3．文本框的方法

1）AppendText 方法：向文本框的当前文本追加文本。例如，将文本框 TextBox1 中选择的文本追加到文本框 TextBox2 中，语句如下：

```
TextBox2.AppendText(TextBox1.SelectedText)
```

将字符串"Visual Basic.NET"追加到文本框 TextBox1 中，语句如下：

```
TextBox1.AppendText("Visual Basic.NET")
```

2）Clear 方法：清除文本框控件中的所有文本。例如，TextBox1.Clear()。

3）Copy 方法：将文本框中当前选定的内容复制到"剪贴板"。

4）Cut 方法：将文本框中当前选定的内容移动到"剪贴板"。

5）Paste 方法：用"剪贴板"的内容替换文本框中当前选定的内容。

6）Undo 方法：撤销文本框中的上一个编辑操作。

7）Focus 方法：将焦点设置在指定的文本框上。

8）SelectAll 方法：选定文本框中的所有文本。例如，TextBox1.SelectAll()。

【例 2-4】设计程序，对文本框实现以下操作：

1）实现对文本框文字的复制、剪切、粘贴。

2）设置文本框文字的下划线、删除线、粗体、斜体效果。

3）对文本框文字进行放大或缩小。

界面设计：新建一个 Windows 窗体应用程序项目，参照图 2-18 设计界面。将所有命令按钮的 Text 属性清空，通过 Image 属性设置相应的图片。将文本框 TextBox1 的 MultiLine 属性设置为 True，ScrollBars 属性设置为 Vertical，在 Text 属性中输入一段文字。

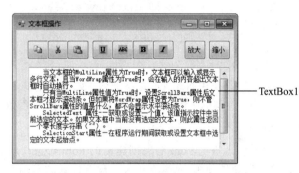

图 2-18 文本框操作

代码设计：各命令按钮的 Click 事件过程如下：

```
'"复制"按钮
Private Sub Button1_Click(ByVal sender As System.Object, ByVal e As System.
EventArgs) Handles Button1.Click
    TextBox1.Copy()
End Sub
'"剪切"按钮
Private Sub Button2_Click(ByVal sender As System.Object, ByVal e As System.
EventArgs) Handles Button2.Click
    TextBox1.Cut()
End Sub
'"粘贴"按钮
Private Sub Button3_Click(ByVal sender As System.Object, ByVal e As System.
EventArgs) Handles Button3.Click
    TextBox1.Paste()
End Sub
'"下划线"按钮
Private Sub Button4_Click(ByVal sender As System.Object, ByVal e As System.
EventArgs) Handles Button4.Click
    TextBox1.Font = New Font(TextBox1.Font, TextBox1.Font.Style Or FontStyle.
Underline)
End Sub
'"删除线"按钮
Private Sub Button5_Click(ByVal sender As System.Object, ByVal e As System.
EventArgs) Handles Button5.Click
    TextBox1.Font = New Font(TextBox1.Font, TextBox1.Font.Style Or FontStyle.
Strikeout)
End Sub
'"粗体"按钮
Private Sub Button6_Click(ByVal sender As System.Object, ByVal e As System.
EventArgs) Handles Button6.Click
```

```
        TextBox1.Font = New Font(TextBox1.Font, TextBox1.Font.Style Or FontStyle.Bold)
    End Sub
    ' "斜体"按钮
    Private Sub Button7_Click(ByVal sender As System.Object, ByVal e As System.
EventArgs) Handles Button7.Click
        TextBox1.Font = New Font(TextBox1.Font, TextBox1.Font.Style Or FontStyle.
Italic)
    End Sub
    ' "放大"按钮
    Private Sub Button8_Click(ByVal sender As System.Object, ByVal e As System.
EventArgs) Handles Button8.Click
        TextBox1.Font = New Font(TextBox1.Font.Name, TextBox1.Font.Size + 5, TextBox1.
Font.Style)
    End Sub
    ' "缩小"按钮
    Private Sub Button9_Click(ByVal sender As System.Object, ByVal e As System.
EventArgs) Handles Button9.Click
        TextBox1.Font = New Font(TextBox1.Font.Name, TextBox1.Font.Size - 5, TextBox1.
Font.Style)
    End Sub
```

以上代码使用 New Font(参数表)创建一个 Font 对象，通过将该对象赋给文本框的 Font 属性来修改文本框的字体、字号、样式等。其中，"参数表"可以有多种格式，例如，使用格式：

```
New Font(现有 Font 对象,新样式)
```

表示从现有的 Font 对象创建新的 Font 对象，新的 Font 对象具有指定的新样式。代码中在"新样式"位置使用 Or 运算实现在现有样式的基础上添加新的样式。例如，使用 TextBox1.Font.Style Or FontStyle.Underline 表示在现有样式基础上添加下划线样式。

2.4　焦点和 Tab 键顺序

1. 焦点

焦点表示控件接收用户鼠标或键盘输入的能力。当对象具有焦点时，可以接收用户的输入。在 Windows 界面，任一时刻可运行几个应用程序，但只有具有焦点的应用程序才有活动标题栏，才能接收用户输入。例如，在有几个文本框的 Windows 窗体中，只有具有焦点的文本框才接收由键盘输入的文本。

当对象得到或失去焦点时，会产生 GotFocus 或 LostFocus 事件。窗体和多数控件支持这些事件。

用下列方法之一可以将焦点赋给对象：

❑ 运行时用 Tab 键移动、用访问键或用鼠标单击选择对象。

❑ 在代码中用 Focus 方法。

有些对象是否获得焦点是可以看出来的。例如，当命令按钮获得焦点时，按钮周围的边框呈现淡蓝色；当文本框获得焦点时，光标在文本框内闪烁。

只有当对象的 Enabled 和 Visible 属性设置为 True 时，它才能接收焦点。Enabled 属性允许对象响应由用户产生的事件，如键盘和鼠标事件。Visible 属性决定了对象运行时在屏幕上是否可见。

用下列方法之一可以使对象失去焦点：

❑ 运行时用 Tab 键移动、用访问键或用鼠标单击选择另一个对象。

❑ 在代码中对另一个对象使用 Focus 方法改变焦点。

2. Tab 键顺序

当窗体上有多个控件时，单击某个控件或者按 Tab 键，就可以把焦点移到该控件上。每按一次 Tab 键，可以使焦点从一个控件移到另一个控件上。所谓 Tab 键顺序，就是指按 Tab 键时，焦点在各个控件之间的移动顺序。

一般情况下，Tab 键顺序由控件建立时的先后顺序确定。例如，在窗体上先后建立了文本框 TextBox1、TextBox2 和命令按钮 Button1。应用程序启动时，TextBox1 获得焦点。按 Tab 键将使焦点按控件建立的先后顺序在控件间移动，如图 2-19 所示。

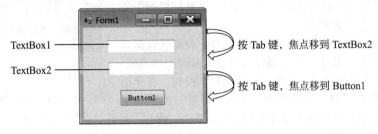

图 2-19 Tab 键序示例

控件的 TabIndex 属性决定了它在 Tab 键顺序中的位置。设置控件的 TabIndex 属性可以改变该控件在 Tab 键顺序中的位置。默认情况下，第一个建立的控件其 TabIndex 值为 0，第二个建立的控件其 TabIndex 值为 1，以此类推。

VB.NET 提供了更直观的方法来设置控件的 Tab 键顺序。执行"视图 |Tab 键顺序"命令，激活窗体上的 Tab 键顺序选择模式，在每个控件的左上角会出现一个数字（即 TabIndex 属性值），如图 2-20a 所示。依次单击控件可以建立所需的 Tab 键顺序，如图 2-20b 所示。

a) 原始 Tab 键顺序 b) 修改后的 Tab 键顺序

图 2-20 Tab 键顺序选择模式

控件在 Tab 键顺序内的位置可设置为大于或等于 0 的任何整数值。当出现重复项时，将计算两个控件的 Z- 顺序，并将前面的控件移动到首位（Z- 顺序是窗体上的控件沿窗体的 Z- 轴 [深度] 的可视化分层。Z- 顺序确定哪些控件位于其他控件的前面）。

设置好 Tab 键顺序后，再次执行"视图 |Tab 键顺序"，以离开 Tab 键顺序选择模式。

不能获得焦点的控件（如定时器、菜单、标签等控件）以及无效的（Enabled 属性值为 False）和不可见的（Visible 属性值为 False）控件，在按 Tab 键时将被跳过。

通常，在运行时按 Tab 键能选择 Tab 键顺序中的每一个控件。若要跳过某个控件，可以将该控件的 TabStop 属性值设为 False。TabStop 属性已置为 False 的控件，仍然保持它在实际 Tab 键顺序中的位置，只不过在按 Tab 键时该控件被跳过了。

2.5 上机练习

【练习 2-1】启动 VB.NET，新建一个 Windows 窗体应用程序项目，观察其窗体 Form1 的属性窗口中的 Name 属性和 Text 属性的值（应都默认为 Form1）。按以下要求熟悉如何在属性窗口中修改属性。

1）将窗体的 Name 属性改为 F1，Text 属性改为"我的第 1 个项目"。

2）将窗体的 Font 属性的字号设置为五号。

3）单击工具箱中的文本框控件（TextBox），在窗体上拖动鼠标画一个文本框，如图 2-21 的 TextBox1 所示，在其属性窗口中修改 Text 属性值为"欢迎使用 Visual Basic.NET"。

4）用同样的方法在窗体上画另一个文本框 TextBox2，将文本框 TextBox2 的 MultiLine 属性设置为 True，以便显示多行文本。修改其 Text 属性，使其内容如图 2-21 所示。文本框 TextBox2

的 WordWrap 属性使用默认值 True，这样在 Text 属性中输入的文本可以自动换行。

注意文本框控件的 Name 属性与 Text 属性的区别。

5）在窗体上画出 3 个命令按钮，修改它们的 Text 属性，使命令按钮表面显示文字如图 2-21 所示。观察 3 个命令按钮的 Name 属性，并将它们的 Name 属性分别改为 B1、B2、B3。调整好界面中各控件的大小及位置。

6）同时选中窗体上的所有控件，观察属性窗口显示内容。其中，Font 属性值应显示宋体，10.5pt。

7）单击工具栏上的"全部保存"按钮，在弹出的"保存项目"对话框中，单击"浏览"按钮确定

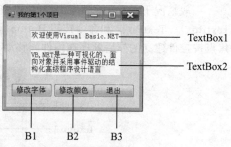

图 2-21 第 1 个项目

项目存盘位置，输入文件名称，然后单击"保存"按钮，如图 2-22 所示。

图 2-22 "保存项目"对话框

8）执行"文件 | 关闭项目"命令关闭项目。

【练习 2-2】在练习 2-1 的基础上按以下步骤操作，熟悉如何在运行时修改控件的属性。

1）执行"文件 | 打开项目"命令，打开练习 2-1 所保存的项目。

2）双击图 2-21 中的"修改字体"按钮，打开代码编辑器，输入代码，实现以下功能：将文本框 TextBox1 的字体改为黑体，将文本框 TextBox2 的字体改为隶书。

提示：文本框的字体属性为 Font。实现语句如下：

```
TextBox1.Font = New Font("黑体", TextBox1.Font.Size)
```

3）在代码编辑器窗口中，打开对象下拉列表框并选择"B2"，在过程下拉列表框中选择"Click"，在生成的 B2_Click 事件过程中编写代码，实现以下功能：将文本框 TextBox1 的文字颜色改为红色，将文本框 TextBox2 的背景颜色改为蓝色。

提示：文本框的文字颜色属性为 ForeColor，文本框的背景颜色属性为 BackColor。颜色值使用 Color 结构的属性表示，红色为 Color.Red，蓝色为 Color.Blue。

4）单击"Form1.vb[设计]"选项卡，进入设计界面，双击图 2-21 中的"退出"按钮，打开代码编辑器，输入 End 语句（或 Me.Close() 语句），这样，运行时单击"退出"按钮将结束程序的运行。

5）使用菜单或工具栏操作保存项目，将所有文件保存在硬盘上。

6）运行项目，检查各按钮的作用。如果有错，继续修改代码，直到正确为止。

7）打开 Windows 的资源管理器，观察存盘结果是否正确，以及项目文件中包括的文件夹和文件。

8）执行"文件 | 关闭项目"命令关闭项目。

思考：在 Windows 资源管理器中，双击项目文件夹中的哪个文件可以正确打开项目？

【练习 2-3】执行"文件 | 新建项目"命令，新建一个 Windows 窗体应用程序项目，完成如下步骤：

1）将窗体的 Name 属性改为 F2，Text 属性改为"鼠标移动"。

2）选取电脑中的任意一幅图像作为窗体的背景图像（设置窗体的 BackgroundImage 属性），并将窗体的 BackgroundImageLayout 属性值设置为 Stretch。

3）将窗体的 MaximizeBox 属性设置为 False，使窗体标题栏上的最大化按钮无效。

4）将窗体的 Opacity 属性设置为 70%，使窗体处于透明状态。

5）单击工具箱中的标签控件（Label），在窗体的任意位置画一个标签，设置标签的 Text 属性为"暂停"。

6）单击"解决方案资源管理器"窗口中的"查看代码"按钮，进入代码窗口。从对象下拉列表框中选择"（F2 事件）"，从过程下拉列表框中选择"MouseMove"，在 F2_MouseMove 事件过程中，将标签 Label1 的 Text 属性设置为"移动"，Location 属性设置为鼠标当前所在坐标位置，语句为：

```
Label1.Text = "移动"
Label1.Location = New Point(e.X, e.Y)
```

7）单击工具栏上的"全部保存"按钮，在弹出的"保存项目"对话框中单击"浏览"按钮，确定项目存盘位置，输入文件名称，然后单击"保存"按钮。

8）单击工具栏上的"启动调试"按钮，运行项目，在窗体上移动鼠标观察效果。

9）执行"文件 | 关闭项目"命令关闭项目。

【练习 2-4】执行"文件 | 新建项目"命令，新建一个 Windows 窗体应用程序项目，按以下步骤操作，熟悉事件的概念。

1）在窗体中添加一个命令按钮"改变窗体颜色"，编写代码，使得运行时鼠标在该按钮上按下时，窗体背景颜色为红色，鼠标抬起时窗体背景颜色为绿色。

提示：窗体的背景颜色属性为 BackColor，鼠标按下事件为 MouseDown，鼠标抬起事件为 MouseUp。

2）在当前窗体中添加一个新的文本框，编写代码，使得运行时鼠标在窗体空白区域按下时，文本框内容为"在窗体上按下了鼠标"，鼠标抬起时文本框内容为"在窗体上抬起了鼠标"。界面参考图 2-23。

图 2-23 "测试事件"界面

3）单击工具栏上的"全部保存"按钮，在弹出的"保存项目"对话框中，单击"浏览"按钮，确定项目存盘位置，输入文件名称，然后单击"保存"按钮。

4）单击工具栏的"启动调试"按钮运行项目，分别在命令按钮上按下、抬起鼠标，在窗体空白区域按下、抬起鼠标检查运行效果。

5）执行"文件 | 关闭项目"命令关闭项目。

【练习 2-5】执行"文件 | 新建项目"命令，新建一个 Windows 窗体应用程序项目。在窗体上建立 3 个文本框和两个命令按钮，设置 3 个文本框的字体属性，使它们字体不同，界面如图 2-24a 所示。编写代码实现：运行时，用户在文本框 TextBox1 中输入内容的同时，文本框 TextBox2 和 TextBox3 显示相同的内容，运行界面如图 2-24b 所示；单击"清除"按钮清空 3 个文本框中的内容；单击"退出"按钮结束程序的运行。

提示：要在 TextBox1 中改变内容时改变 TextBox2 和 TextBox3 的内容，需要使用文本框的 TextChanged 事件，代码如下：

```
Private Sub TextBox1_TextChanged(ByVal sender As System.Object, ByVal e As
System.EventArgs) Handles TextBox1.TextChanged
    TextBox2.Text = TextBox1.Text
    TextBox3.Text = TextBox1.Text
End Sub
```

a）设计界面　　　　　　　　　　　　　　b）运行界面

图 2-24　测试文本框的 TextChanged 事件

【练习 2-6】执行"文件 | 新建项目"命令，新建一个 Windows 窗体应用程序项目，按以下步骤操作，熟悉方法的概念。界面如图 2-25 所示。

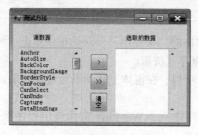 

a）设计界面　　　　　　　　　　　　b）设置 Tab 键顺序

图 2-25　"测试方法"界面

1）设置文本框 TextBox1 带垂直滚动条。文本框 TextBox2 可以通过复制粘贴 TextBox1 得到。

提示：设置文本框滚动条的属性为 ScrollBars，此时要求 MultiLine 属性必须为 True。

2）设置文本框 TextBox1 为只读（ReadOnly 属性）。

3）参照图 2-25b 改变 Tab 键顺序。

4）编写代码实现：运行时单击命令按钮 Button1 ▷ ，将文本框 TextBox1 中选择的文本追加到文本框 TextBox2 中。

提示：使用文本框的 AppendText 方法实现追加。选取的文本存放在 SelectedText 属性中。Button1 的 Click 事件过程如下：

```
Private Sub Button1_Click(ByVal sender As System.Object, ByVal e As System.
EventArgs) Handles Button1.Click
    TextBox2.AppendText(TextBox1.SelectedText & vbCrLf)
End Sub
```

5）编写代码实现：运行时单击命令按钮 Button2 ≫ ，选中文本框 TextBox1 中的所有文本并追加到文本框 TextBox2 中。

提示：使用文本框的 SelectAll 方法实现文本框内容的全部选中。Button2 的 Click 事件过程如下：

```
Private Sub Button2_Click(ByVal sender As System.Object, ByVal e As System.
EventArgs) Handles Button2.Click
    TextBox1.SelectAll()
    TextBox2.AppendText(TextBox1.SelectedText & vbCrLf)
End Sub
```

6）编写代码实现：运行时单击"清空"按钮 Button3，将文本框 TextBox2 的文本内容全部清空。

　　提示：使用文本框的 **Clear** 方法实现清空文本框的内容。**Button3** 的 **Click** 事件过程如下：

```
Private Sub Button3_Click(ByVal sender As System.Object, ByVal e As System.
EventArgs) Handles Button3.Click
    TextBox2.Clear()
End Sub
```

　　【练习 2-7】 执行"文件 | 新建项目"命令，新建一个 Windows 窗体应用程序项目。设计如图 2-26a 所示的界面。将各控件的 Tab 键顺序设置为如图 2-26b 所示。编写代码实现：运行时按下某命令按钮对文本框中的文字完成相应的设置。其中，每按一次"增大"或"缩小"按钮，使文本框中的文字增大或缩小 5 磅。

　　提示：设置下划线的语句为：

```
TextBox1.Font = New Font(TextBox1.Font, TextBox1.Font.Style Or FontStyle.
Underline)
```

　　设置删除线、粗体、斜体的语句类似。只需要把 FontStyle.Underline 改成 FontStyle.Strikeout、FontStyle.Bold、FontStyle.Italic 即可。

　　增大字号的语句如下：

```
TextBox1.Font = New Font(TextBox1.Font.Name, TextBox1.Font.Size + 5, TextBox1.
Font.Style)
```

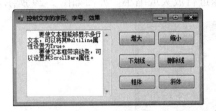
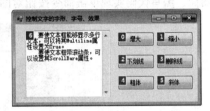

　　　　a）设计界面　　　　　　　　　　　　b）设置 Tab 键顺序

图 2-26　设置文字的字形、字号和效果

　　【练习 2-8】 执行"文件 | 新建项目"命令，新建一个 Windows 窗体应用程序项目，将窗体标题设置为"标签的移动"；在窗体上画一个标签，显示"北京欢迎您"，字体为华文行楷，字号为一号；画 4 个命令按钮，界面如图 2-27 所示。编写代码实现：运行时，单击各命令按钮，标签向相应的方向移动 10 像素。

图 2-27　标签的移动

　　提示：标签的左右移动可以通过设置其 Left 属性实现，例如向右移动的语句为：Label1.Left = Label1.Left + 10；上下移动可以通过设置其 Top 属性实现。

　　【练习 2-9】 执行"文件 | 新建项目"命令，新建一个 Windows 窗体应用程序项目。在窗体上放一幅图像，参照图 2-28a 设计界面。编写代码实现：运行时图像从窗体左上角向右下角逐渐移动。

　　要求：运行初始时，"移动"按钮有效，"停止"按钮无效，且关闭定时器（图像不移动），如

图 2-28b 所示；单击"移动"按钮，激活定时器，图像开始向右下角移动，且"移动"按钮无效，"停止"按钮有效，如图 2-28c 所示；单击"停止"按钮，则关闭定时器，将图像移回到左上角，且"移动"按钮有效，"停止"按钮无效，如图 2-28b 所示。

提示： 设置图片框的 Image 属性加载任意一幅图片，设置图片框的 SizeMode 属性为 StretchImage，使图片自动伸缩，将图片框的 Location 属性设置为 (0, 0) 点。

    a）设计界面   b）运行界面 1   c）运行界面 2

图 2-28 图像的动画效果

【练习 2-10】 执行"文件 | 新建项目"命令，新建一个 Windows 窗体应用程序项目。在窗体上放一幅图像，编写代码实现单击命令按钮对图像进行放大或缩小。界面如图 2-29 所示。

图 2-29 图像的放大与缩小

提示：

1）使用工具箱的 PictureBox 控件在窗体上画一个图片框，设置其 SizeMode 属性为 StretchImage，使图像的大小能够随图片框的大小自动调整，通过设置 Image 属性加载任意一幅图片。

2）在"放大"按钮的 Click 事件过程中编写代码，实现运行时每次单击"放大"按钮时，将图片框的宽度和高度同时增大 5 像素。例如：

```
PictureBox1.Width = PictureBox1.Width + 5      ' 宽度增加 5 像素
PictureBox1.Height = PictureBox1.Height + 5    ' 高度增加 5 像素
```

思考： 观察运行效果，可以看出，以上代码实现放大或缩小时只能使图像沿着右侧和下方放大和缩小，另外，将放大和缩小幅度固定为 5 像素不能实现图像的按比例放大和缩小，如何修改以上代码，解决这两个问题。

第 3 章　Visual Basic.NET 代码基础

理解了程序设计的基本概念、VB.NET 常用控件以及编写 VB.NET 应用程序的基本步骤之后，就可以开始考虑编写 VB.NET 应用程序了。首先必须了解程序的基本组成部分。程序是由语句组成的，而语句又是由数据、表达式、函数等基本语法单位组成的。本章将介绍 VB.NET 程序的基本语法单位，包括字符集、数据类型、常量、变量、运算符与表达式、内部函数等。

在编写代码时，必须严格按照 VB.NET 规定的语法来书写。为了便于解释 VB.NET 的各种语法成分（如语句、方法等），本书在提供各种语法成分的通用格式时，格式中的符号将采用如下统一约定：

1）[ ] 为可选参数表示符。中括号中的内容选与不选由用户根据具体情况决定，且都不影响语句本身的语法。例如，中括号中的内容省略，VB.NET 会使用该参数的默认值。

2）| 为多选一表示符。竖线分隔多个选择项，表示选择其中之一。

3）{ } 大括号中包含多个用竖线 "|" 隔开的选择项，必须从中选择一项。

4）,…表示同类项目重复出现，各项之间用逗号隔开。

5）…表示省略了在当时叙述中不涉及的部分。

注意： 这些符号只是语法格式的书面表示。在输入具体代码时，上述符号均不能作为代码的组成部分。

3.1　字符集

1. 字符集

字符是构成程序设计语言的最小语法单位。每一种程序设计语言都有自己的字符集。VB.NET 使用 Unicode 字符集，其基本字符集包括：

❑ 数字：0 ~ 9。

❑ 英文字母：a ~ z，A ~ Z。

❑ 特殊字符：空格 ！ " # $ % & ' ( ) * + - / \ ^ , . : ; < = > ? @ [ ] _ { } | ~等。

2. 关键字

关键字又称为保留字，它们在语法上有着固定的含义，是语言的组成部分，用于表示系统提供的标准过程、函数、运算符、常量等。例如，Me、End、Dim、Mod 等都是 VB.NET 的关键字，编程人员不能将这些关键字用作变量或过程等自定义的编程元素的名称。在 VB.NET 中，约定关键字的首字母为大写字母，用户可以在代码窗口借助 "完成单词" 特性完成关键字的输入。

3. 标识符

标识符（又称为 "已声明的元素名称"）用于标记用户自定义的类型、常量、变量、过程、控件等的名称。在 VB.NET 中，标识符的命名规则如下：

❑ 第一个字符必须是字母或下划线 ( )。

❑ 必须只包含字母、数字 0 ~ 9 和下划线。

❑ 如果名称以下划线开头，则必须包含至少一个字母或数字。

❑ 长度不能超过 1023 个字符。

❑ 不能使用关键字。

❑ 不可以包含小数点或者内嵌的标识符类型字符。标识符类型字符是附加在标识符之后的字符，用于指出标识符的数据类型，包括 % & ! # $ @。

例如，Sum、Age、Average、stuName、myScore%、tel_no、_a 等都是合法的标识符，而 2E、A.1、 my%Score、_、Dim 等都是不合法的标识符。

习惯上，将组成标识符的每个单词的首字母大写，其余字母小写。VB.NET 不区分标识符的大小写。例如，标识符 A1 和标识符 a1 是等价的。

3.2 数据类型

数据是程序的必要组成部分，也是程序处理的对象。在各种程序设计语言中，数据类型的规定和处理方法各不相同。VB.NET 不但提供了系统定义的基本数据类型，而且还允许用户定义自己的数据类型。

VB.NET 提供的基本数据类型主要有数值型、字符型、布尔型和日期型等。另外，VB.NET 还提供枚举、结构、数组、类等复合数据类型。本章将介绍基本数据类型和枚举、结构，其他类型将在后续章节中介绍。

3.2.1 数值型数据

VB.NET 支持的数值型数据分为整数类型和实数类型两大类。整数类型又分为"有符号"整数类型和"无符号"整数类型；实数类型分为浮点数和定点数。

1. 整数类型

整数类型的数据是不带小数点和指数符号的数。根据整数是否带符号，分为"有符号"整数和"无符号"整数；根据表示数范围的不同，分为短整型、整型、长整型、字节型。根据书写方式的不同，可以表示为十进制、八进制、十六进制。

（1）短整型

有符号短整型数由正号、负号、数字 0～9 组成。每个有符号短整型数占 2 字节的存储空间，取值范围为 −32768～32767。

有符号短整型用关键字 Short 表示；文本类型字符为 S，文本类型字符用于跟在一个常量的后面，表示该常量的类型。例如，10S 表示这里的 10 是一个有符号短整型数。

无符号短整型数由数字 0～9 组成。每个无符号短整型数占 2 字节的存储空间，取值范围为 0～65535。

无符号短整型用关键字 UShort 表示；文本类型字符为 US。例如，5US 表示这里的 5 是一个无符号短整型数。

短整型没有相应的标识符类型字符。

（2）整型

有符号整型数由正号、负号、数字 0～9 组成。每个有符号整型数占 4 字节的存储空间，取值范围为 −2147483648～2147483647。

有符号整型用关键字 Integer 表示；文本类型字符为 I；标识符类型字符为 %。例如，100、100I、100% 都是有符号整型常量，num% 表示一个有符号整型变量。

无符号整型数由数字 0～9 组成。每个无符号整型数占 4 字节的存储空间，取值范围为 0～4294967295。

无符号整型用关键字 UInteger 表示；文本类型字符为 UI；没有标识符类型字符。例如，100UI 表示 100 是一个无符号整型数。

（3）长整型

有符号的长整型数由正号、负号、数字 0～9 组成。每个有符号长整型数占 8 字节的存储空间，取值范围为 −9223372036854775808～9223372036854775807。

有符号长整型用关键字 Long 表示；文本类型字符为 L；标识符类型字符为 &。例如，20L、20& 都是有符号的长整型常量。sum& 表示一个有符号的长整型变量。

无符号长整型数由数字 0～9 组成。每个无符号长整型数占 8 字节的存储空间，取值范围为

$0 \sim 18446744073709551615$。

无符号长整型用关键字 ULong 表示；文本类型字符为 UL；没有标识符类型字符。例如，100UL 表示 100 是一个无符号长整型数。

（4）字节型

有符号字节型数由正号、负号、数字 $0 \sim 9$ 组成。每个有符号字节型数占 1 字节的存储空间，取值范围为 $-128 \sim 127$。

有符号字节型用关键字 SByte 表示；没有文本类型字符，也没有标识符类型字符。

无符号的字节型数由数字 $0 \sim 9$ 组成。每个无符号字节型数占 1 字节的存储空间，取值范围为 $0 \sim 255$。

无符号的字节型用关键字 Byte 表示，没有文本类型字符，也没有标识符类型字符。

整数类型都可以有 3 种表示形式，即十进制、八进制和十六进制。十六进制整数以 &H 为前缀；八进制整数以 &O 为前缀。注意，跟在前缀后面的数必须是一个指定数制的合法数。

例如，&H8000S、&O77、&O165L 都是合法的。

2. 实数类型

实数类型的数据是带小数部分的数。按存储格式的不同，又分为浮点数和定点数。

浮点数采用 IEEE(Institute of Electrical and Electronics Engineers, 电气及电子工程师学会) 格式，由尾数及指数两部分组成，形式如下：

$$[+|-]xxx[.x \cdots x]E[+|-]xxx$$

尾数部分　　指数部分

其中，x 表示一位数字，[] 括起的部分可以省略，"|"表示可以取其两侧的内容之一。

（1）单精度浮点型

每个单精度浮点数占 4 字节的存储空间，可以精确到 7 位十进制数。其负数的取值范围为 $-3.4028235 \times 10^{38} \sim -1.401298 \times 10^{-45}$，正数的取值范围为 $1.401298 \times 10^{-45} \sim 3.4028235 \times 10^{38}$。

单精度浮点型用关键字 Single 表示；文本类型字符为 F；标识符类型字符为！。

例如，123.45E3F 是一个单精度浮点数，其中 123.45 是尾数，E3 是指数，相当于数学中的 123.45×10^{3}。159！、159F、3.14！、3.14F 都是合法的单精度浮点数。A! 表示一个单精度型变量。

（2）双精度浮点型

每个双精度浮点数占 8 字节的存储空间。可以精确到 15 位十进制数。其负数的取值范围为 $-1.79769313486231570 \times 10^{308} \sim -4.94065645841246544 \times 10^{-324}$，正数的取值范围为 $4.94065645841246544 \times 10^{-324} \sim 1.79769313486231570 \times 10^{308}$。

双精度浮点型用关键字 Double 表示；文本类型字符为 R；标识符类型字符为 #。一个带小数点的数，如果不加文本类型字符或标识符类型字符，VB.NET 将其当做 Double 类型。

例如，123.45678e3R 是一个双精度浮点数，其中 123.45678 是尾数，e3 是指数，相当于数学中的 123.45678×10^{3}。123.45678e3、3.14、56R、56#、3.14R、3.14# 都是合法的双精度浮点数。

注意，采用 IEEE 格式表示浮点数时，E 的两侧必须都有数字，且指数部分必须为整数。例如，以下均为不合法的浮点数表示法。

E5　　　　　没有尾数部分

1.23E6.2　　　指数部分不能带小数点，必须是整数

（3）货币型

货币型数据主要用于对精度有特别要求的重要场合，如金融方面的计算。

每个货币型数据占 16 字节的存储空间，最多支持 29 位有效数字。

货币型用关键字 Decimal 表示；文本类型字符为 D；标识符类型字符为 @。例如，−7.56D、

-7.56@ 都是合法的货币型数据表示法。

在编写代码中，如果在数据之后不加文本类型字符或标识符类型字符，系统会根据数据的形式来确定其默认类型。例如，没有小数部分的数值，默认数据类型为 Integer；无小数部分的数值，但对 Integer 而言又太大的数值，默认数据类型为 Long；有小数部分的数值，默认数据类型为 Double。

3.2.2　字符型数据

字符型数据用来处理可打印和可显示的字符，分为 Char 和字符串两种类型。

（1）Char 类型

Char 数据类型用于表示单个双字节（16 位）的 Unicode 字符。文本类型字符为 c，没有标识符类型字符。例如，"a"c 是一个合法的 Char 数据类型字符。

（2）字符串类型

字符串类型用关键字 String 表示，可以表示 0 个或多个双字节（16 位）Unicode 字符的序列，最多可以表示 2^{31} 个字符。标识符类型字符为 $，没有文本类型字符。

字符串常量是一个用双引号括起来的字符序列，由一切可打印的西文字符和汉字组成。例如，以下表示都是合法的字符串：

"Hello"　"12345"　"ABCD123"　"VB.NET 程序设计 "　 "5+6="　 ""（空字符串）

双引号在代码中起字符串的定界作用。当输出一个字符串时，代码中的双引号是不输出的；当运行时需要从键盘输入一个字符串时，也不需要键入双引号。

在字符串中，字母的大小写是有区别的。例如，"ABCD123" 与 "abcd123" 代表两个不同的字符串。

如果字符串本身包括双引号，可以使用连续的两个双引号表示。例如，要在即时窗口打印字符串：

"You must study hard"，he said.

应写成：

```
Debug.Print("""You must study hard""",he said.")
```

3.2.3　布尔型数据

布尔型数据只有 True 和 False 两个值，常用于表示具有两种状态的数据，如表示条件的成立与否。布尔型数据用关键字 Boolean 表示。

当将数值型数据转换为布尔型数据时，0 转换为 False，非 0 值转换为 True。当将布尔型数据转换为数值类型时，False 转换为 0，True 转换为 -1。

布尔型数据没有文本类型字符和标识符类型字符。

3.2.4　日期型数据

日期型数据按 8 字节的浮点形式存储，可以表示的日期范围为 0001 年 1 月 1 日至 9999 年 12 月 31 日的日期以及午夜 12:00:00 至晚上 11:59:59.9999999 的时间。

日期型数据用关键字 Date 表示；日期型数据不具有文本类型字符和标识符类型字符。

日期型数据可以包含日期值、时间值，或日期和时间值，由一对 # 号所包围。其中，日期部分的表示格式为 M/d/yyyy。例如，#5/31/2013# 代表 2013 年 5 月 31 日。此要求独立于区域设置和计算机的日期和时间格式设置。时间部分一般按 h:mm:ss 的格式给出，后面可以加上 am 或 pm。

例如，上午 8 点可以表示为：

```
#8:00:00 AM#
```

只需要输入 #8 am#，系统会自动加上 00 分 00 秒，并将 am 转换为大写。

2013 年 5 月 31 日 18 点 35 分可以表示为：

```
#5/31/2013 6:35:00 PM#
```

3.2.5 Object 型数据

Object 型数据用来保存引用对象的地址。可以为 Object 类型的变量分配任何引用类型，即 Object 型数据可以指向任意数据类型的数据。Object 数据无论引用什么数据类型，都不包含数据值本身，而是指向该值的一个指针，所以它总是在计算机内存中占用 4 字节（假设系统使用 32 位地址）。

Object 型数据不具有文本类型字符和标识符类型字符。

在程序中，不同类型的数据既可以以常量的形式出现，也可以以变量的形式出现。

3.3 常量

常量是指在程序运行期间其值不发生变化的量。VB.NET 有两种形式的常量——直接常量和符号常量。符号常量又分为用户自定义符号常量和系统定义符号常量。

3.3.1 直接常量

直接常量是指在代码中以直接明显的形式给出的数。常量按数据类型分为数值型常量、字符型常量、布尔型常量、日期型常量。例如：

" 欢迎使用 Visual Basic.NET" 为字符型常量，长度为 20 个字符。

12345 为整型常量。

True 为布尔型常量。

#11/10/2010# 为日期型常量。

在程序设计中，对于任意给出的一个常量，如何判断它属于何种类型？例如，值 3.01 可能是单精度类型，也可能是双精度类型。VB.NET 规定，在程序代码中，通常根据值的形式决定它的数据类型。默认情况下，VB.NET 将整数值作为 Integer 类型处理（除非该整数大到必须用 Long 类型表示），把实数值作为 Double 类型处理。

在 3.2 节介绍数据类型时，曾介绍了不同的数据类型具有不同的文本类型字符，部分类型还有标识符类型字符。将文本类型字符或标识符类型字符加到数值后面，可以显式地指定一个常量的类型。表 3-1 列出了 VB.NET 中数值型数据的文本类型字符和标识符类型字符。

表 3-1 文本类型字符和标识符类型字符

数据类型	文本类型字符	标识符类型字符	示例
Short	S		1234S
UShort	US		1234US
Integer	I	%	1234I,1234%,1234
UInteger	UI		1234UI
Long	L	&	1234L,1234&
ULong	UL		1234UL
Decimal	D	@	12.34D,12.34@
Single	F	!	12.34F,12.34!
Double	R	#	12.34R,12.34#,12.34
Char	c		"*"c

其他数据类型，如 Boolean、Byte、Date、Object 或 String 数据类型或任何复合数据类型都

没有文本类型字符。Boolean、Byte、Date、Object 数据类型或任何复合数据类型，也没有标识符类型字符。

3.3.2   用户自定义符号常量

在程序设计中，经常会遇到一些多次出现或难于记忆的数，在这些情况下，最好通过为常量命名的方法来代替代码中出现的数，以提高代码的可读性和可维护性。这种命名的常量称为符号常量。符号常量在使用前需要使用 Const 语句进行声明。Const 语句的语法格式如下：

```
Const 常量名 [As 类型] = 表达式
```

各参数说明如下：

1）常量名：符号常量名，按标识符的命名规则命名。

2）类型：可选项。用于说明符号常量的数据类型。可以是 Boolean、Byte、Char、Date、Decimal、Double、Integer、Long、Object、SByte、Short、Single、String、UInteger、ULong、UShort 或枚举。一个 "As 类型" 子句只能说明一个符号常量。如果省略该项，则系统根据表达式的求值结果，确定最合适的数据类型。

3）表达式：由其他常量及运算符组成。在表达式中不能使用函数调用。

例如：

```
Const Pi As Single = 3.14159        ' 声明常量 Pi 代表 3.14159，单精度类型
Const Max As Integer = 9            ' 声明常量 Max 代表 9，整型
Const BirthDate = #1/2/2001#        ' 声明常量 BirthDate 代表 2001 年 1 月 2 日，日期型
Const MyString = "friend"           ' 声明常量 MyString 代表 "friend"，字符串类型
Const myChar = "a"c                 ' 声明常量 myChar 代表 "a"，Char 类型
Const Pi = 3.14, Max = 9, MyStr="Hello"  ' 用逗号分隔声明多个常量声明
Const Pi2 = Pi * 2                  ' 用先前定义过的常量定义新常量
Const sinx = Sin(20 * 3.14 / 180)   ' 错误，表达式中使用了 Sin 函数
```

说明：

1）如果要使创建的符号常量只作用于某个过程中，则应在该过程内部声明该符号常量。

2）如果要使创建的符号常量可以在该窗体类中的所有过程中使用，则应在该窗体类的声明段声明该符号常量。

例如，以下是某窗体模块的代码，符号常量 pi 在事件过程之前（即窗体类的声明段）声明，因此在 Button1 和 Button2 的 Click 事件过程中都可以使用，而符号常量 r 只在 Button1 的 Click 事件过程中定义，因此只能在该事件过程中使用。

```
Const pi = 3.14159                              ' 符号常量 pi 在 Form1 类中的所有过程有效
Private Sub Button1_Click(ByVal sender As System.Object, ByVal e As System.
EventArgs) Handles Button1.Click
    Const r = 100                               ' 符号常量 r 只在本事件过程中有效
    Dim s As Single
    s = pi * r ^ 2                              ' 这里使用了符号常量 pi
    MsgBox("圆面积=" & s)
End Sub
Private Sub Button2_Click(ByVal sender As Object, ByVal e As System.EventArgs)
Handles Button2.Click
    Dim angle As Single
    angle = Math.Sin(20 * pi / 180)            ' 这里使用了符号常量 pi
    MsgBox(angle)
End Sub
```

3）由于符号常量可以用其他符号常量定义，因此注意两个以上的符号常量之间不要出现循环引用。例如，如果在程序中有以下两条语句，则出现了循环引用，运行时会产生错误信息。

```
Const conA = conB * 2              ' 用符号常量 conB 定义符号常量 conA
```

```
Const conB = conA / 2          ' 用符号常量 conA 定义符号常量 conB
```

4）符号常量通常采用有意义的名字取代直接常量。尽管符号常量看上去有点像变量，但在程序运行期间不能像对变量那样修改符号常量的值。

例如，以下第一条语句定义了符号常量 pi，而第二条语句试图修改符号常量 pi 的值，因此是错误的。

```
Const pi = 3.14
pi = 3.1415926
```

3.3.3 系统定义符号常量

为方便用户使用，VB.NET 还提供了一系列预先定义好的符号常量，供用户直接使用，这些符号常量称为系统定义的符号常量。这些符号常量的定义可以从"对象浏览器"中获得。执行"视图|对象浏览器"命令，可以打开"对象浏览器"窗口，如图 3-1 所示。

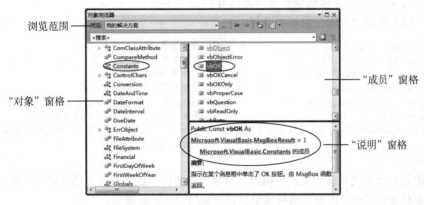

图 3-1　对象浏览器

可以通过"对象浏览器"从各种组件中查找对象及其成员。这些组件可以是解决方案中的项目、这些项目中引用的组件或者外部组件。这些组件一起构成了"对象浏览器"的浏览范围。可以使用"浏览"下拉列表框选择浏览范围（见图 3-1）。

当浏览组件时，其对象显示在"对象浏览器"左侧的"对象"窗格中；而对象成员显示在右侧的"成员"窗格中。当选择对象或者成员时，其有关信息（如语法、说明和属性）显示在"对象浏览器"右下部的"说明"窗格中。

例如，在"我的解决方案"中选择 Microsoft.Visual Basic 中的 Constants 类就可以显示其成员。在右侧的成员列表中选择 vbOK，即可在浏览器右下部的"说明"窗格中显示其定义和摘要说明，如图 3-1 所示。

3.4 变量

数据存入内存后，只有用某种方式访问它，才能对该数据进行操作。在 VB.NET 中，可以用名字表示内存单元，这样就能访问内存中的数据。一个有名称的内存单元称为变量，该名称称为变量名。在应用程序执行期间，用变量临时存储数值，变量的值可以发生变化。

每个变量都有名称和数据类型，通过名称来引用一个变量，而通过数据类型来确定该变量的存储方式。在使用变量之前，一般需要先声明变量名和类型，以便系统为其分配存储单元。在 VB.NET 中可以用以下方式来声明（定义）变量及其类型。

1. 声明变量

声明变量的简单格式如下：

```
Dim 变量名 [As [New] 类型 ] [= 表达式 ]
```

各参数说明如下：

1）变量名：应遵循标识符的命名规则。例如，strMyString、intCount、姓名、性别等都是合法的变量名；而 2x、a+b、α、π 等都是不合法的变量名。

2）As 类型：指定变量的数据类型，包括 Boolean、Byte、Char、Date、Decimal、Double、Integer、Long、Object、SByte、Short、Single、String、UInteger、ULong、UShort、用户自定义类型或对象类型。如果省略"As 类型"子句，则采用"表达式"的数据类型；如果同时省略了"As 类型"子句和"表达式"，则所创建的变量默认为 Object 类型。

3）New：可选项。用于创建类的实例，即创建指定类（类型）的一个对象。

4）表达式：可选项。在省略 New 关键字的情况下，用于给变量赋初始值。如果用同一个"As 类型"子句声明了不止一个变量，则不能为该变量表提供表达式。如果省略了"表达式"，则 VB.NET 将它初始化为其数据类型的默认值。所有数值类型的默认值为 0；Object、字符串类型，默认值为 Nothing。布尔型变量被初始化为 False，等等。

例如，以下都是合法的变量声明语句。

```
Dim Sum As Long                          ' 声明长整型变量 Sum
Dim Address As String                    ' 声明字符串变量 Address
Dim Num, Total As Integer                ' 声明整型变量 Num, Total
Dim Average As Single                    ' 声明单精度类型变量 Average
Dim count As Short = 100                 ' 声明短整型变量 count, 初始值为 100
Dim x = 10                               ' 声明变量 x, 初始值为 10, 默认类型为整型
Dim myButton As New System.Windows.Forms.Button   ' 声明新的 Button 类赋值给 myButton
Dim value                                ' 默认类型为 Object 类型
Dim a, b, c As Integer = 1               ' 错误
```

Dim 语句可以出现在窗体类的声明段，对该类中的所有过程有效；还可以出现在过程中，只在该过程中有效；还可以出现在语句块中，只在该块中有效。例如：

```
Public Class Form1
    Dim a As Short                       ' 变量 a 在 Form1 类的所有过程中有效
    Private Sub Button1_Click(ByVal sender As System.Object, ByVal e As System.
EventArgs) Handles Button1.Click
        Dim b As Integer                 ' 变量 b 只在本事件过程中有效
        …
        If a > 20 Then
            Dim c As Short               ' 变量 c 只在 If 和 End If 范围内有效
            …
        End If
        …
    End Sub
    Private Sub Button2_Click(ByVal sender As Object, ByVal e As System.EventArgs)
Handles Button2.Click
        Debug.Print(a)                   ' 在这里可以使用以上 a 的值
    End Sub
End Class
```

2．隐式声明

如果一个变量未经定义而直接使用，则该变量默认为 Object 类型。在 Object 类型变量中可以存放任何类型的数据。例如，假设没有对变量 SomeValue 进行类型声明，则执行以下赋值语句可以使变量 SomeValue 具有不同的类型。

```
SomeValue = "100"                        ' SomeValue 的值为 String 类型
SomeValue = 10                           ' SomeValue 的值变为 Integer 类型
SomeValue= True                          ' SomeValue 的值变为 Boolean 类型
```

虽然使用 Object 类型变量很方便，但是常常会因为其适应性太强导致难以预料的错误。默认情况下，VB.NET 要求强制显式声明变量。

3．强制显式声明

为了保证所有变量都得到声明，可以使用 VB.NET 的强制声明功能，这样，只要在运行时遇到一个未经显式声明的变量，VB.NET 就会发出错误警告。

要强制显式声明变量，需要在窗体文件的常规声明段中加入如下语句：

```
Option Explicit {On|Off}
```

其中，指定 On 表示启用变量声明检查，运行时，VB.NET 会对没有声明的变量显示错误信息，以帮助编程人员对变量补充声明；指定 Off 表示禁用变量声明检查，变量可以不声明而直接使用。如果不输入 On 或 Off，系统会自动加上 On。

Option Explicit 语句的作用范围仅限于该语句所在的模块，如果希望对所有模块都强制显式声明，则需要在每个模块中都使用 Option Explicit 语句。

还可以在解决方案资源管理器窗口中，单击项目名，执行"视图|属性页"命令，打开项目的"属性页"对话框。单击左侧窗格的"编译"选项卡，在右侧窗格设置 Option Explicit 选项为 On 或 Off。使用这种方法进行的设置将作用于项目的所有模块。

3.5　枚举

如果程序中某个量的取值仅限于某集合中的元素，则可以将这些数据集合定义为枚举类型。因此，枚举类型是某类数据可能取值的集合。

例如，可以将一个星期的 7 天：

{Sunday，Monday，Tuesday，Wednesday，Thursday，Friday，Saturday} 定义为枚举类型，该枚举类型共有 7 个元素，每一个元素可以用名称表示，也可以用为其所定义的值表示。

VB.NET 在许多命名空间定义了各种枚举，可以直接使用。例如，System.Drawing 命名空间的 FontStyle 枚举包含了 Regular、Bold、Italic、Underline、Strikeout 成员。以下语句使用了 FontStyle 枚举的 Bold 成员来设置文本框的字体样式为粗体。

```
TextBox1.Font = New Font(TextBox1.Font, FontStyle.Bold)
```

VB.NET 还允许用户自定义枚举类型。

1．枚举的声明

枚举类型用 Enum 语句进行声明，其语法格式如下：

```
Enum  名称 [ As 类型 ]
    成员名 1 [ = 表达式 ]
    成员名 2 [ = 表达式 ]
    …
    成员名 N [ = 表达式 ]
End Enum
```

说明：

1）名称：枚举类型的名称，必须符合标识符的命名规则。

2）类型：可选项。指定枚举及其所有成员的数据类型。可以是 Byte、SByte、Short、UShort、Integer、UInteger、Long、ULong。

3）成员名：枚举成员的名称。

4）表达式：可选项。用于为枚举成员分配一个整数值。表达式中可以包含已定义的常量、另一枚举成员，但不能使用变量或函数。如果省略表达式，系统会将"成员 1"初始化为 0，其他成员初始化为比其前一个成员值大 1 的值。

如果不指定枚举的"类型"参数，则每个成员都会采用其表达式的数据类型。如果同时指定"类型"参数和表达式，则表达式的数据类型必须能够转换为指定的"类型"。如果既不指定"类型"，也不指定表达式，则成员类型默认为 Integer。

枚举中的每一个成员相当于一个符号常量，表达式定义了该符号常量的值。

5）枚举类型可以在窗体文件的常规声明段或窗体类的声明段声明，不能在过程内部声明。

例如，定义一个枚举类型 Days，包括 7 个成员，分别表示一周中的星期日、星期一、星期二、……、星期六，代码如下：

```
Enum Days
    Sunday
    Monday
    Tuesday
    Wednesday
    Thursday
    Friday
    Saturday
End Enum
```

枚举 Days 及其成员的数据类型默认为 Integer，成员 Sunday 的值为 0，Monday 的值为 1，以此类推，每一项的值在其前一项的基础上增加 1。

2. 枚举值

在上例中，枚举值采用了系统默认的值，还可以使用赋值语句显式地给枚举中的成员赋值。例如：

```
Enum WorkDays
    Saturday
    Sunday = 0
    Monday
    Tuesday
    Wednesday
    Thursday
    Friday
    Invalid = -1
End Enum
```

在本例中，成员 Invalid 被显式赋值为 -1，第一个成员 Saturday 的值默认为 0，第二个成员 Sunday 被显式赋值为 0，第三个成员 Monday 的值为 1 ，等等。

3. 枚举的引用

引用枚举成员时，必须使用枚举名称限定成员名称。格式如下：

枚举名称 . 成员名

例如，如果要引用枚举 WorkDays 中的 Monday 成员，应写成：WorkDays.Monday。

可以看出，在代码中使用枚举成员的名称比用它们的值更容易记忆，也增强了代码的可读性。

3.6 结构

前面介绍的变量只能存放某种类型的一个数据，但是在处理实际问题时，有时需要让单个变量含有几个相关的不同类型的信息。例如，要保存一个学生的姓名、年龄和家庭住址，一种方法是为学生定义 3 个不同的变量，分别存放这 3 个数据；另一种方法是定义一个包含 3 个成员的结构，其中 3 个成员分别表示学生的姓名、年龄和家庭住址，这样就可以把属于一个人的、由不同类型构成的数据作为一个整体来看待，成为一种复合数据类型，这就是 VB.NET 中的结构数据类型。

VB.NET 在许多命名空间定义了各种结构类型，可以直接使用。例如，在 System.Drawing 命名空间定义了表示颜色的 Color 结构；表示控件大小的 Size 属性是 System.Drawing 命名空间的 Size 结构类型；表示控件位置的 Location 属性是 System.Drawing 命名空间的 Point 结构类型。

VB.NET 还允许用户自定义结构类型。

1. 结构的声明

结构类型用 Structure 语句声明，其简单语法格式如下：

```
Structure 结构名
    Dim 成员名1 [As 类型]
    Dim 成员名2 [As 类型]
    ...
    Dim 成员名n [As 类型]
End Structure
```

说明：

1）结构名：定义结构的名称，命名遵循标识符的命名规则。

2）Dim 成员名 [As 类型]：定义结构成员及其类型。省略"类型"时默认认为 Object 类型。

3）Structure 语句可以在窗体文件的常规声明段或窗体类的声明段声明，不能在过程内部声明。

实际上，结构和类在很多地方都有相似之处，如它们都可以有属性、事件、方法等，因此在结构内部还可以定义多种成员，这里给出的结构定义语句只是其最简单的形式。

例如，定义一个结构类型，名称为 Student，包含学生的姓名、年龄和家庭住址，代码如下：

```
Structure Student
    Dim Name As String
    Dim Age As Byte
    Dim HomeAddr As String
End Structure
```

再例如，可以将上面的例子定义成一个嵌套结构，将家庭住址信息细分为地址、邮政编码、电话，代码如下：

```
Structure Address        ' 定义表示家庭地址信息的结构类型
    Dim Addr As String
    Dim Zip As String
    Dim Phone As String
End Structure
Structure Student        ' 定义表示学生信息的结构类型
    Dim Name As String
    Dim Age As Byte
    Dim HomeAddr As Address   ' 定义 HomeAddr 具有 Address 结构类型
End Structure
```

2. 结构变量的引用及初始化

定义了一个结构类型后，就可以使用 Dim 语句声明具有该结构类型的结构变量。例如：

```
Dim std As Student
```

定义了结构变量之后，可以使用该变量进行赋值、运算、输入/输出等操作。一般情况下，参加运算的是结构的成员。引用成员的一般格式如下：

```
结构类型变量名.成员名
```

例如：

```
Dim std As Student
std.Name = "Tom"
std.Age = 20
std.HomeAddr.Addr = "北京"
std.HomeAddr.Zip = "123456"
std.HomeAddr.Phone = "12121117"
```

可以使用 With 语句简化以上代码的书写。如果两个结构的结构类型相同，则 VB.NET 允许将一个结构变量作为一个整体赋值给另一个结构变量。例如：

```
Dim std1, std2 As Student
With std1
    .Name = "Tom"
    .Age = 20
    .HomeAddr.Addr = "北京"
    .HomeAddr.Zip = "123456"
    .HomeAddr.Phone = "12121117"
End With
Std2 = std1
```

3.7　常用内部函数

数学上的函数，是指对一个或多个自变量进行特定的计算，获得一个因变量的值。在程序设计语言中，对函数的定义做了扩充，使用起来更为灵活。VB.NET 既为用户预定义了一批内部函数，供用户随时使用（调用），同时也允许用户自定义函数。

VB.NET 的每一个内部函数可以带有 0 个或多个自变量，这些自变量称为"参数"。函数对这些参数进行计算，返回一个结果值，称为函数值或返回值。函数的一般调用格式为：

```
函数名([参数表])
```

其中，"参数表"列出的参数可以是常量、变量或表达式。若有多个参数，参数之间以逗号分隔。函数在表达式中被调用。根据函数所完成的功能，可以将函数分为数学函数、字符串函数、转换函数、日期和时间函数等多种类型。

3.7.1　数学函数

数学函数用于各种数学运算，如求三角函数、求平方根、求绝对值、求对数等。VB.NET 在 System 命名空间的 Math 类中集成了大量的数学函数，在使用时，若要不受限制地使用这些函数，可以在窗体文件的常规声明段使用如下 Imports 语句：

```
Imports System.Math
```

表 3-2 列出了常用的数学函数。

表 3-2　常用的数学函数

函数	功能	示例	返回值
Abs(x)	返回 x 的绝对值	Abs(−5.3)	5.3
Sqrt(x)	返回 x 的平方根，$x \geq 0$	Sqrt(9)	3
Log(x)	返回 x 的自然对数值，即数学中的 lnx	Log(10)	2.30258509299405
Log10(x)	返回以 10 为底的 x 的对数，即数学中的 lgx	Log10(10)	1
Exp(x)	返回 e（自然对数的底）的 x 次幂，即数学中的 e^x	Exp(1)	2.71828182845905
Floor(x)	返回小于或等于 x 的最大整数	Floor(3.6)	3
		Floor(−3.6)	−4
Ceiling(x)	返回大于或等于 x 的最小整数	Ceiling(3.6)	4
		Ceiling(−3.6)	−3
Sign(x)	当 x 为正数时返回 1；当 x 为 0 时返回 0；当 x 为负数时返回 −1	Sign(5)	1
		Sign(0)	0
		Sign(−5)	−1
Sin(x)	返回 x 的正弦函数，x 以弧度为单位	Sin(30 * Math.PI / 180)	0.5

（续）

函数	功能	示例	返回值
Cos(x)	返回 x 的余弦函数，x 以弧度为单位	Cos(60 * Math.PI / 180)	0.5
Tan(x)	返回 x 的正切函数，x 以弧度为单位	Tan(45 * Math.PI / 180)	1
Atan(x)	返回 x 的反正切函数，函数值以弧度为单位	Atan(1) * 180 / Math.PI	45
Pow(x,y)	返回 x 的 y 次幂	Pow(2, 3)	8

说明：将角度转换为弧度的公式为：弧度 = 角度 × π/180，在公式中可以使用 Math.PI 字段表示 π（Math 类有两个字段，一个是 PI，另一个是 E，表示自然对数的底）。

另外，在 VB.NET 的 Microsoft.VisualBasic 命名空间的 Conversion 类和 VBMath 类中含有与 VB 6.0 相对应的函数，表 3-3 是几个常用的数学函数。

表 3-3　Conversion 类和 VBMath 类中的函数

函数	功能	示例	返回值
Fix(x)	返回 x 的整数部分	Fix(3.6)	3
		Fix(−3.6)	−3
Int(x)	返回不大于 x 的最大整数	Int(3.6)	3
		Int(−3.6)	−4
Rnd()	返回 [0,1) 范围的单精度随机数	Rnd()	[0,1) 区间的数

随机数是一些随机的、没有规律的数。随机数在计算机中的使用随处可见。例如，在考试系统中随机生成题库中的试题题号，在游戏中模拟骰子产生点数，在电脑彩票系统中随机生成彩票号码，等等。用计算机产生的随机数，并不是真正的随机数，但是可以做到使产生的数字重复率很低，这样看起来好像是真正的随机数，因此，这种随机数也叫伪随机数。产生随机数的程序叫随机数发生器。随机数发生器需要根据某一给定的初始值，按照某种算法来产生随机数，这个初始值称为种子。使用不同性质的种子，用随机数发生器产生的随机数是不同的。

VB.NET 中的 Microsoft.VisualBasic.VBMath 类下的 Rnd 函数可以实现生成 [0,1) 区间的随机数。Randomize 方法使用系统时钟作为种子初始化随机数发生器。

Rnd 函数只能产生 [0，1) 区间的随机数，若要生成其他区间的随机数，则需要对其进行放大或缩小。例如，要生成 [a,b] 区间内的随机整数，可以使用公式：

```
Int((b-a+1)*Rnd()+a)
```

或

```
Math.Floor((b-a+1)*Rnd()+a)
```

例如，要产生 [1, 99] 区间的随机整数，可以使用公式 Int(99 * Rnd() + 1) 获得。

【例 3-1】新建一个 Windows 窗体应用程序项目，实现随机跳动的图像。

界面设计：在窗体的任意位置放置一个图片框 PictureBox1，设置它的 Image 属性为任意一幅图像，SizeMode 属性为 ImageStretch。添加一个定时器控件，设置其 Interval 属性为 1000 毫秒，Enabled 属性为 True，如图 3-2a 所示。

代码设计：根据窗体的宽度、高度以及图片框的宽度、高度生成随机坐标点 (x,y)，使图片框的位置（Location）随该坐标点变化。为了使图片框移动时不移出窗体外面，图片框的 x 坐标应在 0 到 Me.DisplayRectangle.Width - PictureBox1.Width 范围内，其中 Me.DisplayRectangle.Width 表示窗体内部可见区域的宽度，y 坐标的范围类似。代码应写在定时器的 Tick 事件过程中。具体如下：

```
Private Sub Timer1_Tick(ByVal sender As System.Object, ByVal e As System.
EventArgs) Handles Timer1.Tick
    Dim x, y As Integer                    ' 声明 x,y 变量
    Randomize()                            ' 初始化随机数发生器
    ' 根据窗体宽度和图片框宽度生成随机的 x 坐标
    x = Int((Me.DisplayRectangle.Width - PictureBox1.Width + 1) * Rnd())
    ' 根据窗体高度和图片框高度生成随机的 y 坐标
    y = Int((Me.DisplayRectangle.Height - PictureBox1.Height + 1) * Rnd())
    ' 根据生成的随机坐标点 (x,y) 改变图片框的位置
    PictureBox1.Location = New Point(x, y)  ' 用指定的坐标创建 Point 结构
End Sub
```

运行时，图片自动在窗体内部范围跳跃，运行界面如图 3-2b 所示。

a）设计界面   b）运行界面

图 3-2   随机跳动的图像

3.7.2　字符串函数

VB.NET 在 Microsoft.VisualBasic 命名空间的 Strings 类中提供了大量处理字符串的函数。

表 3-4 列出了常用的字符串函数。

表 3-4   常用的字符串函数

函数	功能	示例	返回值
LTrim(s)	去掉字符串 s 左边的空格字符	LTrim(" ∪∪∪ ABC")	"ABC"
RTrim(s)	去掉字符串 s 右边的空格字符	RTrim("ABC ∪∪∪ ")	"ABC"
Trim(s)	去掉字符串 s 左右的空格字符	Trim(" ∪∪ ABC ∪∪ ")	"ABC"
Left(s,n)	取字符串 s 左边的 n 个字符	Left("ABCDE",2)	"AB"
Right(s,n)	取字符串 s 右边的 n 个字符	Right("ABCDE",2)	"DE"
Mid(s,p[,n])	从字符串 s 的第 p 个字符开始取 n 个字符，如果省略 n 或 n 超过文本的字符数（包括 p 处的字符），将返回字符串中从 p 到末尾的所有字符	Mid("ABCDE",2,3)	"BCD"
		Mid("ABCDE",2,6)	"BCDE"
		Mid("ABCDE",4)	"DE"
Len(s)	返回字符串 s 中的字符个数	Len("ABCDE")	5
StrDup(n,s)	返回对 s 的第一个字符重复 n 次的字符串。s 可以是一个字符或字符串	StrDup(5, "A"c)	AAAAA
		StrDup(5, "ABC")	AAAAA
Space(n)	返回 n 个空格	Space(3)	" ∪∪∪ "
InStr([n],s1,s2)	从字符串 s1 中第 n 个位置开始查找字符串 s2 出现的起始位置。省略 n 时默认 n 为 1。未找到则返回 0	InStr("ABCABC","BC")	2
		InStr(3, "ABCABC","BC")	5

（续）

函数	功能	示例	返回值
UCase(s)	把小写字母转换为大写字母	UCase("Abc")	"ABC"
LCase(s)	把大写字母转换为小写字母	LCase("Abc")	"abc"
StrReverse(s)	返回字符串 s 的逆序字符串	StrReverse("ABCDE")	EDCBA
Replace(s,s1,s2)	将字符串 s 中出现的字符串 s1 替换为字符串 s2	Replace("ABCABC", "BC", "DE")	ADEADE

说明：

1）表中符号"∪"代表空格。

2）对于 Left、Right 函数，为避免与窗体的 Left、Right 属性混淆，在使用时必须在其前面加上限定符，如 Strings.Left("abc", 1)。

【例 3-2】编程序实现：运行时在文本框中任意输入一个 18 位的身份证号码，从中分解出行政区划分代码、出生日期、顺序码和校验码。

分析：根据国家标准，身份证号码由 18 位数字组成：前 6 位为行政区划分代码，第 7 位至第 14 位为出生日期码，第 15 位至第 17 位为顺序码，第 18 位为校验码。

界面设计：新建一个 Windows 窗体应用程序项目，参照图 3-3a 设计界面。将各结果标签控件的 Text 属性清空，BorderStyle 属性设置为 Fixed3D，TextAlign 属性设置为 MiddleCenter。

运行时，通过文本框 TextBox1 输入任意一个 18 位身份证号码，单击"分解"按钮 Button1 将得到的各部分号码输出到标签控件上。单击"清除"按钮 Button2 清空文本框及各标签的内容。

代码设计：

1）在"分解"按钮 Button1 的 Click 事件过程中编写代码，先将文本框 TextBox1 的内容赋值给变量 no，然后分别使用 Left 函数、Mid 函数和 Right 函数提取相关信息。

```
Private Sub Button1_Click(ByVal sender As System.Object, ByVal e As System.
EventArgs) Handles Button1.Click
      Dim no As String
      no = Trim(TextBox1.Text)
      Label3.Text = Strings.Left(no, 6)   ' 提取行政区划分代码
      Label5.Text = Mid(no, 7, 4)        ' 提取出生年份
      Label7.Text = Mid(no, 11, 2)       ' 提取出生月份
      Label9.Text = Mid(no, 13, 2)       ' 提取出生日期
      Label12.Text = Mid(no, 15, 3)      ' 提取顺序码
      Label14.Text = Strings.Right(no, 1) ' 提取校验码
End Sub
```

2）在"清除"按钮 Button2 的 Click 事件过程中编写代码，清空文本框及各标签的内容。

```
Private Sub Button2_Click(ByVal sender As Object, ByVal e As System.EventArgs)
Handles Button2.Click ' 清空文本框和标签内容
      TextBox1.Clear()
      Label3.Text = "" : Label5.Text = ""
      Label7.Text = "" : Label9.Text = ""
      Label12.Text = "" : Label14.Text = ""
End Sub
```

运行时，输入身份证号码后，单击"分解"按钮，结果如图 3-3b 所示。

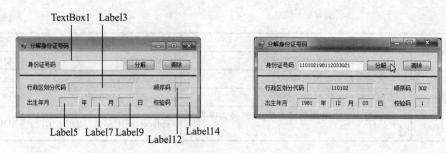

a）设计界面   b）运行界面

图 3-3 分解身份证号码

除了 Microsoft.VisualBasic.Strings 类提供的字符串函数外，在 System.String 类中，也提供了字符串处理功能，支持更为面向对象的语法，该类中有些方法与上述函数功能相同，还有一些新增功能。在某些情况下，字符串处理的性能更高。System.String 类中的常用方法和属性如表 3-5 所示。

表 3-5 System.String 类中的字符串方法和属性

方法 / 属性	功能	示例	返回值
s.TrimStart 方法	去掉字符串 s 左边的空格字符	" ∪∪∪ ABC".TrimStart	"ABC"
s.TrimEnd 方法	去掉字符串 s 右边的空格字符	"ABC ∪∪∪ ".TrimEnd	"ABC"
s.Trim 方法	去掉字符串 s 左右的空格字符	" ∪∪ ABC ∪∪ ".Trim	"ABC"
s.Length 属性	获取字符串 s 中的字符个数	"ABCDE".Length	5
s.Chars(p) 属性	获取 s 中位于指定字符位置 p 的字符（第 1 个字符位置为 0，p 小于或等于字符串的字符数 −1）	"ABC".Chars(2)	C
s.ToUpper 方法	把 s 中小写字母转换为大写字母	"Abc".ToUpper	"ABC"
s.ToLower 方法	把 s 中大写字母转换为小写字母	"Abc".ToLower	"abc"
s.IndexOf(s1,[n]) 方法	从字符串 s 中第 n 个位置开始查找字符串 s1 出现的起始位置。第 1 个字符位置为 0。如果未找到 s1，则返回 −1。省略 n 时默认为 0	"ABCABC".IndexOf("BC", 2)	4
s. LastIndexOf(s1,[n]) 方法	从字符串 s 中第 n 个位置开始查找字符串 s1 出现的最后位置。第 1 个字符位置为 0。如果未找到 s1，则返回 −1。省略 n 时默认为 0	"ABCABC".LastIndexOf("BC")	4
s.Insert(n,s1) 方法	在 s 指定位置 n 插入字符串 s1（第 1 个字符位置为 0）	"abc".Insert(2, "XYZ")	"abXYZc"
s.Remove(p,n) 方法	从 s 中的 p 位置开始删除 n 个字符（第 1 个字符位置为 0）	"ABCDE".Remove(3, 2)	"ABC"
s.Substring(p,n) 方法	从 s 的第 p 个位置开始取 n 个字符，如果省略 n 或 n 超过文本的字符数（包括 p 处的字符），将返回字符串中从 p 位置到末尾的所有字符（第 1 个字符位置为 0）	"ABCDE".Substring(2, 2)	"CD"
		"ABCDE".Substring(2)	"CDE"
s.Replace(s1,s2) 方法	将 s 中出现的所有 s1 替换为 s2	"ABCDE".Replace("CD", "D")	"ABDE"

【例 3-3】编程序实现：运行时，将书名" visual B 6.0"按以下步骤逐步修改为" Visual Basic.NET"。

1）将书名的第 1 个字母改为大写。

2）将 6.0 改为 .NET。

3）在字母 B 后插入 asic。

4）删除句点（.）前面的空格。

将每步修改的结果显示在文本框的一行中。

界面设计：新建一个 Windows 窗体应用程序项目，向窗体上添加两个标签、一个文本框和一个命令按钮，设置它们的 Text 属性，界面如图 3-4a 所示。运行时，单击命令按钮对标签 Label2 中的书名进行逐步转换，每一步转换的结果显示在文本框 TextBox1 中。

代码设计：

在命令按钮 Button1 的 Click 事件过程中编写代码。

```
Private Sub Button1_Click(ByVal sender As System.Object, ByVal e As System.
EventArgs) Handles Button1.Click
    Dim bookName, tmp As String
    bookName = Label2.Text
    ' 第 1 个字母大写
    tmp = bookName.Substring(0, 1).ToUpper()
    bookName = tmp & bookName.Substring(1, bookName.Length - 1)
    TextBox1.Text = "第 1 个字母大写: " & bookName & vbCrLf
    ' 将 6.0 改为 .NET
    bookName = bookName.Replace("6.0", ".NET")
    TextBox1.AppendText(" 将 6.0 改为 .NET: " & bookName & vbCrLf)
    ' 在字母 B 后插入 asic
    bookName = bookName.Insert(bookName.IndexOf("B") + 1, "asic")
    TextBox1.AppendText(" 在字母 B 后插入 asic: " & bookName & vbCrLf)
    ' 删除句点 . 前的空格
    bookName = bookName.Remove(bookName.LastIndexOf(" "), 1)
    TextBox1.AppendText(" 删除 . 前的空格: " & bookName & vbCrLf)
End Sub
```

运行时单击 " 修改 " 按钮，结果如图 3-4b 所示。

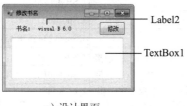

a）设计界面　　　　　　　　　　b）运行界面

图 3-4　修改书名

3.7.3 转换函数

转换函数用于数据类型或形式的转换，位于 Microsoft.VisualBasic 命名空间的 Strings 类和 Conversion 类中。表 3-6 列出了常用的转换函数。

表 3-6　常用的转换函数

函数	功能	示例	返回值
Asc(s)	返回字符串 s 中第一个字符的 ASCII 代码	Asc("A")	65
AscW(s)	返回字符串 s 中第一个字符的双字节 Unicode 码值	AscW(" 北 ")	21271
Chr(x)	把 x 的值作为单字节 ASCII 码转换为对应的字符	Chr(65)	"A"

（续）

函数	功能	示例	返回值
ChrW(x)	把 x 的值作为双字节 Unicode 码转换为对应的字符	ChrW(21271)	" 北 "
Str(x)	把数值 x 转换为一个字符串，如果 x 为正数，则返回的字符串前有一个前导空格	Str(123)	" ∪ 123"
		Str(−123)	"−123"
Val(s)	把数字字符串 s 转换为数值。当遇到非数字字符时停止转换	Val("123")	123
		Val("123AB")	123
		Val("a123AB")	0
		Val("12e3abc")	12000

　　VB.NET 还提供了一系列的类型转换函数，用于强制将一个表达式转换成某种特定的数据类型。常用的类型转换函数如表 3-7 所示。

表 3-7　常用的类型转换函数

函数	返回值类型	参数 e 说明	示例	返回值
CBool(e)	Boolean	数值表达式	CBool(0)	False
			CBool(123)	True
CByte(e)	Byte	0 ～ 255（无符号）；舍入小数部分	CByte(34.5)	34
CChar(e)	Char	任何有效的 Char 或字符串表达式；只转换字符串的第一个字符	CChar("ABC")	A
CDate(e)	Date	任何有效的日期和时间表达式	CDate("Oct 1,2013")	2013-10-1
			CDate("4:35:47 PM")	16:35:47
CDbl(e)	Double	在双精度数取值范围内	CDbl(123L * 8.5D)	1045.5
CDec(e)	Decimal	在货币型数取值范围内	CDec(123456.789)	123456.789
CInt(e)	Integer	在整型数取值范围内，舍入小数部分	CInt(123456.5)	123456
CLng(e)	Long	在长整型数取值范围内，舍入小数部分	CLng(1234566.5)	1234566
CObj(e)	Object	任何有效的表达式	CObj("ABC")	"ABC"
CSByte(e)	SByte	−128 ～ 127，舍入小数部分	CSByte(122.5)	122
CShort(e)	Short	在短整型数取值范围内；舍入小数部分	CShort(32766.5)	32766
CSng(e)	Single	在单精度型数取值范围内	CSng(12345678.45)	1.234568E+07
CStr(e)	String	如果 e 为布尔型，返回"True"或 False"；如果 e 为日期型，将日期型数据转换为字符串，以短日期格式表示；如果 e 为数值型，返回对应的数字字符串	CStr(3 > 4)	"False"
			CStr(#10/1/2013#)	"2013-10-1"
			CStr(123)	"123"
CUInt(e)	UInteger	在无符号整型数取值范围内，舍入小数部分	CUInt(36.5)	36
CULng(e)	ULong	在无符号长整型数取值范围内，舍入小数部分	CULng(36.5)	36
CUShort(e)	UShort	在无符号短整型数取值范围内，舍入小数部分	CUShort(36.5)	36

　　说明： 表中所提的"舍入小数部分"是指将一个非整数值转换为整型时，整数转换函数（CByte、CInt、CLng、CSByte、CShort、CUInt、CULng 和 CUShort）将移除小数部分，并将该值舍入为最接近的整数。如果小数部分正好是 0.5，整数转换函数将其舍入为最接近的偶数整数。例如，将 0.5 舍入为 0，并同时将 1.5 和 2.5 舍入为 2。这有时称为"四舍六入五成双"，其目的是弥补在将许多这样的数字相加时可能会累积的偏量。

3.7.4　日期和时间函数

　　日期和时间函数可以返回系统的日期和时间、返回指定的日期和时间的一部分，以及对日期型数据进行运算。日期和时间函数包含在 Microsoft.VisualBasic.DateAndTime 类中。表 3-8 列出了常用的日期和时间函数。

表 3-8 常用的日期和时间函数

函 数	功 能	示 例
Now	返回系统日期和时间	Now
Today	返回系统日期	Today
TimeOfDay	返回系统时间	TimeOfDay
Day(d)	返回参数 d 中指定的日期是月份中的第几天	Day(Today)
Weekday(d,[f])	返回参数 d 中指定的日期是星期几，f 用于指定将哪天作为一星期的第一天，是 FirstDayOf Week 枚举类型	Weekday(Today, 2)
Month(d)	返回参数 d 中指定日期的月份	Month(Today)
Year(d)	返回参数 d 中指定日期的年份	Year(Today)
Hour(t)	返回参数 t 中的小时（0～23）	Hour(TimeOfDay)
Minute(t)	返回参数 t 中的分钟（0～59）	Minute(TimeOfDay)
Second(t)	返回参数 t 中的秒数（0～59）	Second(TimeOfDay)

注：使用 Day 函数时，为避免与 Day 枚举混淆，需要使用限定符对其进行限制，如 DateAndTime.Day(Today)。

【例 3-4】设计一个数字钟表，实现运行时单击窗体，显示当前系统的年、月、日、星期几及时间。

界面设计：新建一个 Windows 窗体应用程序项目，将窗体的 Font 属性设置为华文新魏、四号字。参照图 3-5a 向窗体上添加 Label 控件，将显示年、月、日、星期几及时间的标签控件的 Text 属性清空，TextAlign 属性设置为 MiddleCenter，AutoSize 属性为 False，BorderStyle 属性设置为 Fixed3D，并按图 3-5a 所示给各标签控件命名。

代码设计：在窗体的 Click 事件过程中编写代码，利用日期和时间函数计算当前系统的年、月、日、星期几及时间。代码如下：

```
Private Sub Form1_Click(ByVal sender As Object, ByVal e As System.EventArgs) Handles Me.Click
        lblYear.Text = Year(Today)
        lblMonth.Text = Month(Today)
        lblDay.Text = DateAndTime.Day(Today)
        lblWeek.Text = Weekday(Today, 2)
        lblTime.Text = TimeOfDay
    End Sub
```

运行时单击窗体，界面如图 3-5b 所示。

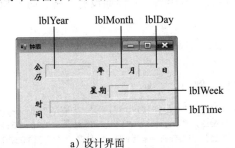

a）设计界面 b）运行界面

图 3-5 数字钟表

3.7.5 格式输出函数

格式输出函数用于将某种类型的数据按一定格式转换为字符串，以便以更直观、更满足用户需要的形式显示。VB.NET 在 Microsoft.VisualBasic.Strings 类中提供了格式输出函数 Format，用于将指定表达式的值转换为指定的格式。对于字符串型数据，提供了 LSet 和 RSet 方法，用于实现字符串的左对齐、右对齐。

1. 格式输出函数 Format

Format 函数格式为：

```
Format(表达式 [, 格式字符串 ])
```

其中，"表达式"指定要被格式化的任何有效的表达式；"格式字符串"指定表达式转换后的格式。格式字符串要用双引号括起来。如果在不指定"格式字符串"参数的情况下格式化数字，则 Format 函数提供的功能与 Str 函数相似，但对正数格式化后，结果字符串不包含前导空格。Format 函数的返回值为字符串类型。

下面以例子说明格式输出函数、方法中最常用的一些格式字符串的使用，有关格式字符串的详细使用请查阅帮助文档。

（1）数值的格式化

在 Format 的格式字符串中用"0"来表示数字占位符。如果表达式中整数位数少于格式字符串中小数点前面 0 的个数，则在高位补足 0；如果表达式中整数位数多于格式字符串中小数点前面 0 的个数，则返回实际位数；如果表达式中小数位数少于格式字符串中小数点后面 0 的个数，则在低位补足 0；如果表达式中小数位数多于格式字符串中小数点后面 0 的个数，则四舍五入到指定的位数。例如：

```
Debug.Print(Format(123.45, "0000.000"))          ' 结果为 "0123.450"
Debug.Print(Format(123.45, "0.0"))               ' 结果为 "123.5"
```

也可以在格式字符串中用"#"来表示数字占位符。表达式中整数部分按实际位数返回；如果表达式中小数位数少于格式字符串中小数点后面 # 的个数，则按实际位数显示；如果表达式中小数部分位数多于格式字符串中小数点后面 # 的个数，则四舍五入到指定的位数。例如：

```
Debug.Print(Format(123.45, "####.###"))          ' 结果为 "123.45"
Debug.Print(Format(123.45, "#.#"))               ' 结果为 "123.5"
Debug.Print(Format(0.123, ".##"))                ' 结果为 ".12"
```

格式字符 # 号和 0 可以混合使用。例如：

```
Debug.Print(Format(0.123, "0.##"))               ' 结果为 "0.12"
```

如果在 Format 函数中省略格式字符串，则将一个数值型数据转换成字符串。例如：

```
Debug.Print(Format(3.14))                        ' 结果为 "3.14"
```

注意，与 Str 函数不同，正数经 Format 转换成字符串后，其前面没有空格，而经 Str 函数转换后，前面会有一个空格。例如：

```
Debug.Print(Str(3.14))                           ' 结果为 "∪3.14"
```

（2）日期和时间的格式化

Format 函数提供了丰富的日期时间格式字符。例如：

```
Debug.Print(Format(#12/25/2012 8:10:20 AM#, "yyyy-MM-dd")) ' 结果为 "2012-12-25"
Debug.Print(Format(#12/25/2012 8:10:20 AM#, "hh:mm:ss"))   ' 结果为 "08:10:20"
Debug.Print(Format(#12/25/2012 8:10:20 AM#, "hh:mm:ss tt"))' 结果为 "08:10:20 上午 "
Debug.Print(Format(#12/25/2012 8:10:20 AM#, "dddd, MMM d yyyy"))' 结果为 " 星期二,
十二月 25 2012"
```

2. LSet 和 RSet 函数

LSet 和 RSet 函数分别用于实现字符串类型数据的左对齐和右对齐。格式如下：

```
LSet(字符串,长度)
RSet(字符串,长度)
```

其中，"长度"为返回结果字符串的字符个数。例如：

```
Debug.Print(LSet("visual", 8))     ' 结果为 "visual∪∪ "
Debug.Print(LSet("visual", 3))     ' 结果为 "vis"
Debug.Print(RSet("visual", 8))     ' 结果为 " ∪∪ visual"
```

3.7.6 Shell 方法

使用 Microsoft.VisualBasic.Interaction 类中的 Shell 方法可以调用 Windows 下的应用程序。Shell 方法的简单格式如下：

```
Shell(文件名 [,窗口样式])
```

其中，"文件名"为要执行的应用程序名（包含路径）。应用程序必须是可执行文件。"窗口样式"是可选项，决定在程序运行时窗口的样式。如果省略窗口样式，则程序以具有焦点的最小化窗口执行。"窗口样式"参数值如表 3-9 所示。

表 3-9 "窗口样式"参数值

系统定义符号常量	值	说　　明
vbHide	0	窗口被隐藏，且焦点会移到隐式窗口
vbNormalFocus	1	窗口具有焦点，且会还原到它原来的大小和位置
vbMinimizedFocus	2	窗口会以一个具有焦点的图标来显示
vbMaximizedFocus	3	窗口是一个具有焦点的最大化窗口
vbNormalNoFocus	4	窗口会被还原到最近使用的大小和位置，而当前活动的窗口仍然保持活动
vbMinimizedNoFocus	6	窗口会以一个图标来显示，而当前活动的窗口仍然保持活动

如果 Shell 方法成功地执行了所要执行的文件，则它会返回正在运行的程序的任务 ID。如果 Shell 方法不能打开指定的程序，则会产生错误。

例如，要打开 Windows 下的计算器，可以使用如下的 Shell 方法：

```
Shell("c:\windows\system32\calc.exe", vbNormalFocus)
```

3.8 运算符与表达式

用运算符将运算对象（或称为操作数）连接起来即构成表达式。表达式表示了某种求值规则。操作数可以是常量、变量、函数、对象等，而运算符也有各种类型。VB.NET 有以下 4 类运算符和表达式：

- ❑ 算术运算符与算术表达式。
- ❑ 字符串运算符与字符串表达式。
- ❑ 关系运算符与关系表达式。
- ❑ 布尔运算符与布尔表达式。

3.8.1 算术运算符与算术表达式

算术运算符用于对数值型数据执行各种算术运算。VB.NET 提供了 7 个算术运算符，表 3-10 以优先级次序列出了这些运算符，优先级为 1 表示具有最高优先级。

表 3-10 算术运算符

优先级	运算符	运算	示例	结果
1	^	乘方	3^2	9

（续）

优先级	运算符	运算	示例	结果
2	−	取负	−3	−3
3	*	乘法	3*5	15
3	/	浮点除法	10/3	3.33333333333333
4	\	整数除法	10\3	3
5	Mod	取模	10 Mod 3	1
6	+	加法	2+3	5
6	−	减法	2−3	−1

其中，取负（−）运算符是单目运算符，其余运算符均为双目运算符（即需要两个操作数）。加、减（取负）、乘、除运算符的含义与数学中含义相同。下面介绍其余运算符的使用。

1. 乘方运算

乘方运算符（^）用来计算某个数的幂。例如：

10^2	10 的平方，结果为 100
10^(−2)	10 的平方的倒数，即 1/100，结果为 0.01
25^0.5	25 的平方根，结果为 5
8^(1/3)	8 的立方根，结果为 2
2^2^3	运算顺序从左到右，结果为 64
(−8)^(−1/3)	错误，当底数为负数时，指数必须是整数

VB.NET 总是在 Double 数据类型中执行乘方。任何其他类型的操作数将转换为 Double 类型，并且结果始终为 Double 类型。

2. 整数除法

整数除法执行整除运算，结果为整型值。参加整除运算的操作数一般为整型数。当操作数带有小数点时，首先被四舍五入为整型数，然后进行整除运算，运算结果截取整数部分，小数部分不做舍入处理。例如：

10\4	结果为 2
25.68\6.99	先四舍五入再整除，结果为 3

3. 取模运算

取模运算符 Mod 用于求余数，其结果为第一个操作数除以第二个操作数所得的余数。如果第一个操作数或第二个操作数是浮点值，则将返回除法运算的浮点余数。运算结果的符号取决于第一个操作数。例如：

10 Mod 4	结果为 2
10.6 Mod 4.2	结果为 2.2
11 Mod −4	结果为 3
−11 Mod 5	结果为 −1
−11 Mod −3	结果为 −2

当数据参加算术运算时，运算结果的数据类型一般遵循：

- 如果二元运算符的两个操作数具有相同的数据类型，则结果也为该数据类型。
- 如果无符号操作数与有符号操作数一同参与运算，则结果将为有符号类型。
- 如果二元运算符的两个操作数具有不同的数据类型，结果数据类型的范围通常是两个操作数的数据类型中范围较大的一个。结果数据类型也可能不同于两个操作数的数据类型中的任何一个。

例如，算术表达式 12I * 12.3D * 12.34F * 10.5R 的运算结果的数据类型为 Double。

3.8.2 字符串运算符与字符串表达式

字符串运算符有两个：&、+，它们的作用都是将两个字符串连接起来，合并成一个新的字符串。例如：

"Hello" & " World"	结果为 "Hello World"
"ABC" + "DEF"	结果为 "ABCDEF"

这里要特别注意"&"、"+"两个运算符的区别。

"&"运算符两边的操作数不论是数值型还是字符串型，都进行字符串的连接运算。如果是数值型操作数，系统先将数值型操作数转换为字符串，然后再进行连接运算。例如：

"Check" & 123	结果为 "Check123"
123 & 456	结果为 "123456"
"123" & 456	结果为 "123456"

"+"运算符两边的操作数应均为字符串。如果均为数值型，则进行算术运算；如果有一个为字符串，另一个为数值型，则要求字符串为数字串，其结果是将字符串转换成相应的数，然后再相加。如果字符串不是数字串，则出错。例如：

123 + 456	结果为 579
"123" + 456	结果为 579
"123" + "456"	结果为 "123456"
"Check" + 123	错误

【例 3-5】设计 Windows 应用程序，模拟掷骰子。

素材准备：准备好对应于骰子 6 个面的 6 个图形文件。设名称为 Pic1.jpg ～ Pic6.jpg，如图 3-6 所示。将这些图形文件先保存在自定义的临时文件夹下。

Pic1.jpg　Pic2.jpg　Pic3.jpg　Pic4.jpg　Pic5.jpg　Pic6.jpg

图 3-6　表示骰子 6 个面的图片与文件名的对应关系

界面设计：新建一个 Windows 窗体应用程序项目，先将其保存到指定的文件夹（如 D:\example3-5）下。设计如图 3-7a 所示的界面。使用 PictureBox1 控件的 Image 属性显示骰子图形，将其 SizeMode 属性设置为 StretchImage，使图形大小可以与 Image 控件的大小相适应，设置其 BorderStyle 属性值为 Fixed3D，使其带有边框。使用标签控件 Label1 显示骰子的点数，将 Label1 的 Text 属性清空，TextAlign 属性设置为 MiddleCenter，BorderStyle 属性设置为 Fixed3D，Font 属性字体大小设置为四号字。

将保存在临时文件夹下的 6 个骰子图形文件 Pic1.jpg ～ Pic6.jpg 移动到当前应用程序文件夹下的 Bin\Debug 文件夹下。

代码设计：

1）在"掷骰子"按钮 Button1 的 Click 事件过程中编写代码，生成一个 1 ～ 6 的随机整数 x，用 Application.StartupPath 获取图片文件所在的路径（如 example3-5\Bin\Debug），用字符串连接运算符 & 将该路径、字符串"Pic"与该随机整数 x 进行连接，产生当前要显示的骰子文件的路径及文件名（picFilename），最后使用 Image.FromFile 方法为 PictureBox1 的 Image 属性加载该图形。代码如下：

```
Private Sub Button1_Click(ByVal sender As System.Object, ByVal e As System.
EventArgs) Handles Button1.Click
    Dim x As Integer, picFilename As String
    Randomize()                              '初始化随机数发生器
```

```
x = Int(6 * Rnd() + 1)                    ' 生成一个 1~6 的随机整数 x
' 根据 x 生成图形文件名
picFilename = Application.StartupPath & "\Pic" & Format(x) & ".jpg"
PictureBox1.Image = Image.FromFile(picFilename)    ' 给 Image 控件加载图形
Label1.Text = Format(x)                    ' 在标签上显示骰子的点数
End Sub
```

2）在"结束"按钮 Button2 的 Click 事件过程中输入 End 语句，结束程序运行。

运行时单击"掷骰子"按钮，效果如图 3-7b 所示。

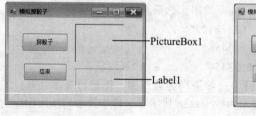
a）设计界面

b）运行界面

图 3-7   模拟掷骰子

3.8.3   关系运算符与关系表达式

关系运算符又称为比较运算符，用于对两个表达式的值进行比较，比较的结果为布尔值 True（真）或 False（假）。VB.NET 提供的关系运算符如表 3-11 所示。

表 3-11   关系运算符

运算符	运算	示例	结果	运算符	运算	示例	结果
=	等于	2=3	False	<	小于	2<3	True
<> 或 ><	不等于	2<>3	True	>=	大于等于	2>=3	False
>	大于	2>3	False	<=	小于等于	2<=3	True

VB.NET 按以下规则对表达式进行比较。

1）如果两个操作数都是数值型的，则按其值的大小进行比较。

2）如果两个操作数是单字符的字符串，则通过 Option Compare 语句来指定是按字符的内部二进制表示比较还是按文本比较。Option Compare 语句格式为：

```
Option Compare {Binary | Text }
```

其中，指定参数"Binary"将根据字符的内部二进制表示来进行字符串比较。在 Microsoft Windows 中，典型的二进制排序顺序如下：

```
空格 <"0"<"1"<…<"9"<"A"<"B"<…<"Z"<"a"<"b"<…<"z"
```

指定参数"Text"将根据由系统国别确定的一种不区分大小写的文本排序级别来进行字符串比较。

例如，在窗体文件的常规声明段使用了语句 Option Compare Binary，则关系表达式 "a" > "A" 的结果为 True。如果在窗体文件的常规声明段使用了 Option Compare Text 语句，则关系表达式 "a" > "A" 的结果为 False。

Option Compare 语句可以在窗体文件的常规声明段使用。如果模块中没有 Option Compare 语句，则默认的比较方法是 Binary。Option Compare 语句还可以通过项目的属性页进行设置。

3）如果两个操作数是字符串，则根据当前的比较方式从第 1 个字符开始逐个比较。

例如，如果在窗体文件的常规声明段使用了语句 Option Compare Binary 或没有该语句，则

"abc" > "Abc"　　　　　　　结果为 True

"for" < "fortran"　　　　　　结果为 True

如果在窗体文件的常规声明段使用了 Option Compare Text 语句，则

"abc" > "Abc"　　　　　　　结果为 False

"for" < "fortran"　　　　　　结果为 True

4）由于浮点数在计算机内的不精确表示，在对浮点数进行比较时，应尽量避免直接判断两个浮点数是否相等，而改成对误差的判断。

例如，要判断两个单精度型变量 A 和 B 的值是否相等，可以将判断条件写成

Abs(A-B)<1E-5

即用两个变量 A 和 B 的差的绝对值是否小于一个很小的数（如 1E-5）来判断是否相等。

5）关系运算符的优先级相同。

3.8.4　布尔运算符与布尔表达式

布尔运算也称为逻辑运算。布尔运算符两边的操作数要求为具有布尔值的表达式。用布尔运算符连接两个或多个操作数构成布尔表达式，也称逻辑表达式。布尔表达式的结果值仍为布尔值 True 或 False。表 3-12 列出了 VB.NET 中的布尔运算符。

表 3-12　布尔运算符

优先级	运算符	运算	说明	示例	结果
1	Not	非	当操作数为假时，结果为真；当操作数为真时，结果为假	Not (3>8)	True
				Not (8>3)	False
2	And	与	当两个操作数均为真时，结果才为真	(3>8) And (5<6)	False
3	Or	或	当两个操作数均为假时，结果才为假	(3>8) Or (5<6)	True
4	Xor	异或	当两个操作数同时为真或同时为假时，结果为假	(3>8) Xor (5<6)	True

其中，Not 运算符为单目运算符，其他运算符为双目运算符。表 3-13 为布尔运算符的真值表。

表 3-13　布尔运算符的真值表

A	B	Not A	A And B	A Or B	A Xor B
True	True	False	True	True	False
True	False	False	False	True	True
False	True	True	False	True	True
False	False	True	False	False	False

例如，数学中表示条件"x 在区间 [a,b] 内"，习惯上写成 a ≤ x ≤ b，在 VB.NET 中应写成：

x>=a And x<=b

例如，表示 M 和 N 之一为 5，但不能同时为 5，表示该条件的布尔表达式为：

M=5 Xor N=5

也可以写成：

((M = 5) And (N<>5)) Or ((M <> 5) And (N = 5))

3.8.5　混合表达式的运算顺序

一个表达式中可能含有多种运算，计算机按以下先后顺序对表达式求值：

括号→函数运算→算术运算→字符串运算→关系运算→布尔运算

例如，设 a=3，b=5，c=-1，d=7，则以下表达式按标注①～⑩的顺序进行运算。

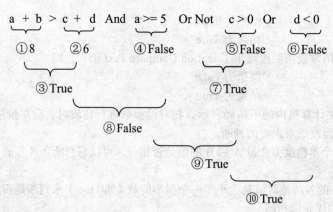

在代码中书写表达式时应注意以下几点：

❑ 表达式要写在同一行。例如，数学式 $\dfrac{a+b}{c-d}$ 应写成 (a+b)/(c-d)。

❑ 乘号 "*" 不能省略，也不能用 "." 代替。例如，2ab 应写成 2*a*b。

❑ 表达式中只能使用圆括号，不允许使用中括号或大括号。圆括号必须配对。例如，数学

式 $\dfrac{a+b}{a+\dfrac{c+d}{c-d}}$ 只能写成 (a+b)/(a+(c+d)/(c-d))，而不能写成 (a+b)/[a+(c+d)/(c-d)]。

3.9　编码基础

程序由语句组成，语句又由以上介绍的各种语法成分组成。学习了 VB.NET 的各种语法成分之后，就可以开始学习语句，利用语句来编写程序了。以下是书写语句的简单书写规则。

1）书写各种语句都应该严格按照 VB.NET 的语法格式要求进行书写，否则在编译时将产生语法错误或运行时产生意想不到的结果。

例如，语句

```
Dim a, b As Integer
```

用于定义变量 a 和 b 为整型变量，如果不小心将逗号写错了，变成

```
Dim a; b As Integer
```

则会产生语法错误。

又例如，语句

```
Const Pi = 3.14
```

表示定义符号常量 Pi 的值为 3.14，如果不小心写成

```
ConstPi = 3.14
```

即在 Const 和 Pi 之间少了空格，VB.NET 会认为 ConstPi 是一个变量的名称，而 ConstPi = 3.14 表示给变量 ConstPi 赋值 3.14，从而指出语法错：未声明 "ConstPi"。

2）每条语句用于完成某种功能，通常单独占一行。

3）如果想在一行中写多条语句，语句之间要用冒号（:）分隔。例如：

```
TextBox1.ForeColor = Color.Red : TextBox1.AppendText("ABC")
```

4）如果想将一条语句（不包括注释）写在多行上（如一条语句太长），则可以在下一行继续，并在行的末尾用续行字符表示此行尚未结束。续行字符是一个空格加一个下划字符 (_)，例如：

```
TextBox3.Text = Val(TextBox1.Text) + _
          Val(TextBox2.Text)
```

另外，在 VB.NET 中还具有隐式行继续的功能。在许多情况下，可以在下一连续行上继续一条语句，而无须使用续行字符 (_)，参见表 3-14。

表 3-14　隐式行继续的语法元素

语法元素	示例
在逗号 (,) 之后	`Private Sub Button2_Click(ByVal sender As System.Object,` `            ByVal e As System.EventArgs) Handles Button2.Click`
在左括号之后 或右括号之前	`TextBox1.Font = New Font(TextBox1.Font, FontStyle.Italic Or` `                TextBox1.Font.Style)`
在连接运算符 (&) 之后	`picFilename = Application.StartupPath & "\Pic" &` `                Format(x) & ".jpg"`

在赋值运算符
(=、&=、:=、+=、-=、
*=、/=、\=、^=、) 之后
	`TextBox1.Font =`
	 `        New Font(TextBox1.Font, FontStyle.Italic Or`
	 `            TextBox1.Font.Style)`

在表达式内的二元运算符 (+、-、/、*、Mod、 <>、<、>、<=、>=、 ^、And、Or、Xor) 之后	`TextBox1.Text = CStr(Math.Sin(30 * Math.PI / 180) *` `            Abs(-97) * 100)`

5）在一些代码块或语句块中，常使用一定的左缩进来体现代码的层次关系，虽然这不是必须的，但适当的缩进会使代码层次清楚，易于阅读和维护。例如：

```
Private Sub Button3_Click(ByVal sender As System.Object, ByVal e As System.
EventArgs) Handles Button3.Click
        Dim x As Integer
        x = Val(TextBox1.Text)
        If X >= 0 Then
            Debug.Print("X>0")
        Else
            Debug.Print("Not X>")
        End If
End Sub
```

VB.NET 会自动对语句进行一定的格式化，如自动缩进、自动对齐、调整大小写、运算符与操作数之间的间距等，使编写的程序更易于阅读理解。

3.10　上机练习

【练习 3-1】新建一个 Windows 窗体应用程序项目，设计如图 3-8 所示的界面。编程序实现，运行时，用文本框输入圆柱体的底面半径和高，单击"计算"按钮，求圆柱体的底面积、侧面积和体积，结果显示在文本框中。要求：

1）程序中自定义符号常量 π（用 Const pi=…）。

2）将输入的底面半径和高先分别存于变量 r 和 h 中（r 和 h 声明为单精度型）。再利用 pi、r、h 计算圆柱体的底面积、侧面积和体积。运算结果设为只读。

【练习 3-2】新建一个 Windows 窗体应用程序项目，设计如图 3-9 所示的界面。编程序实现，运行时，单击"出题"按钮，产生任意两个 [1,100] 区间的随机整数，单击"计算"按钮，求这两个数的和。

【练习 3-3】新建一个 Windows 窗体应用程序项目，设计数字时钟，每隔 1 秒更新显示一次。界面如图 3-10 所示。

提示： 在窗体上画一个定时器控件，设置其 Interval 属性值为 1000（相当于 1 秒），在定时器的 Tick 事件过程编写代码。

图 3-8　计算底面积、侧面积、体积

图 3-9　求 100 以内的随机整数之和

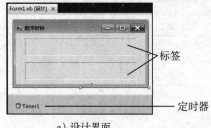

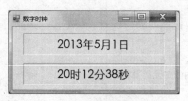

　a) 设计界面　　　　　　　　　　　　　　　b) 运行界面

图 3-10　数字时钟

【练习 3-4】新建一个 Windows 窗体应用程序项目，编程序实现，在一个给定的字符串中查找某个指定字符第 1 次出现的位置。运行界面如图 3-11 所示。运行时，在文本框中任意输入一个小写字母后，即显示" × first occurs in position ×"。例如，在文本框中输入小写字母 b，则将字母转换为大写并显示"B first occurs in position 11"。文本框内容始终处于选中状态。

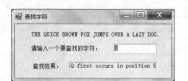

图 3-11　查找字符

【练习 3-5】新建一个 Windows 窗体应用程序项目，设计界面如图 3-12a 所示。编写代码实现：运行时，单击"日期"按钮，在文本框中显示日期；单击"时间"按钮，在文本框中显示时间；鼠标从文本框中选取日期中的年或月或日（时间中的时、分、秒）后，单击"增加"或"减小"按钮，可以增加或减小数字值；单击"改颜色"按钮，随机改变文本框字体颜色。运行界面如图 3-12b 所示。

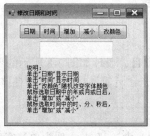

　a) 设计界面　　　　　　　　　　　　　　b) 运行界面

图 3-12　修改时间和日期

提示：在窗体类的声明段声明两个短整型的变量，用于存放选取文本的起始位置和字符个数。

在"增加"和"减小"按钮的单击（Click）事件过程中，为了保证在增加或减小数字值后，可以对选取的文本连续增加或减小，需要将焦点定位在文本框，选中刚刚选取的文本。实现语句如下：

```
TextBox1.Focus()                    ' 焦点定位在文本框 TextBox1
TextBox1.SelectionStart = startpos  ' 选中刚才选取的文本，startpos 存放的是起始位置
TextBox1.SelectionLength = sLen     ' sLen 存放的是选取的字符数
```

【练习 3-6】新建一个 Windows 窗体应用程序项目，使其运行时的界面如图 3-13 所示，当单击不同按钮时，调出相应的应用程序。要求：

1）将窗体背景设置成某种图案。

2）修改窗体左上角图标，图标文件自定。

3）按钮表面的图形可以任选。

4）各应用程序文件名如下，请查找你的计算机中这些文件所在的路径（如 C:\Windows），以便调用。

计算器：calc.exe　　　　　画图：mspaint.exe

写字板：write.exe　　　　　记事本：notepad.exe

提示：使用 Shell 方法调用其他应用程序。

图 3-13　在 VB.NET 中调用其他应用程序

【练习 3-7】新建一个 Windows 窗体应用程序项目，编程序实现：运行时每隔一秒自动使用随机颜色、随机样式填充圆。运行界面如图 3-14 所示。要求：

1）使用工具箱上"Visual Basic PowerPacks"选项卡中的"OvalShape"控件 ◯ OvalShape 在窗体上绘制一个椭圆，将其 Size 属性的 Width 和 Height 设置为相等，使其成为一个圆。

2）添加一个定时器控件，设置其 Enabled 属性为 True，Interval 属性为 1000。

3）在定时器控件的 Tick 事件中编写代码实现使用随机颜色、随机样式填充圆，并使边框颜色随填充色变化。

提示：

1）OvalShape 控件的填充样式属性为 FillStyle，取值范围 [0,52]；填充颜色属性为 FillColor；边框颜色属性为 BorderColor。

2）可以使用 Color 结构的 FromArgb 方法生成随机的颜色，其格式如下：

Color.FromArgb(alpha,red,green,blue)

表示从 4 个 ARGB 分量（alpha、red、green、blue）值创建 Color 结构。

其中 alpha、red、green、blue 取值为 0 ~ 255，分别表示透明度、红色、绿色和蓝色。

图 3-14　随机填充圆

第4章　顺序结构程序设计

VB.NET 虽然采用事件驱动方法调用相对划分得比较小的子过程，但是对于过程本身，仍然要用到结构化程序设计方法，用控制结构控制过程内部的执行流程。顺序结构是结构化程序最简单的一种结构，其特点是程序按语句出现的先后次序从上到下（或从左到右）依次执行，程序设计的主要思路是按"输入→处理→输出"的顺序进行。本章主要介绍顺序结构程序设计所涉及的基本概念及基本语句。

4.1　赋值语句

赋值语句是程序设计中最基本的语句，它可以把指定的值赋给某个变量或某个对象的属性。赋值语句的格式如下：

变量名 = 表达式

或

[对象名 .] 属性名 = 表达式

功能：首先计算"="号（称为赋值号）右边的表达式的值，然后将此值赋给"="号左边的变量或对象属性。

说明：

1）"变量名"应符合 VB.NET 的标识符命名约定。

2）"表达式"可以是常量、变量、表达式及对象的属性。

3）"对象名"默认时为当前窗体。

4）"="赋值号与数学中的等号意义不同。

例如，语句 X = X + 1 表示将变量 X 的值加 1 后的结果值再赋给变量 X，取代 X 现有的值，而不表示等号两边的值相等。

5）赋值号左边必须是变量或对象的属性。例如，以下赋值语句是正确的：

```
Dim testInt As Integer
Dim testString As String
Dim testButton As System.Windows.Forms.Button
Dim testObject As Object
testInt = 42
testString = "Visual Basic.NET"
testButton = New System.Windows.Forms.Button()
testObject = testInt
testObject = testString
testObject = testButton
Button1.Text = " 确定 "
```

而以下赋值语句是错误的，因为赋值号左边是表达式。

```
testInt+1 = testInt
```

6）当"表达式"值的类型与赋值号左边的变量（或属性）的类型不一致时，在某些情况下，VB.NET 会按一定的转换规则将"表达式"值的类型转换成变量（或属性）的类型，然后再进行赋值。例如，将一个低精度型常量、变量或表达式赋值给高精度型变量时，VB.NET 会进行"扩大转换"，扩大转换总是允许的；将一个高精度型常量、变量或表达式赋值给一个低精度型变量时，VB.NET 会进行收缩转换，收缩转换可能会丢失精度，甚至导致溢出错误。
例如：

```
Dim A As Integer, B As Single, C As Double, S As String , CC As Char
A = 100              ' 将整型常量 100 赋给整型变量 A, 类型一致
S = "123.45"         ' 将字符串 "123.45" 赋给字符串变量 S
A = S                ' 将存放数字字符串的变量值赋给整型变量, 变量 A 中存放 123
S = A                ' 将整型变量值赋给字符串变量 S, S 中存放字符串 "123"
B = 12345.67
A = B                ' 将高精度变量赋给低精度变量。先四舍五入后取整, 变量 A 中存放 12346
C = 123456.789
B = C                ' 将高精度变量赋给低精度变量, 变量 B 中存放 123456.8 (7 位有效数字)
S = "abc"
A = S                ' 错误, 类型不匹配
CC = "a"
S = CC               ' 将字符赋值给字符串
```

为避免在进行自动转换并赋值时产生意想不到的错误，建议在代码中尽量保持赋值号两边的表达式和变量的类型一致。

7）变量未赋值时，VB.NET 会根据变量的类型对其进行初始化。例如，将数值型变量的值初始化为 0，将 Object、字符串类型初始化为 Nothing，将布尔型变量初始化为 False。

8）VB.NET 提供了几种复合赋值运算符，用来缩写赋值语句，其运算规则仍是先计算运算符右边的表达式，然后将结果赋值给运算符左边的变量。表 4-1 列出了这些赋值运算符及其示例。假设：

```
Dim c As Double = 4, b As Integer = 4, d As String = "He"
```

表 4-1 复合赋值运算符及其示例

复合赋值运算符	示例	展开表示	结果
+=	c += 5	c = c + 5	9
-=	c -= 5	c = c - 5	−1
*=	c *= 5	c = c * 5	20
/=	c /= 5	c = c / 5	0.8
\=	b \= 5	b = b \ 5	0
^=	c ^= 3	c = c ^ 3	64
&=	d &= "llo"	d = d & "llo"	Hello

注意：复合赋值运算符只能在同一条语句中出现一次。如果写成 "c+=5+=6"，系统将给出错误信息。

【例 4-1】交换两个变量的值。设变量 A 中存放 5，变量 B 中存放 8，交换两个变量的值，使变量 A 中存放 8，变量 B 中存放 5。

要交换两个变量，需要借助第三个变量 C 才能实现交换，交换变量 A、B 的算法如图 4-1 所示。代码如下：

```
A = 5
B = 8
C = A
A = B
B = C
```

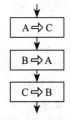

图 4-1 交换变量 A、B 的值

4.2 数据输入

把要处理的初始数据从某种外部设备（如键盘、磁盘文件）读取到计算机（如变量）中，以

便进行处理，这就叫数据的输入。

在 VB.NET 中，可以用多种方法输入数据，本节将介绍两种常用的数据输入方法：使用 InputBox（输入框）函数输入数据和使用 TextBox（文本框）控件输入数据。

4.2.1　用 InputBox 函数输入数据

InputBox 函数的格式如下：

```
InputBox(提示信息[,对话框标题][,默认值])
```

功能：产生一个输入对话框，用户可以在该对话框中输入一个数据。如果单击对话框的"确定"按钮，则输入的数据将作为函数值返回，返回值为字符串类型；如果单击对话框的"取消"按钮，则函数返回空串（""）。

说明：

1）提示信息：字符串表达式，表示要在对话框内显示的提示信息，提示用户输入数据的性质、范围、作用等。如果要显示多行提示信息，则可在提示信息中插入回车符 Chr(13)、换行符 Chr(10)、回车换行符的组合 Chr(13) & Chr(10) 或系统符号常量 vbCrLf 实现换行。

2）对话框标题：字符串表达式，是可选项。运行时该参数显示在对话框的标题栏中。如果省略，则在标题栏中显示当前的应用程序名。

3）默认值：字符串表达式，是可选项。显示在对话框的文本框中，在没有其他输入时作为默认值。如果省略，则对话框中的文本框为空。

4）如果只省略第 2 个参数，则相应的逗号分隔符不能省略。

例如，假设某程序中有如下代码：

```
MyStr = InputBox("提示" & vbCrLf & "信息", "对话框标题", "aaaaaa")
```

执行该行代码时，弹出的输入对话框如图 4-2 所示。可以在文本框中将默认值修改成其他内容，单击"确定"按钮，文本框中的文本返回到变量 MyStr 中；单击"取消"按钮，返回一个零长度字符串。

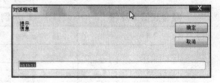

图 4-2　输入对话框

4.2.2　用 TextBox 控件输入数据

TextBox（文本框）控件常用来作为输入控件，在运行时接收用户输入的数据。用文本框输入数据时，也就是将文本框的 Text 属性的内容赋给某个变量。

例如，将文本框 TextBox1 中输入的字符串赋给字符串变量 MyStr，代码如下：

```
Dim MyStr As String
MyStr = TextBox1.Text
```

由于文本框的 Text 属性为字符串类型，因此，要想将文本框中输入的内容作为数值输入，需要进行类型转换。例如，将在文本框 TextBox1 中输入的内容作为数值赋给整型变量 A，代码如下：

```
Dim A As Integer
A = Val(TextBox1.Text)    ' 这里使用 Val 函数将文本框中的内容转换为数值型
```

【例 4-2】编程序实现：运行时，用文本框输入 3 门课的成绩，求平均成绩，用文本框显示平均成绩。要求：

1）单击"计算"按钮求平均成绩。

2）当输入成绩的文本框获得焦点时，选中其中的文本。

3）当输入成绩的文本框中的任何一个内容发生变化时，清除平均成绩。

4）单击"清除"按钮，清除所有文本框的内容，并将焦点定位在第一个输入成绩的文本框中。

5）单击"退出"按钮，结束程序的运行。

界面设计：新建一个 Windows 窗体应用程序项目，参照图 4-3 设计界面。将文本框 TextBox1、TextBox2、TextBox3、TextBox4 的 TextAlign 属性设置为 Right，使其中的数据靠右对齐。将 TextBox4 的 ReadOnly 属性设置为 True，使其内容在运行时不能修改（只读），将 TabStop 属性设置为 False，使运行时按 Tab 键跳过此文本框。

图 4-3 计算平均成绩

代码设计：

1）编写"计算"按钮 Button1 的 Click 事件过程，从文本框 TextBox1、TextBox2、TextBox3 读取数据，计算平均值，显示在文本框 TextBox4 中。

```
Private Sub Button1_Click(ByVal sender As System.Object, ByVal e As System.
EventArgs) Handles Button1.Click
    Dim A, B, C As Short
    A = Val(TextBox1.Text)
    B = Val(TextBox2.Text)
    C = Val(TextBox3.Text)
    TextBox4.Text = (A + B + C) / 3
End Sub
```

2）要实现在输入成绩的文本框获得焦点时选中其中的文本，需要考虑：如果文本框使用键盘操作（Tab 键）获得焦点，则在文本框的 GotFocus 事件过程中编写代码；如果使用鼠标单击使文本框获得焦点，则在文本框的 MouseUp 事件过程中编写代码。代码都是一样的，所以多个事件共享代码。具体如下：

```
Private Sub TextBox1_GotFocus(ByVal sender As Object, ByVal e As System.
EventArgs) Handles TextBox1.GotFocus, TextBox2.GotFocus, TextBox3.GotFocus, TextBox1.
MouseUp, TextBox2.MouseUp, TextBox3.MouseUp
    sender.SelectAll()
End Sub
```

上述代码在 TextBox1_GotFocus 事件过程的 Handles 子句后加上 TextBox2.GotFocus、TextBox3.GotFocus、TextBox1.MouseUp、TextBox2.MouseUp、TextBox3.MouseUp，使 3 个文本框共同使用一个 TextBox1_GotFocus 事件过程，执行文本框的选中文本操作。

3）要在输入成绩的文本框内容发生变化时，清除 TextBox4 的内容，需要在文本框的 TextChanged 事件过程中编写代码。具体如下：

```
Private Sub TextBox1_TextChanged(ByVal sender As Object, ByVal e As System.
EventArgs) Handles TextBox1.TextChanged, TextBox2.TextChanged, TextBox3.TextChanged
    TextBox4.Clear()
End Sub
```

在代码中 3 个文本框对象共同使用一个文本框的 TextChanged 事件过程。

4）编写"清除"按钮 Button2 的 Click 事件过程，清除所有文本框的内容，并将焦点定位在文本框 TextBox1 中。

```
Private Sub Button2_Click(ByVal sender As System.Object, ByVal e As System.
EventArgs) Handles Button2.Click
    TextBox1.Clear() : TextBox2.Clear() : TextBox3.Clear() : TextBox4.Clear()
    TextBox1.Focus()                ' 将焦点定位在文本框 TextBox1 中
End Sub
```

5）在"退出"按钮 Button3 的 Click 事件过程中输入 End 语句，结束程序的运行。

4.3　数据输出

在程序中对输入的数据进行处理后，往往需要将处理结果、提示信息等呈现给用户，即输出。本节将介绍使用 TextBox（文本框）控件、Label（标签）控件、MsgBox（消息框）函数、MessageBox.Show 方法和其他方法来输出数据。

4.3.1　用 TextBox 控件输出数据

前面介绍了如何用文本框输入数据，实际上，也可以使用文本框输出数据。例如，假设变量 X 中存放计算结果，将结果保留 2 位小数并输出到文本框 TextBox1 中，可以使用语句：

```
TextBox1.Text = Format(X, "0.00")
```

由于文本框的 Text 属性是字符串类型，只能接收一个字符串类型的值，因此，当需要在一个文本框中显示多个数据时，需要将这些数据以字符串形式连接起来，形成一个字符串，才能输出到文本框中。

例如，用文本框 TextBox1 输出两个数值型变量 X 和 Y 的值，分两行输出，需要首先将文本框的 MultiLine 设置为 True，使其能接收多行文本，然后编写如下代码：

```
TextBox1.Text = Str(X) & vbCrLf & Str(Y)
```

用文本框显示多个数据时，可以设置文本框带有滚动条，以使数据能够滚动显示。编写代码时，需要根据滚动条的方向决定数据之间是否需要添加空格或回车换行符号。

【例 4-3】编程序实现：用一个文本框输入任意一个英文字母，用另一个文本框显示该英文字母及其 ASCII 码值。

界面设计：新建一个 Windows 窗体应用程序项目，按图 4-4a 所示设计界面，注意将文本框 TextBox2 的 MultiLine 属性设置为 True，ScrollBars 属性设置为 Vertical，使其具有垂直滚动条。

代码设计：代码写在"ASCII 码值"按钮 Button1 的 Click 事件过程中，先从文本框 TextBox1 中读取字符，然后通过 TextBox2 的 AppendText 方法将新输入的字母、转换得到的 ASCII 码值、适当的空格、回车换行符 vbCrLf 连接起来，附加到 TextBox2 之后。代码如下：

```
Private Sub Button1_Click(ByVal sender As System.Object, ByVal e As System.
EventArgs) Handles Button1.Click
    Dim eChar As Char          ' 声明变量 eChar 为字符型，存放 1 个字符
    eChar = TextBox1.Text      ' 从文本框输入字母
    ' 显示 eChar 及其 ASCII 码值 Asc(eChar)，用 Space 函数添加适当的间距，用 vbCrLf 换行
    TextBox2.AppendText(Space(5) & eChar & Space(15) & Str(Asc(eChar)) & vbCrLf)
    ' 将焦点设置在文本框 TextBox1 中，选中 TextBox1 中的所有内容
    TextBox1.Focus()
    TextBox1.SelectAll()
End Sub
```

运行时，每次向 TextBox1 中输入一个字母，单击 Button1 按钮，结果附加显示在 TextBox2 当前文本之后，如图 4-4b 所示。

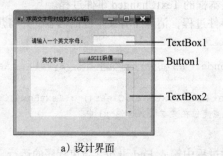

a）设计界面

b）运行界面

图 4-4　用文本框输出多个数据

4.3.2 用 Label 控件输出数据

用 Label（标签）控件输出数据，也就是将数据赋给标签的 Text 属性。例如，如果要在标签 Label1 上显示信息"输入错，请重新输入"，可以使用语句：

```
Label1.Text = " 输入错，请重新输入 "
```

又如，要在标签 Label1 上分两行显示所求得的 x、y 的值，可以使用语句：

```
Label1.Text = "x=" & Str(x) & vbCrLf & "y=" & Str(y)
```

【例 4-4】 输入三角形的 3 条边 a、b、c 的长度，求三角形的面积。已知三角形 3 条边 a、b、c 的长度，可以用海伦公式求三角形的面积 s，即

$$s = \sqrt{p(p-a)(p-b)(p-c)}, \quad p = \frac{1}{2}(a+b+c)$$

界面设计：新建一个 Windows 窗体应用程序项目，按图 4-5a 所示设计界面。其中的三角形由工具箱的 LineShape 控件 ![LineShape] 绘制（在 Visual Basic PowerPacks 选项卡内）。将 3 个文本框的 TextAlign 属性都设置为 Right，标签 Label2 的 BorderStyle 属性设置为 Fixed3D，Text 属性清空，TextAlign 属性设置为 MiddleRight，AutoSize 属性设置为 False。

代码设计：代码写在 Button1 按钮的 Click 事件过程中，首先从文本框 TextBox1、TextBox2 和 TextBox3 读取三角形 3 条边的值，分别保存到变量 A、B、C 中，然后利用海伦公式求面积，保存到变量 S 中，最后在标签中显示 S 的值。具体如下：

```
Private Sub Button1_Click(ByVal sender As System.Object, ByVal e As System.
EventArgs) Handles Button1.Click
    Dim A, B, C, P, S As Single
    A = Val(TextBox1.Text)
    B = Val(TextBox2.Text)
    C = Val(TextBox3.Text)
    P = (A + B + C) / 2
    S = Math.Sqrt(P * (P - A) * (P - B) * (P - C))
    Label2.Text = Format(S, "0.00")            ' 用标签输出数据，保留两位小数
End Sub
```

运行时，输入三角形的 3 条边长，单击"三角形的面积"按钮，效果如图 4-5b 所示。

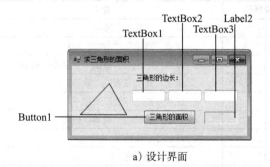

a）设计界面　　　　　　　　　　　b）运行界面

图 4-5　求三角形的面积

4.3.3 用 MsgBox 函数输出数据

在 Windows 中，如果操作有误，通常会在屏幕上显示一个对话框，提示用户进行选择，然后根据选择确定其后的操作。VB.NET 在 Microsoft.VisualBasic.Interaction 类中提供的 MsgBox 函数就可以实现此功能，它可以显示一个对话框（称为消息框），并可以接收用户在消息框上的选择，以此作为程序继续执行的依据。MsgBox 函数的格式如下：

```
MsgBox(提示信息 [, 按钮类型][, 对话框标题])
```

功能：打开一个消息框，在消息框中显示指定的消息，等待用户单击按钮，并返回一个整数告诉用户单击了哪个按钮。

说明：

1）提示信息：字符串表达式，用于指定显示在消息框中的信息，在提示信息中若要对文本信息进行换行，可以使用回车符 Chr(13)、换行符 Chr(10)、回车与换行符的组合 Chr(13) & Chr(10) 或系统符号常量 vbCrLf。

2）按钮类型：可选项，该参数值是 Microsoft.VisualBasic 命名空间下的 MsgBoxStyle 枚举类型。其值包含了 3 类信息，分别表示对话框的按钮的类型、显示图标的种类及默认按钮的位置。表 4-2 列出了 MsgBoxStyle 枚举成员及对应的枚举值。MsgBoxStyle 枚举具有标志特性。具有标志特性的枚举成员，可以使用 Or 运算符或 + 运算符对它们进行组合。例如，要定义一个消息框，其按钮的类型包含"是"和"否"按钮，具有询问图标，默认按钮是第二个按钮（如图 4-6 所示），则可以写成：

图 4-6　按钮类型示例

```
MsgBox("提 示 信 息", MsgBoxStyle.YesNo Or MsgBoxStyle.Question Or MsgBoxStyle.
DefaultButton2)
```

或写成

```
MsgBox("提 示 信 息", MsgBoxStyle.YesNo + MsgBoxStyle.Question + MsgBoxStyle.
DefaultButton2)
```

或写成

```
MsgBox("提示信息", 4 + 32 + 256)
```

如果省略"按钮类型"，则默认为 0。

3）对话框标题：字符串表达式，是可选项，指定在消息框的标题栏中显示的文本。如果省略，则在标题栏中显示当前应用程序名。

4）如果只省略第 2 个参数，则相应的逗号分隔符不能省略。

表 4-2　"按钮类型"的设置值及含义

分类	MsgBoxStyle 枚举成员	枚举值	含义
按钮 类型	OkOnly	0	只显示"确定"按钮
	OkCancel	1	显示"确定"、"取消"按钮
	AbortRetryIgnore	2	显示"中止"、"重试"、"忽略"按钮
	YesNoCancel	3	显示"是"、"否"、"取消"按钮
	YesNo	4	显示"是"、"否"按钮
	RetryCancel	5	显示"重试"、"取消"按钮
图标 类型	Critical	16	显示停止图标 ×
	Question	32	显示询问图标?
	Exclamation	48	显示警告图标!
	Information	64	显示信息图标 i
默认 按钮	DefaultButton1	0	第一个按钮是默认按钮
	DefaultButton2	256	第二个按钮是默认按钮
	DefaultButton3	512	第三个按钮是默认按钮

消息框出现后，用户必须做出选择，程序才能继续执行下一步操作。当在消息框中单击不同的按钮时，MsgBox 函数根据所单击的按钮返回不同的值，其值是 Microsoft.VisualBasic 命名空

间中的 MsgBoxResult 枚举类型。表 4-3 列出了 MsgBoxResult 枚举成员及对应的枚举值。

表 4-3   MsgBoxResult 枚举 (MsgBox 函数的返回值)

MsgBoxResult 枚举成员	枚举值	单击的按钮	MsgBoxResult 枚举成员	枚举值	单击的按钮
OK	1	确定	Ignore	5	忽略
Cancel	2	取消	Yes	6	是
Abort	3	中止	No	7	否
Retry	4	重试			

例如，不需要返回值的语句：

```
MsgBox(" 提示信息 ")
```

只显示"提示信息"，默认显示一个"确定"按钮，标题栏显示项目名称，如图 4-7a 所示。

不需要返回值的语句：

```
MsgBox(" 提示信息 " & vbCrLf & " 换行显示 ")
```

显示两行提示信息，默认显示一个 " 确定 " 按钮，标题栏显示项目名称，如图 4-7b 所示。

不需要返回值的语句：

```
MsgBox(" 提示信息 ", , " 标题 ")
```

省略了第 2 个参数"按钮类型"，但逗号不能省。标题栏显示指定的第 3 个参数值。显示的消息框如图 4-7c 所示。

需要返回值时，使用赋值语句：

```
a = MsgBox(" 提示信息 ", 1, " 标题 ")
```

显示"确定"、"取消"按钮，如图 4-7d 所示。

需要返回值时，使用赋值语句：

```
a = MsgBox(" 提示信息 ", 1 + 16, " 标题 ")
```

显示"确定"、"取消"按钮和停止图标，如图 4-7e 所示。

需要返回值时，使用赋值语句：

```
a = MsgBox(" 提示信息 ", 2 + 32 + 0, " 标题 ")
```

显示"中止"、"重试"和"忽略"按钮以及询问图标，并将第 1 个按钮设置为默认按钮，如图 4-7f 所示。

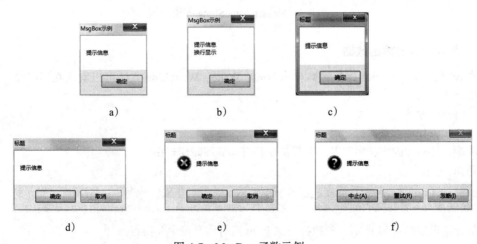

图 4-7 MsgBox 函数示例

另外，VB.NET 还在 System.Windows.Forms 命名空间中提供了 MessageBox 类，使用其 Show 方法，可以实现 MsgBox 函数的功能。Show 方法有多种格式，例如，以下是 Show 方法的一种使用格式：

```
MessageBox.Show(提示信息,对话框标题,按钮类型,图标类型,默认按钮)
```

其中各参数的作用与 MsgBox 函数中对应参数的作用相同。参数"提示信息"和"对话框标题"是字符串类型。参数"按钮类型"是 System.Windows.Forms 命名空间中的 MessageBoxButtons 枚举类型；参数"图标类型"是 System.Windows.Forms 命名空间中的 MessageBoxIcon 枚举类型；参数"默认按钮"是 System.Windows.Forms 命名空间中的 MessageBoxDefaultButton 枚举类型。

MessageBox.Show 方法的返回值是 System.Windows.Forms 命名空间中的 DialogResult 枚举值。DialogResult 枚举值与表 4-3 列出的 MsgBoxResult 枚举值相同。

MessageBox 类的 Show 方法的参数表中的参数可以有多种形式。例如，语句：

```
MessageBox.Show("提示信息")
```

只显示"提示信息"，默认显示一个"确定"按钮，标题栏为空，如图 4-8a 所示。
语句：

```
MessageBox.Show("提示信息", "标题")
```

显示"提示信息"，默认显示一个"确定"按钮，标题栏显示"标题"，如图 4-8b 所示。
语句：

```
MessageBox.Show("提示信息", "标题", MessageBoxButtons.OKCancel)
```

显示"提示信息"，显示"确定"、"取消"按钮，标题栏显示"标题"，如图 4-8c 所示。
需要返回值时，使用赋值语句：

```
a = MessageBox.Show("提示信息", "标题", MessageBoxButtons.YesNo)
```

显示"提示信息"，显示"是"、"否"按钮，标题栏显示"标题"，如图 4-8d 所示。

图 4-8　MessageBox.Show 方法示例

4.3.4　用其他方法输出数据

在 System.Diagnostics.Debug 类下的 Print、Write、WriteLine 方法可以实现在即时窗口上输出数据。

1. Print 方法

格式：`Print(字符串)`

功能：将指定的字符串以及一个行结束符打印到即时窗口中。

例如：

```
Debug.Print("欢迎" & Space(5) & "使用")        ' 结果为"欢迎     使用"
Debug.Print(Format(Math.Sin(30 * Math.PI / 180) * Math.Sqrt(9))) ' 结果为1.5
```

运行结果如图 4-9a 所示，每执行一次 Print 后打印字符串并换行。

2. Write 方法

格式：`Write(字符串)`

功能：在即时窗口中打印指定的字符串。

例如：

```
Debug.Write(" 欢迎 " & Space(5) & " 使用 ")
Debug.Write(Format(Math.Sin(30 * Math.PI / 180) * Math.Sqrt(9)))
```

运行结果如图 4-9b 所示，每执行一次 Write 后打印字符串但不换行。

3. WriteLine 方法

格式：`WriteLine(字符串)`

功能：将指定的字符串以及一个行结束符打印到即时窗口中。

例如：

```
Debug.WriteLine(" 欢迎 " & Space(5) & " 使用 ")
Debug.WriteLine(Format(Math.Sin(30 * Math.PI / 180) * Math.Sqrt(9)))
```

运行结果如图 4-9c 所示，每执行一次 WriteLine 后打印字符串并换行。

a）Print 方法示例　　　b）Write 方法示例　　　c）WriteLine 方法示例

图 4-9　Print、Write、WriteLine 方法示例

4.4 注释、暂停与程序结束语句

1. 注释语句

注释语句通常放在过程、模块的开头，用于对过程或模块进行功能说明，也可以放在执行语句的后面，用于对相应语句进行功能说明。

格式：`' | Rem 注释内容`

功能：给程序中的语句或程序段加上注释内容，以提高程序的可读性。

说明：

1）如果用 Rem 来注释，则 Rem 与注释内容之间应至少空一个空格。如果将以 Rem 开始的注释语句放在语句行的最后，则 Rem 和被注释的语句间至少要有一个空格。

2）注释语句是非执行语句，仅对程序的有关内容起注释作用，它不被解释和编译。

3）任何字符（包括汉字）都可以放在注释行中作为注释内容。

例如，以下代码包含了多种形式的注释。

```
Private Sub Form1_Load(ByVal sender As Object, ByVal e As System.EventArgs)
Handles Me.Load
        REM 本程序用于计算圆的面积
        Dim R, AREA As Single                     ' R表示半径，AREA表示面积
        R = Val(InputBox("请输入半径", , "1"))     REM 输入半径
        AREA = 3.14 * R ^ 2                        ' 计算面积
        ' 将半径和面积输出到即时窗口中
        Debug.Print(CStr(R) & Space(2) & CStr(AREA))
End Sub
```

注意，注释语句不能放在续行符的后面。如果需要连续多行书写注释，需要在每行的开始以 Rem 或 ' 开头。

在调试程序时，对于某些暂时不用的语句（以后还要使用），可以在这些语句之前添加 Rem 或 ' 暂时停止其执行，在需要时再去掉 Rem 或 ' 使其起作用，这样可以减少代码的修改量。

通过选择一行或多行代码，然后在"标准"工具栏上单击"注释选中行"按钮▣或"取消对选中行的注释"按钮▣，可以添加或移除某段代码的注释符。

2．暂停语句

格式：Stop

功能：暂停程序的执行。

Stop 语句可以放在过程中的任何地方，当程序执行到 Stop 语句时，将暂停执行，用户可以在即时窗口中观察当前的执行情况，如变量、表达式的值等。使用 Stop 语句类似于在代码中设置断点，常用于调试程序。在必要的位置插入 Stop 语句，使程序分段执行，以分析程序段的执行情况，找出错误所在。在程序调试完毕之后，生成可执行文件（.EXE 文件）之前，应删除所有的 Stop 语句。

3．结束语句

格式：End

功能：结束程序的执行。

为了保持程序的完整性并使程序能够正常结束，应当在程序中含有 End 语句，并且通过执行 End 语句来结束程序的运行。

4.5 顺序结构程序应用举例

【例 4-5】鸡兔同笼问题：已知笼中鸡兔总头数为 h，总脚数为 f，问鸡兔各有多少只？

分析：设鸡有 x 只，兔有 y 只，则根据题意列出方程式如下：

$$\begin{cases} x+y=h \\ 2x+4y=f \end{cases}$$

解方程，得出求 x 和 y 的公式为：

$$\begin{cases} x=(4h-f)/2 \\ y=(f-2h)/2 \end{cases}$$

界面设计：新建一个 Windows 窗体应用程序项目，按图 4-10a 所示设计界面。用文本框 TextBox1、TextBox2 输入鸡和兔的总头数、总脚数，用标签 Label5 和 Label6 显示计算结果。

代码设计：

1）在"计算"按钮 Button1 的 Click 事件过程中，按"输入→计算→输出"的思路编写代码。

```
Private Sub Button1_Click(ByVal sender As System.Object, ByVal e As System.
EventArgs) Handles Button1.Click
    Dim h, f, x, y As Integer
    ' 输入
    h = Val(TextBox1.Text)
    f = Val(TextBox2.Text)
    ' 计算
    x = (4 * h - f) / 2
    y = (f - 2 * h) / 2
    ' 输出
    Label5.Text = CStr(x)
    Label6.Text = CStr(y)
End Sub
```

2）为了方便用户多次输入数据，在输入数据的文本框 TextBox1 和 TextBox2 获得焦点（GotFocus 事件、MouseUp 事件）时，选中其中的文本。

```
Private Sub TextBox1_GotFocus(ByVal sender As Object, ByVal e As System.
```

```
EventArgs) Handles TextBox1.GotFocus, TextBox2.GotFocus, TextBox1.MouseUp, TextBox2.
MouseUp
        sender.SelectAll()
    End Sub
```

3）在输入数据的文本框内容改变（TextChanged 事件）时，清除结果标签 Label5 和 Label6 的内容。

```
Private Sub TextBox1_TextChanged(ByVal sender As Object, ByVal e As System.
EventArgs) Handles TextBox1.TextChanged, TextBox2.TextChanged
    Label5.Text = "" : Label6.Text = ""
End Sub
```

运行时输入鸡兔总头数 16，总脚数 40，单击"计算"按钮，结果如图 4-10b 所示。

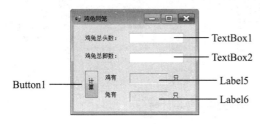
a）设计界面

b）运行界面

图 4-10　鸡兔同笼

【例 4-6】编程序实现：根据系统的具体日期和时间，设计一个倒计时程序。要求：

1）能在界面上显示当前时间。

2）能在界面上显示目标时间。

3）能显示距离目标时间还有多少天、多少小时。

界面设计： 新建一个 Windows 窗体应用程序项目。以目标时间为 2013 年国庆日为例，参考界面如图 4-11a 所示。界面设计说明如下：

1）界面上的所有文字提示使用标签进行设计。

2）界面上所有显示日期时间的控件用文本框设计。

3）界面下部的显示结果使用 GroupBox 控件（框架）对其进行分组。具体方法是，单击工具箱的 GroupBox 控件 ![GroupBox]，在窗体上画出一个矩形框，在属性窗口中将其 Text 属性清空，然后在该矩形框中添加控件。

4）向窗体上添加一个定时器控件，在属性窗口中设置其 Interval 属性值为 1000（即 1 秒），Enabled 属性为 True。使用该控件来实现每隔 1 秒界面刷新显示一次时间。

代码设计： 代码写在定时器的 Tick 事件过程中。使用系统内部函数 Now 获取当前的日期和时间，使用 Year、Month、Day、Hour、Minute 函数获取当前的年、月、日、小时、分钟。使用 DateDiff 函数计算天数和小时数。DateDiff 函数用于返回两个指定 Date 类型的数据之间的时间间隔。其格式如下：

```
DateDiff(interval, date1, date2)
```

其中，interval 是一个 String 类型的参数，用来指定要获取的时间间隔的类型，指定"d"表示天数，指定"h"表示小时数。

代码如下：

```
Private Sub Timer1_Tick(ByVal sender As System.Object, ByVal e As System.
EventArgs) Handles Timer1.Tick
    TextBox1.Text = Year(Now)
```

```
        TextBox2.Text = Month(Now)
        TextBox3.Text = DateAndTime.Day(Now)
        TextBox4.Text = Hour(Now)
        TextBox5.Text = Minute(Now)
        TextBox7.Text = DateDiff("d", Now, "2013-10-1 00:00:00")    ' 计算天数
        TextBox8.Text = DateDiff("h", Now, "2013-10-1 00:00:00")    ' 计算小时数
    End Sub
```

运行时，界面上的时间会每隔1秒自动刷新显示一次，效果如图4-11b所示。

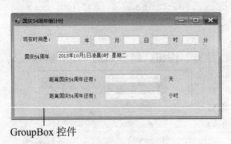
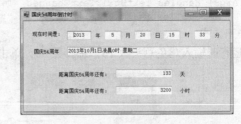

GroupBox 控件

a）设计界面   b）运行界面

图4-11   国庆54周年倒计时

【例4-7】编程序实现：运行时在窗体上创建一个命令按钮，并创建该命令按钮的单击（Click）事件。

代码设计：新建一个 Windows 窗体应用程序项目，在窗体的 Click 事件过程中编写代码。先创建一个按钮对象，然后定义它显示的文本信息以及在窗体上的位置，使用窗体的 Controls 集合的 Add 方法将按钮对象添加到窗体上，使用 AddHandler 语句为按钮对象添加事件。

```
Private Sub Form1_Click(ByVal sender As Object, ByVal e As System.EventArgs)
Handles Me.Click
    Dim button1 As New Button()        ' 创建一个按钮对象
    ' 定义按钮对象的属性
    button1.Text = " 确定 "
    button1.Left = 20
    button1.Top = 20
    Controls.Add(button1)                ' 将创建的按钮对象添加到窗体上
    AddHandler button1.Click, AddressOf button1_Click      ' 为按钮对象添加事件
End Sub
Private Sub button1_Click(ByVal sender As Object, ByVal e As System.EventArgs)
    MsgBox("ok")
End Sub
```

运行时单击窗体，在窗体上创建一个命令按钮，如图4-12所示。单击命令按钮，触发其 Click 事件，显示一个消息框。

图4-12   运行时创建控件

4.6   上机练习

【练习4-1】设计一个计算购书价的程序，界面如图4-13所示。要求：

1）界面上的文字全部为宋体五号字。

2）按图示给各文本框取名。为"计算总价 (C)"和"退出 (X)"按钮设定访问键。

3）设置 Tab 键顺序，使得运行时焦点首先定位在 DJ 文本框，输入单价后，按 Tab 键可输入数量（设置 TabIndex 属性或执行"视图|Tab 键顺序"命令）。

4）设置 ZJ 文本框的 ReadOnly 属性和 TabStop 属性，使其运行时为只读，且用户不能通过按 Tab 键将焦点定位在 ZJ 文本框中。

5）编写代码实现，运行时在输入单价与数量之后，单击"计算总价 (<u>C</u>)"按钮，计算出总价钱，显示于文本框 ZJ 中。单击"退出 (<u>X</u>)"按钮结束运行。

提示： 先使用 Val 函数将文本框中的内容转换后再进行计算。

【**练习 4-2**】设计一个收款计算程序，界面如图 4-14 所示。要求：

1）将 3 个输入文本框依次命名为 T1、T2、T3，应付款文本框命名为 TRESULT。

2）设置 Tab 键顺序，使得运行时焦点首先在"折扣"一栏，输入折扣后，按 Tab 键可输入单价，再按 Tab 键可输入数量。

3）将应付款文本框 TRESULT 设置为只读。

4）编程序实现：运行时单击"计算"按钮计算应付款；单击"清除"按钮或按 Esc 键（设置窗体的 CancelButton 属性）都能清除应付款的内容，并将焦点定位在"折扣"一栏，选中"折扣"中的所有内容；单击"退出"按钮结束执行。

提示： 使用以下语句定位焦点并选中文本。

```
T3.Focus()
T3.SelectAll()
```

图 4-13 计算购书价

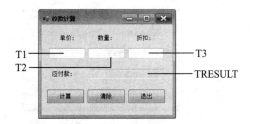

图 4-14 收款计算

【**练习 4-3**】设计求三角函数的绝对值的程序，界面如图 4-15 所示。要求：

1）运行时当输入某一角度之后，单击"计算"按钮能计算出相应的三角函数的绝对值（注意，输入的 X 为角度，需要转换成弧度再使用三角函数）。

2）每次的计算结果附加在上次计算结果之后，显示于带垂直滚动条的文本框中。

3）所有数据保留 3 位小数。

4）每次完成计算之后，选中输入的文本，以便继续输入。

提示： 在窗体文件的常规声明段加入语句"Imports System.Math"，以便使用三角函数。

【**练习 4-4**】设计如图 4-16 所示的界面，实现计算储蓄罐的钱数。要求：

图 4-15 求三角函数的绝对值

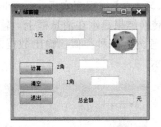

图 4-16 计算储蓄罐的钱数

1）将硬币面值声明为枚举类型。

2）运行时输入各面值的硬币数量后，单击"计算"按钮计算出总金额，显示只读文本框中。

3）当各输入文本框获得焦点时选中其中的文本。

4）当各输入文本框的内容修改时，清空结果文本框的内容。

5）单击"清空"按钮，清空所有文本框的内容。

6）单击"退出"按钮，退出程序的执行。

【练习4-5】编程序实现华氏温度 F 和摄氏温度 C 之间的转换（C=5/9(F−32)）。参考图 4-17a 设计界面（初始运行界面）。要求：

1）通过单选按钮控件（RadioButton 控件 ⊙ RadioButton ）选择计算华氏温度还是摄氏温度。在设计阶段将 RadioButton1（华氏温度）的 Checked 属性设置为 True，使运行时就选中 RadioButton1。文本框 TextBox2 为只读，命令按钮 Button2 无效。

运行时，在文本框 TextBox1 中输入华氏温度，单击"Go"按钮（Button1）计算摄氏温度并显示于 TextBox2 中，如图 4-17b 所示。

2）单击单选按钮 RadioButton2（摄氏温度），文本框 TextBox2 可编辑，TextBox1 只读，清空两个文本框的内容；命令按钮 Button1 无效，Button2 有效；标签 Label1 显示"等价的华氏温度"，Label2 显示"输入原始的摄氏温度"，如图 4-17c 所示。

在文本框 TextBox2 中输入摄氏温度，单击"Go"按钮（Button2）计算华氏温度并显示于 TextBox1 中，如图 4-17d 所示。

3）单击单选按钮 RadioButton1（华氏温度），界面如图 4-17a 所示。

a）初始运行界面

b）运行界面 1

c）运行界面 2

d）运行界面 3

图 4-17 华氏温度、摄氏温度的转换

【练习4-6】编程序实现：运行时单击窗体，用 InputBox 函数输入时、分、秒，求一共多少秒，将转换结果显示在消息框上。输入小时的输入框形式如图 4-18 所示（用 InputBox 函数自动生成），输入分、秒类似，输出数据的格式为：×× 小时 ×× 分 ×× 秒 ＝×× … ×× 秒，如图 4-19 所示。

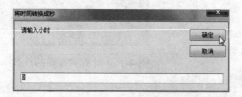

图 4-18 输入小时的输入框

图 4-19 输出格式

【练习4-7】设计如图 4-20a 所示的界面。编程序实现以下功能：

1）运行时向文本框 TextBox1 中输入一个由 5 个字母组成的单词，单击"确定"按钮

Button1，将单词分解到 5 个命令按钮（Button2 ～ Button6）上，每个命令按钮上显示一个字母。

2）单击 Button2 ～ Button6 按钮，将相应的字母按单击次序组成单词。

提示：单击 Button2 ～ Button6 所完成的操作相同，可以共享同一个事件过程，代码如下：

```
Private Sub Button2_Click(ByVal sender As Object, ByVal e As System.EventArgs)
Handles Button2.Click, Button3.Click, Button4.Click, Button5.Click, Button6.Click
        word = word & sender.Text
    End Sub
```

在窗体类的声明段声明变量 word，以便多个事件过程共享。

3）单击"Enter"按钮 Button7，将生成的单词添加到文本框 TextBox2 中，每行 1 个单词，如图 4-20b 所示。

4）选中文本框 TextBox2 中某个单词，单击"删除"按钮从 TextBox2 中删除。

5）单击"全部删除"按钮，将文本框 TextBox2 清空。

 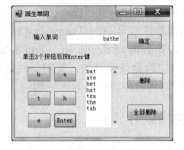

a）设计界面   b）运行界面

图 4-20   单词的分解与组合

【练习 4-8】编程序求二元一次联立方程组的解，二元一次联立方程组的通用形式为：

$$\begin{cases} A_1X+B_1Y=C_1 \\ A_2X+B_2Y=C_2 \end{cases}$$

运行界面如图 4-21 所示。要求：

1）单击"求解"按钮求解，将所求的解显示在标签 Label5 上。

2）设置 Tab 键顺序为：A_1、B_1、C_1、A_2、B_2、C_2。

3）所有输入的文本框在获取焦点时自动选中其中的文本，以便输入。

【练习 4-9】编程序实现：运行时单击窗体，在窗体上创建一个文本框，并创建文本框的 TextChanged 事件，在发生 TextChange 事件时，用消息框显示文本框的内容。

【练习 4-10】编程序实现：运行时单击窗体，在即时窗口中打印如图 4-22 所示的图形。

提示：用 Space 函数实现空格，用 StrDup 函数生成字符串。

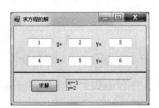   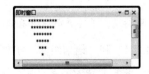

图 4-21   求方程的解   图 4-22   在即时窗口中打印图形

第5章 选择结构程序设计

顺序结构程序是按语句的先后排列次序顺序执行的，然而，计算机在处理实际问题时，常常需要根据条件是否成立，决定程序的执行方向，在不同的条件下，进行不同的处理。假如遇到这样一个问题：

$$y=\begin{cases}|x| & x\leqslant 0\\ \ln x & x>0\end{cases}$$

在输入变量 x 的值之后，需要根据 x 的不同取值范围做不同的处理，使用顺序结构的程序是无法解决这一问题的。本章将介绍 VB.NET 中用于解决此类问题的 3 种语句。

- ❑ 单行结构条件语句（If…Then…Else…）。
- ❑ 多行结构条件语句（If…Then…End If）。
- ❑ 多分支选择语句（Select Case…End Select）。

以上语句又统称为条件语句，使用条件语句可以根据表达式的值，有选择地执行一组语句。使用条件语句编写的程序结构称为选择结构。

5.1 单行结构条件语句

格式：If 条件 Then [语句组1] [Else [语句组2]]

功能：该语句的功能可以用图 5-1 所示的流程图表示。表示如果"条件"成立（即"条件"的值为 True），则执行"语句组 1"，否则（即"条件"的值为 False）执行"语句组 2"。例如：

```
If x <= 0 Then y = Abs(x) Else y = Log(x)
```

说明：

1）"条件"是计算结果为 True、False 或可以隐式转换为 Boolean 数据类型的表达式。

2）单行结构条件语句可以没有 Else 部分，表示当条件不成立时不执行任何操作，这时必须有"语句组 1"。其功能如图 5-2 所示。例如：

```
If x < 0 Then y = -x
```

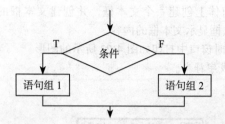

图 5-1 单行结构条件语句的功能

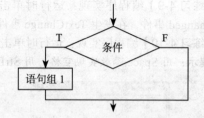

图 5-2 没有 Else 部分的单行结构条件语句的功能

3）"语句组 1"和"语句组 2"分别可以包含多条语句，但各语句之间要用冒号隔开。例如：

```
If N > 0 Then A = A + B : B = B + A Else A = A - B : B = B - A
```

【例 5-1】使用单行结构条件语句，根据以下公式计算 y 的值。

$$y=\begin{cases}|x| & x\leqslant 0\\ \ln x & x>0\end{cases}$$

界面设计：新建一个 Windows 窗体应用程序项目，按图 5-3 所示设计界面。假设运行时，用文本框 TextBox1 输入 x 的值，单击"计算 y"按钮 Button1 计算 y 的值，计算结果显示在标签 Label3 中。

代码设计：在"计算 y"按钮 Button1 的 Click 事件过程中编写代码，首先读取文本框 TextBox1 的值并赋给变量 x，然后根据 x 的不同取值计算 y 的值，最后用标签 Label3 显示 y 的值。该过程可以用图 5-4 所示的流程图表示。代码如下：

```
Imports System.Math           ' 引入 System 命名空间中的 Math 类，以便使用数学函数
Public Class Form1
      Private Sub Button1_Click(ByVal sender As System.Object, ByVal e As System.
EventArgs) Handles Button1.Click
          Dim x, y As Single
          x = Val(TextBox1.Text)            ' 读取文本框 Textbox1 的值并赋给变量 x
          If x <= 0 Then y = Abs(x) Else y = Log(x)' 根据 x 的不同取值计算 y 的值
          Label3.Text = y                   ' 用标签 Label3 显示 y 的值
      End Sub
End Class
```

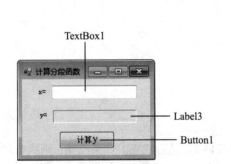

图 5-3　计算分段函数界面

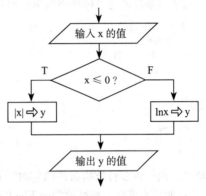

图 5-4　"计算 y"按钮的处理流程

使用单行结构条件语句应注意以下几点：

1）单行结构条件语句应作为一条语句书写。如果语句太长需要换行，必须在折行处使用续行符号，即一个空格跟一个下划线。

2）多条单行结构条件语句不要用冒号合并成一行。例如，执行代码段：

```
Dim a, b, y As Integer
a = 1 : b = -2
If a > 0 And b > 0 Then y = a + b
If a > 0 And b < 0 Then y = a - b
Debug.Print(y)
```

在即时窗口打印出 y 的值为 3，如果把以上两个单行结构条件语句合并成一行，代码变成：

```
Dim a, b, y As Integer
a = 1 : b = -2
If a > 0 And b > 0 Then y = a + b: If a > 0 And b < 0 Then y = a - b
Debug.Print(y)
```

则第二个单行结构条件语句成了第一个单行结构条件语句的一部分，仅在 $a > 0$ And $b > 0$ 条件成立时才会执行，因此没有求 y 值。语句 $y = a - b$ 永远都不会执行。

3）无论"条件"是否成立，单行结构条件语句的出口都是本条件语句之后的语句。

例如，对于以下程序段：

```
If X >= 0 Then X = 1 + X Else X = 5 - X
Y = 1 - X
```

无论条件 X>=0 是否成立，都要执行 If 语句后面的语句 Y=1−X。

4）单行结构条件语句可以嵌套，也就是说，在"语句组 1"或"语句组 2"中可以包含另外一个单行结构条件语句。例如：

```
If x > 0 Then If y > 0 Then z = x + y Else z = x - y Else Debug.Print "error"
```

以上语句在 x>0 条件成立时，又执行另一个单行结构条件语句（下划线部分）。由于单行结构条件语句需要在一行内写完，因此，嵌套的单行结构条件语句会显得冗长，且结构不清晰，容易引起混乱。

可以看出，单行结构条件语句书写简单，适合于处理具有两个条件分支的情况，而不适合于处理条件分支较多或问题较复杂的情况。使用以下的多行结构条件语句来处理这类问题会更方便些。

5.2   多行结构条件语句

多行结构条件语句也称块结构条件语句，由多个语句行共同完成条件的判断，格式如下：

```
If 条件 1 Then
    [语句组 1]
[ElseIf 条件 2 Then
    [语句组 2]]
...
[ElseIf 条件 n Then
    [语句组 n]]
[Else
    [语句组 n+1]]
End If
```

功能：执行该多行结构条件语句时，首先判断"条件 1"是否成立。如果成立，则执行"语句组 1"；如果不成立，则继续判断 ElseIf 子句中的"条件 2"是否成立。如果成立，则执行"语句组 2"，否则，继续判断以下的各个条件，以此类推。如果"条件 1"到"条件 n"都不成立，则执行 Else 子句后面的"语句组 n+1"。

当某个条件成立而执行了相应的语句组后，将不再继续往下判断其他条件，而直接退出条件结构，执行 End If 之后的语句。多行结构条件语句的功能可以用图 5-5 所示的流程图表示。

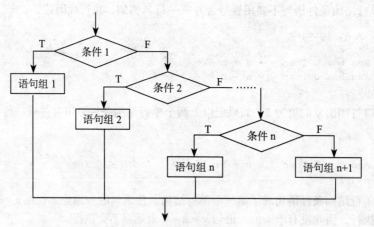

图 5-5   多行结构条件语句的功能

说明：

1）"条件"是计算结果为 True、False 或可以隐式转换为 Boolean 数据类型的表达式。

2）除了第一行的 If 语句和最后一行的 End If 语句是必需的以外，ElseIf 语句和 Else 语句都是可选的。以下是多行结构条件语句的两种常见的简化形式。

形式一：　　　　　　　　　　　　形式二：

```
If 条件 Then                    If 条件 Then
    语句组 1                        语句组
Else                            End If
    语句组 2
End If
```

形式一的功能与单行结构条件语句功能相同（参见图 5-1），用于处理两个条件分支的情况；而形式二仅在条件成立时执行一定的操作，当条件不成立时，则不做任何处理（参见图 5-2）。

【例 5-2】某运输公司计算运费，距离越远，每千米运费越低，计算标准如下：

距离 < 250km　　　　　　　　没有折扣

250km ≤距离 < 500km　　　　2% 折扣

500km ≤距离 < 1000km　　　5% 折扣

1000km ≤距离 < 2000km　　8% 折扣

2000km ≤距离 < 3000km　　10% 折扣

距离 ≥ 3000km　　　　　　　15% 折扣

使用多行结构条件语句，按以上标准计算运费。

分析：设每千米每吨货物的基本运费为 Price，货物重为 Weight，运输距离为 Distance，折扣为 Discount，则总运费 Freight 的计算公式为：

Freight= Price * Weight * Distance * (1−Discount)

界面设计：新建一个 Windows 窗体应用程序项目，设计如图 5-6a 所示的界面。将文本框 TextBox1、TextBox2、TextBox3 的 TextAlign 属性设置为 Right；将标签 Label4 的 TextAlign 属性设置为 MiddleRight，BorderStyle 属性设置为 Fixed3D。设运行时用文本框 TextBox1、TextBox2 和 TextBox3 输入基本运费、货物重量和运输距离，通过单击"计算运费"按钮 Button1 计算运费，用标签 Label4 显示计算结果。

代码设计：在命令按钮 Button1 的 Click 事件过程中编写代码。思路是：首先分别从文本框 TextBox1、TextBox2 和 TextBox3 输入基本运费、货物重量和运输距离并分别赋给变量 Price、Weight 和 Distance，然后用多行结构条件语句根据 Distance 的值确定折扣 Discount，最后用以上公式计算总运费，并用标签 Label4 显示计算结果。具体代码如下：

```
Private Sub Button1_Click(ByVal sender As System.Object, ByVal e As System.
EventArgs) Handles Button1.Click
    Dim price, weight, distance, discount, freight As Single
    price = Val(TextBox1.Text)                 ' 输入基本运费
    weight = Val(TextBox2.Text)                ' 输入货物重量
    distance = Val(TextBox3.Text)              ' 输入运输距离
    ' 根据不同的运输距离 distance 计算折扣
    If distance < 250 Then
        discount = 0
    ElseIf distance >= 250 And distance < 500 Then
        discount = 0.02
    ElseIf distance >= 500 And distance < 1000 Then
        discount = 0.05
    ElseIf distance >= 1000 And distance < 2000 Then
        discount = 0.08
    ElseIf distance >= 2000 And distance < 3000 Then
        discount = 0.1
    Else
```

```
        discount = 0.15
    End If
    Freight = Price * Weight * distance * (1 - discount)        ' 计算总运费
    Label4.Text = Format(freight, "0.00")                      ' 输出总运费
End Sub
```

运行时，首先输入基本运费、货物重量和运输距离，然后单击"计算运费"按钮，在标签 Label4 中显示计算结果，如图 5-6b 所示。

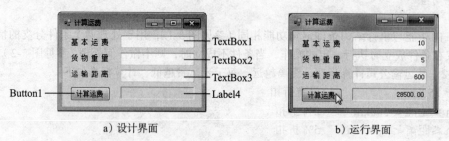

a）设计界面　　　　　　　　　　　　　　　　b）运行界面

图 5-6　计算运费

由于在多行结构条件语句中，只有在前一个条件不成立的情况下才会继续判断下一个条件是否成立，因此，本例的条件语句可以简化成如下形式：

```
If distance < 250 Then
    discount = 0
ElseIf distance < 500 Then
    discount = 0.02
ElseIf distance < 1000 Then
    discount = 0.05
ElseIf distance < 2000 Then
    discount = 0.08
ElseIf distance < 3000 Then
    discount = 0.1
Else
    discount = 0.15
End If
```

以上条件语句首先判断条件 distance < 250，如果成立，则执行语句 discount = 0，接着退出整个条件结构，执行 End If 之后的语句；如果不成立，则只有在 distance >= 250 时，才继续判断下一个条件，这时将条件写成 distance < 500 和写成 distance >= 250 And distance < 500 显然是完全相同的。省略其他条件的书写也是因为同样的原因。

使用多行结构条件语句应注意以下几点：

1）整个多行结构必须以 If 语句开头，End If 语句结束。

2）要注意严格按格式要求进行书写，不可以随意换行或将两行合并成一行。例如，对于条件结构：

```
If x >= 0 Then
    y = 1
Else
    y = 2
End If
```

以下两种写法都是错误的。

写法一：

```
If x >= 0 Then y = 1
Else y = 2
End If
```

写法二：

```
If x >= 0 Then y = 1 Else y = 2
End If
```

在写法一中，第一条语句被认为是一个完整的单行结构条件语句，因此 VB.NET 找不到与 Else 配对的 If 语句，也找不到与 EndIf 配对的 If 语句。而 Else 和 y = 2 也应该分成两行书写。

在写法二中，第一条语句被认为是一个完整的单行结构条件语句，因此 VB.NET 找不到与 End If 配对的 If 语句。

在书写多行结构条件语句时，VB.NET 会自动将 If 语句、ElseIf 子句、Else 子句和 End If 语句左对齐，而各语句组向右缩进若干空格，以使程序结构更加清晰。

可以看出，与单行结构条件语句相比，使用多行结构条件语句处理具有多个条件分支的问题时，程序结构更加清晰。

对于根据单一表达式的值来决定执行多种可能的动作之一的情况，使用下面的多分支选择语句则更为方便。

5.3 多分支选择语句

格式：

```
Select Case 测试表达式
    Case 表达式表 1
        [语句组 1]
    [Case 表达式表 2
        [语句组 2]]
        …
    [Case 表达式表 n
        [语句组 n]]
    [Case Else
        [语句组 n+1]]
End Select
```

功能：根据"测试表达式"的值，按顺序匹配 Case 后的表达式表，如果匹配成功，则执行该 Case 下的语句组，然后转到 End Select 语句之后继续执行；如果"测试表达式"的值与各 Case 后的表达式表都不匹配，则执行 Case Else 之后的"语句组 n+1"，再转到 End Select 语句之后继续执行。多分支选择语句的功能可以用图 5-7 所示的流程图表示。

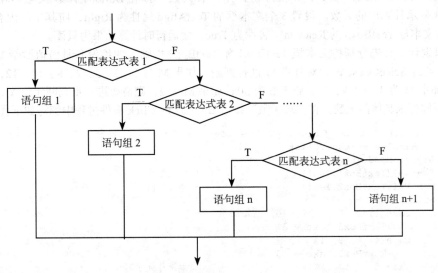

图 5-7　多分支选择语句的功能

说明：

1）Select Case 之后的"测试表达式"的计算结果必须属于某个基本数据类型。Case 之后的"表达式表"中的表达式值可以是任何数据类型，只要它们可以被隐式地转换为"测试表达式"的类型。

2）这里所说的"匹配"与 Case 后的"表达式表"的书写有关，Case 后的"表达式表"可以为如下 3 种形式之一：

① 表达式 1[, 表达式 2]…

例如，Case 1,3,5

表示"测试表达式"的值为 1 或 3 或 5 时，执行该 Case 语句之后的语句组。

② 表达式 1 To 表达式 2

例如，Case 10 To 30

表示"测试表达式"的值在 10 ～ 30 之间（包括 10 和 30）时，执行该 Case 语句之后的语句组。

又如，Case "A" To "Z"

表示"测试表达式"值在 A ～ Z 之间（包括 A 和 Z）时，执行该 Case 语句之后的语句组。

③ Is 关系运算符 表达式

例如，Case Is >= 10

表示"测试表达式"的值大于或等于 10 时，将执行该 Case 语句之后的语句组。这里的 Is 是 VB.NET 的关键字。

以上 3 种形式可以同时出现在同一个 Case 语句之后，各项之间用逗号隔开。

例如，Case 1, 3, 10 To 20, Is < 0

表示"测试表达式"的值为 1 或 3 或在 10 ～ 20 之间（包括 10 和 20），或小于 0 时，执行该 Case 语句之后的语句组。

【例 5-3】用多分支选择语句实现：输入年份和月份，求该月的天数。

分析：当月份为 1、3、5、7、8、10、12 时，天数为 31；当月份为 4、6、9、11 时，天数为 30；当月份为 2 时，如果是闰年，则天数为 29，否则天数为 28。某年为闰年的条件是：年份能被 4 整除，但不能被 100 整除，或年份能被 400 整除。

界面设计：新建一个 Windows 窗体应用程序项目，设计如图 5-8a 所示的界面，用文本框 TextBox1 和 TextBox2 输入年份和月份，用"求天数"按钮 Button1 计算天数，用文本框 TextBox3 显示计算出的天数。设置 3 个文本框的 TextAlign 属性为 Right，使其中的内容靠右对齐。设置文本框 TextBox3 的 ReadOnly 属性为 True，使运行时计算结果为只读。

代码设计：首先分别将文本框 TextBox1 和 TextBox2 中输入的年份和月份值赋给变量 Y 和 M，然后通过 Select Case 语句对月份 M 进行判断。如果 M 为 1、3、5、7、8、10、12，则天数为 31；如果 M 为 4、6、9、11，则天数为 30；如果 M 为 2，则需要进一步判断年份 Y 的值，根据 Y 的不同值求具体的天数。在"求天数"按钮 Button1 的 Click 事件过程中编写如下代码：

```
Private Sub Button1_Click(ByVal sender As System.Object, ByVal e As System.
EventArgs) Handles Button1.Click
    Dim Y, M As Integer
    Y = Val(TextBox1.Text)              ' 输入年份
    M = Val(TextBox2.Text)              ' 输入月份
    Select Case M                       ' 对月份进行判断
        Case 1, 3, 5, 7, 8, 10, 12
            TextBox3.Text = 31
        Case 4, 6, 9, 11
            TextBox3.Text = 30
        Case 2                          ' 如果月份为2
            If (Y Mod 4 = 0 And Y Mod 100 <> 0) Or (Y Mod 400 = 0) Then
                TextBox3.Text = 29
```

```
            Else
                TextBox3.Text = 28
            End If
    End Select
End Sub
```

运行时输入年份为 2012，月份为 2，单击"求天数"按钮，求出的天数为 29，如图 5-8b 所示。本例使用多分支选择语句来判断月份，简化了条件的书写。

a）设计界面   b）运行界面

图 5-8   计算某月的天数

使用 Select Case 语句应注意以下几点：

1）不可以直接在 Case 后的表达式表中使用关系表达式来表示条件。例如，要实现"如果变量 X 的值小于 0，则 Y 等于 X 的绝对值"，以下写法是错误的。

```
Select Case X
    Case X < 0               ' 在这里使用了关系表达式 X < 0 是错误的
        Y = Abs(X)
    ...
End Select
```

而应该写成：

```
Select Case X
    Case Is < 0              ' 在这里要使用 Is 关键字
        Y = Abs(X)
    ...
End Select
```

2）不要在 Case 后直接使用布尔运算符来表示条件。例如，要表示条件 0<X<100，不能写成：

```
Select Case X
    Case Is>0 And Is<100
    ...
End Select
```

也不能写成：

```
Select Case X
    Case x > 0 And x < 100
    ...
End Select
```

对于这种条件或其他较复杂的条件，使用多行结构条件语句来实现更方便一些。

3）"测试表达式"只能是一个变量或一个表达式，而不能是变量表或表达式表。例如，检查变量 X1、X2、X3 之和是否小于 0，不能写成：

```
Select Case X1, X2, X3      ' 这里的测试表达式是列表形式，是错误的
    Case X1 + X2 + X3 < 0
    ...
End Select
```

而应该写成：

```
Select Case x1 + x2 + x3      ' 这里的测试表达式只有一个，是正确的
    Case Is < 0
    ...
End Select
```

以上 3 种条件结构都能解决需要多分支处理的问题，根据不同的要求选择适当的结构进行编程，不但能简化编程，使程序结构更加清晰，而且便于阅读和查错。对于简单的两个分支的情况，使用单行结构条件语句比较方便；使用多行结构条件语句可以处理分支较多，条件较复杂的情况；而多分支选择结构更适合于对单一表达式进行多种条件判断的情况。

5.4　条件函数

1. IIf 函数

IIf 函数的功能类似于具有两个分支的 If 语句。IIf 函数的格式如下：

```
IIf ( 条件表达式 , 表达式 1, 表达式 2)
```

功能：当"条件表达式"的值为 True 时，返回"表达式 1"的值；当"条件表达式"的值为 False 时，返回"表达式 2"的值。

例如，使用 IIf 函数求两个变量 A 和 B 中的较大数，语句如下：

```
MaxAB = IIf(A > B, A, B)      ' 如果 A 大于 B, 则返回 A, 否则返回 B
```

又如，使用 IIf 函数求 3 个变量 A、B 和 C 中的最大数，语句如下：

```
MaxAB = IIf(A > B, A, B)
MaxABC = IIf(MaxAB > C, MaxAB, C)
```

2. Choose 函数

Choose 函数的功能类似于多分支选择语句。Choose 函数的格式如下：

```
Choose ( 数值表达式 , 选项 1, 选项 2,…, 选项 n)
```

功能：当"数值表达式"的值为 1 时，Choose 函数返回"选项 1"的值；当"数值表达式"的值为 2 时，Choose 函数返回"选项 2"的值，以此类推。如果"数值表达式"的值不是整数，则会先舍去小数部分。当数值表达式的值小于 1 或大于 n 时，Choose 函数返回 Nothing。

例如，将成绩 1 分、2 分、3 分、4 分和 5 分转换成相应的等级：不及格（1 分，2 分）、及格（3 分）、良（4 分）、优（5 分），语句如下：

```
Grade = Choose(Score, "不及格", "不及格", "及格", "良", "优")
```

5.5　条件语句的嵌套

如果在条件成立或不成立的情况下要继续判断其他条件，则可以使用嵌套的条件语句来实现，也就是在"语句组"中再使用另一个条件语句。相同的条件语句可以嵌套，不同的条件语句也可以互相嵌套，但在嵌套时要注意，对于多行结构条件语句，每一个 If 语句都必须有一个与之配对的 End If 语句，对于多分支选择语句，每一个 Select Case 语句必须都有相应的 End Select 语句，而且整个条件结构必须完整地出现在"语句组"中。以下给出了 3 个嵌套示例。

多行结构条件语句的嵌套：

```
If A = 1 Then
    If B = 0 Then
        Debug.Print("**0**")
    ElseIf B = 1 Then
        Debug.Print("**1**")
    End If
ElseIf A = 2 Then
    Debug.Print("**2**")
End If
```

多分支选择语句的嵌套：

```
Select Case A
    Case 1
        Select Case B
            Case 0
                Debug.Print("**0**")
            Case 1
                Debug.Print("**1**")
        End Select
    Case 2
        Debug.Print("**2**")
End Select
```

多分支选择语句与多行结构条件语句的互相嵌套：

```
Select Case A
    Case 1
        If B = 0 Then
            Debug.Print("**0**")
        ElseIf B = 1 Then
            Debug.Print("**1**")
        End If
    Case 2
        Debug.Print("**2**")
End Select
```

前面的例 5-3 使用了多分支选择语句与多行结构条件语句的互相嵌套，求某年的二月份的天数。

在书写嵌套的条件语句时，VB.NET 自动将同一层次的条件语句左对齐，而将其中的语句组适当向右缩进，使程序的结构和嵌套的层次更加清晰。

5.6　选择结构程序应用举例

【例 5-4】求一元二次方程 $ax^2+bx+c=0$ 的解。

分析：根据系数 a、b、c 的值，求一元二次方程的解有以下几种可能。

1）如果 a=0，则不是二次方程，此时如果 b=0，则需要重新输入系数；如果 $b \neq 0$，则求出方程的解：x=−c/b。

2）如果 $a \neq 0$，则求方程的解可以有以下 3 种情况：

如果 $b^2-4ac=0$，则方程有两个相等的实根，即 $x1 = x2 = \dfrac{-b}{2a}$。

如果 $b^2-4ac > 0$，则方程有两个不等的实根，即 $x1 = \dfrac{-b+\sqrt{b^2-4ac}}{2a}$　$x2 = \dfrac{-b-\sqrt{b^2-4ac}}{2a}$。

如果 $b^2-4ac < 0$，则方程有两个共轭复根，即 $x1 = \dfrac{-b}{2a}+\dfrac{\sqrt{\left|b^2-4ac\right|}}{2a}i$　$x2 = \dfrac{-b}{2a}-\dfrac{\sqrt{\left|b^2-4ac\right|}}{2a}i$。

界面设计：新建一个 Windows 窗体应用程序项目，设计如图 5-9a 所示的界面。将 TextBox1、TextBox2、TextBox3、Button1 的 TabIndex 属性依次设置为 0、1、2、3；将 TextBox4 的 ReadOnly 属性设置为 True，TabStop 属性设置为 False，MultiLine 属性设置为 True，TextAlign 属性设置为 Center。

设运行时分别通过 3 个文本框 TextBox1、TextBox2、TextBox3 输入 a、b、c 的值，单击"求解"按钮 Button1 求解。所求的解显示在文本框 TextBox4 中。

代码设计：在"求解"按钮 Button1 的 Click 事件过程中，从各文本框读取系数 a、b、c 的值，根据 a、b、c 的不同取值进行不同的处理。具体代码如下：

```vb
Imports System.Math
Public Class Form1
    Private Sub Button1_Click(ByVal sender As System.Object, ByVal e As System.EventArgs) Handles Button1.Click
        Dim a, b, c, x, x1, x2, delta, a1, a2 As Single
        ' 输入系数 a、b、c
        a = Val(TextBox1.Text) : b = Val(TextBox2.Text) : c = Val(TextBox3.Text)
        If a = 0 Then
            If b = 0 Then
                ' 如果系数 a 和 b 都为零，则给出提示并选中 TextBox1 中的文本
                MsgBox("系数为零，请重新输入")
                TextBox1.Focus()
                TextBox1.SelectAll()
            Else
                ' 如果系数 A 为 0，B 不为 0，求出一个解 x=-c/b，保留 3 位小数并显示
                x = -c / b
                TextBox4.Text = Format(x, "0.000")
            End If
        Else
            ' 如果系数 A 不为 0，根据 b^2-4*a*c 的不同值求解
            delta = b ^ 2 - 4 * a * c
            Select Case delta
                Case 0               ' delta 为 0，有两个相等的实根 -b / (2 * a)
                    x = -b / (2 * a)
                    TextBox4.Text = "X1=X2=" & Format(x, "0.000")
                Case Is > 0          ' delta 大于 0，有两个不等的实根
                    x1 = (-b + Sqrt(delta)) / (2 * a)        ' 求第一个根
                    x2 = (-b - Sqrt(delta)) / (2 * a)        ' 求第二个根
                    TextBox4.Text = "X1=" & Format(x1, "0.000") & vbCrLf & "X2=" & Format(x2, "0.000")
                Case Is < 0                    ' Delta 小于 0，有两个共轭复根
                    a1 = -b / (2 * a)                        ' 求实部
                    a2 = Sqrt(Abs(delta)) / (2 * a)          ' 求虚部
                    TextBox4.Text = "X1=" & Format(a1, "0.000") & "+" & Format(a2, "0.000") & "i"
                    TextBox4.Text = TextBox4.Text & vbCrLf & "X2=" & Format(a1, "0.000") & "-" & Format(a2, "0.000") & "i"
            End Select
        End If
    End Sub
End Class
```

由于 Visual Basic 不能求负数的开平方，因此本例在 delta 值为负数时，分别求根的实部 $a1=\dfrac{-b}{2a}$ 和虚部 $a2=\dfrac{\sqrt{\left|b^2-4ac\right|}}{2a}$，然后再按复数的形式显示，即显示 a1、加号或减号、a2、字符 i。图 5-9b 是 a、b、c 分别为 1、2、3 时的求解结果。

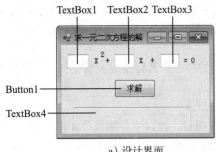 

a) 设计界面 b) 运行界面

图 5-9　求一元二次方程 $ax^2+bx+c=0$ 的解

【例 5-5】设计一个口令检测程序，界面如图 5-10a 所示。运行时，用户通过文本框 TextBox1 输入口令，当口令正确时，显示"恭喜！成功进入本系统"（见图 5-10b）；否则，显示"口令错！请重新输入"（见图 5-10c）；如果连续两次输入口令错误，则在第三次输入完错误口令后显示一个消息框，提示"对不起，您不能使用本系统"，然后结束运行。

界面设计： 新建一个 Windows 窗体应用程序项目，按图 5-10a 设计界面，将文本框 TextBox1 的 PasswordChar 属性设置为"*"，使输入的口令显示为 *，将其 MaxLength 属性设置为 6，使最大口令长度为 6 个字符。

代码设计： 为了实现运行时在用户输入完口令并按回车键时对口令进行判断，代码可以写在文本框的 KeyDown 事件过程中。当焦点在文本框时，按下键盘任意键时产生 KeyDown 事件。文本框的 KeyDown 事件过程返回一个参数 e，e 是一个包含事件相关数据的对象，根据对象 e 的 KeyCode 属性可以判断当前所按下的是键盘上的哪个按键。本例根据 KeyCode 属性的值是否为回车键（Keys.Enter）来判断口令是否输入完毕，如果口令输入完毕，再判断口令是否正确。TextBox1 的 KeyDown 事件过程如下：

```
Private Sub TextBox1_KeyDown(ByVal sender As Object, ByVal e As System.Windows.
Forms.KeyEventArgs) Handles TextBox1.KeyDown
    Static I As Integer                          ' 变量 I 用于累计输入错误口令的次数
    If e.KeyCode = Keys.Enter Then               ' 如果按下的键为回车键
        If UCase(TextBox1.Text) = "HELLO" Then   ' 如果口令转换为大写字母后为 "HELLO"
            Label2.Text = " 恭喜！成功进入本系统 "
        ElseIf I = 0 Or I = 1 Then               ' 如果口令错且以前的错误次数少于 2
            I = I + 1
            Label2.Text = " 口令错！请重新输入 "
            TextBox1.SelectAll()
        Else                                     ' 如果口令错且以前的错误次数等于 2
            MsgBox(" 对不起，您不能使用本系统 ")
            End              ' 结束程序
        End If
    End If
End Sub
```

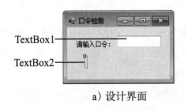 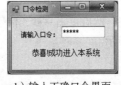 

a) 设计界面　　　　　　b) 输入正确口令界面　　　　　c) 输入错误口令界面

图 5-10　口令检测

程序中定义了一个静态变量 I, 用于统计输入错误口令的次数。静态变量 I 只在第一次判断口令时被初始化为 0, 以后每次执行该过程时, 如果口令错, 则 I 的值累加 1, 因此, 当 I 的值为 2 时, 表示已经连续两次输入了错误口令。

代码中的 UCase(TextBox1.Text) 用于将输入的口令全部转换成大写字符, 这样处理是为了不区分用户输入口令的大小写。

【例 5-6】 编写应用程序, 模拟交通管理信号灯。

界面设计: 新建一个 Windows 窗体应用程序项目, 按以下步骤设计如图 5-11a 所示的界面。

1) 向窗体上添加 3 个 PictureBox 控件, 设名称分别为 PictureBox1、PictureBox2 和 PictureBox3, 设置它们的 Image 属性, 使它们显示的图像分别为绿、黄、红 3 种信号灯, 将各 PictureBox 控件的 SizeMode 属性设置为 StretchImage, 使图片能够随控件的大小自动伸缩, 调整好信号灯的大小。

2) 向窗体上添加一个 Timer 控件, 设置名称为 Timer1, 由于 Timer 控件是不可见控件, 添加后会显示在窗体下方的专用面板中, 如图 5-11a 所示。将其 Interval 属性设置为 1000。即定时时间间隔为 1 秒, 将其 Enabled 属性设置为 True。

代码设计:

1) 在窗体的 Load 事件过程中编写代码, 使得运行时 3 个信号灯图像重叠在一起, 且绿色信号灯图像 PictureBox1 置前, 这样运行时首先看到的是绿灯。

```
Private Sub Form1_Load(ByVal sender As System.Object, ByVal e As System.
EventArgs) Handles MyBase.Load
    PictureBox1.Location = PictureBox2.Location
    PictureBox3.Location = PictureBox2.Location
    PictureBox1.BringToFront()        ' 将绿灯图像 PictureBox1 置前
End Sub
```

2) 假设每隔 1 秒信号灯变换一种状态。信号灯按绿→黄→红的顺序变化。代码应写在 Timer1 控件的 Tick 事件过程中。代码中定义了一个静态变量 i, 假设 i 的值为 0 时, 将绿灯图像 PictureBox1 置前, i 的值为 1 时, 将黄灯图像 PictureBox2 置前, i 的值为 2 时, 将红灯图像 PictureBox3 置前。使用 i = (i + 1) Mod 3 使 i 的值在 1、2、0 这 3 个值之间依次变化。

```
Private Sub Timer1_Tick(ByVal sender As System.Object, ByVal e As System.
EventArgs) Handles Timer1.Tick
    Static i As Integer
    i = (i + 1) Mod 3                 ' 该运算使 i 的值按 1、2、0 依次变化
    If i = 1 Then
        PictureBox2.BringToFront()    ' 将黄灯图像置前
    ElseIf i = 2 Then
        PictureBox3.BringToFront()    ' 将红灯图像置前
    ElseIf i = 0 Then
        PictureBox1.BringToFront()    ' 将绿灯图像置前
    End If
End Sub
```

运行时, 首先看到的是绿灯亮, 然后每隔一秒, 信号灯变化一次, 变化顺序是: 绿→黄→红→绿→……。运行界面如图 5-11b 所示。

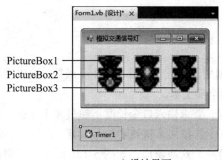

a）设计界面　　　　　　　　　　b）运行界面

图 5-11　模拟交通信号灯

5.7　上机练习

【练习 5-1】用单行结构条件语句实现：从文本框输入一个数，单击"判断"按钮，判断它能否同时被 3、5、7 整除，若能整除，则用另一个文本框显示"能同时被 3、5、7 整除"，否则显示"不能整除"。

【练习 5-2】用单行结构条件语句实现：用输入框（使用 InputBox 函数）输入 3 个数，选出其中的最大数和最小数，用消息框（使用 MsgBox 函数）显示最大数和最小数。

【练习 5-3】用多行结构条件语句实现：从文本框输入 a、b 的值（以角度为单位），单击"计算"按钮，按以下公式计算 y 值，用文本框显示计算结果，计算结果保留 3 位小数。

$$y=\begin{cases} \sin a \times \cos b & a>0,b>0 \\ \sin a+\cos b & a>0,b\leqslant 0 \\ \sin a-\cos b & a\leqslant 0 \end{cases}$$

提示：需要首先将输入的角度转换为弧度才能使用三角函数。

【练习 5-4】某部门根据职工月收入计算职工应交税款，计算规则如下：

月收入 ≤ 3500 元	税款为 0（不纳税）
3500 元＜月收入 ≤ 5000 元	税款为超过 3500 元部分的 3%
5000 元＜月收入 ≤ 8000 元	税款为 1500×3%+ 超过 5000 元部分的 10%
月收入＞8000 元	税款为 1500×3%+3000×10% + 超过 8000 元部分的 20%

用多行结构条件语句实现：从文本框输入月收入，单击"计算"按钮，按以下规定计算税款，并将税款显示在另一个文本框中。

【练习 5-5】用多分支选择语句实现：运行时单击窗体，可以根据当前时间的整时段决定在窗体标题上是显示"早上好"、"中午好"、"下午好"，还是"晚上好"。具体标准如下：

当前时间为 0 ～ 11 点：显示"早上好"

当前时间为 12 点：显示"中午好"

当前时间为 13 ～ 17 点：显示"下午好"

其他时间：显示"晚上好"

提示：可以使用 Hour 函数获取当前时间（Now 函数）的小时部分进行判断。

【练习 5-6】用多分支选择语句实现：用文本框输入学生某门课程的分数后，给出 5 级评分，评分结果也用文本框显示。评分标准如下：

优　　　　90 ≤成绩≤ 100

良　　　　80 ≤成绩＜ 90

中　　　　　　70≤成绩＜80

及格　　　　　60≤成绩＜70

不及格　　　　0≤成绩＜60

如果输入的分数不在 [0，100] 范围内，则用消息框（使用 MsgBox 函数）给出错误提示，并将焦点定位在输入分数的文本框，选中其中的全部文本。

【练习 5-7】设计口令检测界面，口令自定，要求输入口令长度不超过 8 个字符。运行初始效果如图 5-12a 所示。运行时，当用户输入完口令并按回车键或者按 "确定 (Y)" 按钮时，都可以对口令进行判断。当输入正确口令时，显示另一个欢迎窗口，如图 5-12b 所示；否则，在原口令检测界面的窗口标题上显示 "口令错，请重新输入！"，如图 5-12c 所示；在连续 3 次输入错误口令后，给出警告，并结束运行。

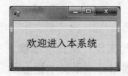
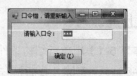

　　　a）初始界面　　　　　　　　b）口令正确　　　　　　　c）口令错误

图 5-12　口令检测

提示：本题需要用到两个窗体，可以使用 "项目 | 添加 Windows 窗体" 命令，在打开的 "添加新项" 对话框中选择 "Windows 窗体"，添加一个新的窗体（如 Form2）。当口令正确时，使用 Show 方法（如 Form2.Show）打开该窗体。可以在窗体模块级声明一个用于统计口令错误次数的变量，在命令按钮的事件过程中和文本框的 KeyDown 事件过程中，用该变量对输入错误口令的次数进行累计，以判断是否结束程序运行。例如，设该变量名称为 I，则声明变量 I 的位置及程序结构如下：

```
Public Class Form1
    Dim I As Integer               ' 声明模块级变量I用于累计口令错误的次数
    Private Sub Button1_Click(ByVal sender As System.Object, ByVal e As System.
EventArgs) Handles Button1.Click
        …                          ' 在这里输入口令并判断
    End Sub
    Private Sub TextBox1_KeyDown(ByVal sender As Object, ByVal e As System.Windows.
Forms.KeyEventArgs) Handles TextBox1.KeyDown
        If e.KeyCode = Keys.Enter Then
            …                      ' 在这里输入口令并判断
        End If
    End Sub
End Class
```

第6章 循环结构程序设计

在程序中，如果需要重复相同或相似的操作步骤，则可以用循环结构来实现。使用循环结构的程序可以用很少的代码来方便地处理大量的重复性操作。

一个循环结构应由以下两部分组成：

1）循环体：规定要重复执行的语句序列。循环体可以重复执行 0 次到若干次。

2）循环控制部分：用于规定循环的重复条件或重复次数，同时确定循环范围。要使计算机能够正常执行某循环，需要由循环控制部分限制循环的执行次数，使循环在执行有限次数后退出。

VB.NET 支持的循环结构包括：

❑ For…Next 循环。

❑ While…End While 循环。

❑ Do…Loop 循环。

6.1 For…Next 循环结构

For…Next 循环结构可以很方便地用于解决已知循环次数的问题。在 For…Next 循环中使用一个起循环控制作用的循环变量，每重复一次循环，循环变量的值就会按指定的步长增加或者减少，直到超过规定的终值时退出循环。

For…Next 循环结构格式如下：

```
For 循环变量 = 初值 To 终值 [Step 步长]
    语句组 1
    [Exit For]
    [Continue For]
    语句组 2
Next [循环变量]
```

VB.NET 按以下步骤执行 For…Next 循环。

1）将"循环变量"设置为"初值"。

2）判断"循环变量"和"终值"的关系，即：

如果"步长"为正数，则测试"循环变量"是否大于（超过）"终值"，如果是，则退出循环，执行 Next 语句之后的语句，否则继续第 3）步。

如果"步长"为负数，则测试"循环变量"是否小于（超过）"终值"，如果是，则退出循环，执行 Next 语句之后的语句，否则继续第 3）步。

3）执行循环体部分，即执行 For 语句和 Next 语句之间的语句组。

4）"循环变量"的值增加"步长"值。

5）返回第 2）步继续执行。

For…Next 循环的执行过程可以用图 6-1 所示的流程图表示。

说明：

1）"循环变量"、"初值"、"终值"和"步长"都应是数

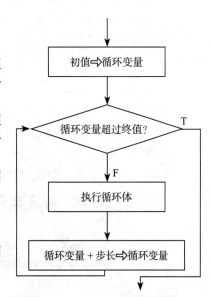

图 6-1　For…Next 循环结构的功能

值型的，其中，"循环变量"、"初值"和"终值"是必需的。

2）"步长"可正可负，也可以省略。如果"步长"省略，则默认为1。

如果"步长"为正，则"初值"必须小于或等于"终值"，否则不能执行循环体内的语句；如果"步长"为负，则"初值"必须大于或等于"终值"，否则不能执行循环体内的语句。

3）Exit For语句用于退出循环体，执行Next语句之后的语句。必要时，循环体中可以放置若干条Exit For语句。该语句一般放在某条件结构中，用于表示当某种条件成立时，强行退出循环。

4）Continue For语句用于将控制权立即转移到For语句，继续下一轮循环。

5）Next语句中的"循环变量"必须与For语句中的"循环变量"一致，也可以省略。

【例6-1】求1+2+3+…+N的值。

分析：在程序设计中，求一系列有规律的数据之和是一种典型的操作，可以用"累加"算法来实现。"累加"算法可以很方便地用循环来实现。设计程序时，一般引入一个存放"和"值的变量，称为累加器，在本例中设为变量Sum。首先设置Sum为0，然后通过循环重复执行：和值＝和值＋累加项，如本例的Sum＝Sum＋I。每循环一次，累加项的值按一定规律变化，如本例中的累加项I在循环过程中按1，2，3，…，N的规律变化，即把所有累加项的值加到总和上。在退出循环后显示累加和。该算法可以用图6-2所示的流程图表示。

界面设计：新建一个Windows窗体应用程序项目，向窗体上添加两个文本框TextBox1、TextBox2，将它们的TextAlign属性设置为Right，将TextBox2的ReadOnly属性设置为True，添加一个命令按钮Button1，界面如图6-3a所示。运行时，用文本框TextBox1输入N，单击"求值"按钮求和，结果显示于文本框TextBox2中。

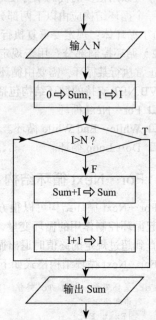

图6-2　用循环结构求1+2+3+…+N的值

代码设计："求值"按钮Button1的Click事件过程如下：

```
Private Sub Button1_Click(ByVal sender As System.Object, ByVal e As System.
EventArgs) Handles Button1.Click
    Dim N, I As Integer, Sum As Long
    N = Val(TextBox1.Text)          ' 输入累加总项数
    Sum = 0                         ' 设累加和初值为0
    For I = 1 To N
        Sum = Sum + I               ' 循环体：和值＝和值＋累加项
    Next I
    TextBox2.Text = Sum             ' 输出累加结果
End Sub
```

设运行时输入N值为100，单击"求值"按钮，求出的和为5050，如图6-3b所示。

a）设计界面

b）运行界面

图6-3　求1+2+3+…+N的值

用同样的思路可以设计另外一种典型算法——"累乘"，用于求一批有规律的数据的积。只需把存放乘积的变量初始值设置为1，然后通过循环重复执行：乘积 = 乘积 × 累乘项。例如，将上例改成求 $1×2×3×…×N$，即求 $N!$，则程序可以改写成：

```
Private Sub Button1_Click(ByVal sender As System.Object, ByVal e As System.
EventArgs) Handles Button1.Click
    Dim N, I As Integer, Fact As Long
    N = Val(TextBox1.Text)            ' 输入累乘总项数
    Fact = 1                          ' 设乘积初值为1
    For I = 1 To N
        Fact = Fact * I               ' 循环体：乘积 = 乘积 × 累乘项
    Next I
    TextBox2.Text = Fact              ' 输出累乘结果
End Sub
```

【例 6-2】生成斐波那契（Fibonacci）数列的前 N 项，N 由用户指定。斐波那契数列如下：

$1, 1, 2, 3, 5, 8, 13, …$

即从第三项起每一项是其前两项之和。

分析：生成斐波那契数列的方法如下：

1）给出第一项、第二项的值 1 和 1，本题中设 A=1，B=1，输出当前两个数 A、B。

2）求下一个数 C，即 C=A+B，输出 C，然后将 B 和 C 保存到变量 A、B 中，取代原来的 A、B，即使用 A = B，B = C 实现。

3）重复步骤 2），直到输出所有的数。

生成斐波那契数列前 N 项的过程可以用图 6-4 所示的流程图来表示。

界面设计：新建一个 Windows 窗体应用程序项目。假设用文本框显示斐波那契数列，向窗体上添加一个文本框 TextBox1，将其 MultiLine 属性设置为 True，ScrollBars 属性设置为 Vertical，使文本框具有垂直滚动条，以便显示较多的数据，如图 6-5a 所示。

代码设计：设运行时通过单击 TextBox1 生成斐波那契数列。因此，代码应写在 TextBox1 的 Click 事件过程中，具体如下：

```
Private Sub TextBox1_Click(ByVal sender As
Object, ByVal e As System.EventArgs) Handles
TextBox1.Click
    Dim A, B, C, N As Integer
    N = Val(InputBox("请输入项数"))
    A = 1 : B = 1                                    ' 设置数列的初始值
    TextBox1.Text = Str(A) & " " & Str(B) & " "     ' 显示前两项
    For I = 1 To N - 2
        C = A + B
        TextBox1.Text = TextBox1.Text & Str(C) & " "
        A = B
        B = C
    Next I
End Sub
```

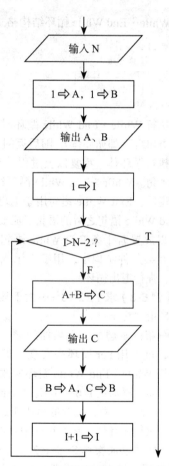

图 6-4 生成斐波那契数列前 N 项的流程图

运行时单击文本框，在打开的输入框中输入总项数 20 并单击"确定"按钮，则在文本框中显示斐波那契数列的前 20 项，如图 6-5b 所示。

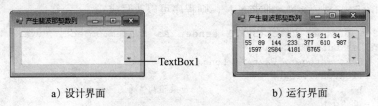

a）设计界面   b）运行界面

图 6-5   在文本框中显示斐波那契数列

6.2   While…End While 循环结构

While…End While 循环结构格式如下：

```
While 条件
    [语句组]
    [Exit While]
    [语句组]
End While
```

执行 While…End While 循环时，当给定"条件"为 True 时，执行 While 与 End While 之间的"语句组"（即循环体），随后返回 While 语句并再次检查"条件"。如果"条件"仍为 True，则再次执行循环体。重复以上过程，直到"条件"为 False 时，不进入循环体，执行 End While 之后的语句。While…End While 循环结构的功能可以用图 6-6 所示的流程图表示。

说明：Exit While 语句用于退出循环体，执行 End While 语句之后的语句。必要时，循环体中可以放置若干条 Exit While 语句。该语句一般放在某条件结构中，用于表示当某种条件成立时，强行退出循环。

【例 6-3】求 $1^2+2^2+3^2+\cdots$ 大于某数 N 的最小值，N 由用户指定。

分析：本题是一个累加问题，但累加次数未知，难以用 For 循环来实现，但可以很方便地使用 While…End While 循环实现。首先设累加和 S=0，累加项 I=0；其次设 While 循环的条件为 S<=N。这样，当 S 的值小于或等于指定的 N 时，执行循环体，在循环体中每次使 I 的值增加 1，再做累加操作 S=S+I^2。当 S 大于 N 时，退出循环，这时 S 的值即为大于 N 的最小值。该算法可以用图 6-7 所示的流程图表示。

界面设计：新建一个 Windows 窗体应用程序项目，向窗体上添加一个标签、两个文本框和一个命令按钮，如图 6-8a 所示，将两个文本框的 TextAlign 属性设置为 Right。将文本框 TextBox2 的 ReadOnly 属性设置为 True。

代码设计：在"计算"按钮 Button1 的 Click 事件过程中编写代码，具体如下：

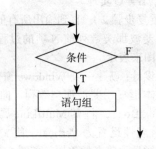

图 6-6   While…End While 循环结构的功能

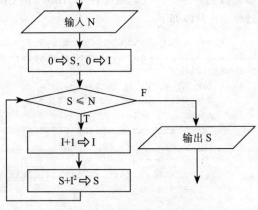

图 6-7   求 $1^2+2^2+3^2+\cdots$ 大于某数 N 的最小值的流程图

```
Private Sub Button1_Click(ByVal sender As System.Object, ByVal e As System.
EventArgs) Handles Button1.Click
    Dim I, N, S As Integer
    N = Val(TextBox1.Text)          ' 输入 N
    I = 0 : S = 0                   ' 初始化，用 S 保存累加和
    While S <= N                    ' 当和值 S 小于或等于 N 时，进入循环体
        I = I + 1
        S = S + I * I               ' 累加
    End While
    TextBox2.Text = S               ' 输出和值 S
End Sub
```

运行时，假设在文本框 TextBox1 中输入 N 的值 10000，单击"计算"按钮，计算结果如图 6-8b 所示。

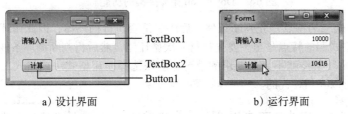

a）设计界面   b）运行界面

图 6-8 求 $1^2+2^2+3^2+4^2+\cdots$ 大于某数 N 的最小值

While···End While 循环可以使用以下的 Do···Loop 循环来代替，但 Do···Loop 循环比 While···End While 循环具有更多的形式。

6.3 Do···Loop 循环结构

Do···Loop 循环结构以 Do 语句开头，Loop 语句结束，Do 语句和 Loop 语句之间的语句构成循环体。Do···Loop 循环结构具有以下 4 种格式：

格式一：   格式二：   格式三：   格式四：

```
Do While 条件     Do Until 条件     Do               Do
    [语句组 1]         [语句组 1]         [语句组 1]         [语句组 1]
    [Exit Do]         [Exit Do]         [Exit Do]         [Exit Do]
    [语句组 2]         [语句组 2]         [语句组 2]         [语句组 2]
Loop              Loop              Loop While 条件   Loop Until 条件
```

以上 4 种格式的区别在于"条件"的书写位置不同，可以写在 Do 语句之后，也可以写在 Loop 语句之后；"条件"之前的关键字可以是 While，也可以是 Until。

如果"条件"写在 Do 语句之后，则表示先判断条件是否成立，再决定是否执行循环体；如果"条件"写在 Loop 语句之后，则表示先执行循环体，再根据条件是否成立决定是否继续下一轮循环。

如果使用"While 条件"，则表示条件成立（即条件值为 True）时，执行循环体中的语句组，而当条件不成立（即条件值为 False）时，退出循环，执行循环终止语句 Loop 之后的语句；如果使用"Until 条件"，则表示条件不成立（即条件值为 False）时，执行循环体中的语句组；而当条件成立（即条件值为 True）时，退出循环，执行循环终止语句 Loop 之后的语句。

4 种格式的循环功能如图 6-9 所示。

说明：

1）Exit Do 语句用于退出循环体，执行 Loop 语句之后的语句。必要时，循环体中可以放置若干条 Exit Do 语句。该语句一般放在某条件结构中，用于表示当某种条件成立时，强行退出循环。

2）在 Do 语句和 Loop 语句之后也可以没有"While 条件"或"Until 条件"，这时循环将无

条件地重复，因此在这种情况下，在循环体内必须有强行退出循环的语句，如 Exit Do 语句，以保证循环在执行有限次数后退出。

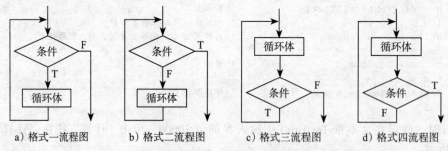

a) 格式一流程图　　b) 格式二流程图　　c) 格式三流程图　　d) 格式四流程图

图 6-9　Do…Loop 循环结构的功能

3）格式一和格式二的特点是先判断条件，后决定是否执行循环体，因此循环可能一次都不执行；而格式三和格式四的特点是至少先执行一次循环体，然后再判断循环条件，因此，对于可能在循环开始时循环条件就不满足要求的情况，应该选择使用格式一或格式二。大多数情况下，这两类循环是可以互相替代的。

【例 6-4】求 $\dfrac{1}{1^2}+\dfrac{1}{3^2}+\dfrac{1}{5^2}+\cdots$ 的值，直至最后一项的值 $\leqslant 10^{-4}$ 为止。

分析：本题是一个累加问题，可以用循环来实现累加，因为不知道循环次数，只知道循环结束条件为"最后一项的值 $\leqslant 10^{-4}$"，因此不适合用 For 循环实现，本例将使用 Do…Loop 循环来实现。假设用 Sum 表示累加和，N 表示每一个累加项的分母 1，3，5，…。用 Term 表示每一累加项的值，即 Term $=\dfrac{1}{N^2}$。循环初始条件为 N=1，Sum=0，循环累加操作为 Sum=Sum+Term。循环终止条件为：Term<=0.0001。计算过程可以用图 6-10 所示的流程图来表示。

界面设计：新建一个 Windows 窗体应用程序项目，设计界面如图 6-11a 所示。假设运行时单击"计算"按钮进行计算，计算结果显示在文本框 TextBox1 中。

代码设计：在"计算"按钮 Button1 的 Click 事件过程中编写如下代码：

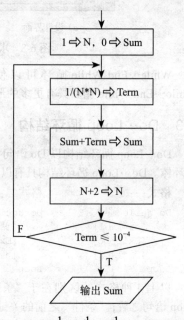

图 6-10　求 $\dfrac{1}{1^2}+\dfrac{1}{3^2}+\dfrac{1}{5^2}+\cdots$ 的流程图

```
Private Sub Button1_Click(ByVal sender As System.Object, ByVal e As System.
EventArgs) Handles Button1.Click
    Dim N As Integer, Term, Sum As Double
    N = 1 : Sum = 0
    Do
        Term = 1 / (N * N)
        Sum = Sum + Term
        N = N + 2
    Loop Until Term <= 0.0001
    TextBox1.Text = sum
End Sub
```

运行时单击"计算"按钮,计算结果如图6-11b所示。

a) 设计界面 b) 运行界面

图6-11　求 $\frac{1}{1^2} + \frac{1}{3^2} + \frac{1}{5^2} + \cdots$ 直至最后一项的值$\leqslant 10^{-4}$ 的值

虽然 For…Next 循环适用于已知循环次数的情况,While…End While 循环和 Do…Loop 循环适用于循环次数未知,只知道循环条件的情况,但也不是说3种循环互相不能替代。根据问题的不同,选择合适的循环语句来设计程序,往往会使程序设计更方便,程序结构更清楚。

6.4 循环的嵌套

如果在一个循环体内又包含一个完整的循环,则称为循环的嵌套。根据嵌套的循环层数不同,又可以有二层循环、三层循环等。

多层循环的执行过程是,外层循环每执行一次,内层循环就要从头开始执行一轮,例如:

```
For I = 1 To 9
    For J = 1 To 9
        Debug.Print(Str(I) & Str(J))
    Next J
Next I
```

在以上二层循环中,外层循环变量 I 取 1 时,内层循环就要执行 9 次(J 依次取 1,2,3,…9),当 J=10 时超过终值 9,退出内层循环,接着,外层循环变量 I 取 2,内层循环同样要重新执行 9 次(J 再依次取 1,2,3,…9),当 J=10 时超过终值 9,再次退出内层循环……所以 Debug.Print(Str(I) & Str(J)) 语句共执行 9×9 次,即 81 次。

【例 6-5】打印九九乘法表。

界面设计:在界面上添加一个文本框控件 TextBox1,设置文本框的 MultiLine 属性为 True,使文本框可以显示多行文本,设置文本框的 ReadOnly 属性为 True。

代码设计:在 TextBox1 的 Click 事件过程中编写如下代码:

```
Private Sub TextBox1_Click(ByVal sender As Object, ByVal e As System.EventArgs)
Handles TextBox1.Click
    Dim I, J As Integer, s As String
    For I = 1 To 9
        For J = 1 To 9
            s = Format(I) & "×" & Format(J) & "=" & LSet(I * J, 4)
            TextBox1.Text = TextBox1.Text & s
        Next J
        TextBox1.Text = TextBox1.Text & vbCrLf            ' 换行
    Next I
End Sub
```

以上代码通过外层循环变量 I 来控制被乘数,通过内层循环变量 J 来控制乘数。当外层循环变量 I 每取一个值时,内层循环执行 9 次,依次生成第 I 行的 9 个乘式并显示在文本框 TextBox1 中。每当内层循环执行 9 次之后,退出内层循环,然后使用语句:TextBox1.Text = TextBox1.Text & vbCrLf 实现换行,再继续执行下一轮外层循环。

运行时单击文本框,在文本框中显示结果如图6-12所示。

图 6-12   九九乘法表之一

如果将以上代码改写为：

```
Private Sub TextBox1_Click(ByVal sender As Object, ByVal e As System.EventArgs)
Handles TextBox1.Click
    Dim I, J As Integer, s As String
    For I = 1 To 9
        For J = 1 To I
            s = Format(I) & "×" & Format(J) & "=" & LSet(I * J, 4)
            TextBox1.Text = TextBox1.Text & s
        Next J
        TextBox1.Text = TextBox1.Text & vbCrLf                ' 换行
    Next I
End Sub
```

则运行时单击图片框，打印结果如图 6-13 所示。

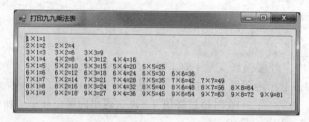

图 6-13   九九乘法表之二

使用嵌套循环时，需要注意以下几点：

1）同一种循环结构可以嵌套，不同类型的循环结构也可以互相嵌套。嵌套时，内层循环必须完全嵌套在外层循环之内。例如，以下的嵌套都是允许的：

```
For I=1 To 10        Do                   For I=1 To 10        Do
 ...                  ...                  ...                  ...
  For J=1 To 20        For J=1 To 20        While J<=20          Do While J<=20
  ...                  ...                  ...                  ...
  Next J               Next J               End While            Loop
 ...                  ...                  ...                  ...
Next I               Loop While I<=10     Next I               Loop Until I>10
```

而以下嵌套是不允许的，因为内层循环没有完全嵌套在外层循环之内。

```
For I=1 To 10        Do                   For I=1 To 10
...                  ...                  ...
For J=1 To 20        For J=1 To 20        While J<=20
...                  ...                  ...
Next I               Next I               Next I
...                  ...                  ...
Next J               Loop While I<=10     End While
                                          Next J
```

2）当多层 For...Next 循环的 Next 语句连续出现时，Next 语句可以合并成一条，而在其后跟着各循环控制变量，内层循环变量写在前面，外层循环变量写在后面。例如，以下两个三层循环的写法是完全等价的。

写法一：
```
For I=1 To 10
    ...
    For J=1 To 20
        ...
        For K=1 To 30
            ...
        Next K
    Next J
Next I
```

写法二：
```
For I=1 To 10
    ...
    For J=1 To 20
        ...
        For K=1 To 30
            ...
Next K,J,I
```

注意，Next 语句之后的循环变量的次序，只能按先内层循环变量，后外层循环变量的次序。如果将以上写法二中的 Next 语句写成 Next I,J,K，则是错误的。

3）在多层循环中，如果用 Exit 语句退出循环，注意只能退出该 Exit 语句所对应的最接近的一层循环。例如，以下代码的循环退出位置如箭头所示。

```
F = 1
For I = 1 To 10
    For J = 1 To 10
        F = F * I * J
        If F > 1000 Then Exit For
    Next J
    Debug.Print(F)
    F = 1
Next I
```

```
I = 1 : F = 1
Do While I <= 10
    For J = 1 To 10
        F = F * I * J
        If F > 1000 Then Exit Do
    Next J
    Debug.Print(F)
    F = 1
    I = I + 1
Loop
Debug.Print(F)
```

4）嵌套循环应选用不同的循环变量，并列的循环可以使用相同名称的循环变量。

【例 6-6】编写程序求 1+(1+2)+(1+2+3)+…+(1+2+3+…+N)，N 由用户输入。

界面设计：新建一个 Windows 窗体应用程序项目，设计如图 6-14a 所示的界面，用文本框 TextBox1 输入总项数 N，用文本框 TextBox2 输出总和 Sum。

代码设计：首先把要求的和看成 N 项相加。第 1 项是 1，第 2 项是 (1+2)，…，第 I 项是 (1+2+…+I)……设存放该 N 项和的变量为 Sum，因此可以结合循环，用"Sum=Sum+ 累加项"的形式实现累加，循环总体结构如下：

```
Sum = 0
For I = 1 To N
    Sum = Sum + 第 I 项
Next I
```

而对于第 I 项 1+2+…+I，又是一个累加问题。设存放该累加和的变量为 Sum1，因此求第 I 项的和可以用以下循环来实现：

```
Sum1 = 0
For J = 1 To I
    Sum1 = Sum1 + J
Next J
```

结合以上两个循环，可以用双层循环来解决本题。用外循环对 I 取 1，2，…，N 值，求 N 项和。对于第 I 项，用内循环求 1+2+…+I 的和，内层循环的终值为外层循环变量的当前值。

设运行时单击"计算"按钮 Button1 计算结果，则代码应写在 Button1 的 Click 事件过程中，具体如下：

```
Private Sub Button1_Click(ByVal sender As System.Object, ByVal e As System.
```

```
EventArgs) Handles Button1.Click
      Dim N, I, J As Integer, sum1, sum As Long
      N = Val(TextBox1.Text)
      sum = 0
      For I = 1 To N
          sum1 = 0
          For J = 1 To I
              sum1 = sum1 + J
          Next J
          sum = sum + sum1
      Next I
      TextBox2.Text = sum
   End Sub
```

运行时，在文本框 TextBox1 中输入总项数 200，单击"计算"按钮，产生的计算结果为 1353400，如图 6-14b 所示。

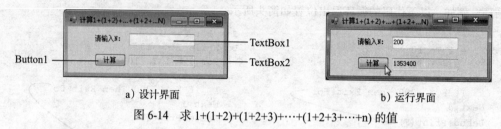

a）设计界面   b）运行界面

图 6-14   求 1+(1+2)+(1+2+3)+⋯+(1+2+3+⋯+n) 的值

6.5   循环结构程序应用举例

【例 6-7】用梯形法求函数 $f(x)=x^2+12x+4$ 在 [a，b] 区间的定积分。

分析：函数 f(x) 在 [a,b] 区间的定积分等于 x 轴、直线 x=a、直线 x=b 和曲线 y=f(x) 所围成的曲边梯形部分的面积，如图 6-15 所示。梯形法是将区间 [a,b] 分成 n 等分，把曲边梯形分成 n 个小块，每一小块曲边梯形的面积用相应的梯形面积来代替，将 n 个小梯形的面积之和作为曲边梯形面积的近似值，即积分的近似值。

将 [a,b] 区间 n 等分后，每个小梯形的高 $h = \dfrac{b-a}{n}$

设 $x_0=a$，则 $x_1=a+h$，$x_2=a+2 \times h$，$\cdots$，$x_i=a+i \times h$，$\cdots$，$x_n=b$

第一个小梯形面积为 $\dfrac{f(x_0) + f(x_1)}{2} \times h$，第 i 个小梯

形面积为 $\dfrac{f(x_{i-1}) + f(x_i)}{2} \times h$

因此 $\displaystyle\int_a^b f(x)dx \approx \sum_{i=1}^n \dfrac{f(x_{i-1}) + f(x_i)}{2} \times h$

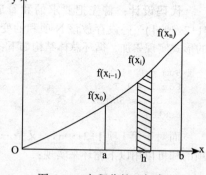

图 6-15   定积分的几何意义

界面设计：新建一个 Windows 窗体应用程序项目，设计界面如图 6-16a 所示。将 4 个文本框的 TextAlign 属性均设置为 Right，使其内容靠右对齐。将文本框 TextBox4 的 ReadOnly 属性设置为 True。设运行时分别用文本框 TextBox1、TextBox2、TextBox3 输入 a、b、n 的值，单击"求定积分"按钮 Button1，计算定积分值，结果显示于文本框 TextBox4 中。

代码设计：根据以上分析可以看出，求定积分的问题可以转化为求 N 个小曲边梯形的面积之和，因此是一个累加问题。曲边梯形的个数可以由 N 来确定，所以可以很方便地使用 For⋯Next 循环来求该累加和。"求定积分"按钮 Button1 的 Click 事件过程如下：

```
Private Sub Button1_Click(ByVal sender As System.Object, ByVal e As System.
EventArgs) Handles Button1.Click
    Dim A, B, H, X, F1, F2, AreaI, Area As Single, N, I As Integer
    A = Val(TextBox1.Text) : B = Val(TextBox2.Text) : N = Val(TextBox3.Text)
    H = (B - A) / N
    X = A
    Area = 0                          ' Area 用于存放梯形面积的累加和
    F1 = X ^ 2 + 12 * X + 4           ' F1 为梯形的上底
    For I = 1 To N
        X = X + H
        F2 = X ^ 2 + 12 * X + 4       ' F2 为梯形的下底
        AreaI = (F1 + F2) * H / 2     ' 计算第 I 个小梯形的面积
        Area = Area + AreaI           ' 累加梯形面积
        F1 = F2                       ' 把当前梯形的下底作为下一个梯形的上底
    Next I
    TextBox4.Text = Area
End Sub
```

运行时，假设输入 A、B、N 的值分别为 1、4、30，单击"计算"按钮计算定积分值，计算结果如图 6-16b 所示。

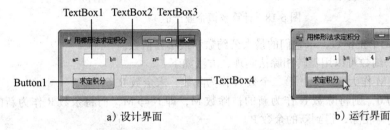

TextBox1 TextBox2 TextBox3

Button1 ← 求定积分 ────── TextBox4

a）设计界面   b）运行界面

图 6-16　用梯形法求定积分

【例 6-8】已知某乡镇企业现有产值和年增长率，试问多少年后，该企业的产值可以翻一番。翻一番后实际产值是多少？

分析：设用 P 表示现有产值，R 表示年增长率，Y 表示年数，V 表示增长后的产值。计算产值的公式为 $V=P(1+R)(1+R)\cdots$。设 V 的初始值为 P，对 V 做重复乘以（1+R）的计算可以由循环来实现，当满足条件 $V \geq 2P$ 时不再计算，退出循环。计算产值的过程可以用图 6-17 所示的流程图表示。

界面设计：新建一个 Windows 窗体应用程序项目，设计如图 6-18a 所示的界面。将 TextBox1 ~ TextBox4 的 TextAlign 属性设置为 Right，使其内容靠右对齐。假设运行时分别用文本框 TextBox1 和 TextBox2 输入现有产值和年增长率，通过单击"计算"按钮进行计算，求出年数和翻一番以后的产值，并显示在文本框 TextBox3 和 TextBox4 中。

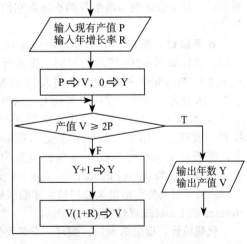

输入现有产值 P
输入年增长率 R

$P \Rightarrow V$, $0 \Rightarrow Y$

产值 $V \geq 2P$

Y+1 ⇒ Y

V(1+R) ⇒ V

输出年数 Y
输出产值 V

图 6-17　计算乡镇企业产值流程图

代码设计：根据图 6-17，在 Button1 的 Click 事件过程中编写如下代码：

```
Private Sub Button1_Click(ByVal sender As System.Object, ByVal e As System.
EventArgs) Handles Button1.Click
    Dim P, R, V As Single, Y As Integer
```

```
        P = Val(TextBox1.Text)              ' 输入现有产值
        R = Val(TextBox2.Text) / 100        ' 输入年增长率
        V = P : Y = 0
        Do Until V >= 2 * P
            Y = Y + 1
            V = V * (1 + R)
        Loop
        TextBox3.Text = Y
        TextBox4.Text = Format(V, "0.00")   ' 计算结果保留两位小数
    End Sub
```

假设现有产值 5000000, 年增长率为 6%, 计算结果如图 6-18b 所示。

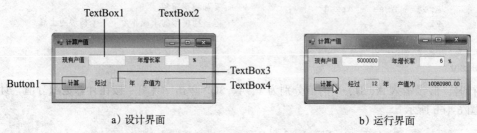

a) 设计界面   b) 运行界面

图 6-18 计算乡镇企业产值

【例 6-9】给出两个正整数, 求它们的最大公约数和最小公倍数。

分析: 求最大公约数可以用辗转相除法实现, 方法如下。

1) 将第一个数 M 作为被除数, 第二个数 N 作为除数, 求余数 R。

2) 如果 R 不为 0, 则将除数 N 作为新的被除数 M, 即 N⇒M, 而将余数 R 作为新的除数 N, 即 R⇒N, 再进行相除, 得到新的余数 R。

3) 如果 R 仍不等于 0, 则重复上述步骤 2)。如果 R 为 0, 则这时的除数 N 就是最大公约数。

求最大公约数的过程可以用图 6-19 所示的流程图表示。最小公倍数为两个数的积除以它们的最大公约数。

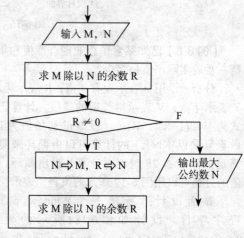

图 6-19 求最大公约数流程图

界面设计: 新建一个 Windows 窗体应用程序项目, 设计如图 6-20a 所示的界面。设运行时分别用文本框 TextBox1 和 TextBox2 输入 M 和 N 的值, 单击 "求最大公约数" 按钮, 求最大公约数, 并显示于文本框 TextBox3 中; 单击 "求最小公倍数" 按钮, 求最小公倍数, 并显示于文本框 TextBox4 中。将所有文本框的 TextAlign 属性设置为 Right, 将 TextBox3、TextBox4 的 ReadOnly 属 性 设 置 为 True。由于需要先求出最大公约数, 才能求最小公倍数, 因此设计时先将 "求最小公倍数" 按钮 Button2 的 Enabled 属性设置为 False。

代码设计: 根据图 6-19, 编写 "求最大公约数" 按钮的 Click 事件过程如下:

```
Dim N As Integer    ' 定义变量 N 为模块级变量
Private Sub Button1_Click(ByVal sender As System.Object, ByVal e As System.
EventArgs) Handles Button1.Click
    Dim M, R As Integer
    M = Val(TextBox1.Text) : N = Val(TextBox2.Text)        ' 输入 M,N
    R = M Mod N                ' 求 M 除以 N 的余数 R
```

```
    Do While R <> 0              ' 当余数 R 不为 0 时执行循环体
        M = N                    ' 将除数 N 作为新的被除数 M
        N = R                    ' 将余数 R 作为新的除数 N
        R = M Mod N              ' 求 M 除以 N 的余数 R
    Loop
    TextBox3.Text = N            ' 输出最大公约数 N
    Button2.Enabled = True       ' 使 " 求最小公倍数 " 按钮有效
End Sub
```

以上代码将变量 N 定义为一个模块级变量，这样做的目的是在"求最小公倍数"按钮的 Click 事件过程中可以使用所求的最大公约数 N。"求最小公倍数"按钮的 Click 事件过程如下：

```
Private Sub Button2_Click(ByVal sender As System.Object, ByVal e As System.
EventArgs) Handles Button2.Click
    TextBox4.Text = Val(TextBox1.Text) * Val(TextBox2.Text) / N
End Sub
```

运行时输入两个数，首先单击"求最大公约数"按钮，求出最大公约数，这时"求最小公倍数"按钮变为有效，进而可以继续求出最小公倍数。运行界面如图 6-20b 所示。

在本例中，可能一开始余数 R 的值就为 0，所以循环条件只能写在 Do 语句之后，而不能写在 Loop 语句之后。

a) 设计界面   b) 运行界面

图 6-20 求两个数的最大公约数和最小公倍数

【例 6-10】输入某个正整数 N（N ≥ 3），判断 N 是否是素数。

分析：判断 N 是否是素数的方法是：用 N 除以 $2 \sim \sqrt{N}$ 的全部整数，如果都除不尽，则 N 是素数，否则 N 不是素数。算法流程图如图 6-21 所示。

界面设计：新建一个 Windows 窗体应用程序项目，设计如图 6-22a 所示的界面。将 TextBox1 的 TextAlign 属性设置为 Right；将 TextBox2 的 TextAlign 属性设置为 Center，ReadOnly 属性设置为 True。设运行时用文本框 TextBox1 输入 N，通过单击"判断"按钮 Button1 对 N 进行判断，判断结果显示在文本框 TextBox2 中。

代码设计：根据图 6-21 的算法流程图可知，输入 N 之后，首先设 $K = \sqrt{N}$，然后用循环实现用 N 除以 $2 \sim K$ 的任意整数 I，当遇到整除时，退出循环，这时的 I 值必然小于或等于 K；如果 N 不能被 $2 \sim K$ 的任意整数 I

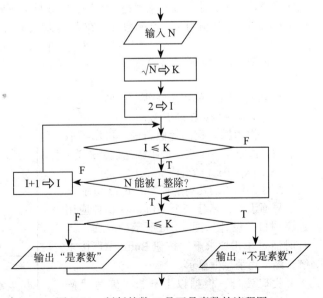

图 6-21 判断某数 N 是否是素数的流程图

整除，则在完成最后一次循环之后，I 的值变为 K+1，结束循环。因此在退出循环之后，可以根据 I 的值来决定 N 是否是素数。如果 I ≤ K，则说明 N 不是素数，否则 N 是素数。代码如下：

```
Imports System.Math
Public Class Form1
    Private Sub Button1_Click(ByVal sender As System.Object, ByVal e As System.
EventArgs) Handles Button1.Click
        Dim N, K, I As Integer
        N = Val(TextBox1.Text) : K = Int(Sqrt(N)) : I = 2
        Do While I <= K
            If N Mod I <> 0 Then
                I = I + 1                        ' 不能整除，I 值累加 1
            Else
                Exit Do                          ' 整除，退出循环
            End If
        Loop
        If I <= K Then TextBox2.Text = " 不是素数 " Else TextBox2.Text = " 是素数 "
    End Sub
End Class
```

运行时，向文本框 TextBox1 输入一个整数，单击“判断”按钮，在文本框 TextBox2 中显示判断结果，如图 6-22b 所示。

a）设计界面   b）运行界面

图 6-22   判断某数 N 是否是素数

【例 6-11】用牛顿迭代法求方程 $\sin x - \dfrac{x}{2} = 0$ 在 x=π 附近的一个实根，精度要求：$|x_{n+1} - x_n| \leq 10^{-4}$。

分析：在数值分析中，导出牛顿迭代公式的方法有多种，这里使用泰勒展开方法导出牛顿迭代公式。这种方法的基本思想是，设法将非线性方程转化为某种线性方程来求解。设已知方程 f(x)=0 的一个近似根为 x_0，则函数 f(x) 在点 x_0 附近可用一阶泰勒多项式

$$f(x_0) + f'(x_0)(x - x_0)$$

来近似，因此方程 f(x)=0 在点 x_0 附近可以近似地表示为线性方程：

$$f(x_0) + f'(x_0)(x - x_0) = 0$$

设 $f'(x_0) \neq 0$，解以上线性方程得

$$x = x_0 - f(x_0)/f'(x_0)$$

取 x 作为原方程的近似新根，再用类似以上的方法求下一个根，即牛顿迭代公式为：

$$x_{k+1} = x_k - f(x_k)/f'(x_k)   k=0,1,2, \cdots$$

牛顿迭代法的几何解释如图 6-23 所示。

界面设计：新建一个 Windows 窗体应用程序项目，设计如图 6-24a 所示的界面。运行时通过单击“求解”按钮 Button1 直接求解，结果用消息框显示。

代码设计：根据以上分析，编写代码如下：

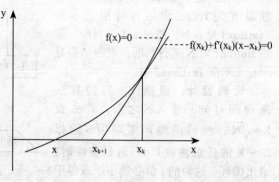

图 6-23   牛顿迭代法的几何解释

```
Imports System.Math
Public Class Form1
    Private Sub Button1_Click(ByVal sender As System.Object, ByVal e As System.
EventArgs) Handles Button1.Click
        Dim X, X1, FX, FX1 As Single, N As Integer
        X = PI
        N = 0                           ' N用于保存迭代次数
        Do
            FX = Sin(X) - X / 2         ' 求f(x)
            FX1 = Cos(X) - 0.5          ' 求f'(x)
            X1 = X                      ' 保存当前根
            X = X - FX / FX1            ' 求下一个根
            N = N + 1
        Loop Until Abs(X1 - X) < 0.0001   ' 达到精度|x_{k+1}-x_k|<0.0001时不再计算
        MsgBox("方程的根为: " & Format(X, "0.0000") & vbCrLf & "迭代次数为: " &
Str(N))
    End Sub
End Class
```

运行时单击"求解"按钮，用消息框显示结果，如图 6-24b 所示。

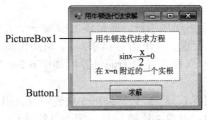

a）设计界面　　　　　　b）运行结果

图 6-24　用牛顿迭代法求方程的解

【例 6-12】利用以下公式求 π 的近似值：

$$\pi \approx S_n = 2 \cdot \frac{2}{\sqrt{2}} \cdot \frac{2}{\sqrt{2+\sqrt{2}}} \cdot \frac{2}{\sqrt{2+\sqrt{2+\sqrt{2}}}} \cdots$$

要求精度为 $|S_{n+1}-S_n|<\varepsilon$。

分析：以上求 π 的公式可以用累乘算法实现，首先找出乘积各项的规律。从上式可以看出，公式第 i 项分母 P_i 与第 i+1 项分母 P_{i+1} 的关系为：

$$p_{i+1} = \sqrt{2 + p_i} \qquad (i>1)$$

若设前 i 项的积为 S_i，前 i+1 项的积为 S_{i+1}，则

$$S_{i+1} = S_i \times \frac{2}{P_{i+1}}$$

界面设计：新建一个 Windows 窗体应用程序项目，设计如图 6-25a 所示的界面，运行时用文本框 TextBox1 输入精度 ε 值，单击"计算 π"按钮 Button1 计算 π，计算结果显示于文本框 TextBox2 中。

代码设计：根据以上分析，编写出"计算 π"按钮 Button1 的 Click 事件过程如下：

```
Private Sub Button1_Click(ByVal sender As System.Object, ByVal e As System.
EventArgs) Handles Button1.Click
    Dim Eps, P, S, S1 As Double        ' Eps表示精度 ε，S用于保存累乘结果
    Eps = Val(TextBox1.Text)
    P = 0
```

```
    S = 2
    Do
        P = Math.Sqrt(2 + P)
        S1 = S
        S = S * 2 / P
    Loop Until Math.Abs(S1 - S) < Eps
    TextBox2.Text = S
End Sub
```

运行时输入精度 0.000001，计算结果如图 6-25b 所示。

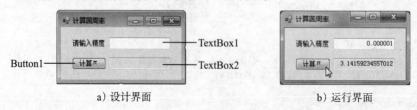

a) 设计界面   b) 运行界面

图 6-25   计算圆周率

【例 6-13】 公鸡 5 块钱一只，母鸡 3 块钱一只，小鸡一块钱 3 只，要用 100 块钱买 100 只鸡，问公鸡、母鸡和小鸡各买几只？

界面设计： 新建一个 Windows 窗体应用程序项目，向窗体上添加一个文本框 TextBox1，用于显示计算结果。将文本框的 Text 属性设置为 "单击这里求解"，MultiLine 属性设置为 True，ScrollBars 属性设置为 Vertical，ReadOnly 属性设置为 True，界面如图 6-26a 所示。设运行时通过单击文本框进行求解。

代码设计： 设公鸡、母鸡、小鸡分别有 I、J、K 只。公鸡 5 块钱一只，用 100 块钱最多只能买 20 只，因此 I 的值只能在 0 ~ 20 之间；母鸡 3 块钱一只，用 100 块钱最多只能买 33 只，因此 J 的值只能在 0 ~ 33 之间；小鸡一块钱 3 只，因此 K 的值可以在 0 ~ 100 之间，但 K 只能是 3 的整数倍。本例可以使用 "穷举法" 来求解。所谓 "穷举法"，就是对可能出现的各种情况进行一一测试，将满足条件的数据挑选出来，也就是对 I、J、K 在允许范围内的所有可能的组合情况进行判断，找出满足 "百钱买百鸡" 这一条件的所有可能的 I、J、K 值，这可以通过三层循环来实现。因此，编写文本框 TextBox1 的 Click 事件过程如下：

```
Private Sub TextBox1_Click(ByVal sender As Object, ByVal e As System.EventArgs)
Handles TextBox1.Click
    Dim I, J, K As Integer
    TextBox1.Text = Space(3) & "公鸡" & Space(3) & "母鸡" & Space(3) & "小鸡"
    For I = 0 To 20
        For J = 0 To 33
            For K = 0 To 100 Step 3
                If I * 5 + J * 3 + K \ 3 = 100 And I + J + K = 100 Then
                    TextBox1.Text = TextBox1.Text & vbCrLf & Space(3) & RSet(I, 4)
& Space(3) & RSet(J, 4) & Space(3) & RSet(K, 4)
                End If
    Next K, J, I
End Sub
```

运行时单击文本框，得出的结果有 4 种，如图 6-26b 所示。

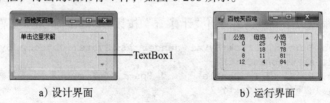

a) 设计界面   b) 运行界面

图 6-26   百钱买百鸡

【例6-14】数字灯谜。设有算式:

$$
\begin{array}{r}
ABCD \\
- \quad CDC \\
\hline
ABC
\end{array}
$$

A、B、C、D 分别为非负一位数字,算式中的 ABCD 为 4 位数,CDC 为 3 位数,ABC 为 3 位数。找出满足以上算式的 A、B、C、D。

界面设计:新建一个 Windows 窗体应用程序项目,向窗体上添加一个文本框 TextBox1,用于显示计算结果。将文本框的 Text 属性设置为"单击这里求解",MultiLine 属性设置为 True,ScrollBars 属性设置为 Vertical,ReadOnly 属性设置为 True。界面如图 6-27a 所示。设运行时通过单击文本框进行求解。

代码设计:本例同样可以用"穷举法"来实现,也就是对 4 位数字的所有可能的组合,检测以上算式是否成立,这可以用四层循环来实现。A、C 作为最高一位数不能为 0。因此,编写文本框的 Click 事件过程如下:

```
Private Sub TextBox1_Click(ByVal sender As Object, ByVal e As System.EventArgs)
Handles TextBox1.Click
    Dim A, B, C, D, S1, S2, S3 As Integer
    For A = 1 To 9
        For B = 0 To 9
            For C = 1 To 9
                For D = 0 To 9
                    S1 = A * 1000 + B * 100 + C * 10 + D    ' S1 即为 4 位数 ABCD
                    S2 = C * 100 + D * 10 + C               ' S2 即为 3 位数 CDC
                    S3 = A * 100 + B * 10 + C               ' S3 即为 3 位数 ABC
                    If S1 - S2 = S3 Then                    ' 如果满足算式
                        TextBox1.Text = Str(A) & Str(B) & Str(C) & Str(D)
                    End If
    Next D, C, B, A
End Sub
```

运行时单击窗体,在文本框中显示结果为:1 0 9 8,如图 6-27b 所示。

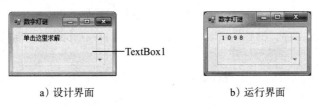

a) 设计界面　　　　　　　　b) 运行界面

图 6-27　数字灯谜

【例6-15】在有些情况下,出于保密的原因,需要对文本中的字符串进行加密操作,使人无法辨认字符串内容。加密后的文本称为密文,只有通过一定的解密过程才能识读。编写程序,实现对输入的字符串进行加密与解密。

分析:最简单的加密方法是对字符串中的每一个字符进行变换,如将其字符码值加上一个数值,这样原字符就变成了另一个字符。例如,将每一个字符的字符码值加 5,则 A→F,B→G,…,Z→E。解密的运算过程正好相反。本例将采用这种最简单的方法对字符串进行加密和解密。

界面设计:设计如图 6-28 所示的界面,运行时,用文本框 TextBox1 输入待加密的字符串,单击"加密"按钮,在文本框 TextBox2 中显示加密后的字符串,同时"加密"按钮文字变为"解密",这时如果单击"解密"按钮,则对 TextBox2 中的内容进行解密,解密结果仍显示在 TextBox2 中,这时可以通过和 TextBox1 中的原字符串进行比较来验证解密结果的正确性。

代码设计：代码的主要思路如下：

1）使用 Len 函数获取需要加、解密的字符串 strInput 的长度，保存到变量 Length 中，即 Length=Len(strInput)。

2）用 Length 控制循环次数，每循环一次，从字符串 strInput 中取出一个字符，存储到变量 strTemp 中，然后判断 strTemp 是否为"A"～"Z"或"a"～"z"中的某个字符，如果是，则进行加密或解密。

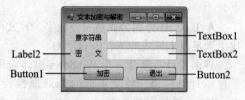

图 6-28　文本加密与解密的设计界面

3）假设将加密、解密后字符的字符码存储在变量 iAsc 中，则

加密过程为：iAsc = Asc(strTemp) + 5

解密过程为：iAsc = Asc(strTemp) − 5

4）加密过程中还应判断加密后的字符是否超过"Z"或"z"。如果超过，则将变换后的字母的字符码减 26（绕回到字母表的起始位置）。即

```
If iAsc > Asc("Z") Then iAsc = iAsc - 26
```

或

```
If iAsc > Asc("z") Then iAsc = iAsc  - 26
```

解密过程中还应判断解密后的字符是否小于"A"或"a"。如果小于，则将变换后的字母的字符码加 26（绕回到字母表的末尾位置）。即

```
If iAsc < Asc("A") Then iAsc = iAsc + 26
```

或

```
If iAsc < Asc("a") Then iAsc = iAsc + 26
```

5）将加密或解密后的字符拼接到字符串变量 Code 中，即

```
Code = Code & Chr(iAsc)
```

根据以上思路，编写命令按钮 Button1 的 Click 事件过程如下：

```
Private Sub Button1_Click(ByVal sender As System.Object, ByVal e As System.
EventArgs) Handles Button1.Click
    Dim strTemp As Char
    Dim I, Length, iAsc As Integer
    Dim strInput, Code As String
    If Button1.Text = "加密" Then    ' 如果命令按钮显示文字为"加密"，则执行加密
        Button1.Text = "解密"
        Label2.Text = "密    文"
        strInput = TextBox1.Text                    ' 获取要加密的字符串
        I = 1
        Code = ""                                   ' Code 用于保存加密后的字符串
        Length = Len(strInput)                      ' 获取原字符串的长度
        Do While (I <= Length)
            strTemp = Mid(strInput, I, 1)           ' 提取原字符串中的一个字符
            If (strTemp >= "A" And strTemp <= "Z") Then     ' 如果是大写字母
                iAsc = Asc(strTemp) + 5                      ' 求加密后的 ASCII 码
                If iAsc > Asc("Z") Then iAsc = iAsc - 26
                Code = Code & Chr(iAsc)             ' 将加密后的字符添加到 Code 中
            ElseIf (strTemp >= "a" And strTemp <= "z") Then  ' 如果是小写字母
                iAsc = Asc(strTemp) + 5                      ' 求加密后的 ASCII 码
                If iAsc > Asc("z") Then iAsc = iAsc - 26
                Code = Code & Chr(iAsc)             ' 将加密后的字符添加到 Code 中
```

```
        Else            ' 如果不是字母，则不加密，直接添加到 Code 中
            Code = Code & strTemp
        End If
        I = I + 1
    Loop
    TextBox2.Text = Code        ' 显示加密后的结果
Else                ' 如果命令按钮显示文字为"解密"，则执行解密
    Button1.Text = "加密"
    Label2.Text = "原    文"
    strInput = TextBox2.Text
    I = 1
    Code = ""
    Length = Len(strInput)
    Do While (I <= Length)
        strTemp = Mid(strInput, I, 1)
        If (strTemp >= "A" And strTemp <= "Z") Then
            iAsc = Asc(strTemp) - 5
            If iAsc < Asc("A") Then iAsc = iAsc + 26
            Code = Code & Chr(iAsc)
        ElseIf (strTemp >= "a" And strTemp <= "z") Then
            iAsc = Asc(strTemp) - 5
            If iAsc < Asc("a") Then iAsc = iAsc + 26
            Code = Code & Chr(iAsc)
        Else
            Code = Code & strTemp
        End If
        I = I + 1
    Loop
    TextBox2.Text = Code
End If
End Sub
```

6）在"退出"按钮 Button2 的 Click 事件过程中输入 End 语句，结束程序的运行。

运行时初始界面如图 6-29a 所示。首先在文本框 TextBox1 中输入待加密的字符串，单击"加密"按钮，在文本框 TextBox2 中显示加密后的密文，如图 6-29b 所示，这时单击"解密"按钮，密文变成原文，如图 6-29c 所示。

a）初始界面   b）加密后   c）解密后

图 6-29　文本加密与解密的运行界面

6.6　上机练习

【练习 6-1】编程序实现，运行时单击某命令按钮求 $\sum_{k=1}^{100}k+\sum_{k=1}^{50}k^2+\sum_{k=1}^{10}\dfrac{1}{k}$ 的值，用文本框显示结果。

【练习 6-2】编程序实现，运行时用文本框输入 n 值，单击某命令按钮求以下 S 的值，用文本框显示结果。

$$S = 4 \times \left(1 - \frac{1}{3} + \frac{1}{5} - \frac{1}{7} + \frac{1}{9} - \cdots + (-1)^{n+1} \times \frac{1}{2n-1}\right)$$

【练习6-3】编程序求 $S_n = a + aa + aaa + \cdots + \overbrace{aa \cdots a}^{n}$ 的值，其中 a 是一个数字，如 2+22+222+2222（此时 n=4），n 和 a 用输入框（InputBox）输入。

【练习6-4】编程序实现，运行时单击窗体求数列 $\frac{2}{1}, \frac{3}{2}, \frac{5}{3}, \frac{8}{5}, \cdots$ 前 20 项的和，用消息框（MsgBox）显示结果。

【练习6-5】编程序实现，运行时用文本框输入 n 值，单击某命令按钮求 $1 \times 3 \times 5 \times 7 \times \cdots \times (2n-1)$ 的值，用文本框显示结果。

【练习6-6】编程序实现，运行时单击某命令按钮输出 3 ～ 100 的所有奇数。将奇数显示于带垂直滚动条的文本框中，每行显示一个数。

【练习6-7】有一袋球（100 ～ 200 个），如果一次数 4 个，则剩 2 个；一次数 5 个，则剩 3 个；一次数 6 个，则正好数完，编程序求该袋球的个数。

【练习6-8】编程序找出 1 ～ 9999 的全部同构数。所谓同构数，是指这样的整数，它恰好出现在其平方数的右边。例如，1 和 5 都是同构数。

【练习6-9】编程序求 $1 \times 3 \times 5 \times 7 \times \cdots \times (2n-1)$ 大于 400000 的最小值。

【练习6-10】编程序求 $1^1 + 2^2 + 3^3 + \cdots + N^N$ 小于 100000 的最大值。

【练习6-11】编程序求：$S = \dfrac{1}{1} + \dfrac{1}{1+2} + \dfrac{1}{1+2+3} + \cdots + \dfrac{1}{1+2+3+\cdots+100}$

【练习6-12】编程序求 $\displaystyle\sum_{n=1}^{20} n!$ ，即求 $1!+2!+3!+4!+\cdots+20!$。

【练习6-13】编程序求 100 ～ 1000 的所有水仙花数。"水仙花数"是指一个 3 位数，其各位数的立方和等于该数，如 $153 = 1^3 + 5^3 + 3^3$。

【练习6-14】编程序找出 1000 之内的所有完数。如果一个数恰好等于它的因子之和，则这个数就称为"完数"。例如，6 的因子为 1、2、3，而 6=1+2+3，因此 6 是"完数"。

【练习6-15】编程序实现，运行时用输入框输入 x 的值，分别按以下要求，求：

$$e^x \approx 1 + \frac{x}{1!} + \frac{x^2}{2!} + \frac{x^3}{3!} + \cdots + \frac{x^n}{n!}$$

1）直到第 20 项。

2）直到最后一项小于 10^{-6}。

【练习6-16】编写程序，用以下公式求 sin(x) 的近似值，当最后一项小于 10^{-7} 时停止计算。公式中的 x 为弧度。

$$\sin(x) \approx x - \frac{x^3}{3!} + \frac{x^5}{5!} - \frac{x^7}{7!} + \cdots + (-1)^{n-1} \frac{x^{2n-1}}{(2n-1)!}$$

【练习6-17】编写程序，用矩形法求定积分 $\displaystyle\int_{-4}^{4} \frac{1}{1+x^2} dx$

【练习6-18】编写程序，用二分法求方程 $x^3 + 4x^2 - 10 = 0$ 在区间（1,4）内的实根。要求精确到小数点后第 4 位。

提示：设函数 $f(x) = x^3 + 4x^2 - 10$，f(x)=0 在区间（a,b）内有一个实根 x。取（a,b）的中点 $x_0 = (a+b)/2$，然后按以下方法求解：

1）如果 $f(x_0)$ 与 f(a) 同号，则说明所求的根 x 在 x_0 的右侧，这时取区间 (x_0, b)，否则，根 x 在 x_0 的左侧，这时取区间 (a, x_0)，如图 6-30 所示。

2）在新的区间上再取中点，重复上述步骤 1），直到区间长度 <ε，则 x_0 即为 f(x)=0 的近似根。

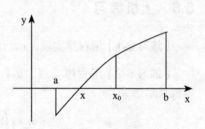

图 6-30 用二分法求方程的根

第7章 数　　组

7.1　数组基本概念

前面的各种问题中，一般只涉及少量的数据，这些数据使用简单变量就可以很方便地进行存取或处理，但是，在实际问题中往往会有大量相关的数据需要处理。例如，要处理全校 3000 个学生的数学成绩，如果使用简单变量，就要引入 3000 个不同的变量来存储这些数据，这样显然太繁琐，如果数据量再大，采用这种处理方式几乎是难以做到的。另外，这种数据除了量比较大以外，各数据在整组数中的位置是明确的，即数据是有序的，这种顺序使用简单变量难以体现，而使用本章介绍的数组，则可以很方便地处理这种大量的性质相同的有序数。

7.1.1　数组与数组元素

数组用于表示一组性质相同的有序的数，这一组数用一个统一的名称来表示，此名称称为数组名。例如，1000 个学生的数学成绩，可以统一取名为 MScore。数组名的命名规则与简单变量的命名规则相同。

数组中的每一个元素称为数组元素。为了在处理时能够区分每一个数组元素，需要用一个索引加以区别，该索引称为下标。数组中的每一个元素可以用数组名和下标唯一地表示，写成：数组名 (下标)。例如，用 MScore(1) 表示第一个学生的数学成绩（下标为 1），用 MScore(36) 表示第 36 个学生的数学成绩（下标为 36）。

每个数组元素用来保存一个数据，其使用与简单变量类似，在简单变量允许出现的多数地方也允许出现数组元素。例如，可以通过 X=90 给简单变量 X 赋值，同样也可以通过 MScore(8)=90 给数组元素 MScore(8) 赋值，所以，数组元素也称为下标变量。

在表示数组元素时，应注意以下几点：

1）要用圆括号把下标括起来，不能用中括号或大括号代替，也不能省略圆括号。例如，将数组元素 X(8) 表示成 X[8]、X{8} 或 X8 都是错误的。

2）下标可以是常量、变量或表达式，其值必须是整数，否则将被自动四舍五入为整数。

3）下标的最小取值称为下界，下标的最大取值称为上界。数组元素的下标必须在其下界和上界之间，否则将会出错。VB.NET 下标的下界为 0，上界由数组定义语句定义。

7.1.2　数组的维数

数组中的元素可以用一个下标来定位，也可以用多个下标来定位。如果数组元素只有一个下标，则称为一维数组。例如，一班 40 名学生的英语成绩可以用一维数组 G 来存储，表示成 G(1),G(2),G(3),…,G(40)，用 G(1) 表示第 1 号学生的成绩，用 G(2) 表示第 2 号学生的成绩……这样处理起来很直观，需要第 I 号学生的成绩时，直接使用 G(I) 即可。

如果要表示 1 ～ 6 班（设各班有 40 人）共 240 个学生的英语成绩，当然也可以用 G(1)，G(2), G(3), …, G(240) 来表示，这时，如果要处理某班某学号学生的成绩，例如 4 班 23 号学生，则很难从数组元素中直观地找出是第几个元素；或者反过来，问 G(197) 表示哪个学生的成绩？也难以直接看出，因此，这种表示法不便于有选择地处理数组元素。如果用两个下标来表示数组元素，例如，用 G(I,J) 表示第 I 班第 J 号学生，则可以很方便地选择所需处理的元素。例如，1班 30 号学生的成绩可以表示成 G(1,30)，3 班 26 号学生的成绩表示成 G(3,26)，显然，从下标的表示上可以直观地看出该成绩在整个数组中的位置。这种用两个下标来表示元素的数组称为二维数组。对于可以表示成表格形式的数据，如矩阵、行列式等，用二维数组来表示是比较方便的。例如，设有一个 4 行 4 列的矩阵：

$$\begin{bmatrix} A_{11} & A_{12} & A_{13} & A_{14} \\ A_{21} & A_{22} & A_{23} & A_{24} \\ A_{31} & A_{32} & A_{33} & A_{34} \\ A_{41} & A_{42} & A_{43} & A_{44} \end{bmatrix}$$

将该矩阵的所有元素表示成二维数组 A，用第一个下标表示元素所在的行号，用第二个下标表示元素所在的列号，则 A(I, J) 表示第 I 行第 J 列的元素。

根据问题的需要，还可以选择使用三维数组、四维数组等。

7.2　数组的定义

数组在使用之前必须先定义（声明），定义数组的目的是为数组分配存储空间，数组名即为这个存储空间的名称，而每个数组元素对应存储空间的一个单元。

7.2.1　数组定义语句

定义数组的简单格式如下：

声明关键字　数组名（[维数定义]）[As 类型],…

功能：定义数组，包括确定数组的名称、维数、每一维的大小和数组元素的类型，并为数组分配存储空间。

说明：

1）"声明关键字" 通常是 Dim，也可以是 Static、Public、Private 等。其中，Static 关键字只能用于过程内部声明数组；Public 和 Private 关键字只能用于过程外部声明数组；而 Dim 关键字既可以用于过程内部，也可以用于过程外部。本章示例将使用 Dim 关键字，其他关键字的作用将在第 8 章介绍。

2）"数组名" 需遵循标识符的命名规则。

3）"维数定义" 的形式为 "上界 1，上界 2，…"，它规定了数组每一维下标的上界。VB.NET 规定，数组每一维下标的下界从 0 开始。每一维的定义也可以写成 "0 To 上界"。

4）"类型" 用于定义数组的数据类型，如 Integer、String、Double 等，当省略 "As 类型" 时，表示数组为 Object 类型，这时一个数组中的不同元素可以保存不同类型的数据，而将数组定义为其他类型时，数组中的所有元素只能保存同一种类型的数据。

5）定义数组后，VB.NET 自动对数组元素进行初始化。例如，将数值型数组元素值置为 0，将字符串类型数组元素值置为 Nothing，将布尔型数组元素值置为 False，等等。

例如：

```
Dim a(6) As Integer
```

或

```
Dim a(0 To 6) As Integer
```

定义了一个有 7 个元素的一维整型数组，其下标下界为 0，上界为 6，包括的数组元素有 a(0)、a(1)、a(2)、a(3)、a(4)、a(5)、a(6)。每个元素都是 Integer 类型，相当于一个简单变量，所有元素在内存占用一片连续的存储区，如图 7-1 所示。

a(0)	a(1)	a(2)	a(3)	a(4)	a(5)	a(6)

图 7-1　数组 a 的各元素在内存中的排列

例如：

```
Dim b(2, 3) As String
```

定义了一个二维数组 b，第一维下标下界为 0，上界为 2，第二维下标下界为 0，上界为 3。所有数组元素都是 String 类型，包括的数组元素有 b(0,0)、b(0,1)、b(0,2)、b(0,3)、b(1,0)、b(1,1)、b(1,2)、b(1,3)、b(2,0)、b(2,1)、b(2,2)、b(2,3)。在逻辑上可以将这些元素排列成 3 行 4 列的形式，如图 7-2 所示。

$$b(0,0)\ b(0,1)\ b(0,2)\ b(0,3)$$
$$b(1,0)\ b(1,1)\ b(1,2)\ b(1,3)$$
$$b(2,0)\ b(2,1)\ b(2,2)\ b(2,3)$$

图 7-2　二维数组 b 的各元素的逻辑排列顺序

因此常把二维数组的第一个下标叫行下标，第二个下标叫列下标。例如，以上 b 数组第 2 行的行下标都为 1，第 3 列的列下标都为 2。

在内存中，二维数组各元素按行的顺序连续排列。以上 b 数组在内存中的排列顺序如图 7-3 所示。

b(0,0)	b(0,1)	b(0,2)	b(0,3)	b(1,0)	b(1,1)	……	b(2,0)	b(2,1)	b(2,2)	b(2,3)

图 7-3　数组 b 各元素在内存中的排列

可以看出，数组元素的个数等于每一维的大小之积，即 n 维数组元素个数为：

$$（上界 1+1）×（上界 2+1）×…×（上界 n+1）$$

在预先不知道要处理的数据量有多大时，可以首先声明一个没有大小的空数组，例如：

```
Dim c(), d(,) As Integer
```

表示定义了一个一维空数组 c 和二维空数组 d。这种空数组必须使用 ReDim 语句重新定义大小后才可以使用。

7.2.2　使用 ReDim 语句重新定义数组

在解决实际问题时，所需要的数组到底多大才合适，有时可能不得而知，所以希望能够在运行时动态改变数组的大小，这可以通过 ReDim 语句来实现。ReDim 语句格式如下：

```
ReDim [Preserve] 数组名 ( 维数定义 ),…
```

功能：ReDim 语句用来更改某个已声明数组的一个或多个维度的大小。

说明：

1）ReDim 语句只能出现在过程中。

2）可以用 ReDim 语句反复改变数组的大小，但不能改变数组的维数和数据类型。

3）每次执行 ReDim 语句时，如果不使用 Preserve 关键字，当前存储在数组中的值会全部丢失。VB.NET 重新对数组元素进行初始化，如将数值型数组元素值置为 0，将字符串类型数组元素值置为 Nothing。

4）Preserve 为可选的关键字。如果希望使用 ReDim 语句重新定义数组时保留数组中原有的数据，就需要在 ReDim 语句中使用 Preserve 关键字。带有 Preserve 关键字的 ReDim 语句只能改变多维数组最后一维的大小。

例如，以下程序第一次用 ReDim 语句定义一维数组 A 有 4 个元素，并通过第一个循环给数组 A 的 4 个元素全部赋值 1 并显示在文本框 TextBox1 中；第二次使用 ReDim Preserve A(N) 将数组 A 定义成 6 个元素并保留数组 A 中原有的值，通过第二个循环将数组 A 的全部元素显示在文本框 TextBox2 中。

```
Public Class Form1
    Dim a() As Integer
    Private Sub Button1_Click(ByVal sender As System.Object, ByVal e As System.
EventArgs) Handles Button1.Click
        Dim N As Integer
        N = 3
        ReDim A(N)                        ' 在过程内部第一次定义一维数组 A 有 4 个元素
        ' 以下循环给数组 A 的所有 4 个元素一一赋值并显示在文本框 TextBox1 中
        For I = 0 To N
            A(I) = 1
            TextBox1.AppendText(Str(a(I)))
        Next I
        N = 5
        ReDim Preserve a(N)               ' 在过程内部第二次定义二维数组 A 有 6 个元素
        ' 以下循环在文本框 TextBox2 中显示重新定义后的数组 A 的所有元素
        For I = 0 To N
            TextBox2.AppendText(Str(a(I)))
        Next I
    End Sub
End Class
```

运行时单击命令按钮 Button1，在文本框 TextBox1 中输出结果为：

1 1 1 1

在文本框 TextBox2 中输出结果为：

1 1 1 1 0 0

可以看出，TextBox2 中的输出结果保留了数组 A 原有的 4 个元素值 1。如果不使用 Preserve 关键字，则在 TextBox2 中的输出结果全部为 0。

在定义一个数组之后，就可以使用数组了，即可以对数组元素进行各种操作。如对数组元素赋值、进行各种表达式运算、排序、统计、输出等。在许多场合，使用数组可以缩短和简化程序，因为可以利用循环控制数组的下标按一定规律变化，高效处理数组中的指定元素。

7.3 数组的初始化

在使用上节介绍的 Dim 或 ReDim 语句定义数组时，VB.NET 自动对数组元素进行初始化，例如，将数值型数组元素全部初始化为 0。在实际应用中，如果希望数组元素具有其他的初始值，就可以在定义数组的同时为数组元素指定初始值。

一维数组初始化的格式如下：

声明关键字 数组名 ()[As 类型]={ 初始值序列 },…

其中，初始值序列是一组用逗号分隔的数据，例如：

Dim a() As Integer = {1, 2, 3, 4, 5}, b() As String = {"one", "two", "three", "four", "five"}

以上语句定义了一维整型数组 a，使 a 数组具有 5 个元素，并对这 5 个元素进行初始化，即 a（0）=1、a（1）=2、a（2）=3、a（3）=4、a（4）=5，同时定义了一维字符串型数组 b，使 b 数组具有 5 个元素，并对这 5 个元素进行初始化，即 b（0）="one"、b（1）="two"、b（2）= "three"、b（3）="four"、b（4）="five"。

初始化二维数组的格式如下：

声明关键字 数组名 (,)[As 类型]={{ 初始值序列 },…}

例如：

Dim c(,) As Integer = {{1, 2, 3}, {4, 5, 6}}

以上语句定义了二维整型数组 c，使 c 数组具有 6 个元素，并对这 6 个元素进行初始化，即 c（0，0）=1、c（0，1）=2、c（0，2）=3、c（1，0）=4、c（1，1）=5、c（1，2）=6。

进一步在大括号 {} 内再嵌套大括号可以创建多维数组并对其进行初始化。

需要注意的是，在对数组进行初始化时，不能显式指定数组下标的上界。例如，以下写法是错误的：

```
Dim a(4) = {1, 2, 3, 4, 5}
```

可以省略"As 类型"，甚至省略圆括号。例如，以下语句都是合法的：

```
Dim a() = {1, 2, 3, 4, 5}              ' 省略了 "As 类型"
Dim c = {{1, 2, 3}, {4, 5, 6}}        ' 省略了 "As 类型" 和 ( )
```

7.4 数组的输入输出

数组的输入是指给数组元素赋值，就像给简单变量赋值一样；数组的输出就是将数组元素的值显示给用户，就像输出简单变量一样。数组的输入和输出可以有多种方法，通常要结合循环语句实现。

例如，假设用数组 A 来保存学生成绩，以下代码用输入框提示输入 10 个学生的成绩并存放到数组 A 中，然后将这些成绩显示在文本框中。

```
Dim A(9) As Integer      ' 定义数组A为一维整型数组，有10个元素
' 输入:
For i = 0 To 9
    A(i) = Val(InputBox("请输入第 " & Str(i + 1) & "个学生的成绩"))
Next i
' 输出:
For i = 0 To 9
    TextBox1.AppendText(Str(A(i)))
Next i
```

以上代码用文本框 TextBox1 来输出数组元素。使用文本框输出多个数据时，通常需要给文本框设置滚动条。依据滚动条的方向，要注意每显示一个或多个数据是否需要在文本中加上回车换行符号。

对于二维数组的输入和输出，通常需要结合两层循环进行，通过两层循环的循环变量来控制二维数组的两个下标，以决定输入或输出哪些数组元素，按什么顺序进行输入和输出。

例如，假设用二维数组 B 来表示一个 6 行 6 列的矩阵，以下代码生成包含 [1, 10] 的随机整数的矩阵，并以 6 行 6 列的形式将该矩阵显示在文本框中。

```
Dim B(5, 5) As Integer      ' 定义数组B为二维整型数组，有36个元素
' 输入:
For I = 0 To 5
    For J = 0 To 5
        B(I, J) = Int(Rnd() * 10 + 1)
    Next J
Next I
' 输出:
For I = 0 To 5
    For J = 0 To 5
        TextBox1.AppendText(RSet(B(I, J), 4))
    Next J
    TextBox1.AppendText(vbCrLf)            ' 换行
Next I
```

以上代码在进行输入输出时，使用外层循环变量 I 控制二维数组的第一个下标（行下标），使用内层循环变量 J 控制二维数组的第二个下标（列下标）。可以看出，输入或输出矩阵元素的顺序

是按行进行的。在输出矩阵元素时，外层循环变量 I 每取一个值，内层循环执行 6 次，将第 I 行的 6 个元素附加显示到文本框的当前行中。在内层循环结束后，使用在文本框中连接 vbCrLf 实现换行，实现了按 6 行 6 列的格式显示输出。RSet(B(I, J), 4) 将数组元素 B(I, J) 转化为 4 位字符串，便于输出数据的右对齐。

7.5　数组的删除

数组的删除可以使用 Erase 语句来实现，Erase 语句的格式为：

```
Erase 数组名
```

功能：Erase 语句用来清除数组、释放数组元素所占用的存储空间。

注意，Erase 语句只能出现在过程中，可以使用 ReDim 语句重新定义被删除的数组。

例如，下面使用 Erase 语句删除具有 100 个元素的数组 a，释放其内存，然后使用 ReDim 语句重新定义数组 a 为具有 10 个元素的数组。

```
Dim a(99) As Integer
...
Erase a                  ' 清除数组 a，释放其内存
ReDim a(9)               ' 重新定义数组 a 为具有 10 个元素的数组
...
```

7.6　使用 For Each…Next 循环处理数组

For Each…Next 循环可以用来遍历数组中的所有元素并重复执行一组语句，格式为：

```
For Each 变量 In 数组名
    [语句组 1]
    [Continue For]
    [Exit For]
    [语句组 2]
Next 变量
```

这里的 For Each 语句和 Next 语句构成了一个循环，这两条语句之间的语句组构成了循环体。

功能：首先将数组中的第一个元素值赋给"变量"，然后进入循环体中执行其中的语句。如果数组中还有其他元素，则继续将下一个元素值赋给"变量"，再执行循环体，当对数组中的所有元素执行了循环体后，便会退出循环，然后继续执行 Next 语句之后的语句。

说明：循环体中的语句都是可选的，Continue For 语句用于将控制转移到 For Each 循环的开始，Exit For 语句用于退出 For Each 循环，执行 Next 之后的语句。这两条语句通常放在某种条件结构中，用于决定当满足某种条件时跳过某些操作，继续下一轮循环或退出循环。

例如，以下程序段使用 For Each…Next 语句输出一维数组 A 中的所有元素。

```
Dim A(9) As Integer
...
For Each X In A
    TextBox1.AppendText(Str(X))
Next X
```

而以下程序段使用 For Each…Next 语句求二维数组 B 的所有奇数元素之和。

```
Dim B(3, 3), sum As Integer
...
Sum = 0
For Each X In B
    If X Mod 2 = 0 Then Continue For
    Sum = Sum + X
```

```
Next X
Debug.Print(Sum)
```

可以看出，使用 For Each...Next 循环处理数组时，难以控制对数组元素的处理次序，因此，对于不关心数组元素的处理次序的问题，采用这种结构比较方便。

7.7 数组操作函数

VB.NET 提供了一些与数组操作有关的函数，以方便对数组的操作。

1. LBound 和 UBound 函数

LBound 函数和 UBound 函数分别用来确定数组某一维的下界值和上界值，格式如下：

```
LBound( 数组名 [, N])
UBound( 数组名 [, N])
```

功能：LBound 函数返回"数组名"指定的数组的第 N 维的下界，其值总是 0；UBound 函数返回"数组名"指定的数组的第 N 维的上界。

说明：N 为 1 时表示第一维，N 为 2 时表示第二维，等等。如果省略 N，则默认为 1。

例如，要输出一维数组 A 的各个值，可以通过下面的代码实现。

```
For I = LBound(A) To UBound(A)
    TextBox1.AppendText(Str(A(I)))
Next I
```

要输出二维数组 B 的各个值，可以通过下面的代码实现。

```
For I = LBound(B, 1) To UBound(B, 1)
    For J = LBound(B, 2) To UBound(B, 2)
        TextBox2.AppendText(Str(B(I, J)))
    Next J
    TextBox2.AppendText(vbCrLf)
Next I
```

2. Split 函数

Split 函数用于将一个字符串分隔为若干子串，格式如下：

```
Split( 字符串表达式 [, 分隔符 ])
```

功能：以某个指定符号作为分隔符，将"字符串表达式"指定的字符串分离为若干子字符串，以这些子字符串为元素值构成一个下标从 0 开始的一维数组。

说明："字符串表达式"用于指定要被分隔的字符串，"分隔符"是可选的，如果省略，则使用空格作为分隔符。

例如，执行以下代码段：

```
Dim A
A = Split("how are you", " ")
```

则以空格作为分隔符将字符串 "how are you" 分离为 3 个字符串 "how"、"are"、"you"，并给变量 A 赋值。赋值后，A 成为一个具有 3 个元素的一维数组，且 A(0)="how"，A(1)="are"，A(2)="you"。注意，这里的变量 A 必须是一个 Object 类型的变量。

也可以用 Split 函数给一个数组赋值。例如：

```
Dim A() As String
A = Split("how are you", " ")
```

3. Join 函数

Join 函数用于将某个数组中的多个子字符串连接成一个字符串，格式如下：

```
Join( 一维数组名 [, 分隔符 ])
```

功能：将一维数组中的各元素连接成一个字符串，连接时各子字符串之间加上"分隔符"指定的字符。

说明：分隔符是可选的，指定在返回的字符串中用于分隔各子字符串的字符。如果忽略该项，则使用空格 (" ") 来分隔子字符串。如果"分隔符"是零长度字符串 ("")，则将所有数组元素值连接在一起，中间没有分隔符。

例如，执行以下代码，在即时窗口打印"吃葡萄不吐葡萄皮"

```
Dim a() = {"吃葡萄", "不吐", "葡萄皮"}
Dim b As String
b = Join(a, "")
Debug.Print(b)
```

7.8　数组应用举例

【例 7-1】输入若干学生的成绩，统计不及格人数和优秀人数。

界面设计：新建一个 Windows 窗体应用程序项目，参考图 7-4a 设计界面。将文本框 TextBox1 的 MultiLine 属性设置为 True，ScrollBars 属性设置为 Horizontal，WordWrap 属性设置为 False，使其带有水平滚动条，将文本框 TextBox2 的 ReadOnly 属性设置为 True，使其内容为只读。

设运行时用文本框 TextBox1 输入学生成绩，各成绩之间用逗号分隔，单击"统计"按钮进行统计，并将统计结果显示在文本框 TextBox2 中。

代码设计：代码首先使用 Split 函数将文本框 TextBox1 中输入的成绩分离开，保存到一维数组 A 中。然后进行统计。统计方法是：设两个计数变量 num1 和 num2，分别用来保存不及格学生人数和优秀学生人数。这里的统计操作实际上是逐一取数组元素进行判断，如果数组元素的值小于 60，则让 num1 累加 1，如果数组元素的值大于或等于 90，则让 num2 累加 1。具体如下：

```
Private Sub Button1_Click(ByVal sender As System.Object, ByVal e As System.
EventArgs) Handles Button1.Click
    Dim A() As String, N As Integer      ' 定义 A 为数组，N 用来保存数组下标的上界
    Dim num1, num2 As Integer
    A = Split(TextBox1.Text, ",")         ' 分离成绩，保存到数组 A 中
    N = UBound(A)                         ' 获取数组 A 的下标的上界
    num1 = 0 : num2 = 0                   ' 对两个计数变量进行初始化
    ' 通过循环逐一判断数组 A 中的元素，并分别进行统计
    For i = 0 To N
        Select Case Val(A(i))
            Case Is < 60
                num1 = num1 + 1
            Case Is >= 90
                num2 = num2 + 1
        End Select
    Next i
    ' 显示统计结果
    TextBox2.Text = "不及格人数:" & num1 & "   " & "优秀人数:" & num2
End Sub
```

运行时，在文本框 TextBox1 中输入若干学生的成绩，注意用逗号分隔，然后单击"统计"按钮，统计结果如图 7-4b 所示。

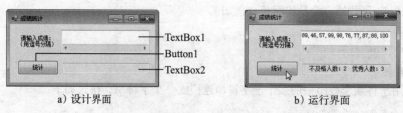

a) 设计界面　　　　　　　　　　　　　b) 运行界面

图 7-4　成绩统计

【例7-2】输入若干名学生的成绩，求平均分、最高分、最低分。

界面设计：新建一个 Windows 窗体应用程序项目，参考图 7-5a 设计界面。将文本框 TextBox1 的 MultiLine 属性设置为 True，ScrollBars 属性设置为 Horizontal，WordWrap 属性设置为 False，使其带有水平滚动条，将文本框 TextBox2、TextBox3、TextBox4 的 ReadOnly 属性设置为 True，使其内容为只读。

设运行时用文本框 TextBox1 输入学生成绩，各成绩之间用逗号分隔。单击"计算"按钮求平均分、最高分、最低分，计算结果分别显示在文本框 TextBox2、TextBox3、TextBox4 中。

代码设计：代码首先使用 Split 函数将文本框 TextBox1 中输入的成绩分离开，保存到一维数组 A 中，然后进行求值。求平均分时只需先求数组所有元素值之和，再除以数组元素的个数即可。求最高分、最低分的问题实际上就是求一组数据的最大值、最小值问题。求最大值的方法如下：

1）定义一个存放最大值的变量 MaxNum，其初值为数组的第一个元素，即 MaxNum=A(0)。

2）依次将 MaxNum 与 A(1) 到 A(N) 的所有数据进行比较，如果数组中的某个数 A(I) 大于 MaxNum，则用该数替换 MaxNum，即 MaxNum=A(I)，所有数据比较完后，MaxNum 中存放的数即为整个数组的最大数。

求最小值的方法与求最大值的方法类似。

"求值"按钮 Button1 的 Click 事件过程如下：

```
Private Sub Button1_Click(ByVal sender As System.Object, ByVal e As System.
EventArgs) Handles Button1.Click
    Dim A() As String, N, total As Integer
    Dim MaxNum, MinNum As Integer, Average As Single
    A = Split(TextBox1.Text, ",")              ' 将输入的成绩分离到数组 A 中
    N = UBound(A)                              ' 获取数组 A 的下标的上界
    total = 0
    MaxNum = Val(A(0))   ' 设 MaxNum 的初始值为数组的第一个元素值
    MinNum = Val(A(0))   ' 设 MinNum 的初始值为数组的第一个元素值
    ' 通过循环依次比较，求最大值、最小值，求总和
    For i = 0 To N
        If Val(A(i)) > MaxNum Then MaxNum = Val(A(i))
        If Val(A(i)) < MinNum Then MinNum = Val(A(i))
        Total = Total + Val(A(i))
    Next i
    Average = Total / (N + 1)                  ' 求平均值
    TextBox2.Text = Format(Average, "0.00")    ' 以两位小数显示平均值
    TextBox3.Text = MaxNum                     ' 显示最大值
    TextBox4.Text = MinNum                     ' 显示最小值
End Sub
```

运行时，首先在文本框 TextBox1 中输入学生成绩，注意各成绩之间用逗号分隔，然后单击"求值"按钮求学生成绩的平均分、最高分、最低分，结果如图 7-5b 所示。

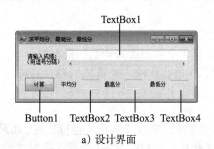

a）设计界面

b）运行界面

图 7-5　求平均分、最高分、最低分

【例7-3】输入 N 名学生的成绩，按成绩从低到高排序。

界面设计：新建一个Windows窗体应用程序项目，参考图7-6a设计界面。将文本框TextBox1、TextBox2的MultiLine属性设置为True，ScrollBars属性设置为Horizontal，WordWrap属性设置为False，使其带有水平滚动条；将文本框TextBox1、TextBox2的ReadOnly属性设置为True，使其内容为只读。

设运行时，单击"输入成绩"按钮，依次打开输入框，输入总人数和各学生的成绩，将输入的成绩显示在文本框TextBox1中；单击"排序"按钮对成绩进行排序，排序结果显示在文本框TextBox2中，如图7-6b所示。

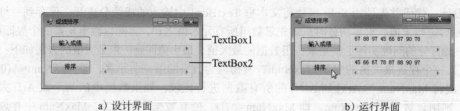

a）设计界面   b）运行界面

图7-6   成绩排序

代码设计：

1）首先，在模块级定义表示学生人数的变量N和保存学生成绩的数组X，代码如下：

```
Dim N, X() As Integer      ' 在模块级定义变量N和数组X
```

为直观起见，本例不使用下标为0的数组元素X(0)，即第1个学生成绩保存在X(1)中，第i个学生成绩保存在X(i)中。

2）编写"输入成绩"按钮Button1的Click事件过程，实现成绩的输入和显示。

```
Private Sub Button1_Click(ByVal sender As System.Object, ByVal e As System.
EventArgs) Handles Button1.Click
    N = Val(InputBox("请输入总人数"))      ' 提示输入总人数
    ReDim X(N)                            ' 按输入的总人数定义数组X的大小
    TextBox1.Text = ""
    ' 输入并显示成绩
    For I = 1 To N
        X(I) = Val(InputBox("请输入第" & Str(I) & "个学生的成绩", "成绩排序", ""))
        TextBox1.AppendText(Str(X(I)))
    Next I
End Sub
```

3）编写"排序"按钮Button2的Click事件过程，实现成绩的排序和显示。

排序的算法有很多种，如比较交换法、选择排序法、冒泡排序法、插入排序法、希尔排序法、归并排序法等。不同的排序方法效率不同。以下分别使用比较交换法、选择排序法和冒泡排序法实现排序。

1）比较交换法。比较交换法的排序方法如下：

第1步：将第1个数与第2个数到第N个数依次进行比较，如果X(1)>X(J)(J=2，3，…，N)，则交换X(1)、X(J)的内容。完成此步后，X(1)为第1个数到第N个数的最小值。

第2步：将第2个数与第3个数到第N个数依次进行比较，如果X(2)>X(J)(J=3，4，…，N)，则交换X(2)、X(J)的内容。完成此步后，X(2)为第2个数到第N个数的最小值。

……

第I步：重复以上方法，将第I个数与第I+1个数到第N个数依次进行比较，如果X(I)>X(J)(J=I+1，…，N)，则交换X(I)、X(J)的内容。完成此步后，X(I)为第I个数到第N个数的最小值。

……

第N−1步：将第N−1个数与第N个数比较，如果X(N−1)>X(N)，则交换X(N−1)、X(N)

的内容。

通过以上 N−1 步比较，实现了 N 个数按从小到大排序，且排序结果仍在数组 X 中。根据以上步骤编写"排序"按钮 Button2 的 Click 事件过程如下：

```
Private Sub Button2_Click(ByVal sender As System.Object, ByVal e As System.
EventArgs) Handles Button2.Click
      Dim T As Integer
      ' 用比较交换法进行排序
      For I = 1 To N - 1
          For J = I + 1 To N
              If X(I) > X(J) Then
                  ' 交换 X(I) 和 X(J) 的值
                  T = X(I)
                  X(I) = X(J)
                  X(J) = T
              End If
          Next J
      Next I
      ' 显示排序结果
      TextBox2.Text = ""
      For I = 1 To N
          TextBox2.AppendText(Str(X(I)))
      Next I
End Sub
```

2）选择排序法。选择排序法的排序方法如下：

第 1 步：将第 1 个数与第 2 个数到第 N 个数依次进行比较，找出第 1 个数到第 N 个数中的最小值，记下其位置 P。如果 P 不等于 1，则交换 X(1) 与 X(P) 的值。这时 X(1) 为原 X(1) 到 X(N) 中的最小值。

第 2 步：将第 2 个数与第 3 个数到第 N 个数依次进行比较，找出第 2 个数到第 N 个数中的最小值，记下其位置 P，如果 P 不等于 2，则交换 X(2) 与 X(P) 的值。这时 X(2) 为原 X(2) 到 X(N) 中的最小值。

……

第 I 步：将第 I 个数与第 I+1 个数到第 N 个数依次进行比较，找出第 I 个数到第 N 个数中的最小值，记下其位置 P，如果 P 不等于 I，则交换 X(I) 与 X(P) 的值。这时 X(I) 为原 X(I) 到 X(N) 中的最小值。

……

第 N−1 步：将第 N−1 个数与第 N 个数比较，记下较小的一个数的位置 P，如果 P 不等于 N−1，即第 N 个数较小，则交换第 N−1 个数和第 N 个数。

通过以上 N−1 步比较，实现了 N 个数按从小到大排序，且排序结果仍在数组 X 中。根据以上排序步骤编写选择排序法的代码如下：

```
Dim P, T As Integer
For I = 1 To N - 1
    ' 找出第 I 个数到第 N 个数中最小值所在的位置 P
    P = I
    For J = I + 1 To N
        If X(J) < X(P) Then
            P = J
        End If
    Next J
    ' 如果最小值不是 X(I)，则交换 X(I) 与 X(P) 的值
    If P <> I Then
        T = X(I)
```

```
            X(I) = X(P)
            X(P) = T
        End If
    Next I
```

3）冒泡排序法。冒泡排序法的排序方法是：依次将数组的每一个元素值和下一个元素值进行比较，如果前一个元素值大于后一个元素值，则进行交换。每逢两个数发生交换时，在按顺序进行下一次比较之前，进行"冒泡处理"。

"冒泡处理"是把数组中一个较小的数比喻成气泡，使之不断地向顶部"上冒"，直到上面的值比它小为止，这时认为该气泡已经冒到顶，这是一个小数上冒，大数下沉的过程。例如，要对数据9、15、20、14、13、17用冒泡排序法进行排序，方法如下：

①将9与15比较、15与20比较、20与14比较，这时，20>14，因此对14进行冒泡处理，逐个与其前面较大的数交换，直到次序变成：

9 14 15 20 13 17　　　　　（14冒泡到顶，见图7-7a）

②从20开始，继续比较20与13，这时，20>13，对13进行冒泡处理，逐个与其前面较大的数交换，直到次序变成：

9 13 14 15 20 17　　　　　（13冒泡到顶，见图7-7b）

③将20与17比较，20>17，对17进行冒泡处理，逐个与其前面较大的数交换，最后次序变成：

9 13 14 15 17 20　　　　　（17冒泡到顶，见图7-7c）

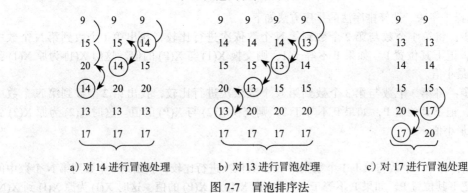

a）对14进行冒泡处理　　　b）对13进行冒泡处理　　　c）对17进行冒泡处理

图7-7　冒泡排序法

根据以上方法编写冒泡排序法的代码如下：

```
Dim t As Integer
For I = 1 To N - 1
    For J = I To 1 Step -1
        If X(J) > X(J + 1) Then
            ' 如果前面的数大于后面的数，则进行交换（冒泡处理）
            T = X(J)
            X(J) = X(J + 1)
            X(J + 1) = T
        Else
            ' 如果前面的数小于后面的数，则退出循环（指内循环），继续进行下一轮比较
            Exit For
        End If
    Next J
Next I
```

【例7-4】生成100个[0,100]区间的随机整数作为原始数据，存于数组A中，在数组A中查找指定的元素。

界面设计：新建一个Windows窗体应用程序项目，参考图7-8a设计界面。将文本框

TextBox1 的 MultiLine 属性设置为 True，ScrollBars 属性设置为 Horizontal，WordWrap 属性设置为 False，使其带有水平滚动条，将其 ReadOnly 属性设置为 True，使其内容为只读。

设运行时通过单击"生成随机数"按钮，生成 100 个 [0,100] 区间的随机整数，显示在文本框 TextBox1 中，单击"查找"按钮，用输入框输入要查找的数，并在 100 个数中查找该数，查找结果显示在消息框中。

代码设计：

（1）因为 Button1 和 Button2 两个命令按钮的 Click 事件过程都要用到数组 A，所以需要在窗体模块级定义数组 A，定义语句如下：

```
Dim A(99) As Integer              ' 定义数组 A，有 100 个元素
```

（2）编写"生成随机数"按钮 Button1 的 Click 事件过程，生成 100 个 [0,100] 区间的随机整数，保存到数组 A 中，同时显示在文本框 TextBox1 中。

```
Private Sub Button1_Click(ByVal sender As System.Object, ByVal e As System.
EventArgs) Handles Button1.Click
     TextBox1.Text = ""
     Randomize()
     For i = 0 To 99
         A(i) = Int(Rnd() * 101)
         TextBox1.AppendText(Str(A(i)))
     Next i
End Sub
```

（3）编写"查找"按钮 Button2 的 Click 事件过程。总体思路是：首先用输入框输入要查找的数 Number，然后使用一定的查找算法进行查找，最后用消息框显示查找结果。

查找算法有很多种，如顺序查找、折半查找、分块查找等。不同的查找算法效率不同。以下介绍两种常见的查找算法：顺序查找和折半查找。

1）顺序查找。"顺序查找"算法的查找过程是：从数组的第一个元素开始，按顺序依次与 Number 比较，如果某数与 Number 相等，即 A(I)=Number，则结束查找并显示找到的位置 I。如果数组中的所有数都与 Number 不相等，则说明数组中不存在 Number 这个数。使用顺序查找算法进行查找的代码如下：

```
Private Sub Button2_Click(ByVal sender As System.Object, ByVal e As System.
EventArgs) Handles Button2.Click
     Dim number, k As Integer
     Number = Val(InputBox(" 请输入要查找的数 "))
     k = -1                          ' 假设用变量 k 保存查找位置
     ' 顺序查找
     For I = 0 To 99
         If A(I) = number Then       ' 如果找到
             k = I                    ' 将找到的位置保存到 K 中
             Exit For                 ' 退出循环
         End If
     Next I
     ' 根据 k 的值判断查找结果
     If k > -1 Then
         MsgBox(" 所找的数在第 " & Str(k + 1) & " 个位置 ")
     Else
         MsgBox(" 没找到 ")
     End If
End Sub
```

图 7-8b 显示了两种可能的查找结果。

顺序查找是最基本，也是最简单的查找方法。当要在一个很大的数组中查找数据时，使用顺序查找方法速度慢，查找效率低，因此应采用更好的查找算法来实现。对于有序数列，可以使用

"折半查找"算法来提高查找效率。

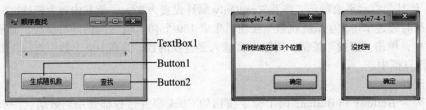

a）生成随机数界面　　　　　　　　　　　　　b）两种查找结果

图 7-8　查找

2）折半查找。折半查找只能在排好序的数中查找。其查找过程是：先确定要查找的数据所在的范围，然后逐步缩小范围，直到找到或找不到该数据为止。例如，假设要在以下的有序数列中进行查找：

12　23　34　35　46　55　67　80　99

设以上有序数依次保存在数组元素 A(0),A(1),…,A(8) 中。查找的数存放在 Number 变量中。折半查找步骤如下：

步骤 1：设 low 为数组的下界（这里为 0），hig 为数组的上界（这里为 8）。

步骤 2：求 [low,hig] 区间的中间位置 mid=(low + hig) / 2，mid 取整数。

步骤 3：如果 Number<A(mid)，说明 Number 在区间 [low,mid-1] 内，修改新的查找区间，即设 hig= mid – 1，返回步骤 2。

如果 Number>A(mid)，说明 Number 在区间 [mid+1,hig] 内，修改新的查找区间，即设 low = mid + 1，返回步骤 2。

如果 Number=A(mid)，则查找成功，mid 即为所查找的位置。

因此，使用折半查找方法，可以将本例"查找"按钮 Button2 的 Click 事件过程修改为：

```
Private Sub Button2_Click(ByVal sender As System.Object, ByVal e As System.
EventArgs) Handles Button2.Click
    Dim mid, low, hig, number, k As Integer
    Number = Val(InputBox(" 请输入要查找的数 "))
    ' 折半查找
    k = -1 : low = 0 : hig = 99
    Do While low <= hig
        mid = (low + hig) / 2
        If number = A(mid) Then
            k = mid
            Exit Do
        Else
            If number < A(mid) Then
                hig = mid - 1
            Else
                low = mid + 1
            End If
        End If
    Loop
    ' 根据 k 的值判断查找结果
    If k > -1 Then
        MsgBox(" 所找的数在第 " & Str(k + 1) & " 个位置 ")
    Else
        MsgBox(" 没找到 ")
    End If
End Sub
```

使用折半查找方法要求所查找的数组元素是有序的。因此，本例应先将原始数据进行排序，可以引入一个"排序"按钮来完成排序功能，然后再使用折半查找功能进行查找。

本例给出的查找代码只能找出数组中的一个数，如果数组中有多个数与 Number 相同，如何找出所有这些数所在的位置，请读者自行思考。

【例 7-5】生成 20 个 [0,100] 区间的随机整数作为原始数据，存于数组 A 中，然后删除数组 A 中指定位置的元素。

界面设计：新建一个 Windows 窗体应用程序项目，参考图 7-9a 设计界面。将文本框 TextBox1、TextBox3 的 MultiLine 属性设置为 True，ScrollBars 属性设置为 Horizontal，WordWrap 属性设置为 False，使其带有水平滚动条，将其 ReadOnly 属性设置为 True，使其内容为只读。

设运行时用文本框 TextBox1 显示原始数据，用文本框 TextBox2 输入位置值，单击"删除"按钮，将删除后的结果显示于文本框 TextBox3 中。

代码设计：

1）因为在 Form_Load 和 Button1_Click 两个事件过程中都要用到数组 A 和表示数组元素个数的变量 N，因此在窗体模块级定义：

```
Dim N, A() As Integer
```

2）在窗体的 Load 事件过程中生成 20 个 [0,100] 区间的随机整数，保存到数组 A 中，并显示于文本框 TextBox1 中。为直观起见，本例不使用下标为 0 的数组元素，使用 A(1)~A(20) 来保存第 1 个到第 20 个数据。

```
Private Sub Form1_Load(ByVal sender As System.Object, ByVal e As System.
EventArgs) Handles MyBase.Load
     N = 20
     ReDim A(N)
     Randomize()
     For I = 1 To N
         A(I) = Int(Rnd() * 101)
         TextBox1.AppendText(Str(A(I)))
     Next I
End Sub
```

3）编写"删除"按钮 Button1 的 Click 事件过程，实现按指定位置删除。

删除数组 A 中指定位置的元素，实际上是将指定位置元素之后的所有元素依次向前移动一位。设数组共有 N 个元素，指定的删除位置为 Pos，则删除过程为：

```
A(Pos)=A(Pos+1)
A(Pos+1)=A(Pos+2)
…
A(N-1)=A(N)
```

以上删除操作可以用 For…Next 循环实现，即

```
For I = Pos To N - 1
   A(I) = A(I + 1)
Next I
```

删除时，首先输入删除位置，存放到变量 Pos 中，然后判断 Pos 是否在 [1, N] 区间，如果不在，则提示输入的位置越界，如果在，则删除，代码如下：

```
Private Sub Button1_Click(ByVal sender As System.Object, ByVal e As System.
EventArgs) Handles Button1.Click
     Dim pos As Integer
     pos = Val(TextBox2.Text)                    ' 输入删除位置
     If Pos <1 Or Pos > N Then
```

```
            ' 如果位置越界，则给出警告，并将焦点定位在文本框 TextBox2 中，选中其中的文本
            MsgBox(" 位置越界，请重新输入 ")
            TextBox2.Focus()
            TextBox2.SelectAll()
        Else
            ' 将指定位置元素之后的所有元素依次向前移动一位，实现删除
            For I = pos To N - 1
                A(I) = A(I + 1)
            Next I
            N = N - 1                  ' 数组元素总数 N 减 1
            ReDim Preserve A(N)        ' 重新定义数组大小，用 Preserve 保留数组中原有的数
            ' 显示删除后的数组元素
            TextBox3.Text = ""
            For I = 1 To N
                TextBox3.AppendText(Str(A(I)))
            Next I
        End If
    End Sub
```

图 7-9b 显示了删除第 3 个位置数据的结果。

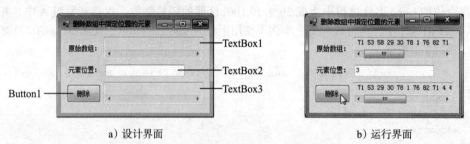

a) 设计界面   b) 运行界面

图 7-9   删除数组元素

【例 7-6】生成 20 个 [0,100] 区间的随机整数作为原始数据，存于数组 A 中，然后向数组中的指定位置插入一个指定的数。如果指定位置小于或等于 0，则将指定的数插在数组的第一个位置；如果指定位置大于现有数据的个数，则将指定的数插在数组的最后一个位置。

界面设计：新建一个 Windows 窗体应用程序项目，参考图 7-10a 设计界面。将文本框 TextBox1、TextBox4 的 MultiLine 属性设置为 True，ScrollBars 属性设置为 Horizontal，WordWrap 属性设置为 False，使其带有水平滚动条，将其 ReadOnly 属性设置为 True，使其内容为只读。

设运行时用文本框 TextBox1 显示原始数组，用文本框 TextBox2 指定要插入的数据，用文本框 TextBox3 指定插入数据的位置，单击"插入"按钮，将插入后的数组显示于文本框 TextBox4 中。

代码设计：

1）在窗体模块级定义数组 A 和表示数组元素个数的变量 N。

```
Dim A(20), N As Integer
```

2）在窗体的 Load 事件过程中生成 20 个 [0，100] 区间的随机整数，保存到数组 A 中，并显示于文本框 TextBox1 中。为直观起见，本例不使用下标为 0 的数组元素，使用 A(1)~A(20) 来保存第 1 个到第 20 个数据。

```
Private Sub Form1_Load(ByVal sender As System.Object, ByVal e As System.
EventArgs) Handles MyBase.Load
    N = 20
    Randomize()
```

```
    For I = 1 To N
        A(I) = Int(Rnd() * 101)
        TextBox1.AppendText(Str(A(I)))
    Next I
End Sub
```

3）编写"插入"按钮 Button1 的 Click 事件过程，实现按指定位置插入指定数据。

要将某数 Num 插在数组 A 中指定的位置 Pos，可以首先将数组 A 中原 Pos 位置的元素到最后一个元素全部向后移动一个位置，然后将 Num 作为数组的 Pos 位置的元素。

要对数组中原 Pos 位置的元素到最后一个元素全部向后移动一个位置，需要从后往前逐个移动数组元素，即执行以下操作：

```
A(N+1)=A(N)
A(N)=A(N-1)
...
A(Pos+1)=A(Pos)
```

以上移动数据的操作可以用 For...Next 循环实现，即：

```
For I = N+1 To Pos + 1 Step -1
    A(I) = A(I - 1)
Next I
```

移动数据后，再将 Num 作为数组第 Pos 位置的元素，即实现了数据的插入，也就是：

```
A(Pos)=Num
```

根据以上分析，编写"插入"按钮 Button1 的 Click 事件过程如下：

```
Private Sub Button1_Click(ByVal sender As System.Object, ByVal e As System.
EventArgs) Handles Button1.Click
    Dim Num, pos As Integer
    Num = Val(TextBox2.Text)
    Pos = Val(TextBox3.Text)
    N = N + 1                      ' 将数组的总个数增加 1
    ReDim Preserve A(N)            ' 重定义数组 A，指定 Preserve 以保留数组中原有的数
    Select Case Pos
        Case Is <= 0               ' 如果指定的位置值小于或等于零，将数插在数组的第一个位置
            For I = N To 2 Step -1
                A(I) = A(I - 1)
            Next I
            A(1) = Num
        Case Is >= N               ' 如果指定位置大于原有数据总个数，将数插在数组的最后一个位置
            A(N) = Num
        Case Else                  ' 如果指定的位置在 (0,N) 区间，则将数插在指定的位置
            For I = N To Pos + 1 Step -1
                A(I) = A(I - 1)
            Next I
            A(Pos) = Num
    End Select
    ' 显示插入后的结果
    TextBox4.Text = ""
    For I = 1 To N
        TextBox4.AppendText(Str(A(I)))
    Next I
End Sub
```

图 7-10b 显示了在第 2 个位置插入数 666 后的结果。

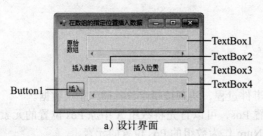 

a) 设计界面   b) 运行界面

图 7-10   在数组中插入数据

【例 7-7】在文本框上输出一个 N 行、N 列，主对角线和次对角线元素为 1，其余元素均为 0 的矩阵。N 由用户指定。

界面设计：新建一个 Windows 窗体应用程序项目，向窗体上添加一个文本框，将文本框的 MultiLine 属性设置为 True，ScrollBars 属性设置为 Both，WordWrap 属性设置为 False，使文本框具有双向滚动条；将其 ReadOnly 属性设置为 True，使其内容为只读。界面如图 7-11a 所示。设运行时单击文本框直接在文本框中显示矩阵。

代码设计：矩阵中的每个数据在矩阵中所处的位置由行号和列号决定，可以使用二维数组直观地表示矩阵中的每一个元素。假设用二维数组 A 表示矩阵，第一个下标与矩阵中元素的行号（从第 0 行开始）对应，第二个下标与列号（从第 0 列开始）对应，因此矩阵中第 I 行第 J 列元素表示为 A(I,J)。而 N 行 N 列矩阵的主对角线元素指数组中行下标与列下标相同的元素，次对角线元素的行下标与列下标之和为 N-1。文本框的 Click 事件过程如下：

```
Private Sub TextBox1_Click(ByVal sender As Object, ByVal e As System.EventArgs)
Handles TextBox1.Click
    Dim A(,), N, I, J As Integer
    N = Val(InputBox("请输入行数 ", "生成矩阵 ", "4"))
    ReDim A(N - 1, N - 1)     ' 根据输入的 N 值定义数组 A 的大小
    ' 生成矩阵中各元素的值
    For I = 0 To N - 1
        For J = 0 To N - 1
            A(I, J) = 0
            If I = J Then             ' 如果行下标与列下标相等，则为主对角线元素
                A(I, J) = 1           ' 主对角线元素置 1
            End If
            If I + J = N - 1 Then     ' 如果行下标与列下标之和为 N-1，则为次对角线元素
                A(I, J) = 1           ' 次对角线元素置 1
            End If
        Next J
    Next I
    ' 按 N 行 N 列的格式显示矩阵
    TextBox1.Text = ""
    For I = 0 To N - 1
        For J = 0 To N - 1
            TextBox1.AppendText(LSet(A(I, J), 3))
        Next J
        TextBox1.AppendText(vbCrLf)
    Next I
End Sub
```

运行时单击窗体，输入 N 值为 6，在文本框中显示打印结果如图 7-11b 所示。

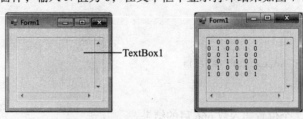

a) 设计界面   b) 运行界面

图 7-11   输出主对角线和次对角线元素为 1，其余元素为 0 的矩阵

【例 7-8】生成包含 [0，10] 区间的随机整数的两个矩阵，求两个矩阵之和。

界面设计：新建一个 Windows 窗体应用程序项目，参考图 7-12a 设计界面。将文本框 TextBox1、TextBox2 和 TextBox3 的 MultiLine 属性设置为 True，ScrollBars 属性设置为 Both，WordWrap 属性设置为 False，使文本框具有双向滚动条；将它们的 ReadOnly 属性设置为 True，使其内容为只读。

设运行时，首先由用户指定矩阵的行数和列数，然后根据此行数和列数生成两个矩阵，分别显示在文本框 TextBox1 和 TextBox2 中。单击"求和"按钮求和，结果显示在文本框 TextBox3 中，单击"退出"按钮结束运行。

代码设计：

1）设使用二维数组 A 和 B 分别表示要相加的两个矩阵，用二维数组 C 表示矩阵的和。由于以下的 Form_Load 事件过程和 Button1_Click 事件过程都要使用数组 A、B、C，因此需要在窗体模块级定义数组 A、B、C。这里同时定义变量 M 和 N，分别表示矩阵的行数和列数。定义语句如下：

```
Dim M, N, A(,), B(,), C(,) As Integer
```

2）假设在窗体加载时生成矩阵，因此，在 Form_Load 事件过程中用输入框输入 M 和 N 的值，再根据该值定义数组 A、B 和 C 的大小；生成矩阵中的数据，保存在数组 A 和 B 中，同时显示在文本框 TextBox1 和 TextBox2 中。

```
Private Sub Form1_Load(ByVal sender As System.Object, ByVal e As System.
EventArgs) Handles MyBase.Load
    M = Val(InputBox("请输入行数 ", "矩阵相加", ""))
    N = Val(InputBox("请输入列数 ", "矩阵相加", ""))
    ReDim A(M - 1, N - 1), B(M - 1, N - 1), C(M - 1, N - 1)
    Randomize()
    ' 在文本框 TextBox1 中生成包含 [0,10] 区间的随机整数的矩阵 A
    TextBox1.Text = ""
    For I = 0 To M - 1
        For J = 0 To N - 1
            A(I, J) = Int(Rnd() * 11)
            TextBox1.AppendText(LSet(A(I, J), 3))
        Next J
        TextBox1.AppendText(vbCrLf)
    Next I
    ' 在文本框 TextBox2 中生成包含 [0,10] 区间的随机整数的矩阵 B
    For I = 0 To M - 1
        For J = 0 To N - 1
            B(I, J) = Int(Rnd() * 11)
            TextBox2.AppendText(LSet(B(I, J), 3))
        Next J
        TextBox2.AppendText(vbCrLf)
    Next I
End Sub
```

3）编写"求和"按钮 Button1 的 Click 事件过程实现求和。矩阵相加是指矩阵的对应元素相加，即：C(I,J)=A(I,J)+B(I,J)。

```
Private Sub Button1_Click(ByVal sender As System.Object, ByVal e As System.
EventArgs) Handles Button1.Click
    ' 求矩阵 A 与矩阵 B 的和，并显示在文本框 TextBox3 中
    For I = 0 To M - 1
        For J = 0 To N - 1
            C(I, J) = A(I, J) + B(I, J)
            TextBox3.AppendText(LSet(C(I, J), 3))
```

```
        Next J
        TextBox3.AppendText(vbCrLf)
    Next I
End Sub
```

4）在"退出"按钮 Button2 的 Click 事件过程中输入 End 语句，结束运行。

运行时，指定矩阵行数为 4、列数为 4，执行效果如图 7-12b 所示。

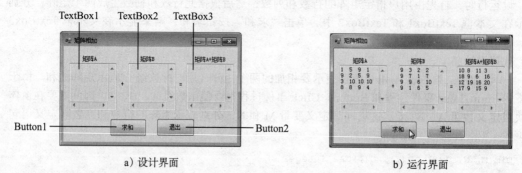

a) 设计界面   b) 运行界面

图 7-12 矩阵相加

【例 7-9】求两个矩阵 A 和 B 的积。

界面设计：新建一个 Windows 窗体应用程序项目，参照图 7-13a 设计界面。将文本框 TextBox1、TextBox2 和 TextBox3 的 MultiLine 属性设置为 True，ScrollBars 属性设置为 Both，WordWrap 属性设置为 False，使文本框具有双向滚动条，将它们的 ReadOnly 属性设置为 True，使其内容为只读。

设运行时，首先由用户指定矩阵 A 的行数和列数，然后根据此行数和列数生成矩阵 A 和矩阵 B，分别显示在文本框 TextBox1 和 TextBox2 中。单击"求积"按钮求积，结果显示在文本框 TextBox3 中，单击"退出"按钮结束运行。

代码设计：

1）M 行 N 列的矩阵与 N 行 M 列的矩阵相乘，结果是一个 M 行 M 列的矩阵。设使用二维数组 A 和 B 分别表示要相乘的两个矩阵，用二维数组 C 表示矩阵的积。由于以下的 Form_Load 事件过程和 Button1_Click 事件过程都要使用数组 A、B、C，因此需要在窗体模块级定义数组 A、B、C，使它们成为模块级的数组。这里同时声明变量 M 和 N，分别表示矩阵 A 的行数和列数。定义语句如下：

```
Dim M, N, A(,), B(,), C(,) As Integer
```

2）假设在窗体加载时生成矩阵，因此，在 Form_Load 事件过程中用输入框输入 M 和 N 的值，再根据该值定义数组 A、B 和 C 的大小；生成矩阵中的数据，保存在数组 A 和 B 中，同时显示在文本框 TextBox1 和 TextBox2 中。

```
Private Sub Form1_Load(ByVal sender As System.Object, ByVal e As System.
EventArgs) Handles MyBase.Load
    M = Val(InputBox("请输入A矩阵行数", "矩阵相乘", ""))
    N = Val(InputBox("请输入A矩阵列数", "矩阵相乘", ""))
    ReDim A(M - 1, N - 1), B(N - 1, M - 1), C(M - 1, M - 1)
    Randomize()
    ' 在文本框 TextBox1 中生成包含 [0,10] 区间的随机整数的矩阵 A
    TextBox1.Text = ""
    For I = 0 To M - 1
        For J = 0 To N - 1
            A(I, J) = Int(Rnd() * 11)
            TextBox1.AppendText(LSet(A(I, J), 3))
```

```
      Next J
      TextBox1.AppendText(vbCrLf)
   Next I
' 在文本框 TextBox2 中生成包含 [0,10] 区间的随机整数的矩阵 B
   TextBox2.Text = ""
   For I = 0 To N - 1
      For J = 0 To M - 1
         B(I, J) = Int(Rnd() * 11)
         TextBox2.AppendText(LSet(B(I, J), 3))
      Next J
      TextBox2.AppendText(vbCrLf)
   Next I
End Sub
```

3）编写"求积"按钮 Button1 的 Click 事件过程实现求积。C 矩阵中，第 I 行第 J 列的元素等于 A 矩阵中第 I 行的元素与 B 矩阵中第 J 列的元素分别相乘后再相加。即：

$$C(I,J)= \sum_{K=1}^{N} A(I,K) \times B(K,J)$$

代码如下：

```
Private Sub Button1_Click(ByVal sender As System.Object, ByVal e As System.
EventArgs) Handles Button1.Click
      ' 求 A 矩阵与 B 矩阵的积 C 矩阵，并显示在文本框 TextBox3 中
   TextBox3.Text = ""
   For I = 0 To M - 1
      For J = 0 To M - 1
         C(I, J) = 0
         For K = 0 To N - 1
            C(I, J) = C(I, J) + A(I, K) * B(K, J)
         Next K
         TextBox3.AppendText(LSet(C(I, J), 5))
      Next J
      TextBox3.AppendText(vbCrLf)
   Next I
End Sub
```

4）在"退出"按钮 Button2 的 Click 事件过程中输入 End 语句，结束运行。

输入 M 值为 4，N 值为 3 的执行结果如图 7-13b 所示。

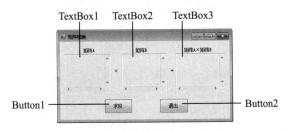
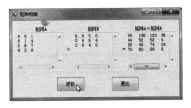

a）设计界面   b）运行界面

图 7-13　求矩阵的积

【例 7-10】求矩阵每行元素的和，以及每列元素的和。

界面设计：新建一个 Windows 窗体应用程序项目，参照图 7-14a 设计界面。将文本框 TextBox1、TextBox2 的 MultiLine 属性设置为 True，ScrollBars 属性设置为 Both，WordWrap 属性设置为 False，使文本框具有双向滚动条；将它们的 ReadOnly 属性设置为 True，使其内容为只读。

设运行时先由用户指定矩阵的行数和列数，然后根据此行数和列数生成矩阵并显示在文本框

TextBox1 中。通过单击"求和"按钮 Button1 求和，单击"退出"按钮 Button2 结束运行。

代码设计：

1）假设用二维数组 X 来表示矩阵，X 有 M 行 N 列。由于以下的 Form_Load 事件过程和 Button1_Click 事件过程都要使用数组 X，因此需要在窗体模块级定义数组 X，使它成为模块级的数组。这里同时声明变量 M 和 N，分别表示矩阵的行数和列数。定义语句如下：

```
Dim X(,), M, N As Integer
```

2）在窗体的 Load 事件过程中用输入框输入 M 和 N 的值，根据 M 和 N 的值定义数组 X 的大小，生成数组 X 中的数据，显示在文本框 TextBox1 中。

```
Private Sub Form1_Load(ByVal sender As System.Object, ByVal e As System.
EventArgs) Handles MyBase.Load
    M = Val(InputBox(" 请输入行数 "))
    N = Val(InputBox(" 请输入列数 "))
    ReDim X(M - 1, N - 1)
    TextBox1.Text = ""
    For I = 0 To M - 1
        For J = 0 To N - 1
            X(I, J) = Int(Rnd() * 10 + 1)
            TextBox1.AppendText(LSet(X(I, J), 3))
        Next J
        TextBox1.AppendText(vbCrLf)
    Next I
End Sub
```

3）数组 X 的行元素之和共有 M 个，可以设置一个有 M 个元素的一维数组 A 来存放；列元素之和共有 N 个，可以设置一个有 N 个元素的一维数组 B 来存放。"求和"按钮 Button1 的 Click 事件过程如下：

```
Private Sub Button1_Click(ByVal sender As System.Object, ByVal e As System.
EventArgs) Handles Button1.Click
    Dim A(M - 1), B(N - 1) As Integer
    ' 求每行元素之和
    For I = 0 To M - 1
        A(I) = 0
        For J = 0 To N - 1
            A(I) = A(I) + X(I, J)
        Next J
    Next I
    ' 求每列元素之和
    For J = 0 To N - 1
        B(J) = 0
        For I = 0 To M - 1
            B(J) = B(J) + X(I, J)
        Next I
    Next J
    ' 将原数据与和值显示于文本框 Text2 中
    For I = 0 To M - 1
        For J = 0 To N - 1
            TextBox2.AppendText(LSet(X(I, J), 4))
        Next J
        TextBox2.AppendText(Str(A(I)) & vbCrLf)
    Next I
    For J = 0 To N - 1
        TextBox2.AppendText(LSet(B(J), 4))
    Next J
End Sub
```

运行时，指定行数为 4、列数为 4，求和结果如图 7-14b 所示。

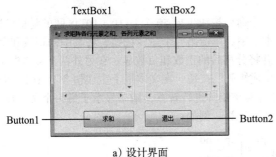

a）设计界面　　　　　　　　　　　　　　　b）运行界面

图 7-14　求矩阵各行及各列元素之和

7.9　上机练习

【练习 7-1】输入某班级 N 个学生的成绩到数组 X 中，求成绩的标准差，求标准差公式如下：

$$\sigma = \sqrt{\frac{\sum_{i=1}^{n}\left(x_i - \overline{x}\right)^2}{n-1}}$$

其中，$\overline{x}$ 表示学生的总平均成绩，x_i 表示第 i 个学生的成绩。要求学生人数和成绩都用 InputBox 函数输入。

【练习 7-2】用 InputBox 函数输入 10 个数到数组 A 中，然后将这 10 个数显示在文本框中，并统计正数的个数、正数的和、负数的个数、负数的和。统计结果显示在另一个文本框中。设计界面如图 7-15a 所示，运行界面如图 7-15b 所示。

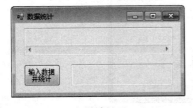

a）设计界面　　　　　　　　　　　　b）运行界面

图 7-15　数据统计

【练习 7-3】编程序实现：运行时，单击第一个按钮，生成 50 个 [1，100] 区间的随机整数，显示于文本框中，单击第二个按钮，求这 50 个随机整数中的最大数，并将其显示在另一个文本框中。

【练习 7-4】编程序实现：在窗体加载时生成 100 个 [−100,100] 区间的随机整数到某数组中，并显示于第一个文本框 TextBox1 中，用文本框 TextBox2 输入某数，单击某命令按钮实现删除功能，如果该数不在数组中，则给出警告，否则将其从数组中删除，并用文本框 TextBox3 显示删除后的数组元素。

【练习 7-5】编程序实现：

（1）运行时，单击第一个按钮，生成 20 个 [1，50] 区间的随机整数，显示于第一个文本框中，单击第二个按钮，将这 20 个随机整数按从大到小排序，并将排序结果显示于另一个文本框中。

（2）修改界面，添加查找功能：在排好序的数组中查找某数，如果找到，则显示找到的所有数组元素在数组中的位置（注意，可能有多个），如果没找到，则给出提示。

（3）修改界面，添加插入功能，输入某数，将其插入排好序的数组中的适当位置，使得插入后的数组仍然有序，并显示插入后的结果。

【练习7-6】 编程序实现：运行时单击第一个命令按钮生成50个 [−10，10] 区间的随机整数，保存到一维数组 A 中，同时显示在第一个文本框中，单击第二个命令按钮，将其中的正数和负数分离开来，分别保存到数组 B 和数组 C 中，并将分离后的正数和负数显示在另外两个文本框中。

【练习7-7】 编程序实现：运行时单击"生成矩阵"按钮，在文本框上生成包含 [1,10] 区间的随机整数的 6 行 6 列矩阵，单击"转置"按钮，对该矩阵进行转置，结果显示于另一个文本框中。

【练习7-8】 编程序实现方阵与向量的左乘法运算，例如：

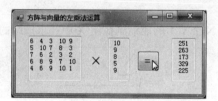

在窗体加载时，生成一个 5 行 5 列的方阵和具有 5 个元素的向量，它们的元素为 [1，10] 区间的随机整数，单击命令按钮对它们进行左乘法运算，用文本框显示矩阵和向量，如图 7-16 所示。

图 7-16　方阵与向量的左乘法运算

【练习7-9】 编程序实现：运行时单击文本框，用 InputBox 函数输入行数，然后根据该行数在文本框上打印如图 7-17 所示的杨辉三角。

图 7-17　在文本框中打印杨辉三角

第8章 过　程

Visual Basic 采用事件驱动的工作方式，当发生某事件时，就会执行与该事件相关的一段代码，这段代码称为事件过程。如命令按钮的 Click 事件过程在单击命令按钮时执行。事件过程是过程的一种。

在实际应用中，为了使程序结构更加清晰，或减少代码的重复性，常常将实现某项独立功能的代码或重复次数较多的代码段独立出来，而在需要使用该代码段的位置，使用简单的调用语句并指定必要的参数就可以使用该段代码，实现相应的功能，这种独立定义的代码段叫做"通用过程"。通用过程由编程人员建立，供事件过程或其他通用过程使用（调用）。通用过程也称为"子过程"或"子程序"，可以被多次调用，而调用该子过程的过程称为"调用过程"。

调用过程与子过程之间的关系如图 8-1 所示。在图 8-1 中，调用过程在执行时，首先遇到调用语句"调用 Sprg1"，于是转到子过程 Sprg1 的入口处开始执行，执行完子过程 Sprg1 之后，返回调用过程的调用语句处继续执行随后的内容，执行过程中再次遇到调用语句"调用 Sprg1"，于是再次进入 Sprg1 子过程执行其中的内容，执行完后返回调用处继续执行其后的内容，同样，遇到调用语句"调用 Sprg2"时，转到子过程 Sprg2，开始执行 Sprg2 子过程，执行完 Sprg2 后返回调用处，继续执行其后的内容。

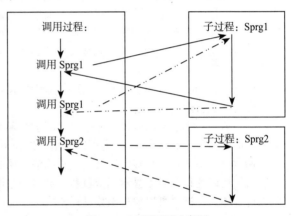

在 VB.NET 中，通用过程分为 Function 过程和 Sub 过程。本章主要介绍通用过程的定义、调用，以及过程、变量的作用域、生存期等问题。

图 8-1　过程调用示意图

8.1　Function 过程

VB.NET 提供了丰富的内部函数供用户使用，如 Math 类中的 Sin 函数、Sqrt 函数等，使用这些函数时，只需引入其所在的类，就可以直接写出函数名称以及相应的参数来得到函数值。例如，如果使用 Imports System.Math 引入了 Math 类，则可以使用 Sqrt(5) 求取 5 的开平方，使用 Log(3) 求取 3 的自然对数。

当在程序中要重复处理某种函数，而又没有现成的内部函数可以使用时，用户可以自己定义函数，并采用与调用内部函数相同的方法来调用自定义函数。自定义函数通过 Function 过程实现。Function 过程也称为函数过程。

8.1.1　Function 过程的定义

Function 过程的简单语法格式如下：

```
[Public|Private] Function 函数过程名 ([形参表]) [As 类型]
    [ 语句组 ]
    [ 函数过程名 = 表达式 ]     或     Return 表达式
    [ Exit Function ]
    [ 语句组 ]
End Function
```

功能：定义函数过程的名称、参数以及构成函数过程体的代码。Function 语句和 End Function 语句之间的语句称为"函数过程体"。函数过程体的功能主要是根据"形参表"指定的参数求得一个函数值，并通过语句"函数过程名 = 表达式"或"Return 表达式"返回该函数值。

说明：

1）Public：可选项，默认值。使用 Public 关键字表示应用程序各模块的所有过程都可以调用该函数过程。

2）Private：可选项。使用 Private 关键字表示只有本模块中的其他过程才可以调用该函数过程。

3）函数过程名：函数过程的名称，应遵循标识符的命名规则。

4）形参表：也称形式参数表，可选项。表示函数过程的参数列表，多个参数之间用逗号隔开。"形参表"中每一个参数的格式为：

```
[Optional][{ByVal|ByRef}][ParamArray] 参数名 [()] [As 类型] [= 默认值]
```

其中，"参数名"之前的各关键字均为可选项。使用 ByVal 表示该参数按值传递；使用 ByRef 表示该参数按地址传递；使用 Optional 表示该参数为可选参数；使用 ParamArray 表示该参数是一个可选数组。这几个关键字的具体使用将在 8.3 节中介绍。"参数名"是遵循标识符命名规则的任何变量名或数组名。当参数为数组时，参数名之后需要跟一对空圆括号 ( )。"As 类型"为可选项，用于定义该参数的数据类型，如果不指定类型，则该参数默认为 Object 类型。对于指定为 Optional 的参数，必须提供"= 默认值"。函数过程也可以没有参数。

5）As 类型：可选项。定义函数过程返回值的数据类型，如果不指定类型，则默认为 Object 类型。

6）Exit Function 语句：用于从函数过程中退出。通常放在某种条件结构中，表示在满足某种条件时，强行退出函数过程。

7）函数过程名 = 表达式：可选项，用于给函数过程赋值。函数过程通过该赋值语句将函数的返回值赋给"函数过程名"，也可以使用"Return 表达式"代替。

函数过程只能在模块级别定义。当正确输入函数过程的第一条语句，即 Function 语句并按回车键后，代码窗口会自动显示函数过程的最后一条语句，即 End Function 语句，且光标会停留在函数过程体内，这时可以编写函数过程体代码，完成所需的功能。

【例 8-1】编写一个计算表达式 $\sqrt{|x^3 + y^3 + z^3|}$ 值的函数过程。

分析：假设函数过程名称为 F。求表达式 $\sqrt{|x^3 + y^3 + z^3|}$ 的值需要已知 x、y、z 的值，因此应给函数过程设置 3 个参数 X、Y、Z。在过程体中需要给函数 F 赋值，以便通过函数过程 F 返回函数值。代码如下：

```
Function F(ByVal X As Single, ByVal Y As Single, ByVal Z As Single) As Single
    F = Math.Sqrt(Math.Abs(X ^ 3 + Y ^ 3 + Z ^ 3))        ' 给函数过程赋值
End Function
```

以上过程体中的赋值语句也可以写成：

```
Return Math.Sqrt(Math.Abs(X ^ 3 + Y ^ 3 + Z ^ 3))
```

如果在形参前面不指定是 ByVal 还是 ByRef，则 VB.NET 会默认为是 ByVal 并自动添加到形参前面，如本例中的形参 X、Y、Z 前面的 ByVal。ByVal 表示在调用该过程时参数的一种传递方式，其作用将在 8.3 节介绍。

【例 8-2】编写一个计算 N! 的函数过程。

分析：假设函数过程名称为 Fact。求 N! 只需给函数过程设置一个参数 N。函数过程体的功能就是求 Fact=N!，代码如下：

```
Function Fact(ByVal N As Integer) As Long    ' 参数 N 为整型，函数值为长整型
    Dim I As Integer, F As Long              ' 定义函数过程体内的局部变量
```

```
    F = 1                                    ' F用于保存阶乘值
    For I = 1 To N
        F = F * I
    Next I
    Fact = F                                 ' 给函数过程名 Fact 赋值
End Function
```

【例 8-3】编写一个求一维数组各元素和的函数过程。

分析：假设函数过程名称为 Sum。求数组各元素的和，需要用数组做参数，假设数组参数名称为 X，则要在 X 之后加一对空圆括号。函数过程的功能就是求一维数组 X 的所有元素之和。代码如下：

```
Function Sum(ByVal X() As Integer) As Long   ' 注意在参数 x 之后加一对空圆括号
    Dim S As Long, I As Integer
    S = 0                                    ' 假设变量 S 用来保存数组所有元素之和
    For I = 0 To UBound(X)
        S = S + X(I)
    Next I
    Return S                                 ' 返回函数值
End Function
```

本例使用 Return S 返回函数值，也可以用 Sum = S 来代替。

8.1.2 Function 过程的调用

定义函数过程以后，就可以在应用程序的其他地方调用这个函数过程了。调用时通常需要将一些参数传递给函数过程，函数过程利用这些参数进行计算，然后将结果返回。函数过程的调用与内部函数的调用类似，即可以直接在表达式中调用。

函数过程的调用格式如下：

函数过程名([实参表])

功能：按实参表指定的参数调用已定义的函数过程。

说明：

1）函数过程名：要调用的函数过程的名称。

2）实参表：即实际参数表，是指要传递给函数过程的常量、变量、数组名或表达式，各参数之间用逗号分隔。

【例 8-4】输入 m 和 n 的值，调用例 8-2 的函数过程 Fact 求组合数。求组合数公式如下：

$$C_m^n = \frac{m!}{n!(m-n)!}$$

界面设计：新建一个 Windows 窗体应用程序项目，向窗体上添加 1 个标签、3 个文本框和 1 个命令按钮，将文本框 TextBox3 的 ReadOnly 属性设置为 True，使其内容为只读。界面如图 8-2a 所示。

假设运行时，分别用文本框 TextBox1 和 TextBox2 输入 n 和 m 的值，单击 "=" 按钮 Button1 计算组合数，结果显示于文本框 TextBox3 中。

代码设计：在窗体模块级编写例 8-2 的函数过程 Fact。在 Button1 按钮的 Click 事件过程中编写代码，输入 n 和 m 的值，调用函数过程 Fact 按以上公式计算组合数，将计算结果显示在文本框 TextBox3 中。Button1 的 Click 事件过程如下：

```
Private Sub Button1_Click(ByVal sender As System.Object, ByVal e As System.
EventArgs) Handles Button1.Click
    Dim M, N As Integer, C As Double
    N = Val(TextBox1.Text)
    M = Val(TextBox2.Text)
```

```
        C = Fact(M) / (Fact(N) * (Fact(M - N)))        ' 调用 Fact 函数求组合数
        TextBox3.Text = C
End Sub
```

运行时，分别输入 n 和 m 的值，单击 "=" 按钮计算组合数，结果如图 8-2b 所示。

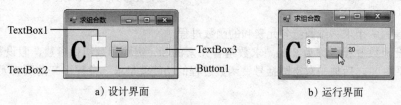

图 8-2　求组合数

【例 8-5】生成一个包含 10 个元素、元素值在 [1, 5] 区间的随机整数的一维数组，调用例 8-3 的函数过程求该数组的所有元素之和。

界面设计：新建一个 Windows 窗体应用程序项目，向窗体上添加两个文本框 TextBox1、TextBox2 和两个命令按钮 Button1、Button2，将 TextBox1 的 MultiLine 属性设置为 True，ScrollBars 属性设置为 Horizontal，WordWrap 属性设置为 False，使其带有水平滚动条。将 TextBox2 的 ReadOnly 属性设置为 True，使其内容为只读。界面如图 8-3a 所示。

假设运行时，单击 "生成数据" 按钮 Button1，生成 10 个随机整数，显示在文本框 TextBox1 中，单击 "求和" 按钮 Button2 求和，结果显示于文本框 TextBox2 中。

代码设计：

1）在窗体模块级声明数组 A 为具有 10 个元素的一维整型数组，使 A 成为模块级数组。

```
Dim A(9) As Integer
```

2）在窗体模块级编写例 8-3 的函数过程 Sum。

3）在 "生成数据" 按钮 Button1 的 Click 事件过程中编写代码，生成 10 个 [1,5] 区间的随机整数，保存到数组 A 中，并显示在文本框 TextBox1 中。

```
Private Sub Button1_Click(ByVal sender As System.Object, ByVal e As System.
EventArgs) Handles Button1.Click
        Randomize()
        TextBox1.Text = ""
        For I = 0 To 9
            A(I) = Int(Rnd() * 5 + 1)
            TextBox1.AppendText(Str(A(I)))
        Next I
End Sub
```

4）编写 "求和" 按钮 Button2 的 Click 事件过程，调用函数过程 Sum 求数组各元素的和，并将和值显示在文本框 TextBox2 中。

```
Private Sub Button2_Click(ByVal sender As System.Object, ByVal e As System.
EventArgs) Handles Button2.Click
        TextBox2.Text = Sum(A)        ' 调用过程 Sum 求和，实参是数组名
End Sub
```

运行时，先单击 "生成数据" 按钮生成随机数，然后单击 "求和" 按钮求和，如图 8-3b 所示。

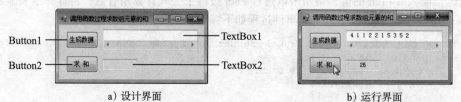

图 8-3　调用函数过程求数组元素的和

【例 8-6】编写判断一个数是否为素数的函数过程，利用该函数过程验证哥德巴赫猜想：一个不小于 6 的偶数可以表示为两个素数之和，如 6=3+3、8=3+5、10=3+7。

界面设计：新建一个 Windows 窗体应用程序项目，参照图 8-4a 设计界面。将文本框 TextBox2 和 TextBox3 的 ReadOnly 属性设置为 True，使其内容为只读。

假设运行时用文本框 TextBox1 输入一个不小于 6 的偶数，单击 "分解为两个素数" 按钮 Button1，将该数分解为两个素数，分别显示于文本框 TextBox2 和 TextBox3 中。

代码设计：

1）在窗体模块级编写判断素数的函数过程，设函数过程名称为 isprime。判断素数的算法可以参考例 6-10。使用函数过程判断一个数 n 是否是素数，可以将 n 作为函数过程的参数。假设函数过程返回 True 表示 n 是素数，返回 False 表示 n 不是素数，因此需要定义函数 isprime 的类型为 Boolean。代码如下：

```
Function isprime(ByVal n As Integer) As Boolean
    Dim K, I As Integer
    K = Int(Math.Sqrt(n)) : I = 2
    Do While I <= K
        If n Mod I <> 0 Then
            I = I + 1                       ' 不能整除，I 的值累加 1
        Else
            Exit Do                         ' 整除，退出循环
        End If
    Loop
    If I <= K Then isprime = False Else isprime = True
End Function
```

2）在 Button1 的 Click 事件过程中，从文本框 TextBox1 输入数据 n，如果 n 不是小于 6 的偶数，则给出提示，要求重新输入，否则，将该数分解为两个素数，然后显示在文本框 TextBox2 和 TextBox3 中。分解方法是：假设 n=n1+n2，让 n1 取 [3, n\2] 区间的奇数，对于每一个 n1，显然 n2=n−n1，如果 n1 和 n2 都是素数，则显示 n1 和 n2。代码如下：

```
Private Sub Button1_Click(ByVal sender As System.Object, ByVal e As System.
EventArgs) Handles Button1.Click
    Dim n, n1, n2, flag As Integer
    n = Val(TextBox1.Text)
    flag = 0
    If n < 6 Or n Mod 2 <> 0 Then
        MsgBox(" 数据错，请重输 ")
        TextBox1.Focus()
        TextBox1.SelectAll()
    Else
        For n1 = 3 To n \ 2 Step 2
            n2 = n - n1
            If isprime(n1) And isprime(n2) Then   ' 调用函数过程判断是否是素数
                flag = 1
                Exit For
            End If
        Next n1
        If flag = 1 Then
            TextBox2.Text = n1
            TextBox3.Text = n2
        Else
            MsgBox(" 不能分解为两个素数 ")
        End If
    End If
End Sub
```

运行时，输入任意一个不小于 6 的偶数，单击命令按钮将其分解为两个素数，如图 8-4b 所示。

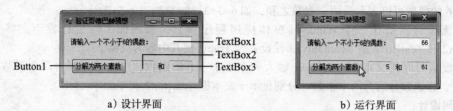

a）设计界面   b）运行界面

图 8-4   验证哥德巴赫猜想

8.2   Sub 过程

通常情况下，使用函数过程来定义某种函数，通过调用函数过程得到一个函数值。但在实际应用中，可能不需要过程返回值（如使用过程打印一个图形）或需要过程返回多个值（如利用过程对一批数据进行排序），在这些情况下就需要使用 Sub 过程。Sub 过程也称为子过程。

8.2.1   Sub 过程的定义

Sub 过程的简单语法格式如下：

```
[Private|Public] Sub 过程名 ([形参表])
     [语句组]
     [Exit Sub]
     [语句组]
End Sub
```

功能：定义 Sub 过程的名称、参数以及构成子过程体的代码。Sub 语句和 End Sub 语句之间的语句称为"子过程体"，子过程体一般用于根据"形参表"指定的参数进行一系列处理，完成一定功能，并可以通过形参表中的参数返回 0 到多个值。

说明：

1）格式中大部分选项的含义与 Function 过程相同。

2）Sub 过程的"过程名"与 Function 过程的"函数过程名"的含义和作用不同，Sub 过程的"过程名"只在调用 Sub 过程时使用，不具有值的意义，因此不能给 Sub 过程的"过程名"定义类型，也不能在 Sub 过程体中给"过程名"赋值。

3）Sub 过程可以返回 0 到多个值，且由"形参表"中的参数返回这些值，因此，使用函数过程实现的功能，也可以用 Sub 过程实现。

4）Exit Sub 语句：用于从 Sub 过程中退出。通常放在某种条件结构中，表示在满足某种条件时，强行退出 Sub 过程。

Sub 过程只能在模块级别定义。当正确输入 Sub 过程的第一条语句，即 Sub 语句并按回车键后，代码窗口会自动显示 Sub 过程的最后一条语句，即 End Sub 语句，且光标会停留在子过程体内，这时可以编写子过程体代码，完成所需的功能。

【例 8-7】编写 Sub 过程，求 3 个数中的最大数和最小数。

分析：设 Sub 过程名为 S，首先要设置 3 个参数，如 x、y、z，用于接收 3 个原始数据，另外再设置两个参数 max 和 min，用于返回最大数和最小数。子过程体要实现的功能就是求参数 x、y、z 的最大值和最小值，并保存到参数 max 和 min 中。代码如下：

```
Sub S(ByVal x As Single, ByVal y As Single, ByVal z As Single, ByRef max As
Single, ByRef min As Single)
     max = x
     If y > max Then max = y
     If z > max Then max = z
```

```
    min = x
    If y < min Then min = y
    If z < min Then min = z
End Sub
```

以上 Sub 过程中的形参 max 和 min 在过程结束时返回 3 个数的最大值和最小值，要使形参在过程结束后能够返回值，需要在形参表中使用 ByRef 关键字对它们进行定义。

【例 8-8】编写 Sub 过程计算 n！

分析： 在前面使用函数过程求 n！的示例中，阶乘值由函数名称返回，因此只需要设置一个参数 n。如果改成用 Sub 过程实现，因为 Sub 过程名称不能返回值，所以应该在形参表中引入另一个参数来返回阶乘值。设 Sub 过程的名称为 Fact，代码如下：

```
Sub Fact(ByVal N As Integer, ByRef F As Long)        ' 参数 F 用于返回阶乘值
    Dim I As Integer
    F = 1
    For I = 1 To N
        F = F * I
    Next I
End Sub
```

注意，在以上 Sub 过程中，不能给 Fact 定义类型，也不能给 Fact 赋值。参数 F 用于返回阶乘值，因此在第一条语句中用 ByRef 对其进行定义。

【例 8-9】编写 Sub 过程，求某一维数组中元素的最大值和最小值。

分析： 设 Sub 过程名称为 S，该 Sub 过程需要引入 3 个形参，一个是数组参数，用于接收一个一维数组，假设为 x，另外两个参数分别用来返回最大值和最小值，假设为 max 和 min，则 Sub 过程要实现的功能就是求数组 x 的最大值和最小值，并保存到参数 max 和 min 中。代码如下：

```
Sub S(ByVal x() As Integer, ByRef max As Integer, ByRef min As Integer)
    Dim LB, UB, i As Integer
    LB = LBound(x)                ' 获取数组 x 的下标下界，保存到变量 LB 中
    UB = UBound(x)                ' 获取数组 x 的下标上界，保存到变量 UB 中
    max = x(LB)
    min = x(LB)
    For i = LB + 1 To UB
        If x(i) > max Then max = x(i)
        If x(i) < min Then min = x(i)
    Next i
End Sub
```

注意，在以上 Sub 过程的第一条语句中，形参 x 是数组，因此需要在数组名称 x 之后加一对空圆括号，参数 max 和 min 用于返回值，因此需要在它们的名称前面使用 ByRef 进行定义。

8.2.2 Sub 过程的调用

要使用定义好的 Sub 过程，需要使用调用语句。调用语句可以有以下两种格式：

格式一：

```
Call 过程名 ([ 实参表 ])
```

格式二：

```
过程名 ([ 实参表 ])
```

功能：按指定的参数调用已定义的 Sub 过程。

说明：

1）过程名：要调用的 Sub 过程的名称。

2）实参表：即实际参数表，用于指定要传递给 Sub 过程的常量、变量、数组名或表达式，各参数之间用逗号分隔。

【例 8-10】调用例 8-8 中计算 n! 的 Sub 过程，求组合数。假设界面与图 8-2 相同，代码如下：

```
Private Sub Button1_Click(ByVal sender As System.Object, ByVal e As System.
EventArgs) Handles Button1.Click
    Dim M, N As Integer, F1, F2, F3 As Long
    N = Val(TextBox1.Text)
    M = Val(TextBox2.Text)
    Call Fact(M, F1)              ' 调用后 F1=M!
    Call Fact(N, F2)              ' 调用后 F2=N!
    Call Fact(M - N, F3)          ' 调用后 F3=(M-N)!
    TextBox3.Text = F1 / (F2 * F3)    ' 用 TextBox3 显示组合数
End Sub
```

【例 8-11】输入若干学生的成绩，调用 Sub 过程求最高分和最低分。

界面设计：新建一个 Windows 窗体应用程序项目，向窗体上添加两个文本框 TextBox1、TextBox2，添加一个命令按钮 Button1，将文本框 TextBox1 设置为带有水平滚动条，界面如图 8-5a 所示。假设运行时先向文本框 TextBox1 输入若干学生的成绩，然后通过单击命令按钮 Button1，调用 Sub 过程求成绩最高分和最低分，结果显示在文本框 TextBox2 中。

代码设计：本例假设数据直接输入文本框 TextBox1 中，使用 Split 函数对其进行分离，分离结果保存到数组 A 中，再将数组 A 作为参数传递给 Sub 过程，Sub 过程求该数组的最大值和最小值。由于用 Split 函数分离出的数组元素是字符串类型，因此数组参数应定义为字符串类型。在进行数据比较时，需要用 Val 函数将字符串转换为数值再进行比较。代码设计步骤如下：

1）在窗体模块级定义 Sub 过程，求一维数组的最大值和最小值。

```
Sub s(ByVal x() As String, ByRef max As Integer, ByRef min As Integer)
    Dim LB, UB As Integer
    LB = LBound(x)
    UB = UBound(x)
    max = Val(x(LB))
    min = Val(x(LB))
    For I = LB + 1 To UB
        If Val(x(I)) > max Then max = Val(x(I))
        If Val(x(I)) < min Then min = Val(x(I))
    Next I
End Sub
```

2）编写 Button1 的 Click 事件过程，调用以上 Sub 过程 S，求最高分和最低分并显示结果。

```
Private Sub Button1_Click(ByVal sender As System.Object, ByVal e As System.
EventArgs) Handles Button1.Click
    Dim max, min As Integer
    Dim a() As String
    a = Split(TextBox1.Text, " ")
    s(a, max, min)                  ' 调用 Sub 过程
    TextBox2.Text = "最高分:" & Str(max) & "   最低分:" & Str(min)
End Sub
```

运行时输入以空格分隔的成绩，然后单击命令按钮 Button1 求最高分和最低分，如图 8-5b 所示。

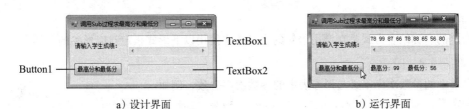

a）设计界面　　　　　　　　　　　　　b）运行界面

图 8-5　调用 Sub 过程求最高分和最低分

8.3　参数的传递

VB.NET 在调用过程时，使用参数传递的方式实现调用过程与被调用过程之间的数据通信。根据参数出现位置的不同，参数分为形参和实参；根据参数传递方式的不同，可分为按值传递和按地址传递两种。

8.3.1　形式参数和实际参数

形式参数是在 Sub 过程、Function 过程的定义中出现的参数，简称形参；实际参数则是在调用 Sub 过程或 Function 过程时指定的参数，简称实参。

例如，假设定义如下的 Sub 过程：

```
Sub Test(ByVal n As Integer, ByRef Sum As Integer)
…
End Sub
```

则其中的 n 和 Sum 为形参。如果有以下调用语句：

```
Call Test(a, s)
```

则其中的 a 和 s 为实参。

形参可以是：

❑ 变量。

❑ 后面带一对空圆括号的数组。

实参可以是：

❑ 常量。

❑ 变量。

❑ 表达式。

❑ 数组名。

调用过程和被调用过程之间通过实参和形参来实现数据的传递，这种数据的传递也称为参数的结合。在 VB.NET 中，实参和形参有两种结合方式：按位置结合和按指定的名称结合。

1．按位置结合

当使用按位置结合方式时，实参和形参按其位置的对应关系传递数据，例如：

过程定义：`Sub Test(ByVal n As Integer, ByRef Sum As Integer)`

过程调用：　　　　　　　　　　　`Call Test(a, s)`

形参表与实参表中的参数按位置进行结合，如以上箭头所示，对应位置的参数名称不必相同。一般情况下，要求形参表与实参表中参数的个数、类型、位置顺序必须一一对应，除非使用关键字 Optional 或 ParamArray 对形参进行约束。关于 Optional 和 ParamArray 的用法将在本节稍后介绍。

需要特别注意的是，形参和实参的数据类型要按位置一一对应，形参的数据类型是在定义过程的第一条语句的形参表中定义的，而实参的数据类型需要用定义语句（如 Dim 语句）进行定义。

2. 按指定的名称结合

按指定的名称结合方式是在调用语句的实参表中使用以下形式指定对应形参的名称：

形参名 := 实参

这样实参表中的参数次序不必与形参表中的参数次序一致，例如：

过程定义：`Sub Test(ByVal n As Integer, ByRef Sum As Integer)`

过程调用：   `Call Test(Sum:=s, n:=a)`

则形参表与实参表中的参数按指定的名称进行结合，如以上箭头所示。

8.3.2 按值传递和按地址传递

1. 按值传递

按值传递是指实参把其值传递给形参而不传递实参的地址。在这种情况下，系统把需要传递的参数复制到形参对应的存储单元，在子程序执行过程中，形参值的改变不会影响调用程序中对应的实参的值，因此，数据的传递是单向的。

当实参为常量或表达式时，数据的传递总是单向的，即按值传递。例如：

过程定义：`Sub Test(ByVal n As Integer, ByRef Sum As Integer)`

过程调用：   `Call Test(a + b, 10)`

如果实参是变量，要实现按值传递，就需要使用关键字 ByVal 来对形参进行约束。例如，如果过程定义语句为：

```
Sub Test(ByVal n As Integer, ByRef Sum As Integer)
```

过程调用语句为：

```
Call Test (a , s)
```

由于子过程 Test 的参数 n 前面有 ByVal 关键字，表明该参数采用按值传递方式传递数据，因此，在子过程 Test 中改变形参 n 的值不会影响调用过程中相应实参 a 的值。

例如，设定义以下 Sub 过程，使用 ByVal 约束形式参数 X、Y、Z。

```
Sub SS(ByVal X As Integer, ByVal Y As Integer, ByVal Z As Integer)
    X = X + 1 : Y = Y + 1 : Z = Z + 1
End Sub
```

命令按钮 Button1 的 Click 事件过程如下：

```
Private Sub Button1_Click(ByVal sender As System.Object, ByVal e As System.
EventArgs) Handles Button1.Click
    Dim A, B, C As Integer
    A = 1 : B = 2 : C = 3
    Call SS(A, B, C)            ' 在这里调用 SS 子过程
    Debug.Print(Str(A) & Str(B) & Str(C))
End Sub
```

运行时，单击命令按钮 Button1，在即时窗口显示：

1 2 3

在命令按钮 Button1 的 Click 事件过程中执行 Call SS(A, B, C) 语句时，A、B、C 以按值传递的方式分别与形参 X、Y、Z 结合，在 SS 过程中改变了参数 X、Y、Z 的值，但从 SS 过程返回时，这些值不会影响调用过程中 A、B、C 的值，因此打印的 A、B、C 的值与执行 Call 语句之前相同。形参与实参结合的示意图如图 8-6 所示。

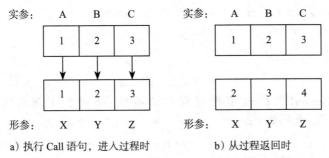

a) 执行 Call 语句, 进入过程时　　　　b) 从过程返回时

图 8-6　按值传递示意图

2. 按地址传递

　　按地址传递是指将实参的地址传给形参, 使形参和实参具有相同的地址, 这就意味着, 形参与实参共享同一存储单元。当形参前面使用关键字 ByRef 进行约束时, 表示要按地址传递。按地址传递可以实现调用过程与子过程之间数据的双向传递。

　　例如, 设定义以下 Sub 过程, 使用 ByRef 约束形式参数 X、Y、Z。

```
Sub SS(ByRef X As Integer, ByRef Y As Integer, ByRef Z As Integer)
    X = X + 1 : Y = Y + 1 : Z = Z + 1
End Sub
```

命令按钮 Button1 的 Click 事件过程如下:

```
Private Sub Button1_Click(ByVal sender As System.Object, ByVal e As System.
EventArgs) Handles Button1.Click
    Dim A, B, C As Integer
    A = 1 : B = 2 : C = 3
    Call SS(A, B, C)              ' 在这里调用 SS 子过程
    Debug.Print(Str(A) & Str(B) & Str(C))
End Sub
```

运行时, 单击命令按钮 Button1, 在即时窗口显示:

2 3 4

本例中, 形参与实参结合的示意图如图 8-7 所示。

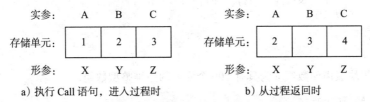

a) 执行 Call 语句, 进入过程时　　　　b) 从过程返回时

图 8-7　按地址传递示意图

　　由于形参与实参占据同一存储单元, 因此, 如果形参的值改变了, 实参的值也随之改变。

　　当使用数组做参数时, 可以使用 ByVal 和 ByRef 定义形参数组, 但系统总是以按地址传递的方式进行数组参数的传递。

　　在实际应用中, 要根据参数本身的特点决定是使用按值传递还是按地址传递。如果希望传递给过程的实参不被过程改变, 则应考虑采用按值传递方式; 如果希望过程通过形参返回值, 则应考虑采用按地址传递方式。实际上, 使用 Function 过程也可以通过形参返回值, 只不过通常情况下不这么使用, 更多的是使用 Function 过程返回一个函数值。

　　【例 8-12】编写一个 Sub 过程, 实现对任意两个数的交换。

　　由于过程接收两个数, 对它们进行交换以后, 需要将交换的结果返回, 因此可以设置两个形参, 定义它们按地址传递, 代码如下:

```
Sub swap(ByRef x, ByRef y)          ' 这里的形参为按地址传递
    Dim t
    t = x
    x = y
    y = t
End Sub
```

在命令按钮 Button1 的 Click 事件过程中调用该 Sub 过程实现对文本框 TextBox1 和 TextBox2 内容的交换，代码如下：

```
Private Sub Button1_Click(ByVal sender As System.Object, ByVal e As System.
EventArgs) Handles Button1.Click
    Call swap(TextBox1.Text, TextBox2.Text)
End Sub
```

如果本例中的形参定义成按值传递，则无法实现交换两个文本框的值。

【例 8-13】编写一个 Sub 过程，实现对任意一维数组按从小到大排序。生成 100 个 [1，50] 区间的随机整数，调用该 Sub 过程测试其功能。

界面设计： 新建一个 Windows 窗体应用程序项目，设计如图 8-8a 所示的界面。将文本框 TextBox1 和 TextBox2 设置为具有水平滚动条。

假设运行时用文本框 TextBox1 显示排序前的数组元素，通过单击"排序"按钮进行排序，用文本框 TextBox2 显示排序后的数组元素。

代码设计：

1）在窗体模块级定义 Sub 过程，命名为 SortArray。由于该过程要能够实现对任意一维数组排序，因此，需要引入一个数组参数，设数组参数名为 x，在过程中可以使用 LBound 和 UBound 函数获取数组 x 的下标的下界和上界，假设使用比较交换法进行排序，则 Sub 过程如下：

```
Sub SortArray(ByRef x() As Integer)     ' 数组 x 之后需要跟一对圆括号，参数按地址传递
    Dim LB, UB, i, j, t As Integer
    LB = LBound(x)                       ' 获取 x 数组下标的下界
    UB = UBound(x)                       ' 获取 x 数组下标的上界
    ' 用比较交换法对数组按从小到大排序
    For i = LB To UB - 1
        For j = i + 1 To UB
            If x(i) > x(j) Then
                t = x(i) : x(i) = x(j) : x(j) = t
            End If
        Next j
    Next i
End Sub
```

2）在窗体模块级声明数组 a 为具有 100 个元素的一维整型数组。

```
Dim a(99) As Integer
```

3）为测试 Sub 过程的作用，在窗体的 Load 事件过程中生成随机数保存到数组 a 中，并将其显示在文本框 TextBox1 中。

```
Private Sub Form1_Load(ByVal sender As System.Object, ByVal e As System.
EventArgs) Handles MyBase.Load
    Randomize()
    For i = 0 To 99
        a(i) = Int(50 * Rnd() + 1)
        TextBox1.AppendText(Str(a(i)) & " ")
    Next i
End Sub
```

4）在"排序"按钮 Button1 的 Click 事件过程中，调用 SortArray 过程进行排序，并将排序结果显示在文本框 TextBox2 中。

```
Private Sub Button1_Click(ByVal sender As System.Object, ByVal e As System.
EventArgs) Handles Button1.Click
        Call SortArray(a)         ' 调用 SortArray，实参为数组 a
        For i = 0 To 99           ' 用循环显示排序后的数组
            TextBox2.AppendText(Str(a(i)) & " ")
        Next i
End Sub
```

运行时，先在文本框 TextBox1 中显示 100 个随机整数，单击"排序"按钮实现排序，结果显示在文本框 TextBox2 中，如图 8-8b 所示。

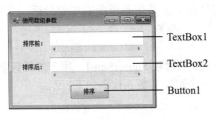

　　　　　a）设计界面　　　　　　　　　　　　　　　b）运行界面

图 8-8　使用数组参数实现数组的排序

本例在调用 SortArray 过程时，将实参数组 a 传递给形参数组 x，过程对数组 x 进行排序后，将排序结果传递给实参数组 a，实现了数据的双向传递，因此调用 SortArray 过程之后，数组 a 的内容是排序后的结果。

8.3.3　使用可选参数

在前面的例子中，一个过程在定义时声明了几个形参，在调用该过程时就必须使用相同数量的实参与之对应。VB.NET 还允许定义过程时指定可选的参数，如果在某个形参前加上关键字 Optional，则表示该参数是可选的，在调用该过程时可以不提供与此形参对应的实参。定义可选参数需要遵循以下规则：

　❏　每个可选参数都必须指定默认值。

　❏　可选参数的默认值必须是一个常量表达式。

　❏　跟在可选参数后的每个参数也都必须是可选的。

例如，以下是一个带有可选参数的 Sub 过程的定义格式：

```
Sub 过程名 (ByVal 参数 1 As 类型 1, Optional ByVal 参数 2 As 类型 2 = 默认值)
```

调用带可选参数的过程时，可以选择是否提供对应的实参，如果不提供，过程将使用为该参数声明的默认值。当省略参数列表中的一个或多个可选参数时，参数之间的逗号分隔符不能省略（除非省略的参数是在参数列表的末尾）。

【例 8-14】编写一个函数过程 SquareSum，用于求两个数或 3 个数的平方和。

分析：根据题目要求，可以为函数过程 SquareSum 设置 3 个参数，其中一个为可选参数，代码如下：

```
Function SquareSum(ByVal a As Single, ByVal b As Single, Optional ByVal c As
Single = 0)     ' 指定 c 为可选参数，默认值为 0
        SquareSum = a ^ 2 + b ^ 2 + c ^ 2
End Function
```

这样，在调用程序中，既可以求两个数的平方和，也可以求 3 个数的平方和。例如，以下两条打印语句都是正确的：

```
Debug.Print(SquareSum(2, 4))
Debug.Print(SquareSum(2, 4, 6))
```

8.3.4 使用可变参数

在例 8-14 中，SquareSum 过程既可以求两个数的平方和，也可以求 3 个数的平方和，因此在调用 SquareSum 过程时，既可以提供两个参数，也可以提供 3 个参数。如果希望 SquareSum 过程能够求任意个数的平方和，即在调用语句中可以提供任意个参数，则可以通过定义可变参数来实现。

在定义一个过程时，如果将其形参表中的最后一个形参定义为 ParamArray 关键字修饰的数组，则该过程在被调用时可以接收任意多个实参。使用可变参数时应遵循以下规则：

- ❑ 一个过程只能定义一个可变参数，而且此参数必须是形参表中的最后一个参数。可变参数前面的所有参数都是必需的，不能有可选参数。
- ❑ 可变参数必须是按值传递的。

【例 8-15】编写一个可以接收任意个实参的函数过程 SquareSum1，用于求任意个数的平方和。根据题目要求，可以为 SquareSum1 设置一个可变参数，代码如下：

```
Function SquareSum1(ByVal ParamArray a())        ' 设置一个可变参数 a
    SquareSum1 = 0
    For Each x In a
        SquareSum1 = SquareSum1 + x ^ 2
    Next x
End Function
```

这样，在调用程序中，可以指定任意个参数求它们的平方和。例如，以下打印语句都是正确的：

```
Debug.Print(SquareSum1(2, 4))
Debug.Print(SquareSum1(2, 4, 6))
Debug.Print(SquareSum1(2, 4, 6, 8, 10))
```

8.4 过程的嵌套调用

过程不能嵌套定义，即不能在一个过程中再定义过程，但过程可以嵌套调用，即可以在一个过程中调用另一个过程。

例如，在图 8-9 中，调用过程执行到"调用 S1"语句时，会转移到子过程 S1 开始执行，如果在子过程 S1 中执行时遇到"调用 S2"语句，则进入子过程 S2 执行，执行完子过程 S2 后，返回"调用 S2"语句之后继续执行子过程 S1，执行完子过程 S1之后，返回"调用 S1"语句之后继续执行调用过程。

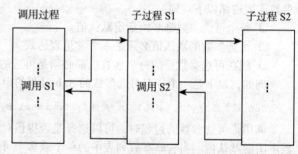

图 8-9 过程嵌套调用示意图

【例 8-16】用 Function 过程的嵌套调用求 $\sum_{n=1}^{20} n!$，即求 $1! + 2! + 3! + \cdots + 20!$。

分析：可以定义两个过程，分别实现求累加和及求阶乘，在事件过程中调用求累加和的子过程，而在求累加和的子过程中再调用求阶乘的子过程。

假设窗体上有一个命令按钮 Button1，运行时通过单击 Button1 进行计算，计算结果显示在文本框 TextBox1 中。代码设计步骤如下：

1）设计一个求阶乘的函数过程 Fact。

```
Function Fact(ByVal n As Integer) As Double
    Dim i As Integer, f As Double
    f = 1
```

```
        For i = 1 To n
            f = f * i
        Next i
        Fact = f
    End Function
```

2）设计一个求 1!+2!+3!+…+n！的函数过程 Sigma，在 Sigma 过程中调用以上 Fact 过程求阶乘。

```
Function Sigma(ByVal n As Integer) As Double
    Dim i As Integer, sum As Double
    sum = 0
    For i = 1 To n
        sum = sum + Fact(i)                    ' 调用 Fact(i) 求 i!
    Next i
    Sigma = sum
End Function
```

3）在命令按钮 Button1 的 Click 事件过程中调用 Sigma，指定参数 20 求 1!+2!+3!+…+20！。

```
Private Sub Button1_Click(ByVal sender As System.Object, ByVal e As System.
EventArgs) Handles Button1.Click
    TextBox1.Text = Sigma(20)                  ' 调用 Sigma 过程求和
End Sub
```

可以看出，本例使用了嵌套调用求表达式的和。在命令按钮 Button1 的 Click 事件过程中调用了 Sigma 过程，而在 Sigma 过程中又调用了 Fact 过程。

8.5 过程的递归调用

若一个过程直接或间接地调用自己，则称这个过程是递归过程。使用递归过程解决递归定义问题特别有效。所谓递归定义，就是用自身的结构来定义自身。例如，数学上常见的阶乘运算、级数运算、幂指数运算等，它们都可以用递归定义来表示，因此可以很容易地使用递归过程实现。

【例 8-17】编写一个函数过程，用递归方法实现求 n!。

分析：在数学上，求 n! 可以递归定义为：

$$n!= \begin{cases} 1 & (n=1) \\ n(n-1)! & (n>1) \end{cases}$$

代码设计：根据以上分析，求 n! 可以用求 (n-1)! 来定义，使用递归过程实现求 n！的代码如下：

```
Function fact(n As Long) As Long
    If n = 1 Then
        fact = 1                    ' 终止条件
    Else
        fact = n * fact(n - 1)      ' 在这里使用 fact(n-1) 再次调用 fact 过程
    End If
End Function
```

假设在命令按钮 Button1 的 Click 事件过程中，从文本框 TextBox1 输入 n 的值，调用以上 Fact 过程计算 n!，结果显示在文本框 TextBox2 中，则 Button1 的 Click 事件过程如下：

```
Private Sub Button1_Click(ByVal sender As System.Object, ByVal e As System.
EventArgs) Handles Button1.Click
    Dim n As Integer, result As Long
    n = Val(TextBox1.Text)
    result = fact(n)                    ' 调用 fact, 求 n!
```

```
TextBox2.Text = Str(result)
End Sub
```

运行时，如果在文本框 TextBox1 中输入数据 5，则计算过程如图 8-10 所示。图中的箭头方向表示执行的顺序。

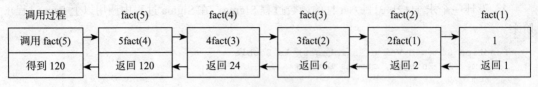

图 8-10   求 5! 的递归计算过程

【例 8-18】猴子吃桃问题。猴子第一天摘下若干桃子，当即吃了一半，还不过瘾，又多吃了一个。第二天早上又将剩下的桃子吃了一半，又多吃了一个。以后每天早上都吃了前一天剩下的一半零一个，到第 10 天早上想再吃时，就只剩一个桃子了。求第一天共摘了多少桃子？

分析：假设用函数 f(1) 表示第 1 天的桃数，第 2 天剩余的桃数为 f(2)，第 3 天剩余的桃数为 f(3)……第 10 天剩余的桃数为 f(10)=1。根据题目描述，可以归纳出以下关系：

f(2)=f(1)/2−1, f(3) =f(2)/2−1, …, f(9)=f(8)/2−1, f(10)=1

即

$$f(n)=\begin{cases} 1 & (n=10) \\ 2 * (f(n+1) + 1) & (1 \leqslant n < 10) \end{cases}$$

代码设计：根据以上公式编写递归函数过程如下：

```
Function f(ByVal k)
    If k = 10 Then                    ' 如果是最后一天
        f = 1
    Else
        f = 2 * (f(k + 1) + 1)        ' 在这里使用 f(k+1) 再次调用 f 过程
    End If
End Function
```

假设在命令按钮 Button1 的 Click 事件过程中调用以上过程 f 求出第一天的桃数，代码如下：

```
Private Sub Button1_Click(ByVal sender As System.Object, ByVal e As System.
EventArgs) Handles Button1.Click
    Debug.Print(f(1))
End Sub
```

运行时单击命令按钮 Button1，在窗体上打印结果为：

1534

需要特别注意的是，在递归过程中必须有递归的终止条件。例如，在例 8-17 中，当 n=1 时，使 fact=1，如果没有该终止条件，递归将无休止地执行下去。

使用递归过程解决的问题应满足以下两点要求：

❑ 该问题能够用递归形式描述。

❑ 存在递归结束的终止条件。

使用递归过程解决递归问题非常方便，可以使一些复杂的问题处理起来简单明了，但是，在每一次执行递归调用时都要为局部变量、返回地址分配空间，降低了运行效率。

8.6   标准模块

标准模块没有界面信息，是一种纯代码的模块。当一个应用程序含有多个窗体模块或其他模块时，如果有多个模块需要共享一些常量、变量、数组、过程等，则可以将它们的定义建立在标准模块内，且定义为全局级，供各个模块使用。标准模块还可以包含自己模块使用的模块级常量、变量、数组或过程定义。

在项目中添加标准模块的步骤为：

1）执行"项目|添加模块"命令，打开"添加新项"对话框，并默认选择"模块"选项。

2）在对话框下部指定模块名称，单击"确定"按钮。默认的标准模块名称为 ModuleX.vb，其中 X 是一个整数。

8.7 过程的作用域

过程的作用域是指一个过程允许被访问的范围。过程的定义方法不同，允许被访问的范围也不同。在 VB.NET 中，可以将过程的作用域分为模块级和全局级。

在定义 Sub 过程或 Function 过程时，如果加 Private 关键字，则这种过程只能被其所在模块中的其他过程所调用，称其为模块级过程。

在定义 Sub 过程或 Function 过程时，如果加 Public 关键字，或者省略 Public 与 Private 关键字，这种过程可以被该应用程序所有模块中的过程调用，称其为全局过程。全局过程所处的位置不同，其调用方式也有所不同。要在其他模块调用在窗体模块内定义的全局过程，必须在过程名前面加上其所在的窗体名；在标准模块内定义的全局过程，在他模块中可以直接调用，但被调用的过程名必须唯一，否则要加上其所在的标准模块名。

表 8-1 列出了过程的作用域及过程的定义、调用规则。

表 8-1 过程的作用域及过程的定义、调用规则

作用域	模块级		全局级	
定义位置	窗体模块	标准模块	窗体模块	标准模块
定义方式	使用 Private 定义。例如 `Private Sub Sub1(形参)`		使用 Public 定义（或省略 Public） 例如，`Public Sub Sub2(形参表)`	
能否被本模块中其他过程调用	能	能	能	能
能否被本应用程序中其他模块调用	否	否	能，但必须在过程名前加窗体名。例如： `Call Form1.Sub2(实参表)`	能，但过程名必须唯一，否则必须在过程名前加标准模块名。例如： `Call Module1.Sub2(实参表)`

【例 8-19】假设当前项目中包含了两个窗体 Form1、Form2 和一个标准模块 Module1，且窗体 Form1 和 Form2 上各有两个命令按钮 Button1、Button2。

在窗体 Form1 中定义一个全局过程 aa。

```
Public Sub aa()        ' aa 为全局过程，Public 可以省略
    MsgBox(" 这是窗体 Form1 中的过程 ")
End Sub
```

在标准模块 Module1 中定义一个全局过程 bb。

```
Public Sub bb()          ' bb 为全局过程，Public 可以省略
    MsgBox(" 这是标准模块中的过程 bb")
End Sub
```

在窗体 Form1 中可以直接调用 aa。例如，在其 Button1_Click 事件过程中调用 aa：

```
Private Sub Button1_Click(ByVal sender As System.Object, ByVal e As System.
EventArgs) Handles Button1.Click
```

```
    Call aa()
End Sub
```

在窗体 Form1 的 Button2_Click 事件过程中使用 Show 方法打开窗体 Form2。

```
Private Sub Button2_Click(ByVal sender As System.Object, ByVal e As System.
EventArgs) Handles Button2.Click
    Form2.Show()
End Sub
```

在窗体 Form2 的 Button1_Click 事件过程中调用过程 aa，需要指定窗体名。

```
Private Sub Button1_Click(ByVal sender As System.Object, ByVal e As System.
EventArgs) Handles Button1.Click
    Call Form1.aa()   ' 调用另一个窗体模块 Form1 中的过程，Form1 不能省略
End Sub
```

在窗体 Form2 的 Button2_Click 事件过程中调用标准模块中的过程 bb，可以省略模块名。

```
Private Sub Button2_Click(ByVal sender As System.Object, ByVal e As System.
EventArgs) Handles Button2.Click
    Call Module1.bb()      ' 调用标准模块中的过程，Module1 可以省略，写成 Call bb()
End Sub
```

8.8   变量的作用域

VB.NET 的程序模块由各种过程组成。在过程中会使用到变量，这些变量可以是过程的参数，也可以不是过程的参数，而是在程序其他地方定义的变量。本节要讨论的是不在过程参数列表中出现的变量。

变量被定义的位置不同或定义的方式不同，允许被访问的范围也不相同。变量的作用域即指变量的有效范围，它决定了该变量能在应用程序的哪些位置被访问。按变量的作用域不同，可以将变量分为块级变量、过程级变量、模块级变量和命名空间级变量。

1. 块级变量

块级变量在某个代码块中定义，只能在定义它的代码块中被访问。代码块是指初始声明语句与终止声明语句之间的一组语句。例如：

```
Do…Loop
For [Each]…Next
If…End If
Select Case…End Select
While…End While
With…End With
```

例如，以下代码在 If 块中定义了块级变量 y，因此可以在 If 块内显示 y 的值。

```
If x > 0 Then
    Dim y As Single
    y = Math.Sqrt(x)
    MsgBox(Str(y))
End If
```

如果将 MsgBox(Str(y)) 语句放到 End If 语句之后，则产生错误。因为这里的 y 是块级变量，仅在定义它的 If…End If 块内有效。

在 For…Next 循环中引入的循环变量，如果没有在其他地方声明，则为块级变量。例如，以下代码在 For 循环变量结束后引用了循环变量 i，因为循环变量 i 为块级变量，所以是错误的。

```
Private Sub Button1_Click(ByVal sender As System.Object, ByVal e As System.
EventArgs) Handles Button1.Click
    Dim x(10) As Integer
```

```
     For i = 0 To 10
         x(i) = 3
     Next i
     MsgBox(i)          ' 在这里引用变量 i 是错误的
 End Sub
```

而以下代码在循环之前声明了变量 i，因此退出循环之后可以显示变量 i 的值。显示结果为
11。

```
Private Sub Button1_Click(ByVal sender As System.Object, ByVal e As System.
EventArgs) Handles Button1.Click
     Dim x(10), i As Integer
     For i = 0 To 10
         x(i) = 3
     Next i
     MsgBox(i)           ' 在这里引用变量 i 是允许的，显示结果 11
 End Sub
```

这里的 i 在事件过程中，For…Next 语句块之外定义，属于过程级变量。

2．过程级变量

过程级变量也叫做局部变量，是指在过程内部、语句块外部使用 Dim 语句或 Static 语句定
义的变量。这种变量只能在本过程中使用，不能被其他过程访问。在其他过程中即使有同名的变
量，也与本过程的变量无关，因此在不同的过程中，可以使用同名的局部变量。

使用 Dim 语句定义的局部变量，在其所在的过程每次被调用时分配存储单元，同时变量值
被初始化，在过程结束时释放其存储空间，这种变量称为动态变量；使用 Static 语句定义的变量
仅在过程第一次运行时被初始化，在过程结束时，继续保留其值，再次调用该过程时，其值不再
被初始化。

【例 8-20】假设在窗体模块中定义 Sub 过程如下：

```
Sub S()
     dim Z As Integer        ' 这里定义的局部变量 Z 为动态变量，只在本过程中有效
     Z = Z + 2
     Debug.Print(Z)          ' 打印局部变量 Z 的值 2
End Sub
```

在命令按钮 Button1 的 Click 事件过程中调用以上定义的 Sub 过程 S。

```
Private Sub Button1_Click(ByVal sender As System.Object, ByVal e As System.
EventArgs) Handles Button1.Click
     Dim Z As Integer        ' 这里定义的局部变量 Z 为动态变量，只在本过程中有效
     Z = Z + 2
     Call S()
     Debug.Print(Z)          ' 打印局部变量 Z 的值 2
 End Sub
```

运行时每次单击命令按钮 Button1，在即时窗口中都输出：

```
 2
 2
```

【例 8-21】设某窗体模块代码如下：

```
Public Class Form1
     Sub S()
         Static Z As Integer      ' 这里定义的局部变量 Z 为静态变量，只在本过程中有效
         Z = Z + 2
         Debug.Print(Z)
     End Sub
     Private Sub Button1_Click(ByVal sender As System.Object, ByVal e As System.
EventArgs) Handles Button1.Click
```

```
            Dim Z As Integer            ' 这里定义的局部变量 Z 为动态变量，只在本过程中有效
            Z = Z + 2
            Call S()
            Debug.Print(Z)
        End Sub
    End Class
```

则运行时第一次单击命令按钮 Button1，在即时窗口中输出：

```
2
2
```

第二次单击命令按钮 Button1，在即时窗口中输出：

```
4
2
```

第三次单击命令按钮 Button1，在即时窗口中输出：

```
6
2
```

注意，过程级变量不能使用 Private 或 Public 进行定义。

3. 模块级变量

在模块（如窗体模块、标准模块）的内部、所有过程的外部使用 Dim 语句或 Private 语句定义的变量称为模块级变量。模块级变量的作用范围是其定义位置所在的模块，可以被本模块中的所有过程访问，而其他模块不能访问。模块级变量在其所在的模块运行时被初始化。

【例 8-22】设某窗体模块代码如下：

```
Public Class Form1
    Dim Z As Integer              ' 在窗体模块定义模块级变量 Z
    Sub S()
        ' 本过程中没有定义变量 Z，因此变量 Z 为模块级变量
        Z = Z + 2
        Debug.Print(Z)
    End Sub
    Private Sub Button1_Click(ByVal sender As System.Object, ByVal e As System.
EventArgs) Handles Button1.Click
        ' 本过程中没有定义变量 Z，因此变量 Z 为模块级变量
        Z = Z + 2
        Call S()
        Debug.Print(Z)
    End Sub
End Class
```

运行时，第一次单击命令按钮 Button1，在即时窗口显示结果：

```
4
4
```

第二次单击命令按钮 Button1，在即时窗口显示结果：

```
8
8
```

第三次单击 Button1，在即时窗口显示结果：

```
12
12
```

注意，当一个变量被定义为模块级之后，在过程中仍可以定义与该模块级变量同名的局部变量。

【例 8-23】设某窗体模块代码如下：

```
Public Class Form1
    Dim Z As Integer          ' 在这里定义变量 Z 为模块级变量
    Sub S()
        Dim Z As Integer      ' 在这里定义了变量 Z，因此本过程中的变量 Z 为局部变量
        Z = Z + 2
        Debug.Print(Z)
    End Sub
     Private Sub Button1_Click(ByVal sender As System.Object, ByVal e As System.
EventArgs) Handles Button1.Click
        Z = Z + 2             ' 这里的 Z 在本过程中没有定义，因此变量 Z 为模块级变量
        Call S()
        Debug.Print(Z)
    End Sub
End Class
```

运行时，第一次单击命令按钮，在即时窗口显示结果：

2
2

第二次单击命令按钮，在即时窗口显示结果：

2
4

第三次单击命令按钮，在即时窗口显示结果：

2
6

4. 全局变量

在模块（如窗体模块、标准模块）级用 Public 语句定义的变量为全局变量。其作用范围为整个应用程序。在应用程序执行期间，全局变量一直保持其值，仅在退出应用程序时才释放其存储空间。

引用其他模块中定义的全局变量时，需要在变量名称前面加上定义变量的语句所在模块的名称。例如，假设在窗体模块 Form1 中使用语句

```
Public a As Integer
```

定义了全局变量 a，则在窗体模块 Form2 中要打印该变量的值，需要写成：

```
Debug.Print(Form1.a)
```

8.9 上机练习

【练习 8-1】编写一个能够求表达式 $\sqrt{x^2+y^2}$ 的值的函数过程。调用该函数过程求以下 w 的值。

$$w = \frac{\sqrt{3^2+4^2}+\sqrt{5^2+6^2}}{\sqrt{7^2+8^2}+\sqrt{9^2+10^2}}$$

【练习 8-2】设计如图 8-11a 所示的界面。编写一个根据三角形的 3 条边求三角形面积的函数过程。在命令按钮的 Click 事件过程中输入各边长，调用该函数过程求多边形面积。运行界面如图 8-11b 所示。根据三角形的 3 条边 a、b、c 计算三角形面积，可以使用如下的海伦公式：

$$area = \sqrt{p(p-a)(p-b)(p-c)}, \qquad p = \frac{1}{2}(a+b+c)$$

a) 设计界面　　　　　　　　b) 运行界面

图 8-11　调用函数过程求多边形面积

【练习 8-3】 设计如图 8-12a 所示的界面。编写一个函数过程，计算 1+2+3+⋯+K，在命令按钮的 Click 事件过程中输入 m、n、p 的值，调用该函数过程计算以下 y 值，计算结果保留 4 位小数。运行界面如图 8-12b 所示。

$$y = \frac{(1+2+3+\cdots+m)+(1+2+3+\cdots+n)}{(1+2+3+\cdots+p)}$$

a) 设计界面　　　　　　b) 运行界面

图 8-12　调用函数过程计算 y

【练习 8-4】 设计如图 8-13a 所示的界面。编写一个函数过程，用于判断某字符串是否是回文，函数过程返回布尔值，如果是回文，则返回 True，否则返回 False。所谓回文，是指顺读和倒读都相同，如 "ABCDCBA"。在命令按钮的 Click 事件过程中输入一个字符串，调用该函数过程判断是否是回文。运行界面如图 8-13b 所示。

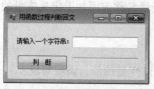

a) 设计界面　　　　　　　　b) 运行界面

图 8-13　调用函数过程判断回文

【练习 8-5】 设计如图 8-14a 所示的界面。编写一个函数过程，用于求任意一维数组所有元素的平均值（使用数组参数）。在 "生成随机数" 按钮的 Click 事件过程中生成 20 个 [0，100] 区间的随机整数，显示在第一个文本框中，在 "求平均值" 按钮的 Click 事件过程中调用函数过程求这些随机整数的平均值，显示在第二个文本框中。运行界面如图 8-14b 所示。

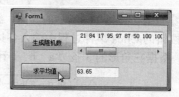

a) 设计界面　　　　　　　　b) 运行界面

图 8-14　调用函数过程求一维数组所有元素的平均值

【**练习8-6**】设计如图8-15a所示的界面。编写一个Sub过程，能根据三角形的3条边返回其内切圆和外接圆的面积。在命令按钮的Click事件过程中输入三角形3条边的值，调用该Sub过程计算其内切圆和外接圆的面积，结果显示在文本框中，运行界面如图8-15b所示。设三角形的3条边为a、b、c，面积为S，内切圆半径为R1，外接圆半径为R2，则

$$R1 = \frac{S}{P} \qquad R2 = \frac{abc}{4S}$$

其中，

$$p = \frac{1}{2}(a+b+c) , \quad S = \sqrt{p(p-a)(p-b)(p-c)}$$

a）设计界面　　　　　　　　　　　b）运行界面

图8-15　调用Sub过程求三角形内切圆面积和外接圆面积

【**练习8-7**】编写一个Sub过程，能根据参数K求1+2+3+…+K的值。在窗体的Click事件过程中用输入框（InputBox）输入n的值，调用该Sub过程求以下y的值，计算结果用消息框显示。

$$y = \frac{1}{1} + \frac{1}{1+2} + \frac{1}{1+2+3} + \cdots + \frac{1}{1+2+3+\cdots+n}$$

【**练习8-8**】编写一个Sub过程，该过程能根据给定的工资总数计算发多少张一百元、五十元、十元、五元、一元、五角、一角、五分、一分的钞票。（要求Sub过程只负责计算，不负责显示结果）。运行时，用文本框输入工资额，按回车键后调用该Sub过程计算各种面值的钞票各需多少张，并将结果显示在标签中，界面如图8-16所示。

a）设计界面　　　　　　　　　　　b）运行界面

图8-16　求各种面值的钞票数

提示：要判断用户是否按下回车键，可以在文本框的KeyPress事件过程中使用条件语句：

```
If Asc(e.KeyChar) = 13 Then
```

【**练习8-9**】设计如图8-17a所示的界面；编写Sub过程，实现删除任意一维数组中重复的元素（只保留一个）；编写"生成数据"按钮的Click事件过程，生成10个[1，5]区间的随机整数，显示在第一个文本框中；编写"删除重复数据"按钮的Click事件过程，调用Sub过程删除数组中重复的数据，并在第二个文本框中显示删除结果，如图8-17b所示。

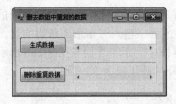 

a) 设计界面   b) 运行界面

图 8-17　删除数组中重复的元素

【练习 8-10】编写一个具有可选参数的函数过程，能够将一个学生的班级、学号、姓名、性别、联系电话添加到带垂直滚动条的文本框中（一次添加一行）。如果不提供性别或联系电话，则默认性别为"男"，联系电话为"000-00000000"。使用实际数据测试该函数过程的功能。

【练习 8-11】编写一个具有可变参数的函数过程，可以求任意多个数的最大值。使用实际数据测试该函数过程的功能。

【练习 8-12】新建一个 Windows 窗体应用程序项目，再添加一个空白窗体和一个标准模块，在标准模块中设计一个通用过程 MoveCtrl，包含两个形参，一个为 Form 类型，另一个为 Control 类型。过程 MoveCtrl 用于将指定控件移动到指定窗体的中央位置，并且将其放在其他控件的前面。在两个窗体上各放一些控件，编写代码实现，运行时单击每一个窗体上的控件，调用 MoveCtrl 过程，将该控件移动到所在窗体的中央位置，并放在其他控件的前面。

提示：

1）当形参类型为 Form 时，需要提供的实参应为窗体名称或 Me。当形参类型为 Control 时，需要提供的实参应为控件名称。例如：

```
Private Sub PictureBox1_Click(ByVal sender As System.Object, ByVal e As System.
EventArgs) Handles PictureBox1.Click
    Call MoveCtrl(Me, PictureBox1)
End Sub
```

2）将控件 x 移动到其他控件的前面，可以使用 BringToFront 方法，即 x.BringToFront。

【练习 8-13】使用过程的递归调用求 5000 以内的斐波那契数列。斐波那契数列的第一项为 1，第二项为 1，从第三项起，每一项为其前两项的和，求斐波那契数列的第 k 项，可以用递归定义表示为：

$$fib(k)=\begin{cases} 1 & k \leq 2 \\ fib(k-1) + fib(k-2) & k > 2 \end{cases}$$

第9章　面向对象程序设计

世界是由各种各样的对象所组成的，不同对象之间的相互作用和联系构成了完整的现实世界。因此，直接通过对象及其相互联系来反映世界，这样建立起来的系统才能符合现实世界的本来面目。

面向对象程序设计（Object Oriented Programming，OOP）是一种新兴的程序设计方法，它按照人们对现实世界的习惯认识和思维方式来设计和组织程序，它强调系统的结构应该直接与现实世界的结构相对应，应该围绕现实世界中的对象来构造系统。因此，面向对象程序设计将现实世界中的任何事物都看做是对象，通过在对象之间建立相互联系来解决实际问题。

面向对象的程序设计语言必须有描述对象及其相互之间联系的语言成分。VB.NET 是一种面向对象的程序设计语言，本章将介绍面向对象程序设计的基本概念，以及 VB.NET 中与面向对象程序设计相关的基本语言成分。

9.1　面向对象程序设计基本概念

1. 对象（object）

现实世界中的每一种实体都是对象。在面向对象程序设计中，对象是现实世界中各种实体的抽象表示。"对象"中封装了描述该对象的属性（数据）和方法（行为方式），是数据和代码的组合。对象中的属性描述了对象的特征；对象中的方法决定要向哪个对象发消息、发什么消息以及收到消息时如何进行处理等。整个程序即由各种不同类型的对象组成，各对象既是一个独立的实体，又可以通过消息相互作用。

2. 类（class）和类的实例（instance）

类是对具有相同属性和行为的一组对象的抽象。类描述了属于该类的所有对象的属性和方法，也就是说，对象的属性和方法是在定义类时指定的。

类是生成对象的模板，每一个属于某个类的特定对象称为该类的一个实例，通常简称为对象。例如，猫科动物是类，每只老虎或猫是该类的一个实例。

VB.NET 提供了丰富的类，能满足用户绝大多数的需求，如 Button 类、Label 类、TextBox 类等。用户使用这些类的实例（即对象）完成相应的编程工作。在编程时，经常使用工具箱中的控件进行界面设计，每一个控件都对应一个类，每一个具体控件就是对应类的实例，即对象。

用户还可以创建自己的类，为它们定义属性、方法和事件，然后利用自己定义的类创建相应的对象。

3. 封装（encapsulation）

对象中包含了描述该对象的属性（数据）和方法（行为方式），这种技术叫做封装。对象的这种封装性可以将对象的内部复杂性与应用程序的其他部分隔离开来，这样，在程序中使用一个对象时就不必关心对象的内部是如何实现的，而每一个对象仅有若干接口为应用程序所使用。封装使对象的内部实现与外界应用分隔开来，这可以有效地防止外界对对象内部数据和代码的破坏，也避免了程序各部分之间数据的滥用。

4. 继承（inheritance）

在面向对象的程序设计中，可以在已有类的基础上通过增加新特征而派生出新的类，这种机制称为继承。其原有的类称为基类（base class）或父类，新建立的类则称为派生类或子类。

例如，车是一个类，而小轿车就是车的一个派生类，奥迪小轿车又是小轿车的一个派生类。

在继承机制中，可以在基类的基础上增加一些属性和方法来构造出新的类。当定义新的类时，如果将新类说明为某个类的派生类，则该派生类会自动继承其基类的属性和方法。如果基类的特征发生了变化，则其派生类将继承这些改变的特征。继承性可以使得在一个类上所做的改动，能够自动反映到它的所有派生类中。

通过继承，基类的内容在派生类中可以直接使用而不必重新定义，这显然减少了软件开发的工作量，也实现了代码的重用，这正是面向对象程序设计的优点。

5. 多态（polymorphism）

多态性是面向对象程序设计的另一重要特征。在通过继承而派生出的一系列类中，可能存在一些名称相同，但实现过程和功能不同的方法。

多态性有两个方面的含义，一种是将同一个消息发送给同一个对象，但由于消息的参数不同，对象表现出不同的行为，这种多态性是通过"重载"来实现的。另一种是将同一个消息发送给不同的对象，各对象表现出的行为各不相同，这种多态性是通过"重写"来实现的。

例如，我们可以定义名称为 Move 的方法。当 Move 方法被一个窗体对象执行时，窗体就会将自身以及其上的全部内容移到指定的坐标；当 Move 方法被一个按钮对象执行时，窗体上的按钮会移到指定的位置，而窗体不会移动。同一个名称的方法提供了多态性的结果。

9.2 定义类和对象

VB.NET 有各种各样的类，如 Form（窗体）类、Button（命令按钮）类、Math（数学函数）类等，这些类都是 VB.NET 系统提供的，称为预定义类。对于预定义类，用户不能修改，只能用来创建对象或者派生出新的类。如果预定义类不能满足用户的需要，则用户也可以自己定义新的类。

9.2.1 定义类的语法格式

定义类的简单语法格式如下：

```
[访问修饰符] Class 类名
    类定义体
End Class
```

说明：

1）"访问修饰符"可以是 Public、Private、Protected 等，用于表示类的访问权限，如果省略"访问修饰符"，则默认为 Public。其含义如下：

① Public：声明为 Public 的类可以在任意位置被访问。

② Private：声明为 Private 的类必须在另一个类之内，且声明为 Private 的类只能在其所在类的内部被访问。

③ Protected：声明为 Protected 的类必须在另一个类之内，使用 Protected 定义的类仅可以在其所在类的内部或从其所在类的派生类中被访问。

2）Class、End Class 是类定义的开始标志和结束标志。

3）类名：用户自定义的类名称，其命名规则与标识符的命名规则相同，每个类都必须有类名。

4）类定义体：在 Class 和 End Class 之间的部分为类定义体，用于定义类内部的成员，包括数据成员、属性、方法和事件。如何在类定义体中定义这些成员，将从 9.2.4 开始介绍。

9.2.2 定义类的位置

常见的类定义位置如下：

1）与窗体类并列定义，例如：

```
Public Class Form1      '窗体类定义开始
    ...
```

```
End Class                  ' 窗体类定义结束
Class MyClass1             ' 用户自定义类开始
    ...
End Class                  ' 用户自定义类结束
```

2）在窗体类中定义类，新类嵌在原有的窗体类中，例如：

```
Public Class Forml        ' 窗体类定义开始
    ...
    Class Myclass2        ' 用户自定义类开始
        ...
    End Class             ' 用户自定义类结束
    ...
End class                 ' 窗体类定义结束
```

3）在标准模块中定义类，例如：

```
Module Modulel            ' 模块定义开始
    ...
    Class MyClass3        ' 用户自定义类开始
        ...
    End class             ' 用户自定义类结束
    ...
End Module                ' 模块定义结束
```

4）创建类文件，在其中定义类。

在 VB.NET 中，可以采用以下步骤在当前项目中添加一个新的类文件。

①使用"项目 | 添加类"命令，弹出"添加新项"对话框，如图 9-1 所示。

②在"添加新项"对话框的中间窗格中选择"类"，并在下面的"名称"文本框中输入一个类名称，如"MyClass4"（默认扩展名为 .vb），然后单击"添加"按钮，这时在"解决方案资源管理器"中可以看到新建立的类文件名为 MyClass4.vb，并在代码窗口中自动添加一个空类的模板如下：

```
Public Class MyClass4

End Class
```

在 Class 和 End Class 之间就可以添加创建类的代码了。一个类文件可以包含多个类，每个类都单独使用 Class 和 End Class 语句来定义。

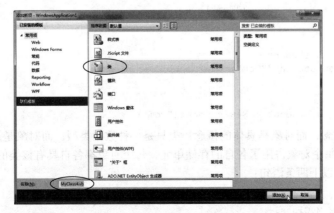

图 9-1 "添加新项"对话框

9.2.3 定义对象

如何在类内部定义成员，将从 9.2.4 开始讨论，这里假设已经定义了某个类，介绍如何利用该类创建具体的对象，即创建类的实例。

当类定义完毕后，就可以创建属于该类的对象了。类本质上是一种数据类型，用类创建一个对象，实际上就是声明一个属于该类类型的变量。与定义普通变量的方法类似，定义对象的常见语法格式如下：

```
{Dim|Private|Public} 对象变量名 [As [New] 类名 ][( 参数表 )][= 表达式 ]
```

说明：

1）Dim、Private、Public 的含义与普通变量声明中的含义相同。

2）"类名"可以是 VB.NET 预定义的类（如 Form 类、TextBox 类、Button 类、Math 类等），也可以是用户自己定义的类。

3）使用 New 关键字表示要创建一个类的实例。如果省略 New 关键字，则表示声明了属于某种类的变量，而不创建类的实例。

4）参数表：指定创建类的实例所需要的参数。参数的个数、类型由类的构造函数决定。类的构造函数将在 9.2.8 介绍。也可以没有参数表，没有参数表时可以省略小括号。

例如，假设已经创建了一个名称为 student 的类，使用以下方法可以创建该类的实例，即创建对象 student1。

```
Dim student1 As New student()        ' 使用没有参数的构造函数创建对象 student1
```

或写成：

```
Dim student1 = New student()
```

或写成：

```
Dim student1 As student        ' 创建一个 student 类型的变量 student1
student1= New student()        ' 用 New 创建一个 student 类的实例并将该实例赋给变量 student1
```

或写成：

```
Dim student1 As student = New student()
```

以下是用带参数的构造函数创建对象 student2：

```
Dim student2 As New student("Tom")
```

或写成：

```
Dim student2 = New student("Tom")
```

或写成：

```
Dim student2 As student
student2 = New student("Tom")
```

或写成：

```
Dim student2 As student = New student("Tom")
```

类是抽象的概念，而对象是具体的概念；类只是一种数据类型，而对象是属于该类（数据类型）的一个变量。每个对象占用了各自的存储单元，每个对象都各自具有该类的一套数据成员。

例如，假设有以下两条语句：

```
Dim C1 As New MyClass1
Dim C2 As New MyClass1
```

这样，就定义了 MyClass1 类的两个对象 C1 和 C2。对象 C1 和 C2 都各自具有一套该类的成员，这两套成员之间相互独立、互不干扰，因为它们所属的对象不一样。

5）也可以定义对象数组。例如，Dim C(9) As MyClass1，表示数组 C 中的所有元素都是 MyClass1 类型的对象。注意，不允许直接通过 Dim C(9) As New MyClass1 来对每一个数组元素创建一个对象的实例，而应写成：

```
Dim C(9) As MyClass1
For i = 0 To 9
    C(i) = New MyClass1
Next i
```

当定义了某个类的对象后，该对象就具有了该类的一套成员，访问对象成员一般格式如下：

对象变量名 . 成员名

需要注意的是，被访问的成员必须在类中被声明为 Public 访问权限，因为只有这种类型的成员才能在类的外部被访问。

9.2.4　定义数据成员

在类的开始部分，一般要声明类中所使用的数据成员，类中的数据成员用于存储有关的数据，表示对象的状态和特征，也称为字段变量。就像在一个过程内部定义该过程中的局部变量一样。类中所声明的数据成员通常在类的内部使用。

在类中定义数据成员的基本语法格式如下：

{Public|Private|Dim} 数据成员名 As 数据类型 =[初始值]

其中，使用 Private 或 Dim 定义的数据成员只能在类内部被访问，而使用 Public 定义的数据成员可以在应用程序的任何部分被访问，但一般情况下，不在类中声明 Public 类型的数据成员。

和定义普通变量类似，在类中定义数据成员时，也可以在成员名后面加上"＝初始值"对该成员进行初始化。

例如：

```
Public Class Student
    Private Sno As String       '学号
    Private Sname As String     '姓名
    Private Score As Single     '成绩
End Class
```

表示定义了一个类，该类的访问权限为 Public，名称为 Student，其中含有 3 个数据成员，分别是 Sno、Sname、Score，分别表示学号、姓名、成绩。这 3 个数据成员用 Private 定义，表示它们是私有的，也就是说，它们只能在 Student 类的内部被访问，在类外部不能被访问。

9.2.5　定义属性

属性描述了对象的具体特性。属性的定义位于 Property 语句和 End Property 语句之间。在这两条语句之间，可以定义 Get 过程、Set 过程，或者同时定义两者。Get 过程用于获取属性的值，Set 过程用来存储属性的值。如果希望对象的属性是可读写的，则这两个过程都必须定义。对于只读属性，只需定义 Get 过程；对于只写属性，只需定义 Set 过程。

定义属性的简单语法格式如下：

```
[访问修饰符][ 属性修饰符][ReadOnly|WriteOnly] Property 属性名 ( 形参表 ) As 类型
    Get
        语句组
    End Get
    Set(ByVal 形参名 As 数据类型 )
        语句组
    End Set
End Property
```

说明：

1）访问修饰符：可以是 Public、Private、Protected 等，用于指定属性的访问权限。如果省略访问修饰符，则默认为 Public。

2）属性修饰符：可以是 Overloads、Overrides、Overridable 等。关于属性修饰符的使用将在 9.4 节介绍。

3）Get…End Get 部分用于定义获取属性值的操作。如果没有此部分，则该属性为只写属性，这时在 Property 语句中需要注明 WriteOnly。

4）Set…End Set 部分用于定义设置属性值的操作。如果没有此部分，则该属性为只读属性，这时在 Property 语句中需要注明 ReadOnly。

以下是一个典型的属性定义格式：

```
Dim 变量名 As 数据类型                    ' 定义一个私有变量，用来保存属性值
Public Property 属性名() As 数据类型
    Get
        Return 变量名                   ' 将变量的值作为属性值返回
    End Get
    Set(ByVal Value As 数据类型)
        变量名 = Value                  ' 用 Value 参数的值设置属性的新值
    End Set
End Property
```

为了在所创建的类中定义一个属性，需要声明一个私有变量（字段），用来存储属性值，该变量的数据类型必须与属性的数据类型相同。例如，如果变量声明为 Integer 数据类型，属性定义也必须是 Integer 数据类型。Value 是 VB.NET 隐式声明的一个变量。当给属性设置属性值时，VB.NET 隐式地通过名为 Value 的参数，将设置的属性值传送给 Set 属性过程。

为对象定义属性之后，就可以像使用内部对象的属性一样使用自定义对象的属性了。

【例 9-1】创建一个矩形类 Rectangle，定义 Width 和 Height 两个属性。设计如图 9-2 所示的界面。编写代码实现，运行时，单击"写入属性"按钮，用文本框 TextBox1 和 TextBox2 中输入的内容设置一个 Rectangle 对象的 Width 和 Height 属性；单击"读出属性"按钮，在文本框 TextBox3 和 TextBox4 中分别显示该对象的 Width 和 Height 属性。

界面设计：新建一个 Windows 窗体应用程序项目，向窗体上添加 2 个命令按钮 Button1、Button2 和 4 个文本框 TextBox1、TextBox2、TextBox3、TextBox4，参照图 9-2a 进一步设计界面各控件的属性。

代码设计：

1）在当前的窗体类中创建一个 Rectangle 类，即在代码窗口的 Public Class Form1 之后输入以下代码：

```
Public Class Rectangle                    ' 定义矩形类
    Dim W As Integer                      ' 定义变量 W 用于存储宽度属性
    Dim H As Integer                      ' 定义变量 H 用于存储高度属性
    Public Property Width() As Integer    ' 定义宽度属性
        Get
            Return W
        End Get
        Set(ByVal Value As Integer)
            W = Value
        End Set
    End Property
    Public Property Height() As Integer   ' 定义高度属性
        Get
            Return H
        End Get
        Set(ByVal Value As Integer)
            H = Value
        End Set
    End Property
End Class
```

2）创建一个属于 Rectangle 类的对象，即在以上代码之后继续输入语句：

```
Dim c1 As New Rectangle
```

3）编写 Button1_Click 事件过程实现属性的设置，具体如下：

```
Private Sub Button1_Click(ByVal sender As System.Object, ByVal e As System.
EventArgs) Handles Button1.Click
    c1.Width = Val(TextBox1.Text)
    c1.Height = Val(TextBox2.Text)
End Sub
```

4）编写 Button2_Click 事件过程实现属性的读取，具体如下：

```
Private Sub Button2_Click(ByVal sender As System.Object, ByVal e As System.
EventArgs) Handles Button2.Click
    TextBox3.Text = c1.Width
    TextBox4.Text = c1.Height
End Sub
```

运行时，在文本框 TextBox1 和 TextBox2 中分别输入两个数，单击"写入属性值"按钮，将这两个数存入对象 c1 的 Width 和 Height 属性中，然后单击"读出属性值"按钮，读取对象 c1 的当前 Width 和 Height 属性值并显示在文本框 TextBox3 和 TextBox4 中，如图 9-2b 所示。

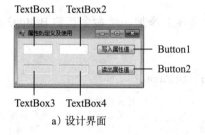

a）设计界面　　　　　　　　　　　　　　b）运行界面

图 9-2　属性的定义及使用

VB.NET 还提供了一种"自动实现的属性"功能，使用该功能可以快速定义类的属性，而无需编写 Get 过程和 Set 过程。VB.NET 除了会为属性自动创建关联的 Get 和 Set 过程之外，还会自动创建一个私有变量来存储该属性值。

例如，可以使用自动实现的属性功能为例 9-1 的 Rectangle 类定义属性，代码如下：

```
Public Class Rectangle                    ' 定义矩形类
    Public Property Width As Integer       ' 定义宽度属性
    Public Property Height As Integer      ' 定义高度属性
End Class
```

通过自动实现的属性，可在一行中声明一个包含默认值的属性。例如，可以为 Width 属性和 Height 属性定义默认值 100 和 200，代码如下：

```
Public Class Rectangle                          ' 定义矩形类
    Public Property Width As Integer = 100       ' 定义宽度属性，默认值为 100
    Public Property Height As Integer = 200      ' 定义高度属性，默认值为 200
End Class
```

自动实现的属性使用起来十分方便，不过，在某些情况下，不能使用自动实现的属性。例如，要在设置一个电话号码属性值之前，验证表示电话号码的字符串是否包含合法的数字，则需要在 Set 过程中添加相关的判断代码，这种情况下就必须自己编写 Set 过程。

9.2.6　定义方法

方法是封装在类内部的完成特定操作的过程，它代表由该类所生成的对象所具有的行为特征。创建方法实际上就是在类中编写若干 Sub 过程或 Function 过程。声明的格式和在窗体中声明

Sub 过程或 Function 过程类似，只不过在窗体中定义的 Sub 过程或 Function 过程属于窗体类，而现在定义的 Sub 过程或 Function 过程属于自己定义的类。类的方法也称为类的成员函数。

对于没有返回值的方法，使用 Sub 过程实现，定义格式为：

```
[访问修饰符][过程修饰符] Sub 方法名([形参表])
    ...
End Sub
```

对于有返回值的方法，使用 Function 过程实现，定义格式为：

```
[访问修饰符][过程修饰符] Function 方法名([形参表]) AS 数据类型
    ...
End Function
```

说明：

1）访问修饰符：可以是 Public、Private、Protected 等，用于指定所定义的方法的访问权限。如果省略访问修饰符，则默认为 Public。

2）过程修饰符：可以是 Overloads、Overrides、Overridable 等，关于过程修饰符的使用，将在 9.4 节介绍。

【例 9-2】给例 9-1 创建的 Rectangle 类定义一个计算矩形面积的方法 Area()，并测试使用该方法计算矩形的面积。

界面设计：打开例 9-1 的应用程序，向窗体上添加一个命令按钮 Button3 和一个文本框 TextBox5，如图 9-3a 所示。

代码设计：

1）在 Rectangle 类中添加定义计算面积的方法 Area。

```
Public Class Rectangle                    ' 定义矩形类
    ...                                   ' 这里省略了例 9-1 定义属性的代码
    Public Function Area() As Integer     ' 定义计算面积的方法 Area
        Return W * H
    End Function
End Class
```

2）添加 Button3_Click 事件过程，调用类 c1 的 Area 方法计算面积。

```
Private Sub Button3_Click(ByVal sender As System.Object, ByVal e As System.
EventArgs) Handles Button3.Click
    TextBox5.Text = c1.Area                ' 调用类 c1 的 Area 方法计算面积
End Sub
```

运行时，先向 TextBox1、TextBox2 中输入一个宽度和高度属性值，单击"写入属性值"按钮保存宽度和高度属性后，可以单击"读出属性值"按钮读出属性，单击"计算面积"按钮计算面积，如图 9-3b 所示。

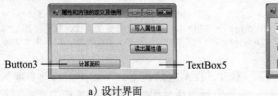

a）设计界面   b）运行界面

图 9-3 方法的定义及使用

9.2.7 定义事件

我们已经知道，VB.NET 为许多预定义的类创建了一系列事件。例如，Button、TextBox 等类都有一系列预先定义好的事件，如 Click 事件、TextChanged 事件等，这些事件是在创建类时预先定义好的，而在对象上发生这些事件时要完成的功能，需要由用户自己编写相应的代码，即编写事件过程来实现。

也可以为自定义的类创建事件。创建事件与创建属性、方法的最大区别在于：属性和方法对应的代码是在创建类时预先设计好的。而对于事件，在创建类时只是声明事件，并决定该事件在什么时候被触发，对于发生事件后应执行什么样的操作，则需要编写事件过程来实现。

在所创建的类中添加事件的步骤如下：

1）在类中使用 Event 语句声明一个事件，其格式如下：

```
[Public|Private|Protected] Event 事件名称 ([形参表])
```

说明：

① Public、Private、Protected：用于指定该事件可以被访问的范围。如果省略，则默认为 Public。

②形参表：是事件用来传递数据的参数，执行事件常需要传递参数，以响应事件的执行情况，也可以没有参数。

2）在类中的某个方法中，使用 RaiseEvent 语句触发事件，其格式如下：

```
RaiseEvent 事件名称 ([实参表])
```

说明：

①事件名称：指要被触发的事件名称。该事件必须是已经使用步骤 1）声明的事件。

②实参表：指事件发生时需要传递的实际参数。实际参数的类型、数量要与 1）中所声明事件的形参表中的参数的类型、个数保持一致。

要使用类中定义的事件，还需要完成以下操作：

1）用 WithEvents 关键字声明一个对象，格式如下：

```
Dim WithEvents 对象名 As New 类名
```

2）为对象响应该事件编写相应的事件过程，这和前面编写事件过程的方法相同。编写事件过程时，通常以"对象名_事件名"作为事件过程的名称，并以"Handles"关键字来指定此过程所要处理的是哪一个事件，其语法格式如下：

```
Private Sub 对象名_事件名 (参数列表) Handles 对象名.事件名
```

【例 9-3】在例 9-2 定义的 Rectangle 类中，定义一个 InvalidData 事件，当使用 Area 方法计算的面积小于 0 时，引发该事件，并返回面积 0。然后编写 c1_InvalidData 事件过程实现：当计算的面积小于 0 时，用消息框给出提示。

代码设计：按以下步骤添加或修改代码：

1）在 Rectangle 类中，使用 Event 语句声明事件 InvalidData；在 Rectangle 类中的 Area 方法中，使用 RaiseEvent 语句触发 InvalidData 事件。定义 Rectangle 类的代码如下：

```
Public Class Rectangle                      ' 定义矩形类
    Dim W As Integer                        ' 定义变量 W 用于存储宽度属性
    Dim H As Integer                        ' 定义变量 H 用于存储高度属性
    Public Property Width() As Integer      ' 定义宽度属性
        Get
            Return W
        End Get
        Set(ByVal Value As Integer)
            W = Value
        End Set
    End Property
    Public Property Height() As Integer     ' 定义高度属性
```

```
        Get
            Return H
        End Get
        Set(ByVal Value As Integer)
            H = Value
        End Set
    End Property
    Public Event InvalidData()                  ' 声明事件 InvalidData
    Public Function Area() As Integer           ' 定义计算面积的方法 Area
        If W * H < 0 Then
            RaiseEvent InvalidData()            ' 引发 InvalidData 事件
            Return 0
        Else
            Return W * H
        End If
    End Function
End Class
```

2）将对象 c1 改成用 WithEvents 关键字声明。

```
Dim WithEvents c1 As New Rectangle
```

3）编写对象 c1_InvalidData 的事件过程。

```
Private Sub c1_InvalidData() Handles c1.InvalidData
    MsgBox("出现了非法面积，将面积作为 0 看待")
End Sub
```

运行时，首先输入一对乘积为负数的宽度和高度值，单击"写入属性值"按钮写入属性，再单击"计算面积"按钮，在计算面积时会引发 InvalidData 事件，显示如图 9-4 所示的消息框，并输出面积 0，如图 9-5 所示。

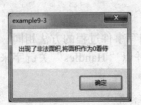

图 9-4　引发 InvalidData 事件的消息提示　　　　图 9-5　面积为负数时输出 0

9.2.8　构造函数和析构函数

1. 构造函数

我们已经知道，在定义一个变量的同时，可以为变量指定一个初始值，也就是对变量进行初始化。同样，在创建一个对象的同时，也可以为其数据成员提供初始值，对该对象进行初始化。对象的初始化由类中一个特殊的成员函数完成，这个成员函数称为构造函数。在类中定义构造函数的一般格式如下：

```
Public Sub New ([形参表])
…
End Sub
```

说明

1）构造函数的名称必须是 New，且必须是一个访问权限为 Public 的 Sub 过程。

2）构造函数可以重载，即可以在类中定义多个参数个数不同或参数类型不同而名称都为 New 的构造函数。在创建对象时，系统会根据参数的类型及个数选择调用某一个合适的构造函数完成对象的初始化。

3）在创建对象时，系统会自动调用构造函数，而不能像在程序中调用普通函数那样显式地调用构造函数。

【**例 9-4**】在例 9-3 的基础上，为 Rectangle 类创建一个构造函数。

定义 Rectangle 类的代码如下：

```
Public Class Rectangle              ' 定义矩形类
    Dim W As Integer                ' 定义变量 w 用于存储宽度属性
    Dim H As Integer                ' 定义变量 H 用于存储高度属性
    ' 定义构造函数
    Public Sub New(ByVal a As Integer, ByVal b As Integer)
        W = a
        H = b
    End Sub
    Public Property Width() As Integer      ' 定义宽度属性
    ...
    End Property
    Public Property Height() As Integer     ' 定义高度属性
    ...
    End Property
End Class
```

这样，在代码中就可以用以下语句创建对象 c1，并将其 Width 属性和 Height 属性初始化为 10 和 20。

```
Dim WithEvents c1 As New Rectangle(10, 20)
```

2. 默认构造函数

每个类都必须有一个构造函数，没有构造函数就不能创建对象。如果在类中没有显式定义构造函数，则系统会自动为该类生成一个默认的构造函数，其格式如下：

```
Public Sub New()
End Sub
```

该默认构造函数没有参数，函数体为空，它仅负责创建对象，而不做任何初始化工作。

如果在类中已经显式定义过任何形式的构造函数，系统就不再生成默认的构造函数了。例如，对于上面定义的 Rectangle 类，由于在其中已经定义了一个构造函数，这样系统就不再生成默认构造函数，所以用语句 Dim c1 As New Rectangle 创建对象 c1 时会出错，因为在执行该语句时，系统会自动到类中寻找没有参数的构造函数来创建对象 c1，但类中并没有该构造函数，因此出错。这时就需要在类中再人为增加一个没有参数的构造函数，则定义 Rectangle 类的代码如下：

```
Public Class Rectangle                  ' 定义矩形类
    Dim W As Integer                    ' 定义变量 w 用于存储宽度属性
    Dim H As Integer                    ' 定义变量 H 用于存储高度属性
    ' 定义带参数的构造函数
    Public Sub New(ByVal a As Integer, ByVal b As Integer)
        W = a
        H = b
    End Sub
    ' 定义不带参数的构造函数
    Public Sub New()
    End Sub
    Public Property Width() As Integer      ' 定义宽度属性
    ...
    End Property
    Public Property Height() As Integer     ' 定义高度属性
    ...
    End Property
End Class
```

3．析构函数

对象可以被创建，也可以被销毁，就像变量一样，具有生存周期。当创建一个对象时，系统会自动为它分配一定的系统资源。当销毁对象时，系统会自动收回所分配的资源，如关闭数据文件、释放所分配的内存空间等。

在对象的生存周期结束时，系统将自动调用析构函数完成对象的销毁，析构函数是一个名称为 Finalize 的 Sub 过程，用户可以在自己建立的类中重载 Finalize，完成对象的销毁工作。Visual Basic 2005 及更高版本允许使用另一种类型的析构函数 Dispose，在任何时候显式调用该函数来立即释放资源。

9.3　类的继承

在面向对象的程序设计中，可以在已有类的基础上通过增加新特征而派生出新的类，这种机制称为继承。在继承关系中，被继承的类称为基类或父类，通过继承关系定义出来的新类则称为派生类或子类。

9.3.1　派生类的定义

在 VB.NET 中使用 Inherits 语句来指明派生类的基类，定义派生类的格式如下：

```
[ 访问修饰符 ] Class 派生类名
    Inherits 基类名
    …
End Class
```

说明：

1）Inherits 语句必须紧跟在 Class 语句的后面。

2）派生类继承了基类中除构造函数和析构函数之外的全部成员，各成员的访问方式由其在基类中定义时所使用的访问修饰符（如 Public、Private、Protected 等）决定。

9.3.2　派生类的构造函数

由于派生类继承了基类中除构造函数和析构函数之外的全部成员，因此，若需要对派生类对象进行初始化，则需要定义新的构造函数，并且该构造函数负责调用基类的构造函数，以完成基类有关成员的初始化工作。定义派生类的构造函数的一般格式如下：

```
Public Sub New( 派生类构造函数总形参表 )
    MyBase.New( 基类构造函数形参数 )
    派生类数据成员的初始化
End Sub
```

说明：

1）关键字 MyBase 表示当前派生类的基类，MyBase.New(...) 表示调用基类的构造函数，并对基类的有关数据成员进行初始化。

2）"派生类构造函数总形参表"中的参数必须包括既能初始化派生类的数据成员，又能初始化其基类的数据成员的全部参数，也就是说，MyBase.New(基类构造函数形参表) 中的"基类构造函数形参表"的参数来自"派生类构造函数总形参表"。

【例 9-5】定义一个表示点的类 Point，然后在 Point 类的基础上派生出一个表示圆的类 Circle，并编写有关的程序进行测试。

界面设计：新建一个 Windows 窗体应用程序项目，向窗体上添加 2 个标签控件 Label1、Label2，如图 9-6 所示。

代码设计：

1）进入代码窗口，与当前窗体类并列定义一个点类 Point，其中含有两个数据成员 X 和 Y，分别用来保存点的横坐标和纵坐标；在 Point 类中定义一个带参数的构造函数，实现对数据成员 X 和 Y 的初始化，同时定义一个没有参数的构造函数；定义属性"横坐标"和"纵坐标"，使其与数据成员 X 和 Y 关联，以便借助这两个属性对数据成员 X、Y 进行读写操作。

2）以 Point 类为基类，定义其派生类 Circle，并在 Circle 类中增加一个表示半径的新数据成员 R；在 Circle 类中定义构造函数，并在该构造函数内调用基类 Point 的构造函数，以完成对基类数据成员的初始化，同时完成自身数据成员 R 的初始化；定义一个没有参数的构造函数；定义属性"半径"，使其与数据成员 R 关联，以便借助这个属性对数据成员 R 进行读写操作。

3）在窗体类 Form1 中的 Form1_Click 事件过程中分别定义 Point 类的对象 P 和 Circle 类的对象 C，然后输出这两个对象的有关成员数据。

全部代码如下：

```
Public Class Form1
     Private Sub Form1_Click(ByVal sender As Object, ByVal e As System.EventArgs)
Handles Me.Click
          Dim P As New point(10, 20)           ' 定义点类的对象 p
          Dim C As New Circle(30, 40, 10)      ' 定义圆类的对象 c
          Label1.Text = "点 P 的坐标为 (" & P.横坐标 & "," & P.纵坐标 & ")"
          Label2.Text = "圆 C 的圆心坐标为 (" & C.横坐标 & "," & C.纵坐标 & "), 半径为 "
& C.半径
          End Sub
     End Class
     Public Class point                        ' 定义点类
          Private X As Single                   ' 定义数据成员 X 用于保存横坐标属性
          Private Y As Single                   ' 定义数据成员 Y 用于保存纵坐标属性
          Public Sub New(ByVal px, ByVal py)    ' 定义有参数的构造函数
              X = px
              Y = py
          End Sub
          Public Sub New()                      ' 定义无参数的构造函数
          End Sub
          Public Property 横坐标() As Single     ' 定义属性 " 横坐标 "
              Get
                  Return X                      ' 返回横坐标
              End Get
              Set(ByVal value As Single)
                  X = value                     ' 设置横坐标
              End Set
          End Property
          Public Property 纵坐标() As Single     ' 定义属性 " 纵坐标 "
              Get
                  Return Y                      ' 返回纵坐标
              End Get
              Set(ByVal value As Single)
                  Y = value                     ' 设置纵坐标
              End Set
          End Property
     End Class
     Public Class Circle                        ' 定义派生类 Circle
          Inherits point                        ' 指定 Circle 的基类为 point
          Private R As Single                   ' 定义成员 R, 表示圆的半径
          ' 定义有参数的构造函数
          Public Sub New(ByVal cx As Single, ByVal cy As Single, ByVal cr As Single)
              MyBase.New(cx, cy)                ' 调用基类的构造函数
              R = cr                            ' 初始化派生类的成员 R
          End Sub
          Public Sub New()                      ' 定义无参数的构造函数
          End Sub
          Public Property 半径() As Single       ' 定义属性 " 半径 "
```

```
        Get
            Return R                ' 返回半径 R
        End Get
        Set(ByVal value As Single)
            R = value               ' 设置半径 R
        End Set
    End Property
End Class
```

运行时，单击窗体空白处，分别在 Label1 和 Label2 标签中输出 Point 类的对象 P 和 Circle 类的对象 C 的有关数据成员的值，如图 9-6b 所示。

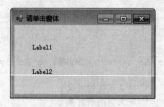

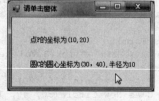

a）设计界面   b）运行界面

图 9-6 类的继承示例

可以看出，Circle 类的对象 C 继承了基类的数据成员 X 和 Y，表示圆心坐标，由于在 Point 类中，X 和 Y 被定义为私有成员（private），因此在 Circle 类中不能直接访问 X 和 Y，这就需要在 Circle 类的构造函数中使用 MyBase.New(cx,cy) 调用基类 Point 的构造函数，完成对圆心坐标 X 和 Y 的初始化。

要读取圆心坐标，可以直接使用从基类继承过来的"横坐标"和"纵坐标"两个属性，因为这两个属性在 Point 类中被定义为 Public。

9.4 类的多态性

多态性是面向对象程序设计的另一个重要特征。类的多态性可以通过重载和重写来实现。

9.4.1 重载

重载是指在类中存在多个同名的属性或方法的定义，但这些同名的属性或方法的参数个数或参数类型不同。重载有以下两种情况。

1）在同一个类中出现属性或方法的重载。这时，在定义属性或方法时，可以加上修饰符 Overloads，也可以不加，但只要其中有一个属性或方法加上了修饰符 Overloads，其他所有的重载属性或方法的定义中就必须都加上修饰符 Overloads。例如：

```
Public Class AddClass
    Public Overloads Function ad(ByVal x As Integer, ByVal y As Integer)
        Return x + y
    End Function
    Public Overloads Function ad(ByVal x As String, ByVal y As String)
        Return x & y
    End Function
End Class
```

以上代码定义了两个同名的方法 ad，其参数的类型不同。假设在某命令按钮的 Click 事件过程中编写了如下代码：

```
Private Sub Button1_Click(ByVal sender As System.Object, ByVal e As System.
EventArgs) Handles Button1.Click
    Dim c1 As New AddClass
```

```
            Debug.Print(c1.ad(2, 3))
            Debug.Print(c1.ad("2", "3"))
    End Sub
```

则运行时单击命令按钮 Button1，在即时窗口打印：

5
23

2）在派生类中重载从基类继承来的属性或方法时，需要在派生类中的相应属性和方法的定义中加上修饰符 Overloads。

由于重载提供了根据不同的输入参数自行启动相应的类函数的机制，所以重载使得方法或属性的使用更为容易和方便。

9.4.2 重写

派生类继承了基类的属性和方法之后，往往需要对继承的属性和方法进行改写或扩充，这就是重写。

重写与重载不同，重写要求重写的方法或属性与被重写的方法或属性的名称、参数个数、参数类型完全相同。

重写要求在基类中定义属性或方法时加上修饰符 Overridable，表示该方法或属性可以在派生类中被重写；同时在派生类中相应的方法或属性的定义中要加上修饰符 Overrides，表示对基类的属性或方法进行了重写。

【例 9-6】在例 9-5 的 Circle 类中，增加一个求圆面积的方法 Area，在 Circle 类的基础上派生出一个表示球的类 Ball，在 Ball 类中对 Circle 类的 Area 方法进行重写，求球的表面积。编写有关代码进行测试。

界面设计：打开例 9-6 的应用程序，在窗体上增加一个标签控件 Label3，如图 9-7a 所示。

代码设计：

1）打开代码窗口，在 Circle 类中添加求圆面积的方法 area。

```
Public Class Circle              ' 定义派生类 Circle
    ...
    Public Overridable Function area()       ' 定义求圆的面积的方法 area, 并允许重写
        Return Math.PI * R ^ 2               ' 返回圆的面积
    End Function
End Class
```

2）定义 Circle 类的派生类 Ball，在其中定义求球表面积的方法 area，实现对其父类 Circle 中 area 方法的重写。

```
Public Class Ball          ' 定义派生类 Ball
    Inherits Circle        ' 指定 Ball 的父类为 Circle
    Public Sub New(ByVal cx As Single, ByVal cy As Single, ByVal cr As Single)
        MyBase.New(cx, cy, cr)
    End Sub
    Public Sub New()          ' 定义无参数的构造函数
    End Sub
    Public Overrides Function area()              ' 对父类的 area 方法进行重写, 求球的表面积
        Return 4 * Math.PI * MyBase.半径 ^ 2    ' 返回球的面积
    End Function
End Class
```

3）在 Form1_Click 事件过程中增加定义 Ball 类的对象 B，并添加相关代码显示各对象的成员值，Form1_Click 事件过程如下：

```
Private Sub Form1_Click(ByVal sender As Object, ByVal e As System.EventArgs)
Handles Me.Click
```

```
    Dim P As New point(10, 20)          ' 定义点类的对象p
    Dim C As New Circle(30, 40, 10)     ' 定义圆类的对象c
    Dim B As New Ball(1, 2, 3)          ' 定义球类的对象B
    Label1.Text = "点P的坐标为 (" & P.横坐标 & "," & P.纵坐标 & ")"
    Label2.Text = "圆C的圆心坐标为 (" & C.横坐标 & "," & C.纵坐标 & "),半径为 " & C.半
径 & ",面积为 " & C.area()
    Label3.Text = "球B的中心坐标为 (" & B.横坐标 & "," & B.纵坐标 & "),半径为 " & B.半
径 & ",表面积为 " & B.area()
End Sub
```

运行时，单击窗体空白处，分别在 Label1、Label2 和 Label3 标签中输出 Point 类的对象 P、Circle 类的对象 C 和 Ball 类的对象 B 的有关数据成员的值，如图 9-7b 所示。

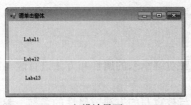
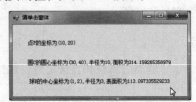

a）设计界面   b）运行界面

图 9-7   重写示例

可以看出，当用 Circle 类的对象 C 调用 area 方法时，执行的是 Circle 类中的方法，而用 Ball 类的对象 B 调用 area 方法时，执行的是派生类 Ball 中的方法。这就是类的多态性。

9.5   上机练习

【练习 9-1】设计 Windows 窗体应用程序，定义一个描述学生成绩信息的类 Student，数据成员包括班级、学号、姓名、数学、英语、物理。成员属性能分别返回或设置学生的成绩信息，包括班级、学号、姓名、数学、英语、物理。设计界面并编写有关代码测试该类的功能。参考界面如图 9-8 所示。

a）设计界面   b）运行界面

图 9-8   设置和读取属性

【练习 9-2】修改练习 9-1 的 Student 类，对成绩属性值的合法性进行判断，如果设置的成绩不在 0~100 分的范围之内，则用消息框给出相应的警告。参考消息框如图 9-9 所示。

【练习 9-3】在练习 9-2 的基础上继续设计，为 Student 类添加成员方法，用于计算平均成绩。修改界面并编写相关代码测试其功能。

【练习 9-4】在练习 9-3 的基础上继续设计，为 Student 类定义事件，在平均成绩小于 60 分时触发该事件，然后编写事件过程实现：当计算的平均成绩小于 60 分时，用消息框给警告。

【练习 9-5】在练习 9-4 的基础上继续设计，为 Student 类设计构造函数，包括有参数的构造函数和无参数的构造函数。编写有关代码测试构造函数的功能。

图 9-9   提示属性值超出范围

第 10 章　Visual Basic.NET 常用控件

界面设计是设计 Windows 窗体应用程序的重要组成部分，而控件是建立用户界面的基本要素。VB.NET 提供了大量的控件供用户使用，可以分为以下两大类：

1）可见控件：在设计阶段，当把可见控件添加到窗体上时，控件即显示在窗体中，运行时，可见控件在窗体上是可见的。例如，前面章节介绍的标签控件、命令按钮控件、文本框控件等，都属于可见控件。

2）不可见控件：在设计阶段，当把不可见控件添加到窗体上时，控件不是显示在窗体中，而是显示在窗体下方的专用面板中。运行时，不可见控件是不可见的。例如，前面章节用到的定时器控件就是不可见控件。

以前的章节中已经介绍了一些控件，如命令按钮、标签、文本框等，本章将继续介绍 VB.NET 中的其他一些常用控件。许多控件具有同名的属性，它们从相同的基类继承而来，名称相同，作用类似。例如，控件的 Name 属性、Text 属性、Enabled 属性、Visible 属性、BackColor 属性、ForeColor 属性等，这些属性在前面章节已介绍过，本章在介绍具体控件时，将只介绍控件的其他主要属性。

10.1　框架控件

框架控件也称为 GroupBox 控件，在工具箱中显示为  GroupBox 。GroupBox 控件是一种容器控件。容器控件简称容器，用来存放控件。放在同一个容器中的控件构成一组，跟随其容器移动，删除容器将同时删除其中的所有控件。

在窗体上单击 GroupBox 控件后，在控件的左上角会显示一个十字图标，拖曳该图标可以移动 GroupBox 控件。GroupBox 控件常用的属性有 Text 属性和 Enabled 属性。

1）Text 属性：决定要在框架上显示的标题。

2）Enabled 属性：决定框架及其中的控件是否有效。当框架的 Enabled 属性设置为 False 时，框架的标题变成暗灰色，而框架中的所有控件会同时无效。

图 10-1 用 两 个 框 架 控 件 GroupBox1 和 GroupBox2 将选择字体的单选按钮和选择文字颜色的单选按钮分成了两组。

GroupBox 控件不能显示滚动条。如果希望容器控件包含滚动条，可以使用面板控件。

图 10-1　用 GroupBox 控件对单选按钮进行分组

10.2　面板控件

面板控件也称为 Panel 控件，在工具箱中显示为  Panel 。Panel 控件也是一种容器控件，其作用与 GroupBox 控件类似。

与 GroupBox 控件一样，如果 Panel 控件的 Enabled 属性设置为 False，则也会禁用包含在 Panel 中的控件。

默认情况下，Panel 控件在显示时没有任何边框。可以通过设置其 BorderStyle 属性使其具有标准或三维边框。

与 GroupBox 控件不同的是，Panel 控件没有 Text 属性，所以不能在其上显示标题，但是可以通过设置 Panel 控件的 AutoScroll 属性使 Panel 控件带滚动条。当将 AutoScroll 属性设置为

True 时，使用滚动条可以滚动显示 Panel 控件中的所有控件。

图 10-2 显示了两个带有滚动条的 Panel 控件。

10.3　图片框控件

图片框控件也称为 PictureBox 控件，在工具箱中显
示为 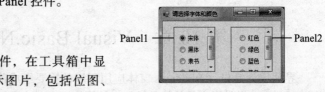。该控件用来显示图片，包括位图、
元文件、图标、JPEG、GIF 和 PNG 等格式的图片。

图 10-2　用 Panel 控件对控件进行分组

1．属性

PictureBox 控件常用的属性如下：

1）Image 属性：获取或设置要在 PictureBox 控件中显示的图片，是 Image 类型。将该属性
设置为 Nothing 可以清除 PictureBox 控件中显示的图片。

例如，设窗体上有一个图片框控件 PictureBox1，要在设计时为 PictureBox1 加载图片，可以
单击属性窗口的 Image 属性，然后单击该属性右侧的浏览按钮，在打开的"选择资源"对话框
中选择要加载的文件。

要在运行期给 PictureBox1 控件加载图片，可以使用以下代码：

```
Dim newImage As Image = Image.FromFile("d:\a.bmp")
PictureBox1.Image = newImage
```

或写成：

```
PictureBox1.Image = Image.FromFile("d:\a.bmp")
```

在代码中可以使用以下语句清除 PictureBox1 控件中的图片。

```
PictureBox1.Image = Nothing
```

2）ImageLocation 属性：获取或设置在 PictureBox 控件中显示图像的路径和文件名。其值为
String 类型。例如：

```
PictureBox1.ImageLocation = "d:\a.bmp"
```

3）SizeMode 属性：设置图片框中图片的显示方式，其值为 System.Windows.Forms 命名空
间下的 PictureBoxSizeMode 枚举类型，有以下取值：

- ❑ Normal：从 PictureBox 控件的左上角显示图片。如果图片比包含它的 PictureBox 控件大，
  则多余的部分不能显示出来。
- ❑ StretchImage：图片根据 PictureBox 控件的大小自动伸缩。
- ❑ AutoSize：自动调整 PictureBox 控件的大小，使其等于所包含的图片大小。
- ❑ CenterImage：将图片居中显示。如果图片比 PictureBox 控件大，则图片将居于 Picture-
  Box 控件的中心，多余的部分不能显示出来。
- ❑ Zoom：图片大小按其原有的大小比例被缩放。

例如，以下代码设置 PictureBox1 控件的 SizeMode 属性为 Zoom。

```
PictureBox1.SizeMode = PictureBoxSizeMode.Zoom
```

2．方法

图片框常用的方法是 Load，用于在图片框中显示指定的图片，使用格式为：

```
PictureBox 控件名 .Load (字符串)
```

功能：用于在图片框中显示由"字符串"指定的图片，并将 ImageLocation 的值设置为参数
"字符串"的值。

例如：

```
PictureBox1.Load("d:\a.bmp")
```

10.4 单选按钮控件

单选按钮控件也称为 RadioButton 控件，在工具箱中显示为 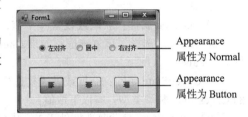。该控件用于提供一个可以打开或者关闭的选项。在使用时，一般将几个单选按钮组成一组，在同一组中，用户只能选择其中的一项。在 GroupBox 控件、Panel 控件或者窗体这样的容器中画单选按钮，就可以把这些单选按钮分组，同一容器中的单选按钮为一个组。运行时，当选择一个单选按钮时，同组中的其他单选按钮会自动取消选择。

1. 属性

1）Text 属性：获取或设置单选按钮中显示的文本。

2）Checked 属性：获取或设置一个值，该值表示单选按钮的状态。Checked 属性值为 True 时，表示选择了该单选按钮；Checked 属性值为 False 时，表示没有选择该单选按钮。默认值为 False。

3）Appearance 属性：获取或设置一个值，该值表示单选按钮的外观，其值为 System.Windows.Forms 命名空间下的 Appearance 枚举类型，有以下取值：

❑ Normal：单选按钮呈现为默认的旁边带有文本的圆形按钮。

❑ Button：单选按钮呈现为与命令按钮相同的形状，运行时按钮可以在按下和抬起两种状态之间切换。

图 10-3 是两组具有不同外观的单选按钮。

2. 事件

1）Click 事件：在单击单选按钮时发生。

图 10-3 两组具有不同外观的单选按钮

2）CheckedChanged 事件：当 Checked 属性值更改时发生。

【例 10-1】用单选按钮设计一个简单的工具栏，用于设置文本框文本的对齐方式。

界面设计：新建一个 Windows 窗体应用程序项目，在窗体顶部画一个 Panel 控件 Panel1。在 Panel1 中画 3 个单选按钮 RadioButton1 ～ RadioButton3，将它们的 Appearance 属性设置为 Button，使它们呈现为按钮的形状，清除各单选按钮的 Text 属性内容，并设置各单选按钮的 Image 属性，加载表示其功能的图片。再向窗体上添加一个文本框控件 TextBox1 并设置其 Text 属性，输入一些文字。由于文本框的初始文本对齐方式为左对齐，因此将 RadioButton1 的 Checked 属性设置为 True，使其处于按下状态，与文本框的初始对齐方式保持一致。界面如图 10-4a 所示。

代码设计：在各单选按钮的 Click 事件过程中编写代码，通过设置文本框的 TextAlign 属性实现将文本设置为左对齐、居中、右对齐。

```
Private Sub RadioButton1_Click(ByVal sender As Object, ByVal e As System.
EventArgs) Handles RadioButton1.Click
    TextBox1.TextAlign = HorizontalAlignment.Left
End Sub
Private Sub RadioButton2_Click(ByVal sender As Object, ByVal e As System.
EventArgs) Handles RadioButton2.Click
    TextBox1.TextAlign = HorizontalAlignment.Center
End Sub
Private Sub RadioButton3_Click(ByVal sender As Object, ByVal e As System.
EventArgs) Handles RadioButton3.Click
    TextBox1.TextAlign = HorizontalAlignment.Right
End Sub
```

远行时，单击各单选按钮，可以设置文本框文本的对齐方式，图 10-4b 为居中对齐。

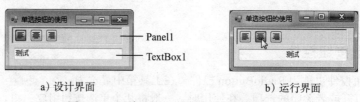

a）设计界面　　　　　　　　　　　b）运行界面

图 10-4　用单选按钮设计简单工具栏

10.5　复选框控件

复选框控件也称为 CheckBox 控件，在工具箱中显示为 ☑ CheckBox 。与单选按钮类似，该控件用于提供一个可以打开或者关闭的选项。默认情况下，选择复选框控件后，该控件显示符号✔，而取消选择后，符号✔消失，也可以设置复选框使其处于第三种状态，即灰度状态。可以按功能对复选框进行分组。

复选框和单选按钮功能相似，但二者之间也存在着明显差别：在一个容器中可以同时选择任意多个复选框，但在一个容器中只能选择一个单选按钮。

1. 属性

1）Checked 属性：获取或设置一个值，该值指示复选框是否被选中。如果 Checked 属性值为 True，则表示选择了该复选框；如果 Checked 属性值为 False，则表示没有选择该复选框。默认值为 False。

2）CheckState 属性：获取或设置复选框的状态，其值是 System.Windows.Forms 命名空间下的 CheckState 枚举类型。有以下取值：

❏ Unchecked：表示复选框处于未选中状态。

❏ Checked：表示复选框处于选中状态。

❏ Indeterminate：表示复选框处于灰度状态（不确定状态）。

默认值为 Unchecked。

图 10-5 显示了复选框的 3 种状态。

3）ThreeState 属性：获取或设置一个值，该值指示此复选框是否允许 3 种复选状态而不是两种。如果该属性值为 True，则复选框可以显示 3 种复选状态；如果该属性值为 False，则复选框只能显示两种状态。

4）Appearance 属性：获取或设置一个值，该值表示复选框的外观，其值为 System.Windows.Forms 命名空间下的 Appearance 枚举类型，有以下取值：

❏ Normal：复选框呈现为默认的外观。

❏ Button：复选框呈现为与命令按钮相同的形状，可以有按下和抬起两种外观。

图 10-6 是两种具有不同外观的复选框。

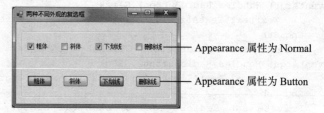

图 10-5　复选框的 3 种状态　　　图 10-6　两种具有不同外观的复选框

2. 事件

1）Click 事件：在单击复选框时发生。当 Click 事件发生时，复选框的状态会自动改变，Checked 和 CheckState 属性发生相应变化，同时触发 CheckedChanged 事件。

2）CheckedChanged 事件：当 Checked 属性值发生变化时触发该事件。

【例 10-2】在例 10-1 的基础上，添加一组工具栏按钮，用于设置文本框文字的样式与效果，包括粗体、斜体、下划线和删除线。

界面设计：由于文本框可以同时具有多种文字样式与效果，因此工具栏按钮可以用复选框来实现。在例 10-1 的界面基础上进一步修改，缩小 Panel1 控件的大小，在其右侧添加另一个面板控件 Panel2，在 Panel2 中添加 4 个复选框 CheckBox1 ～ CheckBox4，将它们的 Appearance 属性设置为 Button，使它们呈现为按钮的形状，清除各复选框的 Text 属性内容，并为各复选框的 Image 属性设置表示其功能的图片。界面如图 10-7a 所示。

代码设计：设置文本框的文字样式与效果需要通过设置其 Font 属性实现。控件的 Font 属性实际上是一个 Font 类型的对象，用于定义控件上文本的字体、字号、字形、样式、效果等。可以使用 Font 对象获取它的属性值，如获取它的字体、字号等，但不能为 Font 对象单独设置其任何一个属性值，如设置字体、字号等。例如，可以使用以下语句显示文本框 TextBox1 的字号：

```
MsgBox(TextBox1.Font.Size)
```

但不能使用以下语句设置文本框 TextBox1 的字号：

```
TextBox1.Font.Size = 8
```

因此如果需要在代码中修改控件的 Font 属性，就必须给其 Font 属性分配一个新的 Font 对象。Font 类有很多构造函数，用于创建不同的 Font 对象。例如，本例使用 New Font(TextBox1. Font, FontStyle.Underline Or TextBox1.Font.Style) 来创建一个新的 Font 对象，给 TextBox1 的文本加上下划线。

因为本例复选框的选择或取消选择由单击鼠标实现，所以代码应写在各复选框的 Click 事件过程中。具体如下：

```
Private Sub CheckBox1_Click(ByVal sender As Object, ByVal e As System.EventArgs)
Handles CheckBox1.Click
    If CheckBox1.Checked Then
        TextBox1.Font = New Font(TextBox1.Font, FontStyle.Bold Or TextBox1.Font.Style)
    Else
        TextBox1.Font = New Font(TextBox1.Font, Not FontStyle.Bold And TextBox1.
Font.Style)
    End If
End Sub
Private Sub CheckBox2_Click(ByVal sender As Object, ByVal e As System.EventArgs)
Handles CheckBox2.Click
    If CheckBox2.Checked Then
        TextBox1.Font = New Font(TextBox1.Font, FontStyle.Italic Or TextBox1.Font.
Style)
    Else
        TextBox1.Font = New Font(TextBox1.Font, Not FontStyle.Italic And TextBox1.
Font.Style)
    End If
End Sub
Private Sub CheckBox3_Click(ByVal sender As Object, ByVal e As System.EventArgs)
Handles CheckBox3.Click
    If CheckBox3.Checked Then
        TextBox1.Font = New Font(TextBox1.Font, FontStyle.Underline Or TextBox1.
Font.Style)
    Else
        TextBox1.Font = New Font(TextBox1.Font, Not FontStyle.Underline And
TextBox1.Font.Style)
    End If
End Sub
Private Sub CheckBox4_Click(ByVal sender As Object, ByVal e As System.EventArgs)
```

```
Handles CheckBox4.Click
        If CheckBox4.Checked Then
            TextBox1.Font = New Font(TextBox1.Font, FontStyle.Strikeout Or TextBox1.
Font.Style)
        Else
            TextBox1.Font = New Font(TextBox1.Font, Not FontStyle.Strikeout And
TextBox1.Font.Style)
        End If
    End Sub
```

运行时，单击每个复选框按钮，可以在按下和抬起两种状态下切换，同时改变文本框中文字的样式，如图 10-7b 所示。

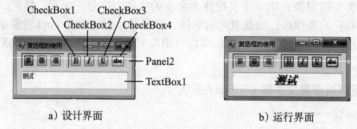

a）设计界面   b）运行界面

图 10-7 用复选框设置文字的样式与效果

10.6 工具提示控件

工具提示控件也称 ToolTip 控件，在工具箱中显示为 ToolTip，该控件是不可见控件。在 Windows 中经常可以看到，当将鼠标指向界面上的某个对象并停留一小段时间时，会弹出一个小窗口，显示关于该对象的简短说明。ToolTip 控件就是用来制作这种小弹出窗口的。

1. 属性

1）Active 属性：获取或设置一个值，指示工具提示控件当前是否可用，是 Boolean 类型。如果工具提示控件当前可用，该属性值为 True；否则值为 False，默认值为 True。

2）AutomaticDelay 属性：获取或设置工具提示出现的延迟时间。自动延迟时间以毫秒为单位，默认值为 500。每次设置 AutomaticDelay 属性时，默认情况下都会设置下列值。

❑ AutoPopDelay 属性：默认设置为 AutomaticDelay 属性值的 10 倍。

❑ InitialDelay 属性：默认设置为等于 AutomaticDelay 属性值。

❑ ReshowDelay 属性：默认设置为 AutomaticDelay 属性值的 1/5。

设置 AutomaticDelay 属性后，也可以单独设置上述属性。

3）AutoPopDelay 属性：获取或设置当鼠标指针位于控件上时工具提示窗口的显示时间，以毫秒为单位，默认值为 5000。

4）InitialDelay 属性：获取或设置工具提示窗口显示之前，指针必须在控件上保持静止的时间，以毫秒为单位。

5）ReshowDelay 属性：获取或设置指针从一个控件移到另一控件时，必须经过多长时间才会显示后面的工具提示窗口。

6）ShowAlways 属性：获取或设置一个值，该值指示是否显示工具提示窗口。如果该属性值为 True，则始终显示工具提示窗口，即使是在控件的容器不活动的时候。如果该属性值为 False，则只有当控件的容器活动时，才显示工具提示窗口。默认值为 False。

7）ToolTipIcon 属性：获取或设置一个值，该值定义要在工具提示文本旁显示的图标类型。

8）ToolTipTitle 属性：获取或设置工具提示窗口的标题。

2. 方法

1）SetToolTip 方法：使工具提示文本与指定的控件相关联。使用格式为：

```
ToolTip 控件名 .SetToolTip( 控件名 , 工具提示文本 )
```

其中，"控件名"指定需要添加提示文本的控件名称，"工具提示文本"为字符串类型。

2）RemoveAll 方法：移除当前与工具提示控件相关联的所有工具提示文本。使用格式为：

```
ToolTip 控件名 .RemoveAll()
```

【例 10-3】 给例 10-2 的每个按钮添加工具提示文本。

设计步骤如下：

1）打开例 10-2 的项目。

2）在窗体上的任意位置画一个 ToolTip 控件，使用其默认名称 ToolTip1，如图 10-8a 所示。

3）分别设置 RadioButton1 ～ RadioButton3 控件的"ToolTip1 上的 ToolTip"属性值为"左对齐"、"居中"、"右对齐"；分别设置 CheckBox1 ～ CheckBox4 控件的"ToolTip1 上的 ToolTip"属性值为"粗体"、"斜体"、"下划线"、"删除线"。

运行程序，用鼠标指针指向每一个 RadioButton 控件，会有相应的文本提示，如图 10-8 所示。

以上第 3）步设计也可以改成用以下代码实现：

```
Private Sub Form1_Load(ByVal sender As System.Object, ByVal e As System.
EventArgs) Handles MyBase.Load
    ToolTip1.SetToolTip(RadioButton1, " 左对齐 ")
    ToolTip1.SetToolTip(RadioButton2, " 居中 ")
    ToolTip1.SetToolTip(RadioButton3, " 右对齐 ")
    ToolTip1.SetToolTip(CheckBox1, " 粗体 ")
    ToolTip1.SetToolTip(CheckBox2, " 斜体 ")
    ToolTip1.SetToolTip(CheckBox3, " 下划线 ")
    ToolTip1.SetToolTip(CheckBox4, " 删除线 ")
End Sub
```

a）设计界面

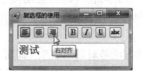

b）运行界面

图 10-8　工具提示控件示例

10.7　列表框控件

列表框控件也称为 ListBox 控件，在工具箱中显示为 ![ListBox] 。该控件用于显示项目列表，从列表中可以选择一项或多项。如果项目总数超过了列表框当前可显示的项目数，VB.NET 会自动给列表框加上滚动条。

1．属性

1）Items 属性：表示列表框的列表项的集合。在设计时，在属性窗口单击该属性旁边的浏览按钮 ![...]，可以打开如图 10-9 所示的"字符串集合编辑器"对话框，在对话框中

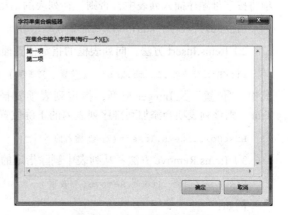

图 10-9　字符串集合编辑器

直接输入列表项，输入每一个列表项后按 Enter 键换行。在编写代码时，用 Items(0) 引用列表框的第一项，用 Items(1) 引用第二项，……例如，引用列表框 ListBox1 的第 6 项表示为 ListBox1. Items(5)。获取列表框 ListBox1 的列表项总数，使用 ListBox1.Items.Count。

2）SelectedIndex 属性：获取或设置列表框中当前选项的索引，在设计时不可用。列表项的索引从 0 开始，即第一项的索引为 0，第二项的索引为 1，……如果没有在列表框中选择项目，则 SelectedIndex 属性的值为 -1。

3）SelectedItem 属性：该属性是 Object 类型，用于获取或搜索 ListBox 中的当前选项，在设计时不可用。如果将该属性设置为某字符串值，则在列表内搜索与指定字符串匹配的项并选择该项。如果在列表框中同时选择了多个列表项，则该属性返回第一个选项。

4）Text 属性：该属性是 String 类型，用于获取或搜索 ListBox 中当前选项的文本，在设计时不可用。如果将该属性设置为某字符串值，则在列表内搜索与指定字符串匹配的项并选择该项。如果在列表框中同时选择了多个列表项，则该属性返回第一个选项的文本。

5）SelectedIndices 属性：获取一个集合，该集合包含列表框中所有当前选择项在列表框中对应的索引值。

6）SelectedItems 属性：获取一个集合，该集合包含列表框中所有选择项的内容。

7）SelectionMode 属性：获取或设置一个值，该值指示是否能够同时选择列表框中的多个项，以及如何进行选择。该属性在运行时是只读的，其类型为 System.Windows.Forms 命名空间下的 SelectionMode 枚举类型，有以下 4 种取值：

❑ None：表示不允许选择

❑ One：默认值，表示只能选择一项。

❑ MultiSimple：单击或按空格键可在列表中选择或取消选择列表项。

❑ MultiExtended：按下 Shift 键并单击鼠标，或按下 Shift 键以及一个箭头键将在之前选项的基础上扩展选择到当前选项；按下 Ctrl 键并单击鼠标，可在列表中选择或取消选择列表项。

8）Sorted 属性：指定列表项是否自动按字母表顺序排序。将 Sorted 属性设置为 True，表示列表项按字母表顺序排序，设置为 False，表示列表项不按字母表顺序排序。

2. 方法

列表框控件常用的方法是对其列表项（即对列表框的 Items 集合）进行添加和删除，主要如下：

1）Items.Add 方法：向列表框中添加新的列表项。使用格式为：

```
ListBox 控件名 .Items.Add( 列表项 )
```

其中，"列表项"表示要添加到列表中的对象，如果列表框的 Sorted 属性设置为 True，则该列表项将按字母顺序插入列表中，否则，在列表的结尾处插入列表项。例如：

```
ListBox1.Items.Add(" 添加的新项 ")
```

2）Items.Insert 方法：向列表框的指定位置插入新的列表项。使用格式为：

```
ListBox 控件名 .Items.Insert( 位置 , 列表项 )
```

其中，"位置"是 Integer 类型，指定列表项要插入的位置。如果列表框的 Sorted 属性设置为 True，则该列表项会添加到排序列表内的正确位置，而不考虑"位置"参数指定的值。例如：

```
ListBox1.Items.Insert(2, " 插入的新项 ")
```

3）Items.Remove 方法：从列表中删除指定的列表项，使用格式为：

```
ListBox 控件名 .Items.Remove( 列表项 )
```

例如：

```
ListBox1.Items.Remove(" 添加的新项 ")
```

4）Items.RemoveAt 方法：从列表中删除指定位置的列表项，使用格式为：

```
ListBox 控件名 .Items.RemoveAt( 位置 )
```

其中，"位置"是 Integer 类型，指定要删除的列表项的位置。

例如：

```
ListBox1.Items.RemoveAt(2)
```

5）Items.Clear 方法：清除列表框中的所有列表项，使用格式为：

```
ListBox 控件名 .Items.Clear()
```

例如：

```
ListBox1.Items.Clear()
```

3．事件

1）Click 事件：在单击列表框控件时发生。

2）DoubleClick 事件：在双击列表框控件时发生。

3）SelectedIndexChanged 事件：在 SelectedIndex 属性或 SelectedIndices 集合更改后发生。

【例 10-4】用列表框管理游戏列表，实现从所有游戏列表中选择自己喜欢的游戏，添加到"我的收藏"列表中。在"我的收藏"列表中双击某游戏名称可以打开相应的游戏。

界面设计：新建一个 Windows 窗体应用程序项目，向窗体上添加两个列表框 ListBox1 和 ListBox2，在属性窗口设置 ListBox1 的 Items 属性，输入所有游戏名称。在 ListBox1 和 ListBox2 之间画 4 个命令按钮，界面如图 10-10a 所示。假设各命令按钮完成的功能如下：

- Button1：将左侧列表框中选择的项目移动到右侧列表框中。
- Button2：将右侧列表框中选择的项目移动到左侧列表框中。
- Button3：将左侧列表框中的所有项目移动到右侧列表框中。
- Button4：将右侧列表框中的所有项目移动到左侧列表框中。

代码设计：下面依次给出各命令按钮的 Click 事件过程。

1）将左侧列表框中选择的项目移动到右侧列表框中。

```
Private Sub Button1_Click(ByVal sender As System.Object, ByVal e As System.
EventArgs) Handles Button1.Click
    If ListBox1.Items.Count = 0 Then          ' 如果左侧列表框为空
        MsgBox("左列表中已没有可选项", , "注意")
        Exit Sub                              ' 退出本事件过程
    End If
    If ListBox1.SelectedIndex >= 0 Then       ' 如果在 ListBox1 中选择了某列表项
        ListBox2.Items.Add(ListBox1.Text)     ' 将 ListBox1 选择项添加到 ListBox2 末尾
        ' 删除在 ListBox1 中选择的列表项
        ListBox1.Items.RemoveAt(ListBox1.SelectedIndex)
    Else                                      ' 如果没有选择任何列表项
        MsgBox("请先在左列表中选择某项", , "注意")
    End If
End Sub
```

2）将右侧列表框中选择的项目移动到左侧列表框中。

```
Private Sub Button2_Click(ByVal sender As System.Object, ByVal e As System.
EventArgs) Handles Button2.Click
    If ListBox2.Items.Count = 0 Then          ' 如果右侧列表框为空
        MsgBox("右列表中已没有可选项", , "注意")
        Exit Sub                              ' 退出本事件过程
    End If
    If ListBox2.SelectedIndex >= 0 Then       ' 如果在 ListBox2 中选择了某列表项
```

```
                    ' 将 ListBox2 选择项的内容添加到 ListBox1 末尾
                    ListBox1.Items.Add(ListBox2.Text)
                    ' 删除在 ListBox2 中选择的列表项
                    ListBox2.Items.RemoveAt(ListBox2.SelectedIndex)
            Else                                    ' 如果没有选择任何列表项
                    MsgBox("请先在右列表中选择某项", , "注意")
            End If
        End Sub
```

3）将左侧列表框中的所有项移动到右侧列表框中。

```
Private Sub Button3_Click(ByVal sender As System.Object, ByVal e As System.
EventArgs) Handles Button3.Click
        For i = 0 To ListBox1.Items.Count - 1
            ListBox2.Items.Add(ListBox1.Items(0))' 将 ListBox1 的第 1 项添加到 ListBox2 末尾
            ListBox1.Items.RemoveAt(0)                   ' 删除 ListBox1 的第 1 项
        Next i
End Sub
```

4）将右侧列表框中的所有项移动到左侧列表框中。

```
Private Sub Button4_Click(ByVal sender As System.Object, ByVal e As System.
EventArgs) Handles Button4.Click
        For i = 0 To ListBox2.Items.Count - 1
            ListBox1.Items.Add(ListBox2.Items(0))' 将 ListBox2 的第 1 项添加到 ListBox1 末尾
            ListBox2.Items.RemoveAt(0)                   ' 删除 ListBox2 的第 1 项
        Next i
End Sub
```

注意，在执行全部移动的过程中，循环体每执行一次移动一项，因为每次移动一项后，原列表框剩余各项的位置自动前进一位，所以每次移动的都是列表框的第一项（即索引为 0 的项）。

5）当在右侧"我的收藏"列表中双击某游戏名称后，可以打开相应的游戏。只要在 ListBox2 列表框的 DblClick 事件过程中编写代码，用 Shell 函数执行相应的游戏程序即可，例如：

```
Private Sub ListBox2_DoubleClick(ByVal sender As Object, ByVal e As System.
EventArgs) Handles ListBox2.DoubleClick
        If ListBox2.Text = "红心大战" Then Shell("d:\mygames\hearts.exe", AppWinStyle.
NormalFocus)
        …        ' 在这里可以用类似的方法继续执行其他游戏程序
End Sub
```

运行时可以通过单击各命令按钮实现游戏列表项的移动，并执行收藏的游戏。运行界面如图 10-10b 所示。

ListBox1 ——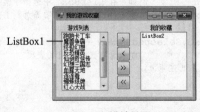

a）设计界面　　　　　　　　b）运行界面

图 10-10　列表框操作示例

10.8　复选列表框控件

复选列表框控件也称为 CheckedListBox 控件，在工具箱中显示为 CheckedListBox 。复选列表框控件与列表框控件类似，只不过在每个列表项的旁边多显示一个复选框，通过单击该复选框，可以选中或取消选中相应的列表项。

1．属性

由于 CheckedListBox 类由 ListBox 类继承而来，因此复选列表框控件与列表框控件的很多属性、事件、方法相同。例如，复选列表框控件也有 Items 属性、SelectedIndex 属性、Text 属性、SelectedIndices 属性、SelectedItems 属性、SelectionMode 属性、Sorted 属性等。但复选列表框控件的 SelectionMode 属性只能选择 None 和 One 两个值，也就是复选列表框控件不支持多选功能。另外，复选列表框控件还有以下常用属性。

1）CheckedItems 属性：表示复选列表框控件中选中的列表项集合。该集合中的每一项都有一个索引，索引从 0 开始。使用 CheckedItems 属性的 Count 子属性可以获取选中的列表项数。例如，以下代码在即时窗口打印在 CheckedListBox1 控件中选中的列表项。

```
For i = 0 To CheckedListBox1.CheckedItems.Count - 1
    Debug.Print(CheckedListBox1.CheckedItems(i))
Next i
```

2）CheckedIndices 属性：获取复选列表框控件中选中列表项的索引的集合，该属性同样具有 Count 子属性。例如，以下代码在即时窗口打印在 CheckedListBox1 控件中选中列表项的索引。

```
For i = 0 To CheckedListBox1.CheckedIndices.Count - 1
    Debug.Print(CheckedListBox1.CheckedIndices(i))
Next i
```

3）CheckOnClick 属性：获取或设置一个值，该值指示当单击列表项时，是否立即切换复选框的状态。如果该属性值为 True，则运行时，单击列表项立即切换复选框的状态；如果该属性值为 False，则运行时首次单击列表项只是选择了该列表项，再次单击才能改变其复选框的状态。默认值为 False。

2．方法

1）SetItemChecked 方法：设置是否选中指定索引处的列表项。使用格式为：

```
CheckedListBox 控件名 .SetItemChecked( 索引，值 )
```

其中，参数"索引"为要设置的列表项的索引，参数"值"为布尔值 True 或 False，设置为 True 表示要选中指定的列表项，设置为 False 表示取消选中。例如：

```
CheckedListBox1.SetItemChecked(2, True)
```

表示选中索引为 2 的列表项。

2）GetItemChecked 方法：返回表示指定的列表项是否被选中的值，可以为 True 或 False。如果为 True，则表示指定的列表项被选中。使用格式为：

```
CheckedListBox 控件名 .GetItemChecked( 索引 )
```

其中，参数"索引"表示列表项的索引。例如：

```
If CheckedListBox1.GetItemChecked(2) Then CheckedListBox1.Items.RemoveAt(2)
```

表示如果选中了索引为 2 的列表项，则将其从列表中删除。

【例 10-5】 将例 10-4 改为用复选列表框管理游戏列表。实现从所有游戏列表中选择自己喜欢的游戏，添加到'我的收藏'列表中。在'我的收藏'列表中双击某游戏名称可以打开相应的游戏。

界面设计：新建一个 Windows 窗体应用程序项目，向窗体上添加两个复选列表框控件 CheckedListBox1 和 CheckedListBox2，在属性窗口设置 CheckedListBox1 的 Items 属性，输入所有游戏名称。在 CheckedListBox1 和 CheckedListBox2 之间画 2 个命令按钮，功能如下：

　　Button1：将左侧列表框中选中的项目移动到右侧列表框中。

　　Button2：将右侧列表框中选中的项目移动到左侧列表框中。

在 CheckedListBox1 控件的下方添加一个 CheckBox 控件 CheckBox1，将其 Text 属性设置为

"全选"，在 CheckedListBox2 下方添加一个 CheckBox 控件 CheckBox2，将其 Text 属性设置为 "全选"，界面如图 10-11a 所示。

代码设计：

1）设计 Button1 按钮的 Click 事件过程，实现将左侧列表框中选中的项目移动到右侧列表框中。

```
Private Sub Button1_Click(ByVal sender As System.Object, ByVal e As System.
EventArgs) Handles Button1.Click
      If CheckedListBox1.Items.Count = 0 Then          ' 如果左侧列表框为空
         MsgBox("左列表中已没有可选项", , "注意")
         Exit Sub                                      ' 退出本事件过程
      End If
      If CheckedListBox1.CheckedItems.Count > 0 Then   ' 如果在左侧列表中选中了列表项
         For i = 0 To CheckedListBox1.CheckedItems.Count - 1
            ' 将左侧列表的选项添加到右侧列表的末尾
            CheckedListBox2.Items.Add(CheckedListBox1.CheckedItems(0))
            ' 删除左侧列表的勾选项
            CheckedListBox1.Items.Remove(CheckedListBox1.CheckedItems(0))
         Next i
      Else                                             ' 如果没有选中任何列表项
         MsgBox("请先在左列表中选择某项", , "注意")
      End If
      CheckBox1.Checked = False                        ' 使"全选"复选框处于未选状态
End Sub
```

2）设计 Button2 按钮的 Click 事件过程，实现将右侧列表框中选中的项目移动到左侧列表框中。

```
Private Sub Button2_Click(ByVal sender As System.Object, ByVal e As System.
EventArgs) Handles Button2.Click
      If CheckedListBox2.Items.Count = 0 Then          ' 如果右侧列表框为空
         MsgBox("右列表中已没有可选项", , "注意")
         Exit Sub                                      ' 退出本事件过程
      End If
      If CheckedListBox2.CheckedItems.Count > 0 Then   ' 如果在右侧列表中选中了列表项
         For i = 0 To CheckedListBox2.CheckedItems.Count - 1
            ' 将右侧列表的选中项添加到左侧列表的末尾
            CheckedListBox1.Items.Add(CheckedListBox2.CheckedItems(0))
            ' 删除右侧列表的选中项
            CheckedListBox2.Items.Remove(CheckedListBox2.CheckedItems(0))
         Next i
      Else                                             ' 如果没有选择任何列表项
         MsgBox("请先在右列表中选择某项", , "注意")
      End If
      CheckBox2.Checked = False                        ' 使"全选"复选框处于未选状态
End Sub
```

3）编写"全选"复选框的 CheckedChanged 事件过程，实现运行时单击"全选"复选框，对应的复选列表框的列表项被全部选中或全部取消选中，以 CheckBox1 为例，代码如下：

```
Private Sub CheckBox1_CheckedChanged(ByVal sender As System.Object, ByVal e As
System.EventArgs) Handles CheckBox1.CheckedChanged
      If CheckBox1.Checked Then
         For i = 0 To CheckedListBox1.Items.Count - 1
            CheckedListBox1.SetItemChecked(i, True)
         Next i
      Else
         For i = 0 To CheckedListBox1.Items.Count - 1
            CheckedListBox1.SetItemChecked(i, False)
         Next i
```

```
      End If
   End Sub
```

4）当在右侧"我的收藏"列表中双击某游戏名称后，可以打开相应的游戏。只要在 CheckedListBox2 列表框的 DoubleClick 事件过程中编写代码，用 Shell 函数执行相应的游戏程序即可，例如：

```
Private Sub CheckedListBox2_DoubleClick(ByVal sender As Object, ByVal e As
System.EventArgs) Handles CheckedListBox2.DoubleClick
      If CheckedListBox2.Text = " 红心大战 " Then Shell("d:\mygames\hearts.exe",
AppWinStyle.NormalFocus)
      …         ' 在这里可以用类似的方法继续执行其他游戏程序
   End Sub
```

运行时，通过手动选中列表项，或选择"全选"复选框，然后单击命令按钮实现游戏列表项的移动，双击"我的收藏"列表执行收藏的游戏。运行界面如图 10-11b 所示。

a）设计界面　　　　　　　　　　　　　　　　　　　　b）运行界面

图 10-11　复选列表框操作示例

10.9　组合框控件

组合框控件也称为 ComboBox 控件，在工具箱中显示为 ▦ ComboBox 。组合框的作用与列表框类似，只是组合框控件将文本框和列表框的特性结合在一起，既可以在控件的文本框（编辑域）部分输入信息，也可以在控件的列表框部分选择列表项。另外，组合框可以将列表项折叠起来，使用时再通过下拉列表进行选择，所以使用组合框比使用列表框更节省界面空间。

1. 属性

1）Items 属性：表示组合框列表部分的项目集合。与 ListBox 控件的 Items 属性类似。在代码中，用 Items(0) 引用组合框的第一项，用 Items(1) 引用第二项……例如，引用组合框 ComboBox1 列表的第 4 项表示为 ComboBox1.Items(3)；使用 ComboBox1.Items.Count 获取组合框 ComboBox1 的列表总项目数。

2）SelectedIndex 属性：获取或设置在组合框中选择项目的索引，在设计时不可用。组合框的索引从 0 开始，即第一项的索引为 0，第二项的索引为 1……如果没有在列表中选择项目，或者向其文本框部分输入了新的文本，则 SelectedIndex 的值为 −1。

3）SelectedItem 属性：获取或设置组合框中当前选中列表项的内容，在设计时不可用。

4）DropDownStyle 属性：获取或设置组合框的显示形式，其值是 System.Windows.Forms 命名空间下的 ComboBoxStyle 枚举类型，有以下取值：

❑ DropDown：这是组合框的默认样式。组合框显示形式为下拉组合框，包括一个文本框和一个下拉式列表。可以从列表中选择项目或在文本框中输入文本。该样式将选项列表折叠起来，当需要选择时，单击组合框旁边的下拉箭头，弹出选项列表，再单击进行选择，选择后列表会重新折叠起来，只显示被选择的项目，如图 10-12a 所示。

❑ Simple：组合框显示形式为简单组合框，包括一个文本框和一个列表框。文本部分可以编辑，列表部分始终可见，如图 10-12b 所示。

❑ DropDownList：组合框显示形式为下拉列表框。这种样式仅允许从下拉列表中选择列表项，不能在文本框中输入文本，列表可以折叠起来，如图 10-12c 所示。

　　　　a）下拉组合框　　　　b）简单组合框　　　　c）下拉列表框

图 10-12　组合框的几种样式

5）Text 属性：当组合框的 DropDownStyle 属性设置为 DropDown（下拉组合框）或为 Simple（简单组合框）时，Text 属性用于获取或设置编辑域中的文本。而当 DropDownStyle 属性设置为 DropDownList（下拉列表框）时，Text 属性为只读属性，运行时返回在列表中选择的项目。假设组合框的名称为 ComboBox1，且运行时选择了某列表项，则 ComboBox1.Text 的值总是与 ComboBox1.Items(ComboBox1.SelectedIndex) 的值相同。

6）Sorted 属性：表示列表项目是否自动按字母表顺序排序。将 Sorted 属性设置为 True，表示列表项目按字母表顺序排序；设置为 False，表示列表项目不按字母表顺序排序，默认值为 False。

2．方法

和列表框控件一样，组合框控件常用的方法是对其列表项，即对其 Items 集合进行添加和删除，包括 Items.Add 方法、Items.Insert 方法、Items.Remove 方法、Items.RemoveAt 方法、Items.Clear 方法。各方法的使用可以参考 10.7 节的介绍。

3．事件

1）DropDown 事件：当单击组合框的下拉箭头，显示组合框的下拉列表时，触发 DropDown 事件。

2）SelectedIndexChanged：在组合框的 SelectedIndex 属性更改后触发该事件。

3）TextChanged：当组合框可以接受文本编辑，且其编辑域内容发生变化时，触发 TextChanged 事件。

【例 10-6】使用组合框设置文本框的字体和字号。

界面设计：新建一个 Windows 窗体应用程序项目，参照图 10-13a 设计界面，步骤如下：

1）向窗体上添加一个组合框控件 ComboBox1，向 ComboBox1 的 Items 属性添加字符串集合：宋体、黑体、楷体、隶书，并将 ComboBox1 的 Text 属性设置为"宋体"。

2）向窗体上添加另一个组合框控件 ComboBox2，向 ComboBox2 的 Items 属性添加字符串集合：10、12、14、16，并将 ComboBox2 的 Text 属性设置为"10"。

3）向窗体上添加一个文本框控件 TextBox1，设置 TextBox1 的 Font 属性，使其中的文字初始字体为宋体、10 号字；设置 TextBox1 的 MultiLine 属性为 True，ScrollBars 属性为 Vertical，使其具有垂直滚动条；设置 TextBox1 的 Text 属性，输入一些文字。

代码设计：设运行时从组合框选择某种字体或字号后，用该字体或字号设置文本框文本的字体或字号，代码如下：

```
Public Class Form1
    Private Sub ComboBox1_SelectedIndexChanged(ByVal sender As System.Object,
ByVal e As System.EventArgs) Handles ComboBox1.SelectedIndexChanged
        TextBox1.Font = New Font(ComboBox1.Text, TextBox1.Font.Size)
    End Sub
    Private Sub ComboBox2_SelectedIndexChanged(ByVal sender As System.Object,
ByVal e As System.EventArgs) Handles ComboBox2.SelectedIndexChanged
        TextBox1.Font = New Font(TextBox1.Font.Name, Val(ComboBox2.Text))
    End Sub
End Class
```

运行界面如图 10-13b 所示。

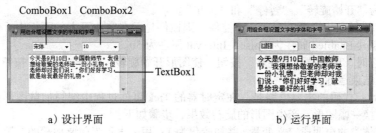

ComboBox1　ComboBox2

TextBox1

a）设计界面　　　　　　　　　b）运行界面

图 10-13　用组合框设置文字的字体和字号

10.10　定时器控件

定时器控件也称为 Timer 控件，在工具箱中显示为 Timer。该控件是一个不可见控件，用于每隔一定的时间间隔自动执行指定的操作。

1. 属性

Timer 控件有两个关键的属性：Enabled 属性和 Interval 属性。

1）Enabled 属性：将定时器的 Enabled 属性设置为 True 会启用定时器，将 Enabled 属性设置为 False 会关闭定时器。

2）Interval 属性：表示定时器的计时时间间隔，以毫秒为单位，是 Integer 类型。Interval 属性值不能小于 1。

2. 事件

Tick 事件：运行时当 Timer 控件设置为启用时，每隔一定时间就会触发一次 Tick 事件。触发 Tick 事件的时间间隔由 Interval 属性决定。可以在该事件过程中编写代码，以告诉 VB.NET 每隔一定时间要做什么。

3. 方法

1）Start 方法：启动定时器。

2）Stop 方法：停止定时器。

【例 10-7】使用 Image 控件和 Timer 控件自制简单的动画，实现图形的旋转。

素材准备：连续更换一组相关的图片可以产生动画效果，准备一组这样的相关图片。例如可以使用 Word 2010 的“插入”选项卡上的“形状”按钮画一个图形，设置一定的填充效果，将其复制到 Windows 画图工具中，保存成一个 bmp 文件（见图 10-14），然后在 Word 中对该图形按一定方向（如逆时针）进行旋转，每旋转一定角度（如 30 度）就使用相同的方法保存成一个 bmp 文件。这里假设保存了 12 个文件，名称为 tx1.bmp ～ tx12.bmp，暂时保存在 D:\tx 文件夹下。

新建一个 Windows 窗体应用程序项目，单击工具栏的“全部保存”按钮，在打开的“保存项目”对话框中指定好保存位置，在“名称”文本框中输入 example10-7，单击“保存”按钮，将工程文件保存在指定位置的 example10-7 文件夹下。

将准备好的素材图形文件夹 tx 移动到 example10-7\bin\Debug 文件夹下。

界面设计：参照图 10-14 设计界面，主要步骤如下：

1）向窗体上添加一个 PictureBox 控件，设名称为 PictureBox1。将 PictureBox1 的 BorderStyle 属性设置为 Fixed3D，SizeMode 属性设置为 StretchImage，Image 属性设置为所准备的素材图形的第一幅图形 tx1.bmp。

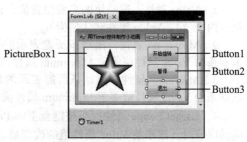

PictureBox1

Button1
Button2
Button3

图 10-14　使用 Timer 控件制作简单动画

2）向窗体上添加 3 个命令按钮，设名称为 Button1、Button2 和 Button3，将它们的 Text 属性分别设置为"开始旋转"、"暂停"和"退出"。

3）在窗体任意位置画一个 Timer 控件，则控件显示在窗体下方的面板中。使用其默认名称 Timer1，设置其 Enabled 属性为 False，Interval 属性为 50。

假设运行时，单击"开始旋转"按钮，使图形开始旋转，单击"暂停"按钮暂停旋转，单击"退出"按钮结束运行。

代码设计：代码的主要思路是，在定时器的 Tick 事件过程中编写加载图形的代码，实现每隔 50 毫秒更换一幅图形，产生图形的旋转效果，步骤如下：

1）在窗体类的声明段定义变量 i 并初始化为 1，用来表示当前要加载的是第几个图形。

```
Dim i As Integer = 1
```

2）在"开始旋转"按钮的 Click 事件过程中启动定时器。

```
Private Sub Button1_Click(ByVal sender As System.Object, ByVal e As System.
EventArgs) Handles Button1.Click
    Timer1.Enabled = True
End Sub
```

3）在"暂停"按钮的 Click 事件过程中关闭定时器。

```
Private Sub Button2_Click(ByVal sender As System.Object, ByVal e As System.
EventArgs) Handles Button2.Click
    Timer1.Enabled = False
End Sub
```

4）在定时器的 Tick 事件过程中加载图形，每加载一幅图形，对变量 i 累加 1，如果 i 的值等于 12，表示已经加载完所有 12 幅图形，则对 i 重新初始化，下次加载图形则从 tx1.bmp 开始。

```
Private Sub Timer1_Tick(ByVal sender As System.Object, ByVal e As System.
EventArgs) Handles Timer1.Tick
    i = i + 1
    PictureBox1.Load(Application.StartupPath & "\tx\" & i & ".bmp")
    If i = 12 Then i = 0
End Sub
```

5）在"退出"按钮的 Click 事件过程中输入 End 语句，结束程序运行。

10.11 滚动条控件

VB.NET 提供两种滚动条控件：水平滚动条和垂直滚动条。水平滚动条在工具箱中显示为  HScrollBar，垂直滚动条在工具箱中显示为  VScrollBar。两种滚动条除了显示方向不同外，结构和操作方式完全一样。水平滚动条的结构如图 10-15 所示，两端各有一个滚动箭头，中间有一个滚动块。滚动条通常用来辅助显示内容较多的信息，或用来对要显示的内容进行简便的定位，也可以作为数量或进度的指示器。

图 10-15 滚动条结构

1. 属性

1）Value 属性：滚动块的当前位置值，该值始终介于 Minimum 和 Maximum 属性值之间（包括这两个值）。Value 属性默认值为 0。

2）Maximum 属性：滚动条所能表示的最大值。当滚动块移动到滚动条的最右端或底部时，滚动条的 Value 属性值等于 Maximum 属性值。Maximum 属性默认值为 100。

3）Minimum 属性：滚动条所能表示的最小值。当滚动块移动到滚动条的最左端或顶部时，滚动条的 Value 属性值等于 Minimum 属性值。Minimum 属性默认值为 0。

4）LargeChange 属性：当按键盘上的 PageUp 或 PageDown 键，或单击滚动块和滚动箭头之间的区域时，滚动条 Value 属性值的改变量。

5）SmallChange 属性：当按键盘上的方向键←、↑、→、↓，或单击滚动箭头时，滚动条的 Value 属性值的改变量。

注意，VB.NET 滚动条的最大值只能以编程方式达到，不能通过运行时的用户交互达到。通过用户交互可达到的最大值为 Maximum−LargeChange+1。

2. 事件

1）ValueChange 事件：当滚动块的位置发生变化后，即 Value 属性值改变后触发该事件。

2）Scroll 事件：当滚动条的滚动块移动时，触发该事件。

【例 10-8】 使用滚动条控制颜色的红、绿、蓝分量的值，用来设置图形的填充颜色。

界面设计：新建一个 Windows 窗体应用程序项目，参考图 10-16a 设计界面，主要步骤如下：

1）使用工具箱的 HScrollBar 控件在窗体上画 3 个水平滚动条 HScrollBar1、HScrollBar2、HScrollBar3。将各滚动条的 LargeChange 属性设置为 10，SmallChange 属性设置为 1。由于颜色的红、绿、蓝分量的取值范围均为 0 ~ 255，因此应使每一个水平滚动条所能表示的最大值为 255，本例将通过拖动或单击滚动条来调整滚动条值的大小，由于通过用户交互可达到的最大值为 Maximum−LargeChange+1，因此需要将各滚动条的 Maximum 属性设置为 264，使通过用户交互能达到最大值 255（即 264−10+1）。Minimum 属性设置为 0。另外，在每个滚动条的左侧添加标签，给出红、绿、蓝文字提示。

2）在每一个滚动条的右侧放一个标签，设名称从上到下依次为 Label4、Label5、Label6，设置各标签的 Text 属性为 0，使其与滚动条滑块的初始值保持一致；设置各标签的 BorderStyle 属性为 Fixed3D，使其具有立体边框；设置各标签的 TextAlign 属性为 MiddleCenter，使其中的文字居中对齐。

3）使用工具箱的 ▢ RectangleShape 控件向窗体上添加一个 RectangleShape 控件，使用其默认名称 RectangleShape1，将 RectangleShape1 控件的 FillStyle 属性设置为 Solid，FillColor 属性默认为黑色，与滚动条所代表的初始颜色一致，因为黑色的红、绿、蓝颜色分量为 0。

假设运行时，移动滚动条滑块改变相应的颜色分量（即红、绿、蓝），同时用当前的颜色值设置图形的填充颜色，并在各滚动条右侧的标签中显示各颜色分量的值，如图 10-16b 所示。

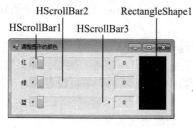
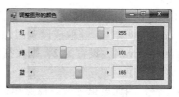

a) 设计界面   b) 运行界面

图 10-16 用滚动条设置图形的颜色

代码设计：

设置图形的填充颜色通过设置其 FillColor 属性实现，FillColor 属性是 System.Drawing.Color 结构类型，代码使用 Color 结构的 FromArgb 方法从指定的红色、绿色、蓝色分量创建 Color 结构。代码如下：

```
Public Class Form1
     Private Sub HScrollBar1_Scroll(ByVal sender As System.Object, ByVal e As
System.Windows.Forms.ScrollEventArgs) Handles HScrollBar1.Scroll
         RectangleShape1.FillColor = Color.FromArgb(HScrollBar1.Value, HScrollBar2.
Value, HScrollBar3.Value)
         Label4.Text = HScrollBar1.Value
     End Sub
     …       ' HScrollBar2、HScrollBar3 的 Scroll 事件过程类似，略
End Class
```

10.12 跟踪条控件

跟踪条控件也称为 TrackBar 控件，在工具箱中显示为 。跟踪条控件包含一个滑块和可选择的刻度标记。可以将跟踪条控件设置为水平方向或垂直方向。图 10-17 为两种不同方向和不同刻度的跟踪条。通过拖动滑块、用鼠标单击滑块的任意一侧或使用键盘的方向键都可以移动滑块。在选择离散数值或某个范围内的一组连续数值时，跟踪条控件十分有用。

图 10-17 两种不同方向的跟踪条控件

1．属性

1）Orientation 属性：决定跟踪条是按水平方向放置还是按垂直方向放置。其值是 System.Windows.Forms 命名空间下的 Orientation 枚举类型，有以下取值：

❑ Horizontal：表示跟踪条按水平方向放置。

❑ Vertical：表示跟踪条按垂直方向放置。

2）TickStyle 属性：决定跟踪条滑块上的刻度样式。其值是 System.Windows.Forms 命名空间下的 TickStyle 枚举类型，有以下取值：

❑ None：没有刻度线。

❑ TopLeft：刻度线位于水平控件的顶部或垂直控件的左侧。

❑ BottomRight：刻度线位于水平控件的底部或垂直控件的右侧。

❑ Both：刻度线位于控件的两侧。

3）Value 属性：获取或设置跟踪条滑块的当前位置。Value 属性值总是在跟踪条控件的 Minimum 属性值和 Maximum 属性值之间。

4）Maximum 属性：获取或设置跟踪条所能表示的最大值，即当滑块处于最右侧或底部时的 Value 属性值。

5）Minimum 属性：获取或设置跟踪条所能表示的最小值，即当滑块处于最左侧或顶部位置时的 Value 属性值。

6）LargeChange 属性：获取或设置当按下 PageUp 或 PageDown 键，或者单击滑块的两侧时，滑块移动的刻度。

7）SmallChange 属性：获取或设置当按下方向键←、↑、→、↓时，滑块移动的刻度。

8）TickFrequency 属性：获取或设置跟踪条刻度标记的出现频率。例如，如果跟踪条范围为 100，而 TickFrequency 属性设置为 2，则在指定的范围内，每隔两个单位设置一个刻度。

2．事件

1）Scroll 事件：当通过鼠标或键盘操作移动跟踪条滑块时触发该事件。

2）ValueChanged 事件：当跟踪条滑块移动后或在代码中改变 Value 属性值后触发该事件。

【例 10-9】使用跟踪条控件代替例 10-8 的滚动条控件，实现对图形颜色的设置。

界面设计：新建一个 Windows 窗体应用程序项目，参考图 10-18a 设计界面，主要步骤如下：

1）使用工具箱的 TrackBar 控件在窗体上画 3 个水平跟踪条 TrackBar1、TrackBar2、TrackBar3。将各跟踪条控件的 Maximum 属性设置为 255，TickFrequency 属性设置为 20。其他属性使用默认值。在每个跟踪条的左侧添加标签，给出红、绿、蓝文字提示。

2）在每一个跟踪条的右侧放一个标签，设名称从上到下依次为 Label4、Label5、Label6，设置各标签的 Text 属性为 0，使其与跟踪条滑块的初始状态保持一致；设置各标签的 BorderStyle 属性为 Fixed3D，使其具有立体边框；设置各标签的 TextAlign 属性为 MiddleCenter，使其中的文字居中对齐。

3）使用工具箱的 RectangleShape 控件向窗体上添加一个 RectangleShape 控件，使用其默认名称 RectangleShape1，将 RectangleShape1 控件的 FillStyle 属性设置为 Solid，则 FillColor 属性默认为黑色，与跟踪条所代表的初始颜色一致，因为黑色的红、绿、蓝颜色分量为 0。

假设运行时，当移动跟踪条滑块时改变相应的颜色分量（即红、绿、蓝）值，同时用当前的颜色值设置图形的填充颜色，并在各跟踪条右侧的标签中显示各颜色分量值，如图 10-18b 所示。

a) 设计界面 b) 运行界面

图 10-18 用跟踪条调整图形颜色

代码设计：设置图形的填充颜色通过设置其 FillColor 属性实现，FillColor 属性是 System. Drawing.Color 结构类型，代码使用 Color 结构的 FromArgb 方法从指定的红色、绿色、蓝色分量创建 Color 结构。代码如下：

```
Public Class Form1
        Private Sub TrackBar1_Scroll(ByVal sender As System.Object, ByVal e As
System.EventArgs) Handles TrackBar1.Scroll
                RectangleShape1.FillColor = Color.FromArgb(TrackBar1.Value, TrackBar2.
Value, TrackBar3.Value)
            Label4.Text = TrackBar1.Value
        End Sub
        …            ' TrackBar2 控件和 TrackBar3 控件的 Scroll 事件过程类似，略
    End Class
```

10.13 旋转控件

旋转控件也称为 Up-Down 控件，由一对向上、向下按钮和一个显示其值的数字显示框（或文本显示框）组成。通过单击向上或向下按钮，在其显示框逐个显示其内容，这些内容可以是预先设定的数值或字符串。旋转控件的值也可以直接在其显示框输入。

旋转控件有两种，即 NumericUpDown 控件和 DomainUpDown 控件，其默认的外观如图 10-19 所示。

图 10-19 NumericUpDown 控件和 DomainUpDown 控件

10.13.1 NumericUpDown 控件

NumericUpDown 控件在工具箱中显示为 NumericUpDown 。通过单击该控件的向上或向下按钮可使其数值递增或递减。

1. 属性

1) Value 属性：获取或设置数字显示框的值。

2) Increment 属性：获取或设置单击向上或向下按钮时，数字显示框递增或递减的值。

3) Maximum 属性：获取或设置数字显示框的最大值。

4) Minimum 属性：获取或设置数字显示框的最小值。

5) ReadOnly 属性：获取或设置一个值，该值指示是否只能使用向上或向下按钮更改数字显示框的值，而不能输入数值。如果是，则为 True，否则为 False，默认值为 False。

6) DecimalPlaces 属性：获取或设置数字显示框中要显示的小数位数，默认值为 0。

7) Hexadecimal 属性：获取或设置一个值，该值指示数字显示框是否以十六进制格式显示值。如果是，则为 True，否则为 False，默认值为 False。

8）ThousandsSeparator 属性：获取或设置一个值，该值指示在适当的时候，数字显示框中是否显示千位分隔符。如果是，则为 True，否则为 False，默认值为 False。

2．方法

1）UpButton 方法：增加数字显示框的值。使用格式为：

```
NumericUpDown 控件名 .UpButton()
```

2）DownButton 方法：减小数字显示框的值。使用格式为：

```
NumericUpDown 控件名 .DownButton()
```

3．事件

ValueChanged 事件：当 NumericUpDown 控件的 Value 属性改变时触发该事件。

【例 10-10】用 3 个 NumericUpDown 控件表示颜色的红、绿、蓝分量值，设置图形的颜色。

界面设计：新建一个 Windows 窗体应用程序项目，向窗体添加 3 个 Label 控件，将它们的 Text 属性分别设置为"红"、"绿"、"蓝"。在 3 个 Label 控件的右侧放 3 个 NumericUpDown 控件，设名称分别为 NumericUpDown1、NumericUpDown2、NumericUpDown3。将它们的 Maximum 属性都设置为 255。再使用工具箱的 OvalShape 控件 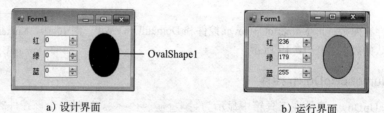 向窗体画一个椭圆，将其 FillStyle 属性设置为 Solid，如图 10-20a 所示。

假设运行时，改变任意一个 NumericUpDown 控件的值，图形颜色做相应的调整。

代码设计：代码将 3 个 NumericUpDown 控件的 Value 属性值作为 Color.FromArgb 方法的红、绿、蓝参数值，并用该方法获得的颜色设置图形控件的填充颜色。具体代码如下：

```
Public Class Form1
     Private Sub NumericUpDown1_ValueChanged(ByVal sender As System.Object, ByVal
e As System.EventArgs) Handles NumericUpDown1.ValueChanged
          OvalShape1.FillColor = Color.FromArgb(NumericUpDown1.Value, NumericUpDown2.
Value, NumericUpDown3.Value)
     End Sub
     … ' NumericUpDown2 控件和 NumericUpDown3 控件的 ValueChanged 事件过程类似，略。
End Class
```

运行时，可以通过单击 NumericUpDown 控件的向上或向下按钮调整椭圆的颜色，也可以直接在数字显示框中输入颜色值设置椭圆的颜色。运行界面如图 10-20b 所示。

a）设计界面   b）运行界面

图 10-20   用 NumericUpDown 控件调整图形的颜色

10.13.2   DomainUpDown 控件

DomainUpDown 控件在工具箱中显示为 DomainUpDown 。通过单击该控件的向上或向下按钮，可以在预先设定好的字符串集合中选择其中的一个。

1．属性

1）Items 属性：在设计阶段用来指定 DomainUpDown 控件包含的字符串集合。

2）Text 属性：获取或设置 DomainUpDown 控件的文本显示框中显示的字符串。

3）SelectedIndex 属性：获取或设置 DomainUpDown 控件中当前选定项在集合中的索引值。

4）SelectedItem 属性：获取或设置当前选定项。设置此属性时，VB.NET 将对其值进行验证，它应是 Items 集合中的一项，并且会将 SelectedIndex 属性设置为相应的索引值。

5）Sorted 属性：获取或设置一个值，该值指示 Items 集合是否排序，如果对集合排序，则为 True，否则为 False，默认值为 False。

6）ReadOnly 属性：获取或设置一个值，该值指示是否只能使用向上或向下按钮更改文本，而不能输入文本。如果是，则为 True，否则为 False，默认值为 False。

7）Wrap 属性：获取或设置一个值，该值指示在控件中连续单击向上按钮或向下按钮是否可以循环滚动列表项，如果是，则为 True，否则为 False，默认值为 False。

2. 方法

1）UpButton 方法：显示集合中的上一项。使用格式为：

```
DomainUpDown 控件名 .UpButton()
```

2）DownButton 方法：显示集合中的下一项。使用格式为：

```
DomainUpDown 控件名 .DownButton()
```

3）Items 集合的方法：可以通过使用 Items 集合的 Add、Insert、Remove 或 RemoveAt 方法添加或移除项，或使用 Clear 方法清除所有项。使用格式如下：

```
DomainUpDown 控件名 .Items.Add( 要添加的项 )
DomainUpDown 控件名 .Items.Insert( 位置，要插入的项 )
DomainUpDown 控件名 .Items.Remove( 要移除的项 )
DomainUpDown 控件名 .Items.RemoveAt( 位置 )
DomainUpDown 控件名 .Items.Clear()
```

3. 事件

SelectedItemChanged 事件：在 DomainUpDown 控件的选择项改变时，触发该事件。

【例 10-11】在例 10-10 的基础上，添加一个 DomainUpDown 控件，用于选择图形的填充样式。

界面设计：在例 10-10 的界面上再添加一个 DomainUpDown 控件，使用其默认名称 DomainUpDown1，将 DomainUpDown1 控件的 Wrap 属性设置为 True。本例将使用该控件来选择图形的填充样式。在 DomainUpDown1 控件左侧添加一个 Label 控件，设置其 Text 属性为"填充样式"，界面如图 10-21a 所示。OvalShape 控件的 FillStyle 属性是 Microsoft.VisualBasic.PowerPacks 命名空间下的 FillStyle 枚举类型，在设计界面上单击图形控件 OvalShape1，在属性窗口查看其填充样式 FillStyle 属性，对照 FillStyle 属性设置 DomainUpDown1 控件的 Items 属性，OvalShape1 控件的 FillStyle 属性与 DomainUpDown 控件的 Items 集合各项的对应关系如表 10-1 所示。

表 10-1　OvalShape 控件的 FillStyle 属性与 DomainUpDown 控件的 Items 集合各项的对应关系

OvalShape1 的 FillStyle 属性值（填充样式）	Items 属性值（Items 集合）	OvalShape1 的 FillStyle 属性值（填充样式）	Items 属性值（Items 集合）
Transparent	透明	Cross	十字线
Solid	实心	DiagonalCross	交叉对角线
Horizontal	水平直线	Percent05	5%
Vertical	垂直直线	Percent10	10%
ForwardDiagonal	正向对角线	Percent20	20%
BackwardDiagonal	反向对角线		

代码设计：假设运行时，改变 NumericUpDown1 控件的值，图形的填充样式做相应的改变，因此，代码写在 DomainUpDown1 控件的 SelectedItemChanged 事件过程中，在该事件过程中根据 DomainUpDown1 控件的当前 Text 属性值设置 OvalShape1 控件的 FillStyle 属性值。DomainUpDown1 控件的 SelectedItemChanged 事件过程如下：

```
Private Sub DomainUpDown1_SelectedItemChanged(ByVal sender As System.Object,
ByVal e As System.EventArgs) Handles DomainUpDown1.SelectedItemChanged
        Select Case DomainUpDown1.Text
            Case "透明"
                OvalShape1.FillStyle = PowerPacks.FillStyle.Transparent
            Case "实心"
                OvalShape1.FillStyle = PowerPacks.FillStyle.Solid
            Case "水平直线"
                OvalShape1.FillStyle = PowerPacks.FillStyle.Horizontal
            Case "垂直直线"
                OvalShape1.FillStyle = PowerPacks.FillStyle.Vertical
            Case "正向对角线"
                OvalShape1.FillStyle = PowerPacks.FillStyle.ForwardDiagonal
            Case "反向对角线"
                OvalShape1.FillStyle = PowerPacks.FillStyle.BackwardDiagonal
            Case "十字线"
                OvalShape1.FillStyle = PowerPacks.FillStyle.Cross
            Case "交叉对角线"
                OvalShape1.FillStyle = PowerPacks.FillStyle.DiagonalCross
            Case "5%"
                OvalShape1.FillStyle = PowerPacks.FillStyle.Percent05
            Case "10%"
                OvalShape1.FillStyle = PowerPacks.FillStyle.Percent10
            Case "20%"
                OvalShape1.FillStyle = PowerPacks.FillStyle.Percent20
        End Select
End Sub
```

运行时，单击 DomainUpDown1 控件上的滚动箭头，可以选择一种填充样式，并对图形控件设置相应的填充样式，如图 10-21b 所示。

a）设计界面　　　　　　　　　　b）运行界面

图 10-21　用 DomainUpDown 控件设置图形的填充样式

10.14　上机练习

【练习 10-1】设计 Windows 窗体应用程序，用于设置文本框的文字颜色和背景颜色。运行效果如图 10-22 所示。要求：

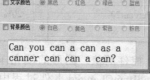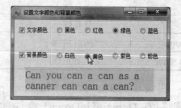

a）运行初始界面　　　　　　　　　b）选择颜色运行界面

图 10-22　设置文本框的文字颜色和背景颜色

1）开始运行时，设置文字颜色和背景颜色的框架为无效，其中的单选按钮不可用。

2）选择"文字颜色"复选框后，可以使用其右侧框架中的单选按钮设置文本框的文字颜色，否则不可以设置。

3）选择"背景颜色"复选框后，可以使用其右侧框架中的单选按钮设置文本框的背景颜色，否则不可以设置。

【练习 10-2】设计 Windows 窗体应用程序，实现图书列表的管理。参考图 10-23 设计界面，在窗体上添加一个列表框控件和 6 个命令按钮，列表框列出了某计算机资料室所有图书的书名，按以下要求编写各命令按钮的事件过程。

1）单击"添加"按钮，打开一个输入框。在输入框中输入书名，单击"确定"按钮，将该书名添加到列表框中；在输入框中输入的内容为空或单击"取消"按钮则不添加。

图 10-23　图书资料列表管理

2）单击"删除"按钮，删除当前在列表框中选择的书名，如果没有选择书名就单击此按钮，则给出警告。

3）单击"上移一个"按钮，将当前列表框中选择的书名在列表中上移一个位置，如果没有选择书名就单击此按钮，则给出警告。将第一个书名上移也给出警告。

4）单击"下移一个"按钮，将当前在列表框中选择的书名在列表中下移一个位置，如果没有选择书名就单击此按钮，则给出警告。将最后一个书名下移也给出警告。

5）单击"第一个"按钮，选择列表中的第一个书名。

6）单击"最后一个"按钮，选择列表中的最后一个书名。

【练习 10-3】在窗体上放两个标签、一个文本框和两个组合框，参考图 10-24a 设置标签和文本框的 Text 属性，将文本框设置为具有双向滚动条，继续按以下要求设计界面。

1）将文本框字体设置为宋体、10 号字。

2）将用于设置文本框字体的组合框的 DropDownStyle 属性设置为 DropDownList（下拉列表框）。

3）将用于设置文本框字号的组合框的 DropDownStyle 属性设置为 DropDown（下拉组合框），将其 Text 属性设置为 10，Items 集合包括"10、12、14、16、18、20、22、24、26、28、30"。

编写代码实现：运行时，字体下拉列表中包含了当前可用的所有字体。初始界面如图 10-24b 所示（初始显示字体为宋体，字号为 10）。从字体下拉列表中选择相应内容可以设置文本框的字体；从字号下拉列表中选择相应内容可以设置文本框的字号，也可以输入自定义的字号。如果输入的字号非法（小于或等于 0、空或非数字），则保留文本框的原字号。

a）设计界面　　　　　　　　b）运行初始界面

图 10-24　用组合框设置文本框的字体和字号

提示：

1）可以在窗体的 Load 事件过程中使用以下代码，获取当前系统的所有字体，并添加到组合框 ComboBox1 中。

```
Dim s As FontFamily
For Each s In FontFamily.Families
```

```
ComboBox1.Items.Add(s.Name)
Next
```

2）可以使用 IsNumeric 函数判断组合框的 Text 属性是否为数字。

【练习 10-4】准备一组相关的图片，通过逐个播放这些图片来形成动画效果，如"骏马奔驰"。参考界面如图 10-25 所示。

a）设计界面 　　　　　　　b）运行界面

图 10-25　用 Timer 控件设计动画

【练习 10-5】让一个红色圆逐渐从窗体顶部向下移动，当遇到窗体底部后，改成向上移动，遇到窗体顶部后又改成向下移动……直到按下某命令按钮后停止移动。

提示：使用工具箱的 OvalShape 控件在窗体上画一个圆，设名称为 OvalShape1，可以使用以下语句判断该圆达到了窗体底部。

```
If OvalShape1.Top + OvalShape1.Height > Me.DisplayRectangle.Height Then
```

【练习 10-6】设计一个滚动条及两个文本框，滚动条代表温度，最小值是摄氏零度（或华氏 32 度），最大值是摄氏 100 度（或华氏 212 度），如图 10-26a 所示。运行时，当移动滚动条滑块时，摄氏及华氏文本框能正确显示相应的温度，如图 10-26b 所示。

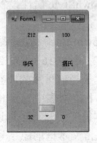

a）设计界面 　　　　　　b）运行界面

图 10-26　用滚动条显示温度

【练习 10-7】使用跟踪条控件实现对图片的缩放，运行界面如图 10-27 所示。设置最大缩放比例为 200%，最小缩放比例为 10%。

a）运行初始界面 　　　b）运行界面 – 缩小 　　　c）运行界 – 放大

图 10-27　用跟踪条控件实现对图片的缩放

【**练习 10-8**】设计 Windows 窗体应用程序实现：运行时，用旋转控件设置图片的大小和移动方向，界面如图 10-28 所示。具体功能包括：

1）可以通过 NumericUpDown 控件调整图片的宽度和高度，如果选择了"锁定纵横比"复选框，则只能按图片原有的宽高比调整图片的宽度和高度。

2）使用 DomainUpDown 控件设置图片的移动方向，包括"上、下、左、右"，单击"移动"按钮，可以使图片按 DomainUpDown 控件设置的方向自动移动。

a）设计界面　　　　　　　　　　　b）运行界面

图 10-28　用旋转控件设置图片的大小和移动方向

第11章 界面设计

设计 Windows 窗体应用程序界面，除了经常会用到前面介绍的各种控件外，还常需要设计菜单、工具栏、状态栏等。在应用程序的操作过程中也往往要打开一些对话框，如保存文件对话框、设置字体对话框、设置颜色对话框，等等。本章将继续介绍几种典型界面要素的设计，包括菜单、工具栏、对话框和状态栏的设计。

11.1 菜单的设计

设计 Windows 窗体应用程序时，如果功能比较复杂且命令选项比较多时，使用菜单操作将更加方便，既节省界面空间，又可以将操作功能清晰地分类。

菜单分为两种类型：下拉式菜单和弹出式菜单。例如，在 Microsoft Visual Studio 集成开发环境中，单击"文件"菜单所显示的就是下拉式菜单，而在窗体上右击打开的菜单即为弹出式菜单。下拉式菜单通常通过单击菜单标题打开，弹出式菜单通常在某一区域通过右击鼠标打开。

11.1.1 下拉式菜单

1. 下拉式菜单的结构

图 11-1 是"画图"应用程序的下拉式菜单结构。通常，下拉式菜单包括一个主菜单栏，其中包含若干菜单项，称为主菜单标题。主菜单标题一般用于对要执行的操作按功能进行分组，不同功能的操作划分在不同的主菜单标题下。例如，文件的新建、打开、保存、另存等操作放在"文件"主菜单标题下，而对文档的编辑操作常放在"编辑"主菜单标题下。每一个主菜单标题可以下拉出下一级菜单，称为子菜单。子菜单中的菜单项有的可以直接执行，称为菜单命令，有的可以再下拉出一级菜单，称为子菜单标题。在子菜单中还常包含一种特殊的菜单项——分隔条，分隔条用于对子菜单项进行分组。子菜单可以逐级下拉，在屏幕上依次打开，当执行了最底层的菜单命令之后，这些子菜单会自动从屏幕上消失。

2. 下拉式菜单的设计步骤

VB.NET 提供了 MenuStrip 控件，可以用该控件设计下拉式菜单。使用 MenuStrip 控件设计下拉式菜单的主要步骤如下：

1）单击工具箱中的 MenuStrip 控件 ▣ MenuStrip，在窗体的任意位置拖动鼠标将该控件添加到窗体上。由于 MenuStrip 控件是不可见控件，因此所添加的控件会显示在窗体下方的专用面板中。这时窗体上会同时显示第一个菜单编辑框，并在菜单编辑框中提示"请在此处键入"，如图 11-2 所示。

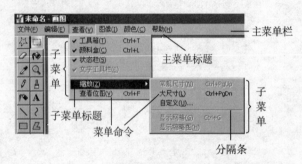

图 11-1 下拉式菜单的结构

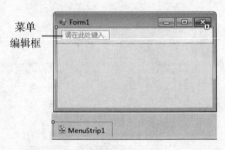

图 11-2 添加到窗体上的 MenuStrip 控件

2）将光标定位在第一个菜单编辑框中，输入第一个主菜单标题（如"文件"），这时还会同时显示第一个子菜单编辑框和另一个主菜单编辑框，如图 11-3 所示。用鼠标指针指向空白的菜单编辑框，旁边会有一个小下拉箭头，单击该下拉箭头，从下拉列表中选择要创建的菜单项的类型，如图 11-4 所示。下拉列表包含的选项如下：

❑ MenuItem：表示建立一个普通的菜单项。
❑ ComboBox：表示建立一个具有组合框样式的菜单项。
❑ TextBox：表示建立一个具有文本框样式的菜单项。
❑ Separator：表示建立一个分隔条。

 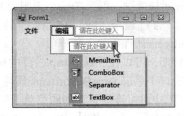

图 11-3 菜单编辑框　　　　图 11-4 通过下拉列表选择菜单项类型

3）给当前菜单项命名并设置有关属性。每个菜单项是一个 ToolStripMenuItem 类型的对象，因此具有其属性、事件和方法。VB.NET 会自动为当前菜单项命名。例如，如果在菜单编辑框中输入了"文件"，则在属性窗口可以看到其 Name 属性为"文件 ToolStripMenuItem"。通常需要修改菜单项的 Name 属性，为菜单项取一个有意义的名称。根据需要，可以在属性窗口继续设置当前菜单项的其他属性。

4）继续在其他菜单编辑框中输入菜单项标题并设置其属性。如果要在菜单中建立分隔条，则可以在菜单编辑框中键入一个连字符 (-)，或从图 11-4 所示的下拉列表中选择 Separator。

要对菜单项进行编辑，可以右击已经添加的菜单项，使用快捷菜单命令实现。例如，使用"转换为"命令，可以改变菜单项的类型，使用"插入"命令，可以在当前菜单项之前插入新的菜单项，使用"删除"命令，可以删除当前菜单项。

5）编写各菜单命令的 Click 事件过程，实现相应的功能。

3. 菜单项的属性和方法

菜单项常用的属性如下：

1）Text 属性：获取或设置在菜单项中显示的文字，如"文件"、"编辑"、"格式"等。可以用该属性为菜单项定义一个访问键。如果在该属性中的某个字母前插入 & 符号，则该字母会带有下划线。运行时，对于主菜单项，同时按 Alt 键和该字母可以打开其子菜单；对于已经打开的子菜单，直接按下该字母键相当于单击对应的菜单项。

2）Checked 属性：获取或设置在菜单项旁边有无 √ 符号。如果有，则为 True，没有，则为 False，默认值为 False。对于具有开关状态的菜单项，可以使用该属性在两种状态之间切换。

3）CheckOnClick 属性：获取或设置菜单项是否应在被单击时自动显示为选中（在菜单项前打√）或未选中。如果是，则为 True，否则为 False，默认值为 False。

4）DisplayStyle 属性：获取或设置是否在菜单项上显示文本和图像。其值是 System.Windows.Forms 命名空间下的 ToolStripItemDisplayStyle 枚举类型，有以下取值：

❑ None：指定菜单项既不显示图像，也不显示文本。
❑ Text：指定菜单项只显示文本。
❑ Image：指定菜单项只显示图像。
❑ ImageAndText：指定菜单项同时显示图像和文本。默认值为 ImageAndText。

5）Image 属性：获取或设置要在菜单项上显示的图像。

6）ImageScaling 属性：获取或设置一个值，该值指示是否根据菜单项自动调整其上图像的大小。其值是 System.Windows.Forms 命名空间下的 ToolStripItemImageScaling 枚举类型，有以下取值：

❑ None：指定菜单项上的图像的大小不自动调整为适合菜单项的大小。

❑ SizeToFit：指定菜单项上的图像的大小自动调整为适合菜单项的大小。

7）ShortcutKeys 属性：获取或设置与菜单项关联的快捷键。如"Ctrl+A"、"Ctrl+K"等。注意，不能给顶级菜单项设置快捷键。

8）ShowShortcutKeys 属性：获取或设置一个值，该值指示是否允许在菜单项上显示快捷键。如果允许显示快捷键，则为 True，否则为 False，默认值为 True。

还可以通过设置 MenuStrip 控件的 Items 属性添加主菜单项；或通过设置菜单项的 DropDownItems 属性添加子菜单项。

在设计期，可以在 MenuStrip 控件的属性窗口中单击 Items 属性旁边的浏览按钮，或在菜单项的属性窗口中单击 DropDownItems 属性旁边的浏览按钮，打开类似图 11-5 所示的"项集合编辑器"。在其中可以选择要添加的菜单项的类型，单击"添加"按钮，添加一个指定类型的菜单项；使用中间的 ↑、↓ 或 ✕ 按钮可以调整菜单项的顺序或删除菜单项；在右侧窗格中可以直接设置选定菜单项的属性。

在代码中，可以使用 MenuStrip 控件的 Items 属性的 Add 方法添加主菜单项；使用菜单项的 DropDownItems 属性的 Add 方法添加下拉菜单项；使用 Remove 方法或 RemoveAt 方法删除菜单项。

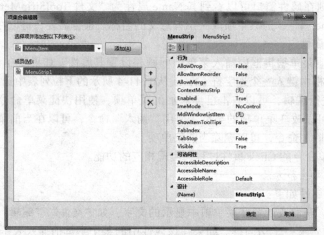

图 11-5　项集合编辑器

【例 11-1】设计菜单界面，各主菜单及其子菜单如图 11-6 所示。其中，"格式"菜单下的"粗体、斜体、下划线、删除线"菜单项具有复选功能，可以在两种状态之间切换，如图 11-6d 和图 11-6e 所示。编写有关代码实现各菜单项的功能。

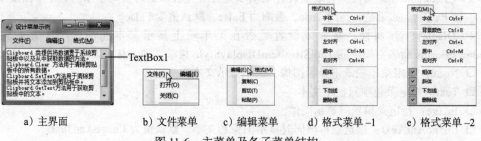

a）主界面　　　b）文件菜单　　c）编辑菜单　　d）格式菜单 –1　　e）格式菜单 –2

图 11-6　主菜单及各子菜单结构

界面设计：

1）新建一个 Windows 窗体应用程序项目，单击工具箱中的 MenuStrip 控件 ![MenuStrip]，在窗体的任意位置拖动鼠标将其添加到窗体上，在窗体下方的专用面板中显示 MenuStrip 控件，名称为 MenuStrip1。对照图 11-6 在窗体上设计各菜单项及其相关属性，各菜单项属性设置如表 11-1 所示。

表 11-1　各菜单项的属性设置

Text	Name	ShortcutKeys	CheckOnClick	说明
文件 (&F)	FileMenu			定义访问键 F
打开 (&O)	FileOpen			定义访问键 O
关闭 (&C)	FileClose			定义访问键 C
	SptBar1			定义分隔条
编辑 (&E)	EditMenu			定义访问键 E
复制 (&C)	txtCopy			定义访问键 C
剪切 (&T)	txtCut			定义访问键 T
粘贴 (&P)	txtPaste			定义访问键 P
格式 (&M)	FormatMenu			定义访问键 M
字体	txtFont	Ctrl+F		定义快捷键 Ctrl+F
	SptBar2			定义分隔条
背景颜色	bckColor	Ctrl+B		定义快捷键 Ctrl+B
	SptBar3			定义分隔条
左对齐	txtleft	Ctrl+L		定义快捷键 Ctrl+L
居中	txtCenter	Ctrl+M		定义快捷键 Ctrl+M
右对齐	txtRight	Ctrl+R		定义快捷键 Ctrl+R
	SptBar4			定义分隔条
粗体	txtBold		True	允许打√
斜体	txtItalic		True	允许打√
下划线	txtUnderLine		True	允许打√
删除线	txtStrikethru		True	允许打√

2）向窗体上添加一个文本框，使用其默认名称 TextBox1，在其 Text 属性中录入一些的文字。以上设计的各菜单项用于对文本框进行操作。

代码设计：双击窗体上的各下拉菜单项，或在代码窗口的对象下拉列表中选择菜单项名称、在过程下拉列表中选择 Click，都可以打开相应菜单项的 Click 事件过程，在其中编写代码。各菜单项代码设计如下：

1）"文件"菜单下的各菜单项的代码将在例 11-2 中给出。

2）"编辑"菜单下的菜单项用于对文本框 TextBox1 中的文本进行复制、剪切和粘贴，使用文本框的 Copy、Cut、Paste 方法可以实现这些功能。以下是"编辑"菜单下的各子菜单项的 Click 事件过程。

```
    Private Sub txtCopy_Click(ByVal sender As System.Object, ByVal e As System.
EventArgs) Handles txtCopy.Click
        TextBox1.Copy()            ' 复制
    End Sub
    Private Sub txtCut_Click(ByVal sender As System.Object, ByVal e As System.
EventArgs) Handles txtCut.Click
        TextBox1.Cut()             ' 剪切
    End Sub
```

```
Private Sub txtPaste_Click(ByVal sender As System.Object, ByVal e As System.
EventArgs) Handles txtPaste.Click
    TextBox1.Paste()              ' 粘贴
End Sub
```

3）"格式"菜单下的"字体"和"背景颜色"菜单项的功能将在例11-7和例11-8中进一步完善，下面是"格式"菜单下的其他菜单项的Click事件过程。

```
Private Sub txtleft_Click(ByVal sender As System.Object, ByVal e As System.
EventArgs) Handles txtleft.Click
    TextBox1.TextAlign = HorizontalAlignment.Left    ' 左对齐
End Sub
Private Sub txtCenter_Click(ByVal sender As System.Object, ByVal e As System.
EventArgs) Handles txtCenter.Click
    TextBox1.TextAlign = HorizontalAlignment.Center    ' 居中
End Sub
Private Sub txtRight_Click(ByVal sender As System.Object, ByVal e As System.
EventArgs) Handles txtRight.Click
    TextBox1.TextAlign = HorizontalAlignment.Right    ' 右对齐
End Sub
' 粗体
Private Sub txtBold_Click(ByVal sender As System.Object, ByVal e As System.
EventArgs) Handles txtBold.Click
    If txtBold.Checked Then
        TextBox1.Font = New Font(TextBox1.Font, FontStyle.Bold Or TextBox1.Font.
Style)
    Else
        TextBox1.Font = New Font(TextBox1.Font, Not FontStyle.Bold And TextBox1.
Font.Style)
    End If
End Sub
' 斜体
Private Sub txtItalic_Click(ByVal sender As System.Object, ByVal e As System.
EventArgs) Handles txtItalic.Click
    If txtItalic.Checked Then
        TextBox1.Font = New Font(TextBox1.Font, FontStyle.Italic Or TextBox1.Font.
Style)
    Else
        TextBox1.Font = New Font(TextBox1.Font, Not FontStyle.Italic And
TextBox1.Font.Style)
    End If
End Sub
' 下划线
Private Sub txtUnderLine_Click(ByVal sender As System.Object, ByVal e As System.
EventArgs) Handles txtUnderLine.Click
    If txtUnderLine.Checked Then
        TextBox1.Font = New Font(TextBox1.Font, FontStyle.Underline Or TextBox1.
Font.Style)
    Else
        TextBox1.Font = New Font(TextBox1.Font, Not FontStyle.Underline And
TextBox1.Font.Style)
    End If
End Sub
' 删除线
Private Sub txtStrikethru_Click(ByVal sender As System.Object, ByVal e As System.
EventArgs) Handles txtStrikethru.Click
    If txtStrikethru.Checked Then
        TextBox1.Font = New Font(TextBox1.Font, FontStyle.Strikeout Or TextBox1.
Font.Style)
    Else
        TextBox1.Font = New Font(TextBox1.Font, Not FontStyle.Strikeout And
```

```
TextBox1.Font.Style)
        End If
    End Sub
```

4. 菜单的动态增减

应用程序往往需要在运行时根据当前状态提供不同的菜单操作，这可以通过编写代码实现。例如，可以使用以下方法实现在运行时动态增加菜单项。

1）使用 MenuStrip 控件的 Items 属性的 Add 方法，可以将新的菜单项添加到主菜单项集合中，Add 方法有多种格式。例如，设使用 MenuStrip1 控件设计了一些菜单项，使用以下代码可以添加一个新的主菜单项。

```
Private Sub Button1_Click(ByVal sender As System.Object, ByVal e As System.
EventArgs) Handles Button1.Click
        ' 创建 " 帮助 " 主菜单
        Dim NewMainMenu As New ToolStripMenuItem()
        NewMainMenu.Text = " 帮助 "
        MenuStrip1.Items.Add(NewMainMenu)
    End Sub
```

2）对指定的菜单对象（菜单项）的 DropDownItems 属性使用 Add 方法，可以为指定的菜单项添加下拉菜单项，Add 方法有多种格式。例如，可以使用以下代码创建 "帮助" 主菜单，并为 "帮助" 主菜单添加两个新的子菜单项 "技术支持" 和 "公司简介"。

```
Private Sub Button1_Click(ByVal sender As System.Object, ByVal e As System.
EventArgs) Handles Button1.Click
        ' 创建 " 帮助 " 主菜单
        Dim NewMainMenu As New ToolStripMenuItem()
        NewMainMenu.Text = " 帮助 "
        MenuStrip1.Items.Add(NewMainMenu)
        ' 创建第一个子菜单项
        Dim NewSubMenu1 As New ToolStripMenuItem()
        NewSubMenu1.Text = " 技术支持 "
        NewMainMenu.DropDownItems.Add(NewSubMenu1)
        ' 创建第二个子菜单项
        Dim NewSubMenu2 As New ToolStripMenuItem()
        NewSubMenu2.Text = " 公司简介 "
        NewMainMenu.DropDownItems.Add(NewSubMenu2)
    End Sub
```

3）为底层菜单项（菜单命令）定义 Click 事件过程。例如，可以使用 AddHandler 语句将事件与事件处理程序相关联。AddHandler 语句格式如下：

AddHandler 事件名称，AddressOf 事件过程名称

例如，以下代码创建 "帮助" 主菜单及 "技术支持" 和 "公司简介" 子菜单项，并为这两个子菜单项定义相应的 Click 事件过程。

```
Private Sub Button1_Click(ByVal sender As System.Object, ByVal e As System.
EventArgs) Handles Button1.Click
        ' 创建 " 帮助 " 主菜单
        Dim NewMainMenu As New ToolStripMenuItem()
        NewMainMenu.Text = " 帮助 "
        MenuStrip1.Items.Add(NewMainMenu)
        ' 创建第一个子菜单项
        Dim NewSubMenu1 As New ToolStripMenuItem()
        NewSubMenu1.Text = " 技术支持 "
        NewMainMenu.DropDownItems.Add(NewSubMenu1)
        AddHandler NewSubMenu1.Click, AddressOf NewMenu1_Click     ' 添加事件
        ' 创建第二个子菜单项
        Dim NewSubMenu2 As New ToolStripMenuItem()
```

```
    NewSubMenu2.Text = "公司简介"
    NewMainMenu.DropDownItems.Add(NewSubMenu2)
    AddHandler NewSubMenu2.Click, AddressOf NewMenu2_Click    ' 添加事件
End Sub
' 添加事件过程 NewMenu1_Click
Private Sub NewMenu1_Click(ByVal obj As Object, ByVal e As EventArgs)
    MsgBox("技术支持")
End Sub
' 添加事件过程 NewMenu2_Click
Private Sub NewMenu2_Click(ByVal obj As Object, ByVal e As EventArgs)
    MsgBox("公司简介")
End Sub
```

要删除某个菜单项，可以对 Items 属性或 DropDownItems 属性使用 RemoveAt 方法或 Remove 方法实现。例如，要删除以上创建的 "公司简介" 子菜单项，可以使用以下语句：

```
NewMainMenu.DropDownItems.RemoveAt(1)
```

要删除以上创建的 "帮助" 主菜单，可以使用以下语句：

```
MenuStrip1.Items.Remove(NewMainMenu)
```

【例 11-2】在例 11-1 的基础上进一步实现菜单项的动态增减。例 11-1 的 "文件" 菜单运行时初始界面如图 11-7a 所示。"打开" 和 "关闭" 菜单项是两个固定的子菜单项。要求：运行时单击 "打开" 菜单项，在分隔线下面增加一个新的菜单项（一个由用户指定的文件名），单击 "关闭" 菜单项，删除分隔线下面最后一个菜单项。

代码设计：

1）编写 "打开" 菜单项的 Click 事件过程。代码如下：

```
Private Sub FileOpen_Click(ByVal sender As System.Object, ByVal e As System.
EventArgs) Handles FileOpen.Click
    Dim OpenFileName As String
    OpenFileName = InputBox("请输入文件名")
    If Trim(OpenFileName) <> "" Then               ' 如果输入的文件名不为空，则添加
        Dim FileSubMenuItem As New ToolStripMenuItem()
        FileSubMenuItem.Text = OpenFileName
        FileMenu.DropDownItems.Add(FileSubMenuItem)          ' 添加菜单项
        AddHandler FileSubMenuItem.Click, AddressOf MenuClick    ' 添加事件
    End If
End Sub
```

2）编写新增的菜单项的 Click 事件过程，实现单击菜单需要完成的功能，由于文件的操作将在第 13 章介绍，因此这里仅假设在单击文件名菜单项时显示一个消息框。代码如下：

```
Private Sub MenuClick(ByVal obj As Object, ByVal e As EventArgs)
    Dim Menu As ToolStripMenuItem = obj
    MsgBox("打开了名称为 " & Menu.Text & " 的文件")
End Sub
```

运行时，单击 "打开" 菜单项，首先显示一个输入框，让用户输入文件名，单击 "确定" 按钮，即在文件菜单下添加一个新的菜单项。图 11-7b 为添加了两个菜单项的 "文件" 菜单。

3）编写 "关闭" 菜单项的 Click 事件过程。代码如下：

```
Private Sub FileClose_Click(ByVal sender As System.Object, ByVal e As System.
EventArgs) Handles FileClose.Click
    Dim i As Integer
    i = FileMenu.DropDownItems.Count          ' i用于保存下拉菜单项的总数
    If i > 2 Then
        FileMenu.DropDownItems.RemoveAt(i - 1)          ' 删除最后一个菜单项
    End If
End Sub
```

运行时，单击"关闭"菜单项，执行以上过程，删除动态增加的最后一个菜单项。图 11-7c 是删除了第二个动态增加的菜单项的"文件"菜单。

a）初始状态 b）增加了菜单项 c）减少了菜单项

图 11-7 菜单项的动态增减

11.1.2 弹出式菜单

弹出式菜单能够以更加灵活的方式为用户提供便捷的操作，它独立于菜单栏，直接显示在窗体上。弹出式菜单能根据用户当前单击鼠标的位置，动态地调整菜单项的显示位置及显示内容，提供相应的操作。因此，弹出式菜单又称为"上下文菜单"或"快捷菜单"。通常，弹出式菜单通过右击鼠标打开，所以也称"右键菜单"。

1. 弹出式菜单的设计步骤

1）添加 ContextMenuStrip 控件。单击工具箱中的 ContextMenuStrip 控件 ⬛ ContextMenuStrip ，在窗体的任意位置拖动鼠标将其添加到窗体上。由于 ContextMenuStrip 控件是不可见控件，因此所添加的控件会显示在窗体下方的专用面板中。这时窗体上会同时显示第一个菜单编辑框，并在菜单编辑框中提示"请在此处键入"，如图 11-8 所示。

2）按照与设计下拉式菜单类似的方法，设计弹出式菜单的各个菜单项，在属性窗口为各菜单项命名并设置属性。

图 11-8 添加到窗体上的 ContextMenuStrip 控件

3）将 ContextMenuStrip 控件与有关的对象进行关联。要想在右击某对象时显示弹出式菜单，只需将该对象的 ContextMenuStrip 属性设置为 ContextMenuStrip 控件的名称即可。

4）编写各个弹出式菜单项的 Click 事件过程，实现相应的功能。

【例 11-3】在例 11-2 的基础上为文本框设计快捷菜单，实现对文本框内的文字进行放大或缩小，还可以修改文本框的只读属性。

菜单设计：

1）打开例 11-2 的应用程序，单击工具箱的 ContextMenuStrip 控件，在窗体的任意位置拖动鼠标将其添加到窗体上，由于 ContextMenuStrip 控件是不可见控件，因此所添加的控件会显示在窗体下方的专用面板中，使用其默认名称 ContextMenuStrip1。在窗体上显示的菜单编辑框中设计文本框快捷菜单，如图 11-9 所示。

图 11-9 用 ContextMenuStrip 控件设计文本框快捷菜单

2）按表 11-2 设置各菜单项的 Name 属性。

表 11-2 各快捷菜单项的 Name 属性设置

Text 属性	Name 属性	说明
放大	ZoomIn	使文本框的文字大小增加 10 磅
缩小	ZoomOut	使文本框的文字大小减少 10 磅
只读	txtLock	决定文本框的文字内容能否修改，运行时在"只读"和"读写"两种状态之间切换

3）在文本框 TextBox1 的属性窗口中设置其 ContextMenuStrip 属性为 ContextMenuStrip1，

使所设计的快捷菜单与文本框相关联。

代码设计：编写各快捷菜单项的 Click 事件过程，实现相应的功能，具体如下：

```
Private Sub ZoomIn_Click(ByVal sender As System.Object, ByVal e As System.
EventArgs) Handles ZoomIn.Click
     TextBox1.Font = New Font(TextBox1.Font.Name, TextBox1.Font.Size + 10)
End Sub
Private Sub ZoomOut_Click(ByVal sender As System.Object, ByVal e As System.
EventArgs) Handles ZoomOut.Click
     If TextBox1.Font.Size > 10 Then
         TextBox1.Font = New Font(TextBox1.Font.Name, TextBox1.Font.Size - 10)
     Else
         MsgBox("不能再缩小")
     End If
End Sub
Private Sub txtLock_Click(ByVal sender As System.Object, ByVal e As System.
EventArgs) Handles txtLock.Click
     If txtLock.Text = "只读" Then
         txtLock.Text = "读写"                ' 将菜单项的标题改成"读写"
         TextBox1.ReadOnly = True            ' 将文本框内容设置为只读，不允许修改其内容
     Else
         txtLock.Text = "只读"                ' 将菜单项的标题改成"只读"
         TextBox1.ReadOnly = False           ' 将文本框内容设置为可读写，允许修改其内容
     End If
End Sub
```

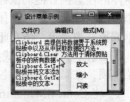

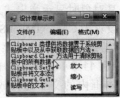

运行时，在文本框上右击鼠标，弹出自定义快捷菜单。图 11-10 为文本框快捷菜单的两种状态。

设计菜单时，可以把应用程序的大多数功能放在下拉式菜单中，并按功能进行分组，而对于与界面各部分有直接关系的一些特殊操作或常用操作，可以通过弹出式菜单来实现。当然，允许下拉式菜单与弹出式菜单包含相同的功能。另外，为了使操作更方便直观，也常把菜单中的一些常用操作做成按钮、列表框或组合框等形式，集中放在工具栏中。如 Microsoft Word 中的常用工具栏、格式工具栏等。

图 11-10　文本框快捷菜单示例

11.2　工具栏的设计

工具栏是许多基于 Windows 应用程序的标准功能，它通常用于提供对应用程序中最常用的菜单命令的快速访问。在 VB.NET 中，设计工具栏可以使用 ToolStrip 控件实现。用 ToolStrip 控件设计工具栏的步骤如下：

1）单击工具箱的 ToolStrip 控件 ⊡ **ToolStrip**，在窗体的任意位置拖动鼠标将其添加到窗体上，由于 ToolStrip 控件是不可见控件，因此所添加的控件会显示在窗体下方的专用面板中。这时在窗体标题栏的下方会出现一个空白的工具栏，包含一个带下拉箭头的按钮，如图 11-11 所示。

2）单击下拉箭头，从下拉列表中选择需要添加到工具栏的对象，如图 11-12 所示。

各对象的功能如下：

❑ Button：向工具栏添加一个按钮。

❑ Label：向工具栏添加一个标签。

❑ SplitButton：向工具栏添加一个分隔按钮。分隔按钮的左半部分是一个按钮，右半部分是一个下拉箭头。运行时可以通过单击左半部分的按钮完成功能，也可以通过单击下拉箭头，从下拉菜单中选择菜单项完成所需功能。

❑ DropDownButton：向工具栏添加一个下拉按钮。运行时单击下拉按钮会弹出一个下拉菜

单，从下拉菜单中选择菜单项完成所需功能。

❑ Separator：向工具栏添加一个分隔条。常使用分隔条对工具栏对象按功能进行分组。

❑ ComboBox：向工具栏添加一个组合框。

❑ TextBox：向工具栏添加一个文本框。

❑ ProgressBar：向工具栏添加一个进度条。

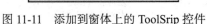

图 11-11　添加到窗体上的 ToolSrip 控件　　　　图 11-12　可以添加到工具栏的对象

要对工具栏对象进行编辑，可以右击已经添加的工具栏对象，使用快捷菜单命令实现。例如，使用"转换为"命令可以改变工具栏对象的类型，使用"插入"命令可以在当前对象之前插入新的对象，使用"删除"命令可以删除当前对象。

3）在属性窗口设置工具栏各对象的属性。工具栏各对象的属性与前面各章介绍的相应对象的属性类似，这里不再赘述。

4）为各个工具栏对象编写事件过程代码，实现相应的功能。

【例 11-4】为例 11-3 添加工具栏，实现"编辑"菜单下的复制、剪切、粘贴功能，以及"格式"菜单下的左对齐、居中、右对齐功能。

工具栏设计：

1）打开例 11-3 的应用程序，调整窗体和文本框的大小和位置，为工具栏留出一定空间。单击工具箱的 ToolStrip 控件，在窗体任意位置拖动鼠标向窗体添加一个 ToolStrip 控件，使用其默认名称 ToolStrip1。

2）参照图 11-13a 向工具栏添加两组工具栏按钮，并用分隔条将它们隔开。各工具栏对象的属性设置如表 11-3 所示。

表 11-3　工具栏对象的属性设置

Name	ToolTipText	Checked	CheckOnClick	Image	说明
ToolStripButton1	复制			📋	
ToolStripButton2	剪切			✂	
ToolStripButton3	粘贴			📋	
ToolStripSeparator1					分隔条
ToolStripButton4	左对齐	True	True	≡	该组按钮应具有单选的功能，初始状态为"左对齐"按钮按下
ToolStripButton5	居中	False	True	▬	
ToolStripButton6	右对齐	False	True	≡	

代码设计：

1）编写工具栏"复制、剪切、粘贴"按钮的 Click 事件过程，在代码中可以直接调用"编辑"菜单下的"复制、剪切、粘贴"子菜单项的 Click 事件过程，具体如下：

```
Private Sub ToolStripButton1_Click(ByVal sender As System.Object, ByVal e As
System.EventArgs) Handles ToolStripButton1.Click
```

```
        txtCopy.PerformClick()                     ' 执行 " 复制 " 菜单项的 Click 事件过程
    End Sub
    Private Sub ToolStripButton2_Click(ByVal sender As System.Object, ByVal e As
System.EventArgs) Handles ToolStripButton2.Click
        txtCut.PerformClick()                      ' 执行 " 剪切 " 菜单项的 Click 事件过程
    End Sub
    Private Sub ToolStripButton3_Click(ByVal sender As System.Object, ByVal e As
System.EventArgs) Handles ToolStripButton3.Click
        txtPaste.PerformClick()                    ' 执行 " 粘贴 " 菜单项的 Click 事件过程
    End Sub
```

2）编写"左对齐、居中、右对齐"按钮的 Click 事件过程，实现单击时改变文本框文本的对齐方式，并使它们具有单选按钮的功能，即当按下（选择）其中一个按钮时，另外两个按钮抬起（取消选择）。代码如下：

```
    Private Sub ToolStripButton4_Click(ByVal sender As System.Object, ByVal e As
System.EventArgs) Handles ToolStripButton4.Click
        TextBox1.TextAlign = HorizontalAlignment.Left        ' 左对齐
        ToolStripButton4.Checked = True                      ' 左对齐按钮按下
        ToolStripButton5.Checked = False
        ToolStripButton6.Checked = False
    End Sub
    Private Sub ToolStripButton5_Click(ByVal sender As System.Object, ByVal e As
System.EventArgs) Handles ToolStripButton5.Click
        TextBox1.TextAlign = HorizontalAlignment.Center      ' 居中
        ToolStripButton4.Checked = False
        ToolStripButton5.Checked = True                      ' 居中按钮按下
        ToolStripButton6.Checked = False
    End Sub
    Private Sub ToolStripButton6_Click(ByVal sender As System.Object, ByVal e As
System.EventArgs) Handles ToolStripButton6.Click
        TextBox1.TextAlign = HorizontalAlignment.Right       ' 右对齐
        ToolStripButton4.Checked = False
        ToolStripButton5.Checked = False
        ToolStripButton6.Checked = True                      ' 右对齐按钮按下
    End Sub
```

运行时，鼠标指针指向各工具栏按钮，会有相应的文字提示，如图 11-13b 所示。单击工具栏按钮能实现相应的功能。

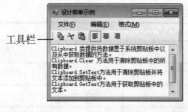 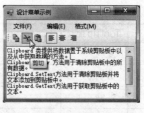

a）设计界面   b）运行界面

图 11-13 使用 ToolStrip 控件设计工具栏

11.3 对话框的设计

在 Windows 窗体应用程序中，对话框是用户和应用程序交互的重要途径，是用来显示提示信息、提供输入数据或进行选择的界面。一个对话框可以很简单，如只显示一段很简单的提示信息，也可以很复杂，如包含多个选项卡（如 Microsoft Word 中的"页面设置"对话框）。尽管对话框有自己的特性，但从结构上看，对话框与窗体是类似的。

用户可以直接调用 VB.NET 预定义对话框（如使用 MsgBox 函数或 InputBox 函数），也可以创建自定义对话框。

可以用以下两种方法创建对话框。

❑ 使用标准窗体创建自定义对话框。

❑ 使用 VB.NET 提供的控件创建通用对话框。

11.3.1 自定义对话框

自定义对话框就是用户所创建的含有控件的窗体。设计自定义对话框可以按以下步骤进行。

1）添加窗体。执行"项目 | 添加 Windows 窗体"命令，在打开的"添加新项"对话框的中间窗格中默认选择"Windows 窗体"，单击"添加"按钮，向当前项目中添加一个新窗体。

2）将窗体定义成对话框风格。一般情况下，因为对话框是临时性的，所以，通常不需要对它进行移动、改变尺寸、最大化或最小化等操作。通过设置窗体的相应属性，可以将普通窗体设置成具有对话框风格的窗体。例如，以下是一组可能的属性设置：

❑ 将窗体的 FormBorderStyle 属性设置为 FixedDialog，则运行时不能通过拖曳窗体边框改变大小，且不显示控制菜单图标。

❑ 将窗体的 MaximizeBox 属性设置为 False，则最大化按钮无效，这样可以防止对话框在运行时被最大化。

❑ 将窗体的 MinimizeBox 属性设置为 False，则最小化按钮无效，这样可以防止对话框在运行时被最小化。

如果同时将窗体的最大化按钮和最小化按钮设置为无效，则不显示最大化按钮和最小化按钮。

3）在对话框上添加按钮。对话框中通常要有两个按钮，其中一个用于接受在对话框中进行的设置并关闭对话框，另一个用于取消在对话框中进行的设置并关闭对话框。例如"确定"与"取消"按钮，"是"与"否"按钮等。对于只显示一些文字，不需要用户做任何设置或选择的对话框，通常只有一个"确定"按钮。

通常还需将对话框窗体的 AcceptButton 属性设置为对话框中的某个按钮，这样，运行时按下回车键与单击该按钮效果相同；将对话框窗体的 CancelButton 属性设置为对话框中的另一个按钮，这样，运行时按 Esc 键与单击该按钮效果相同。例如，将对话框窗体的 AcceptButton 属性设置为"确定"按钮，将 CancelButton 属性设置为"取消"按钮。一般情况下，代表最可靠或者最安全操作的按钮应当设置成 AcceptButton 按钮。例如，在"文本替换"对话框中，AcceptButton 按钮应当是"取消"按钮，而不是"全部替换"按钮。

4）在对话框上添加必要的控件。根据对话框要完成的功能在对话框上添加各种控件，如文本框、单选按钮、复选框、组合框、下拉列表框等。

5）在适当的位置编写显示对话框的代码。自定义对话框由普通窗体设计而来，所以显示对话框与显示窗体方法类似。根据对话框的作用，可以有两种显示方式，即模式对话框和无模式对话框。

如果在打开一个对话框时，焦点不可以切换到其他窗体或对话框，则这种对话框称为模式对话框。例如，Microsoft Word 下的"页面设置"对话框就是一个模式对话框。如果在打开一个对话框时，焦点可以切换到其他窗体或对话框，则这种对话框称为无模式对话框。例如，Microsoft Word 下的"查找和替换"对话框就是一个无模式对话框。

①将窗体显示为无模式对话框可以使用以下方法：

```
窗体名 .Show()
```

例如，将窗体 Form2 显示为无模式对话框，可以写成：

```
Form2.Show()
```

②将窗体显示为模式对话框可以使用以下方法：

```
窗体名.ShowDialog()
```

例如，将窗体 Form2 显示为模式对话框，可以写成：

```
Form2.ShowDialog()
```

6）编写实现对话框功能的代码，如"确定"按钮和"取消"按钮的 Click 事件过程。不同的对话框所完成的功能不同，因此应根据实际要求编写代码。

7）编写从对话框退出的代码。从对话框退出可以使用窗体对象的 Close 方法或 Hide 方法。例如：

```
Me.Close()
```

或

```
Me.Hide()
```

使用 Close 方法关闭窗体对象后，将关闭在该窗体内创建的所有对象并且释放相关的资源。而 Hide 方法只是将窗体隐藏起来，该窗体以及其中的资源仍留在内存中。

【例 11-5】 在例 11-4 的"编辑"菜单下添加一个"查找替换"菜单项，运行时单击该菜单项打开一个查找替换对话框，实现对文本框文本的简单查找和替换。

界面设计：

1）打开例 11-4 的应用程序，在窗体上单击"编辑"菜单，在"请在此处输入"编辑框中输入"查找替换"，在属性窗口中可以看出该菜单项的 Name 属性为"查找替换 ToolStripMenuItem"，将其修改为"txtFind"。添加后的"编辑"菜单如图 11-14a 所示。

2）使用"项目 | 添加 Windows 窗体"命令，在当前项目中添加一个新窗体 Form2，将 Form2 的 FormBorderStyle 属性值设置为 FixedDialog，MaximizeBox 属性和 MinimizeBox 属性设置为 False，使其具有对话框风格。

3）按图 11-14b 在对话框上添加标签、文本框和命令按钮。

代码设计：

1）编写窗体 Form1 的"查找替换"菜单项的 Click 事件过程，以显示对话框 Form2。

```
Private Sub txtFind_Click(ByVal sender As System.Object, ByVal e As System.
EventArgs) Handles txtFind.Click
    Form2.Show()        ' 这里使用 Show 方法将 Form2 显示为无模式对话框
End Sub
```

2）在 Form2 窗体类的声明段声明两个模块级变量 StartPos、Pos。

```
Dim StartPos, Pos As Integer
```

其中，StartPos 用于保存窗体 Form1 的 TextBox1 文本框的文本插入点，Pos 用于保存在 TextBox1 中查找时找到的位置。

3）编写 Form2 上的"查找下一处"按钮 Button1 的 Click 事件过程，实现查找。

```
Private Sub Button1_Click(ByVal sender As System.Object, ByVal e As System.
EventArgs) Handles Button1.Click
    Pos = InStr(StartPos + 1, Form1.TextBox1.Text, TextBox1.Text)  ' 查找
    If Pos = 0 Then                        ' 如果没找到
        MsgBox("查找完毕, 已没有匹配项")
        StartPos = 0                       ' 将查找位置设置在最开始处
    Else          ' 如果找到, 则选中找到的文本
        Form1.TextBox1.Focus()
        Form1.TextBox1.SelectionStart = Pos - 1
        Form1.TextBox1.SelectionLength = Len(TextBox1.Text)
        ' 修改下次查找的起始位置
        StartPos = Form1.TextBox1.SelectionStart + Len(TextBox1.Text)
```

```
        End If
End Sub
```

4）编写对话框 Form2 的"替换"按钮 Button2 的 Click 事件过程。

```
Private Sub Button2_Click(ByVal sender As System.Object, ByVal e As System.
EventArgs) Handles Button2.Click
    If Len(Form1.TextBox1.SelectedText) > 0 Then        ' 如果有选中的文本
        Form1.TextBox1.SelectedText = TextBox2.Text        ' 替换选中的文本
        Button1.PerformClick()        ' 调用 Button1 的 Click 事件过程继续查找下一处
    End If
End Sub
```

5）编写对话框 Form2 的"取消"按钮 Button3 的 Click 事件过程，实现从对话框退出。

```
Private Sub Button3_Click(ByVal sender As System.Object, ByVal e As System.
EventArgs) Handles Button3.Click
    Me.Close()
End Sub
```

图 11-14b 和 11-14c 为"查找替换"对话框及查找替换效果。

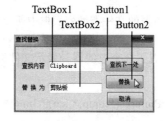

a)"编辑"菜单　　b)"查找替换"对话框 Form2　　c）查找替换效果

图 11-14 "查找替换"对话框

11.3.2 通用对话框

利用 VB.NET 提供的通用对话框控件可以快速创建 Windows 风格的标准对话框，如保存文件对话框、打开文件对话框、字体对话框、颜色对话框等。

1. 文件对话框

文件对话框包括打开文件对话框（见图 11-15）和保存文件对话框（见图 11-16）。

图 11-15 打开文件对话框

打开文件对话框可以使用工具箱的 OpenFileDialog 控件 OpenFileDialog 设计；保存文件

对话框可以使用工具箱的 SaveFileDialog 控件  设计。OpenFileDialog 控件和 SaveFileDialog 控件都是不可见控件，将它们画到窗体上之后，这些控件会显示在窗体下方的专用面板中。

OpenFileDialog 控件和 SaveFileDialog 控件常用的属性、方法和事件如下。

（1）属性

1）Title 属性：获取或设置文件对话框的标题。对于打开文件对话框，默认标题为"打开"；对于保存文件对话框，默认标题为"另存为"。

2）InitialDirectory 属性：获取或设置文件对话框显示的初始目录，如 d:\

3）FileName 属性：获取在文件对话框中选定的文件名（包含文件路径和扩展名），或设置显示在对话框中的文件名。

图 11-16 保存文件对话框

4）Filter 属性：用于指定在文件对话框的文件类型列表框中所要显示的内容，即设置过滤器。Filter 属性中可以设置多个过滤器，每个过滤器由描述、垂直线（|）和过滤条件组成，多个过滤器间用垂直线分隔。例如，下列代码设置了 3 个过滤器，表示文件类型允许选择所有文件、文本文件、位图文件和图标文件：

所有文件 (*.*) |*.*|Text(*.txt)|*.txt|Pictures(*.bmp;*.ico)|*.bmp;*.ico

描述　过滤条件　描述　过滤条件　　　描述　　　过滤条件

5）FilterIndex 属性：获取或设置在文件对话框中当前选定过滤器的索引，默认值为 1。第一个过滤器索引为 1，第二个过滤器索引为 2，以此类推。

6）DefaultExt 属性：获取或设置默认的文件扩展名。文件扩展名由 Filter 和 DefaultExt 属性决定。如果在文件对话框中选定了过滤器，且该过滤器指定了具体的扩展名，则使用该扩展名。如果所选定的过滤器使用通配符代替具体的扩展名，则使用在 DefaultExt 属性中指定的扩展名。

7）Multiselect 属性：获取或设置一个值，该值指示文件对话框是否允许同时选择多个文件。如果允许则为 True，否则为 False，默认值为 False。

8）FileNames 属性：获取文件对话框中所有选定文件的文件名。该属性是一个 String 类型的数组，每个数组元素包含一个文件名，每个文件名既包含文件路径，又包含文件扩展名。如果未选定文件，则该属性返回一个空数组。

9）CheckFileExists 属性：获取或设置一个值，该值指示如果用户在文件对话框中指定一个不存在的文件名时是否给出警告。如果是则为 True，否则为 False，默认值为 True。

10）CheckPathExists 属性：获取或设置一个值，该值指示如果用户在文件对话框中指定一个不存在的路径时是否给出警告。如果是则为 True，否则为 False，默认值为 True。

（2）方法

ShowDialog 方法：用来显示通用对话框，包括文件对话框以及后面将要介绍的颜色对话框、字体对话框。使用格式为：

```
控件名 .ShowDialog()
```

例如，设向窗体添加了一个 OpenFileDialog 控件，名称为 OpenFileDialog1，使用以下方法可以显示一个打开文件对话框。

```
OpenFileDialog1.ShowDialog()
```

ShowDialog 方法的返回值是 System.Windows.Forms 命名空间下的 DialogResult 枚举类型。使用 ShowDialog 方法显示通用对话框后，如果用户在对话框中单击"确定"按钮，则 ShowDialog 方法返回值 DialogResult.OK，否则返回值 DialogResult.Cancel。

（3）事件

FileOk 事件：当用户单击文件对话框的"打开"或"保存"按钮时，触发该事件。

【例 11-6】 在例 11-5 的基础上继续设计。例 11-5 的"文件"菜单功能已经在例 11-2 中完成了设计，实现了执行文件菜单下的"打开"命令，打开一个输入框，要求用户输入需要打开的文件路径及名称，并将该名称添加在"文件"菜单的子菜单中。将这一功能改成用通用对话框控件来指定要打开的文件路径及名称。

界面设计：

1）打开例 11-5 的应用程序，单击工具箱的 OpenFileDialog 按钮，在窗体 Form1 上的任意位置拖动鼠标添加一个 OpenFileDialog 控件，则 OpenFileDialog 控件显示在窗体下方的专用面板中，使用其默认名称 OpenFileDialog1。

2）设置 OpenFileDialog1 控件的属性，具体如下：

❑ Title 属性：请选择文件。

❑ FileName 属性：(清空)。

❑ InitialDirectory 属性：d:\。

❑ Filter 属性：All Files|*.*|Text Files|*.txt。

代码设计： 修改"打开"菜单项的 Click 事件过程，代码如下：

```
Private Sub FileOpen_Click(ByVal sender As System.Object, ByVal e As System.
EventArgs) Handles FileOpen.Click
    Dim OpenFileName As String
    OpenFileDialog1.FileName = ""
    OpenFileDialog1.ShowDialog()                  ' 显示打开文件对话框
    OpenFileName = OpenFileDialog1.FileName       ' 保存在对话框中指定的文件名
    If Trim(OpenFileName) <> "" Then   ' 如果指定的文件名不为空,则添加
        Dim FileSubMenuItem As New ToolStripMenuItem()      ' 创建菜单对象
        FileSubMenuItem.Text = OpenFileName  ' 设置菜单对象文本为指定的文件名
        FileMenu.DropDownItems.Add(FileSubMenuItem) ' 添加到"文件"菜单下
        AddHandler FileSubMenuItem.Click, AddressOf MenuClick ' 定义事件
    End If
End Sub
```

以上代码用打开文件对话框代替例 11-2 的输入框。运行时，用户不需要输入文件的路径和名称，只需从打开的对话框中直接选择，使操作更加方便、可靠。图 11-17 是本例运行时单击"文件"菜单下的"打开"命令显示的打开文件对话框。

2. 颜色对话框

标准的颜色对话框如图 11-18 所示。可以只显示基本颜色，也可以通过单击"规定自定义颜色"按钮将对话框完全展开，在对话框的右侧选择或定义新的颜色。

颜色对话框可以使用工具箱的 ColorDialog 控件 ColorDialog 设计。ColorDialog 控件是不可见控件，将它画到窗体上之后，该控件会显示在窗体下方的专用面板中。ColorDialog 控件常用的属性如下：

图 11-17　用 OpenFileDialog 控件设计的打开文件对话框

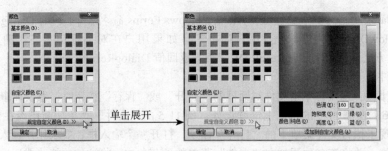

　　a）显示基本颜色　　　　　　　　　　b）规定自定义颜色

图 11-18　颜色对话框

　　1）Color 属性：使用该属性可以获取用户在颜色对话框中选定的颜色，如果没有选定颜色，则默认值为黑色。也可以使用该属性设置对话框的当前颜色。Color 属性是 System.Drawing.Color 结构类型。

　　2）AllowFullOpen 属性：获取或设置一个值，该值指示用户是否可以使用颜色对话框规定自定义颜色。如果是则为 True，否则为 False，默认值为 True。如果设置为 False，则图 11-18a 中的"规定自定义颜色"按钮无效，用户无法自定义颜色。

　　3）FullOpen 属性：获取或设置一个值，该值指示在打开颜色对话框时，是否自动显示为展开形式，如图 11-18b 所示。如果是则为 True，否则为 False，默认值为 False。只有当 AllowFullOpen 属性设置为 True 时，该属性才起作用。

　　【例 11-7】在例 11-6 的基础上继续设计，实现"格式"菜单下的"背景颜色"菜单项的功能。运行时，单击"背景颜色"菜单项，打开一个颜色对话框，并用颜色对话框中选择的颜色设置文本框的背景颜色。

　　界面设计：打开例 11-6 的应用程序，单击工具箱的 ColorDialog 按钮，在窗体 Form1 上的任意位置拖动鼠标添加一个 ColorDialog 控件，则 ColorDialog 控件显示在窗体下方的专用面板中，使用其默认名称 ColorDialog1。

　　代码设计：在"背景颜色"菜单项的 Click 事件过程中，使用 ColorDialog1 控件显示一个颜色对话框，然后用 ColorDialog1 控件的 Color 属性设置文本框的背景颜色，代码如下：

```
Private Sub bckColor_Click(ByVal sender As System.Object, ByVal e As System.
EventArgs) Handles bckColor.Click
    ColorDialog1.Color = TextBox1.BackColor ' 使颜色对话框的当前颜色与文本框背景颜色一致
' 显示颜色对话框，如果单击了"确定"按钮，则用颜色对话框的颜色修改文本框的背景颜色
    If ColorDialog1.ShowDialog() = DialogResult.OK Then
        TextBox1.BackColor = ColorDialog1.Color
    End If
End Sub
```

　　运行时，单击"格式"菜单下的"背景颜色"菜单命令，打开颜色对话框，在该对话框中指定一种颜色并单击"确定"按钮，则用该颜色设置文本框的背景颜色。

　　3. 字体对话框

　　标准的字体对话框如图 11-19 所示，使用字体对话框可以指定文字的字体、字形、字号、文字效果等。

　　字体对话框可以使用工具箱的 FontDialog 控件
[　FontDialog] 设计。FontDialog 控件是不可见控件，将它画到窗体上之后，该控件会显示在窗体下方的专用面板中。

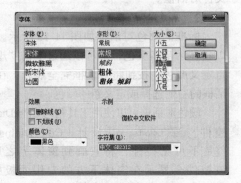

图 11-19　字体对话框

FontDialog 控件常用的属性如下：

1）AllowScriptChange 属性：获取或设置一个值，该值指示在字体对话框中的"字符集"下拉列表中是否显示可选的其他字符集。如果是则为 True，否则为 False，默认值为 True。

2）AllowVectorFonts 属性：获取或设置一个值，该值指示在字体对话框中否允许选择矢量字体。如果是则为 True，否则为 False，默认值为 True。

3）AllowVerticalFonts 属性：获取或设置一个值，该值指示字体对话框是否既显示垂直字体，又显示水平字体，还是只显示水平字体。如果允许显示垂直和水平字体，则为 True，否则为 False，默认值为 True。

4）Color 属性：获取或设置选定字体的颜色，是 System.Drawing.Color 类型，默认值为 Black。

5）Font 属性：获取或设置选定的字体，是 System.Drawing.Font 类型。

6）MaxSize 属性：获取或设置用户可选择的最大字体大小。默认值为 0，表示字体大小没有限制。

7）MinSize 属性：获取或设置用户可选择的最小字体大小。默认值为 0，表示字体大小没有限制。为使最大及最小字体大小的设置生效，MaxSize 属性值必须大于 MinSize 属性值，并且二者必须都大于 0。

8）ShowApply 属性：获取或设置一个值，该值指示字体对话框是否包含"应用"按钮。如果是则为 True，否则为 False，默认值为 False。

9）ShowColor 属性：获取或设置一个值，该值指示字体对话框是否显示颜色选择。如果是则为 True，否则为 False，默认值为 False。

10）ShowEffects 属性：获取或设置一个值，该值指示字体对话框是否包含效果选项，即是否包含删除线、下划线和颜色选项。如果是则为 True，否则为 False，默认值为 True。

【例 11-8】 在例 11-7 的基础上继续设计，实现"格式"菜单下的"字体"菜单项的功能。运行时，单击"字体"菜单项，可以打开一个字体对话框，单击字体对话框的"确定"按钮后，将其中指定的设置应用于文本框中的文字。

界面设计： 打开例 11-7 的应用程序，单击工具箱的 FontDialog 按钮，在窗体 Form1 上的任意位置拖动鼠标添加一个 FontDialog 控件，则 FontDialog 控件显示在窗体下方的专用面板中，使用其默认名称 FontDialog1。将 FontDialog1 控件的 ShowColor 属性设置为 True，使字体对话框具有"颜色"选项。

代码设计：

```
Private Sub txtFont_Click(ByVal sender As System.Object, ByVal e As System.
EventArgs) Handles txtFont.Click
    FontDialog1.Font = TextBox1.Font    ' 使字体对话框的设置与文本框的当前设置一致
    ' 使字体对话框的颜色选项与文本框的当前文字颜色一致
    FontDialog1.Color = TextBox1.ForeColor
    ' 显示字体对话框，并判断如果按下"确定"按钮，则用字体对话框的设置修改文本框属性
    If FontDialog1.ShowDialog() = DialogResult.OK Then
        TextBox1.Font = FontDialog1.Font         ' 用字体对话框的设置修改文本框的字体
        TextBox1.ForeColor = FontDialog1.Color   ' 用字体对话框的颜色修改文字颜色
    End If
End Sub
```

另外，OpenFileDialog 控件、SaveFileDialog 控件、ColorDialog 控件、FontDialog 控件都可以使用 Reset 方法将所有属性重新设置为其默认值，使用格式如下：

```
控件名.Reset()
```

11.4 状态栏的设计

通常，Windows 应用程序都具有状态栏。状态栏一般显示在窗口的底部，用于显示应用程序

当前的运行状态、系统状态等，并提供一些操作提示。例如，Microsoft PowerPoint 状态栏的部分内容如图 11-20 所示。

幻灯片 第 1 张，共 64 张   "Blends"   中文(中国)

图 11-20   状态栏示例

使用 VB.NET 提供的状态栏控件 StatusStrip 可以很容易地设计状态栏。设计状态栏可以按以下步骤进行：

1）单击工具箱的 StatusStrip 控件 ▙ StatusStrip，在窗体的任意位置拖动鼠标将其添加到窗体上，由于 StatusStrip 控件是不可见控件，因此所添加的控件会显示在窗体下方的专用面板中。这时在窗体的底部会出现一个空白的状态栏，包含一个下拉按钮，如图 11-21 所示。

2）单击下拉按钮，从下拉列表中选择需要添加到状态栏的对象，如图 11-22 所示。

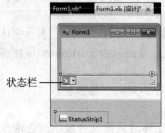

图 11-21   添加到窗体上的 StatusSrip 控件

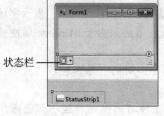

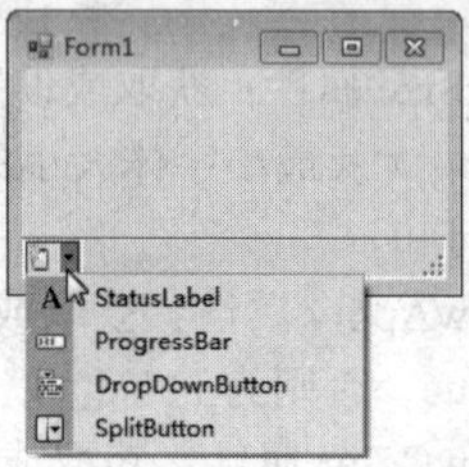

图 11-22   可以添加到状态栏的对象

各对象的功能如下：

❑ StatusLabel：向状态栏添加一个标签，可以在该标签中显示反映应用程序状态的文本或图标。

❑ ProgressBar：向状态栏添加一个进度条。

❑ DropDownButton：向状态栏添加一个下拉按钮。运行时单击下拉按钮会弹出一个下拉菜单，从下拉菜单中选择菜单项可以完成所需功能。

❑ SplitButton：向状态栏添加一个分隔按钮。分隔按钮的左半部分是一个按钮，右半部分是一个下拉按钮。运行时可以通过单击左半部分的按钮完成功能，也可以通过单击下拉按钮，从下拉菜单中选择菜单项完成所需功能。

要对状态栏对象进行编辑，可以右击已经添加的状态栏对象，使用快捷菜单命令实现。例如，使用"转换为"命令可以改变对象的类型，使用"插入"命令可以在当前对象之前插入新的对象，使用"删除"命令可以删除当前对象。

3）在属性窗口设置状态栏及各对象的属性。

4）在应用程序中根据当前的运行情况设置状态栏及状态栏对象的属性，以实现用状态栏反映当前的运行状态。或编写状态栏对象的事件过程，完成一定的功能。

【例 11-9】在例 11-8 的基础上设计状态栏，实现在状态栏实时显示文本框中的中文字数和西文字符数。

界面设计：

1）打开例 11-8 的应用程序，调整窗体 Form1 的大小，在文本框的下方（窗体 Form1 底部）留出显示状态栏的空间，单击工具箱的 StatusStrip 按钮，在窗体 Form1 上的任意位置拖动鼠标添加一个 StatusStrip 控件，则 StatusStrip 控件显示在窗体下方的专用面板中，使用其默认名称 StatusStrip1。

2）在窗体底部显示的空白状态栏中，单击下拉按钮，从下拉列表中选择状态栏对象类型为 StatusLabel，在属性窗口可以看出其 Name 属性为 ToolStripStatusLabel1，将其 BorderSides 属性设置为"右"（Right），将其 BorderStyle 属性设置为 Raised，使标签右侧具有凸起的边框线。

3）继续单击状态栏右侧的下拉按钮，再添加一个 StatusLabel 对象，在属性窗口可以看出其 Name 属性为 ToolStripStatusLabel2，将其 BorderSides 属性设置为"右"（Right）；将其 BorderStyle 属性设置为 Raised。

设计好的界面如图 11-23a 所示。

代码设计：代码主要思路是，从文本框 TextBox1 中逐个提取字符，用 ASC 函数求取对应字符的字符代码，如果某字符的字符代码小于 0，则为中文字符，否则为西文字符。回车、换行符号属于西文字符，它们的字符代码分别为 13、10，在代码中不应对回车、换行符进行统计。首先在窗体的 Load 事件过程中进行统计，以使运行开始时，状态栏能够显示初始统计结果。然后在文本框的 TextChanged 事件过程中进行统计，这样，运行时文本框内容发生变化时，状态栏能够实时显示统计结果。因此需要在窗体的 Load 事件过程中和文本框的 TextChanged 事件过程中编写同样的代码，具体如下：

```
Dim pos, txtLen, num1, num2 As Integer
Dim c As Char
txtLen = Len(TextBox1.Text)                      ' 用 txtLen 保存文本框文字的总字符数
For pos = 1 To txtLen
    c = Mid(TextBox1.Text, pos, 1)               ' 获取文本框第 Pos 位置的字符
    ' 如果 c 的字符编码小于 0，则为中文字符，否则为西文字符
    If Asc(c) < 0 Then
        num1 = num1 + 1                          ' 中文字符数累加 1
    ElseIf Asc(c) <> 13 And Asc(c) <> 10 Then    ' 如果不是回车或换行符则统计
        num2 = num2 + 1                          ' 西文字符数累加 1
    End If
Next pos
ToolStripStatusLabel1.Text = " 中文字符个数 " & num1
ToolStripStatusLabel2.Text = " 西文字符个数 " & num2
```

运行时，状态栏显示结果如图 11-23b 所示。

a）设计界面　　　　　　　　b）运行界面

图 11-23　状态栏示例

本章介绍了 Windows 应用程序界面的几种常见的要素，包括菜单、工具栏、对话框和状态栏的设计。应用程序界面对用户有着极大的影响，无论代码在技术上多么卓越，或者优化得多么好，如果用户发现应用程序很难使用，他们就很难接受它。一个设计得好的界面应具有以下特点：

1）从外观上讲，界面应美观。可以适当使用立体效果、图片、颜色等修饰控件，但也不要过多地使用颜色和图片。

2）控件布局合理。窗体的构图或布局不仅影响它的美感，而且也极大地影响应用程序的可用性。较重要的或者频繁访问的元素应当放在显著的位置，而不太重要的元素应当放到不太显著的位置。在语言中我们习惯于从左到右、自上到下地阅读。对于计算机屏幕也是如此，大多数用户的眼睛会首先注视屏幕的左上部位，所以最重要的元素应当放在屏幕的左上部位。另外，要注意保持各控件之间一致的间隔以及垂直与水平方向的对齐。就像杂志中的文本一样，安排得行列整齐、行距一致。整齐的界面会使得阅读更容易。

3）空白空间使用得当。可以使用一定的颜色或空白空间将控件分组，以免界面过分拥挤，显得凌乱。

4）保持界面的简明。尽量将界面设计得整洁、简单明了，这样可以使用户更容易在界面上操作，保持清晰的思路。如果界面看上去很复杂，则可能使用户感觉操作困难。

5）对信息进行分组。尽量把信息按一定的标准进行分组，这样可以保持视觉上的一致性，分组的标准应该在设计应用程序的开始确定。

6）尽量保持界面元素有一致的风格。一致的外观可以使界面看上去更加协调。如选择的字体、同种类型的控件、表示同一类功能的控件、窗体的背景、控件的边框等应尽量保持一致的风格。

当然，界面设计还要参考一些好的软件产品的界面风格，以及应用程序的使用范围和运行环境，满足使用者的要求应该作为界面设计的最终目标。

11.5   上机练习

新建一个 Windows 窗体应用程序，使用工具箱的"Visual Basic PowerPacks"工具组中的 OvalShape 控件向当前窗体添加一个椭圆控件，通过设置椭圆控件的 BackgroundImage 属性向椭圆控件中添加一幅背景图片，将椭圆控件的 BackgroundImageLayout 属性设置为 Zoom，然后按以下要求逐步设计。

1. 设计下拉式菜单

使用 MenuStrip 控件在当前窗体上设计主菜单界面，主菜单项包括"背景"、"填充"和"边框"，各主菜单及其下拉菜单的结构如图 11-24 所示。

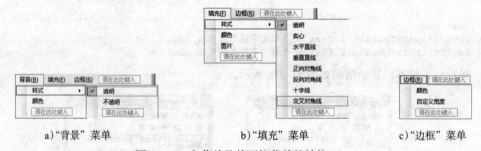

a)"背景"菜单   b)"填充"菜单   c)"边框"菜单

图 11-24   主菜单及其下拉菜单的结构

按以下要求为各菜单项编写代码，实现相应的功能。

1）"背景"菜单下的"样式"菜单下的"透明"和"不透明"：运行时单击其中一个菜单项，可以设置椭圆的背景为透明或不透明，同时对应菜单项被选中（打√），并取消选中另一菜单项（取消前面的√）。注意，同一时刻这两个菜单项只能有一个被选中。

提示：通过设置椭圆控件的 BackStyle 属性设置背景是否透明；通过设置菜单项的 Checked 属性设置其是否被选中（打√）。

2）"填充"菜单下的"样式"子菜单下的各菜单项：运行时单击其中一个菜单项，可以设置椭圆的填充样式，包括透明、实心、水平直线、垂直直线、正向对角线、反向对角线、十字线、交叉对角线，同时对应菜单项被选中（打√），并取消选中其他菜单项（取消前面的√）。注意，同一时刻这些菜单项只能有一个被选中。

提示：通过设置椭圆控件的 FillStyle 属性设置填充样式，通过设置菜单项的 Checked 属性设置其是否被选中（打√）。

其他菜单项的功能按以下第 4 题的要求完善。

2. 设计快捷菜单

为椭圆控件设计快捷菜单，包含两个菜单项"放大"和"缩小"。编写代码实现，运行时单击"放大"菜单项,可以将椭圆放大 10%;单击"缩小"菜单项,可以将椭圆缩小 10%。要求放大或缩小时保持椭圆的中心位置不变。

3. 设计工具栏

使用 ToolStrip 控件在当前窗体上设计工具栏。工具栏包含两个对象,第一个对象是 Button 类型,用于为椭圆加载背景图片;第二个对象是 DropDownButton 类型,用于为椭圆设置边框的宽度(BorderWidth)。工具栏如图 11-25 所示。

提示:第二个工具栏对象及各下拉按钮的外观通过设置以下属性实现:

❑ Image 属性:首先设计并保存好各种线型图片,然后将该属性设置为相应的图片。

❑ ImageScaling 属性:设置为 None。

❑ Text 属性:依次设置为"1 像素"到"6 像素"。

❑ TextImageRelation 属性:设置为 ImageBeforeText。

编写代码实现:运行时单击第二个工具栏按钮,可以从下拉列表中选择相应的线宽,并用该线宽设置椭圆控件的边框线宽度。

第一个工具栏按钮的代码按以下第 4 题的要求完善。

4. 设计对话框

为以上设计的下拉式菜单和工具栏按以下要求补充相应的代码。

图 11-25　工具栏设计

1)"背景"菜单下的"颜色"子菜单项用于打开一个颜色对话框,并用该对话框指定的颜色设置椭圆的背景颜色(BackColor)。

2)"填充"菜单下的"颜色"子菜单项用于打开一个颜色对话框,并用该对话框指定的颜色设置椭圆的填充颜色(FillColor)。

3)"填充"菜单下的"图片"子菜单项用于显示一个打开文件对话框,并用该对话框指定的图片文件作为椭圆的背景图片(BackgroundImage)。文件对话框显示的文件类型限制为所有文件(*.*)和图片文件(*.bmp,*.jpg)。

4)"边框"菜单下的"颜色"子菜单项用于打开一个颜色对话框,并用该对话框指定的颜色设置椭圆的边框颜色(BorderColor)。

5)"边框"菜单下的"自定义宽度"子菜单项用于显示一个自定义对话框,如图 11-26 所示,在其文本框中输入宽度并单击"确定"按钮,则用该对话框指定的宽度设置椭圆的边框宽度(BorderWidth),单击"取消"按钮,则不进行设置。

图 11-26　自定义对话框

6)第一个工具栏按钮用于显示一个打开文件对话框,并用该对话框指定的图片文件作为椭圆的背景图片,其功能与第 3 步设计的"填充"菜单下的"图片"子菜单项功能相同。

5. 设计状态栏

使用 StatusStrip 控件在主窗体上设计状态栏,包含两个 StatusLabel 类型的对象,第一个对象用于实时显示椭圆的宽度,第二个对象用于实时显示椭圆的高度,运行效果如图 11-27 所示。

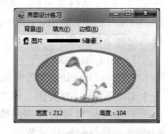

图 11-27　状态栏运行效果

提示:需要在窗体的 Load 事件过程中编写代码,使开始运行时即可显示椭圆的高度和宽度;还需要修改椭圆控件的快捷菜单项的事件过程,使椭圆在被放大和缩小时及时在状态栏显示新的宽度和高度。

第 12 章　图形设计

图形设计是许多应用程序设计中非常重要的一个环节。图形比呆板的文字能更形象、更完整、更准确地表达各种事物；图形还可以为应用程序的界面增加情趣和艺术效果，使设计的界面更加友好。VB.NET 提供了丰富的图形设计功能。

12.1　图形设计基础

本节主要介绍绘图基础知识及与绘图相关的主要对象。

12.1.1　GDI+ 概述

图形设备接口（Graphics Device Interface：GDI）是 Windows API(Application Programming Interface) 的一个重要组成部分，是 Windows 图形显示程序与实际物理设备之间的桥梁，GDI 使得用户无需关心具体设备的细节，而只需在一个虚拟的环境（即逻辑设备）中进行操作，简化了编程。

1. 什么是 GDI+

GDI 虽然在一定程度上减轻了编程的工作量，但是其编程方式仍很麻烦。GDI+ 是 GDI 的增强版。目前，GDI+ 已完全替代了 GDI，是在 Windows 窗体应用程序中以编程方式呈现图形的唯一方法。

GDI 接口是基于函数的，而 GDI+ 是基于类的对象化的应用程序编程接口，因此使用起来比 GDI 更方便。程序员调用 GDI+ 类提供的方法，这些方法又调用特定的设备驱动程序在屏幕或打印机上显示信息，而不需要考虑特定显示设备的具体情况，GDI+ 将应用程序与图形硬件隔离，从而允许开发人员创建与设备无关的应用程序。

2. System.Drawing 命名空间

VB.NET 的 System.Drawing 命名空间封装了功能强大的 GDI+ 对象化的应用程序编程接口，使用它们可以方便地创建图形、绘制文本或将图形图像作为对象操作。本章将介绍的用于绘图的对象都集成在该命名空间下。例如，要在屏幕上画一个红色圆形，首先要创建 Graphics 类的实例——Graphics 对象，再使用 Graphics 对象的 DrawEllipse 方法画圆形，Graphics 对象的 DrawEllipse 方法可能又要用到 Pen 对象、Color 结构、Rectangle 结构等，而 Rectangle 结构需要 Point 和 Size 结构来定位，最后填充圆形时还需要用到 Brush 对象。这里涉及的 Graphics 对象、Pen 对象、Color 结构、Rectangle 结构、Point 结构、Size 结构、Brush 对象都是 System.Drawing 命名空间下的对象。

3. Graphics 类简介

System.Drawing 命名空间中的 Graphics 类是绘图最核心的类。在绘图之前，一般要先创建一个 Graphics 类的实例，即 Graphics 对象，然后再调用 Graphics 类的方法进行各种绘图操作。由于 Graphics 类没有构造函数，因此 Graphics 类不能直接实例化，也就是不能直接使用以下语句创建一个 Graphics 对象：

```
Dim g As New Graphics
```

图形的绘制是在某种容器对象上进行的，如绘制在窗体或图片框上。要创建一个 Graphics 对象，可以先定义一个 Graphics 类型的变量，然后创建一个容器对象的 Graphics 类的实例，并将该实例赋给 Graphics 类型的变量。例如，以下代码使用当前窗体的 CreateGraphics 方法创建一个 Graphics 对象，并给变量 g 赋值。

```
Dim g As Graphics
g = Me.CreateGraphics()
```

创建 Graphics 对象之后，常需要先定义绘图所需的工具，如画笔对象、画刷对象等，然后使用 Graphics 对象的各种方法绘制图形。

完成图形的绘制之后，还需要使用 Dispose 方法释放各种绘图对象，包括 Graphics 对象。例如，以下代码表示了一个典型的绘图步骤：

```
Dim g As Graphics          '声明一个 Graphics 类型的变量
g = Me.CreateGraphics()     '创建 Graphics 对象
...                        '在这里定义绘图工具并使用 Graphics 对象的方法在当前窗体上绘图
g.Dispose()                '释放 Graphics 对象使用的所有资源
```

如何定义各种绘图工具，并使用 Graphics 对象的方法在容器对象上绘图正是本章要讨论的主要内容。

12.1.2 坐标系统

VB.NET 的坐标系用于在二维空间定义容器对象中点的位置。像数学中的坐标系一样，VB.NET 的坐标系也包含坐标原点、x 坐标轴和 y 坐标轴。VB.NET 坐标系的默认坐标原点（0,0）在容器对象的左上角，水平方向的 x 坐标轴向右为正方向，垂直方向的 y 坐标轴向下为正方向，如图 12-1 所示。坐标的刻度单位为像素。

VB.NET 允许用户更改默认坐标系的结构。Graphics 对象提供了多种用来改变、设置坐标系的方法，常用的方法如下：

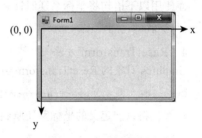

图 12-1　缺省坐标系统

1. TranslateTransform 方法

Graphics 对象的 TranslateTransform 方法用于设置新坐标系的原点，使用格式如下：

`Graphics 对象名 .TranslateTransform(dx,dy)`

功能：将新坐标系原点设置在原坐标系的 (dx,dy) 处。

说明：参数 dx、dy 为 Single 类型，表示新坐标系要平移到的位置。

例如，要将新坐标系原点设置在原坐标系的（300,300）处，可以使用以下语句：

```
Dim g As Graphics
g = Me.CreateGraphics()
g.TranslateTransform(300, 300)
```

2. ScaleTransform 方法

Graphics 对象的 ScaleTransform 方法用于设置坐标轴的缩放比例，使用格式如下：

`Graphics 对象名 .ScaleTransform(sx,sy)`

功能：将新坐标系的 x 轴按 sx 指定的比例缩放，y 轴按 sy 指定的比例缩放。即 x 轴的刻度单位为 sx 乘以原来的刻度单位，y 轴的刻度单位为 sy 乘以原来的刻度单位。

说明：

1）参数 sx、sy 为 Single 类型，分别表示在 x、y 方向的缩放比例。

2）参数 sx、sy 为负数时，分别表示翻转 x 轴、y 轴的方向。

例如，设置图片框 PictureBox1 的坐标原点在左下角，x 轴正方向向右，y 轴正方向向上，如图 12-2 所示。刻度单位缩放 5 倍。使用以下语句：

```
Dim g As Graphics
g = PictureBox1.CreateGraphics()
g.TranslateTransform(0, PictureBox1.Height)          ' 设置坐标原点
g.ScaleTransform(5, -5)                              ' 设置坐标轴刻度缩放 5 倍, 翻转 y 轴方向
```

3. RotateTransform 方法

Graphics 对象的 RotateTransform 方法用于旋转坐标系, 使用格式如下:

```
Graphics 对象名 .RotateTransform(angle)
```

功能: 将坐标系按 angle 指定的角度旋转。

说明: 参数 angle 为 Single 类型, 以度为单位。当 angle 是正数时, 坐标系按顺时针方向旋转, 当 angle 为负数时, 坐标系按逆时针方向旋转。

例如, 将当前窗体的坐标系顺时针旋转 30 度, 语句如下:

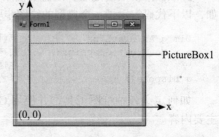

```
Dim g As Graphics
g = Me.CreateGraphics()
g.RotateTransform(30)          ' 坐标系顺时针旋转 30 度
```

而使用以下语句将坐标系逆时针旋转 30 度

图 12-2   自定义图片框的坐标系统

```
g.RotateTransform(-30)
```

4. ResetTransform 方法

Graphics 对象的 ResetTransform 方法用于将坐标系还原到默认状态, 使用格式如下:

```
Graphics 对象名 .ResetTransform()
```

例如, 将以前定义的坐标系还原到默认状态, 使用以下语句:

```
g.ResetTransform()
```

12.1.3 颜色

在绘图时通常要定义线条或填充颜色。在 VB.NET 中, 每一种颜色都是由 ARGB 值来决定的。A (Alpha) 代表颜色的透明度, R、G、B 分别代表红色 (Red)、绿色 (Green)、蓝色 (Blue) 三原色。它们各占一字节 (8 位二进制位), 以十进制表示时, 它们的取值范围为 0 ~ 255。Alpha 值为 0 时产生的颜色是透明的, Alpha 值为 255 时产生的颜色完全不透明。通过合理地调配透明度和三原色所占的比例, 可以得到丰富多彩的颜色。例如, A、R、G、B 分别为 0、255、0、0 时代表透明的红色。

VB.NET 的许多对象都带有颜色属性 (如 BackColor 属性)。用户可以在设计阶段和运行阶段对颜色属性进行设置。

1. 在设计阶段设置颜色

对象的属性窗口中列出的与颜色有关的属性名称中都带有 Color, 如 BackColor、ForeColor 等。要为对象的属性设置颜色值, 只需在属性窗口中单击相应的属性名, 在属性值处就会出现一个下拉按钮, 单击下拉按钮, 会弹出颜色对话框, 其中包括 "自定义"、"Web" 和 "系统" 三个选项卡。选择 "自定义" 选项卡, 显示的是调色板, 如图 12-3a 所示, 用鼠标右键单击调色板内未定义颜色的方框, 可调出自定义颜色对话框添加新的颜色, 如图 12-3b 所示; 选择 "web" 选项卡, 显示的是为 Web 应用程序预设的颜色常量, 如图 12-3c 所示; 选择 "系统" 选项卡, 显示的是系统颜色常量, 如图 12-3d 所示。使用时, 可以从三个选项卡中任选其一, 再从中选择需要的颜色。

2. 在运行阶段设置颜色

使用 System.Drawing 命名空间中的 Color 结构或 SystemColors 类, 可以获取和设置颜色。

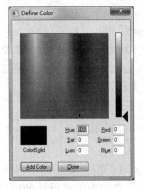

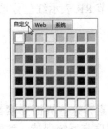

a）调色板 　　b）自定义颜色对话框 　　c）Web 应用程序颜色常量 　　d）系统颜色常量

图 12-3 　在属性窗口中设置颜色属性

（1）使用 Color 结构

Color 结构是一种特殊的类，用来表示 ARGB 颜色，不需要创建实例，可以直接使用。使用 Color 结构可以方便地设置对象的颜色属性。

1）使用 Color 结构的属性定义颜色：Color 结构的属性定义了大量的颜色，可以直接使用这些属性来定义颜色。表 12-1 列出了 Color 结构的部分颜色属性。

表 12-1 　Color 结构的部分颜色属性

属性	颜色	属性	颜色	属性	颜色	属性	颜色
Black	黑色	Green	绿色	Blue	蓝色	Cyan	青色
Red	红色	Yellow	黄色	Magenta	洋红色	White	白色

例如，以下语句用 Color 结构的 Red 属性将命令按钮 Button1 的背景色设置为红色。

```
Button1.BackColor = Color.Red
```

2）使用 Color 结构的方法定义颜色：可以使用 Color 结构的 FromArgb 方法方便地创建新的 Color 结构。FromArgb 方法有以下 4 种格式：

格式一：`Color.FromArgb(alpha,red,green,blue)`

功能：用 4 个 ARGB 分量（alpha、red、green、blue）值创建 Color 结构。

说明：alpha、red、green、blue 为 Integer 类型，取值范围为 0 ～ 255。

例如，以下代码将图片框 PictureBox1 的背景颜色设置为半透明的红色。

```
PictureBox1.BackColor = Color.FromArgb(128, 255, 0, 0)
```

格式二：`Color.FromArgb(red,green,blue)`

功能：用指定的 red、green、blue 分量创建 Color 结构。

说明：alpha 分量默认为 255，red、green、blue 为 Integer 类型，取值范围为 0 ～ 255。

例如，以下代码将当前窗体的背景颜色设置为绿色：

```
Me.BackColor = Color.FromArgb(0, 255, 0)
```

格式三：`Color.FromArgb(alpha,Color 结构)`

功能：用指定的 Color 结构创建 Color 结构，但要使用新指定的 alpha 值。

说明：alpha 的取值范围为 0 ～ 255。

例如，以下代码将图片框 PictureBox1 的颜色设置为命令按钮 Button1 的背景颜色，并将其透明度设置为 100。

```
PictureBox1.BackColor = Color.FromArgb(100, Button1.BackColor)
```

格式四：`Color.FromArgb(argb)`

功能：用一个 32 位的 ARGB 值创建 Color 结构。

说明：参数 argb 为 Integer 类型，即一个 32 位的 ARGB 值。32 位 ARGB 值用十六进制可以表示为 &HAARRGGBB。其中，第一字节 AA 表示 alpha 分量值；第二字节 RR 表示红色分量值；第三字节 GG 表示绿色分量值；第四字节 BB 表示蓝色分量值。

例如，以下代码将窗体的背景颜色设置为不透明的蓝色。

```
Me.BackColor = Color.FromArgb(&HFF0000FF)
```

（2）使用 SystemColors 类获得系统颜色

Windows 系统下的应用程序一般都具有菜单、按钮等相同的界面要素，这些界面要素都有其默认的颜色。例如，菜单、按钮等常默认为灰色。为了使设计的应用程序与系统保持一致的风格，VB.NET 允许在应用程序中直接引用系统颜色来设置窗体和控件的颜色。这样做的好处是：如果用户在控制面板中改变了系统颜色，应用程序中引用的相应颜色也会随着变化，保持了与系统的一致性。

系统颜色可以从 SystemColors 类获得。SystemColors 类的每一个属性都是 Color 结构，对应 Windows 的某个部件的颜色。

例如，以下代码用 Windows 系统的桌面颜色设置窗体 testfrm 的背景颜色。

```
testfrm.BackColor = SystemColors.Desktop
```

以下代码用 Windows 系统活动窗口标题栏的背景颜色设置当前窗体的背景颜色。

```
Me.BackColor = SystemColors.ActiveCaption
```

从 SystemColors 类可获得的颜色可以参考 MSDN 帮助文档。

12.1.4　Point 结构

Point 结构用于在二维平面中定义一个点。Point 结构常用的构造函数有以下两种格式：

格式一：`Point(x, y)`

功能：用指定的 (x, y) 坐标创建 Point 结构。

说明：参数 x、y 为 Integer 类型，分别用于指定点的 x 坐标和 y 坐标。

例如，以下代码创建一个 Point 结构，代表坐标为 (180,90) 的点。

```
Dim point1 As New Point(180, 90)
```

格式二：`Point(size)`

功能：用指定的 Size 结构创建 Point 结构。

说明：参数 size 指定一个 Size 结构，它表示矩形区域的宽度和高度。Point 结构使用它的宽度和高度分别作为点的 x 坐标和 y 坐标。

例如，以下代码创建一个 Point 结构，代表坐标为 (180,90) 的点。

```
Dim s1 As New Size(180, 90)
Dim point1 As New Point(s1)
```

12.1.5　Rectangle 结构

Rectangle 结构用来存储矩形区域的位置和大小，Rectangle 结构的构造函数有以下两种格式：

格式一：`Rectangle(x, y, width, height)`

功能：用指定的位置和大小创建 Rectangle 结构。

说明：参数 x、y、width 和 height 为 Integer 类型。x、y 指定矩形左上角的坐标；width 指定矩形的宽度；height 指定矩形的高度。

例如，以下代码创建一个 Rectangle 结构，名称为 rec1，矩形区域左上角坐标为 (10，20)，宽为 60，高为 80。

```
Dim rec1 As New Rectangle(10, 20, 60, 80)
```
格式二：Rectangle(point, size)

功能：用指定的位置和大小创建 Rectangle 结构。

说明：参数 point 是一个 Point 结构，表示矩形区域的左上角；参数 size 是一个 Size 结构，表示矩形区域的宽度和高度。

例如，以下代码创建一个 Rectangle 结构，名称为 rec1，左上角坐标为 (10,20)，宽为 60，高为 80。

```
Dim point1 As New Point(10, 20)
Dim size1 As New Size(60, 80)
Dim rec1 As New Rectangle(point1, size1)
```

12.2 绘制图形

System.Drawing 命名空间提供了大量与绘图相关的类，如 Graphics 类、Pen 类、Brush 类、Font 类等，用户可以使用这些类按下面的步骤绘制图形。

1）创建 Graphics 对象，获得对容器对象绘图表面的控制。

2）创建画笔（Pen）、画刷（Brush）、字体（Font）等绘图工具。

3）使用 Graphics 对象的方法绘制图形。

4）释放各种绘图工具及 Graphics 对象。

例如，以下代码在图片框 PictureBox1 中画一条直线。

```
Dim mydraw As Graphics                      ' 定义一个 Graphics 类型的对象变量
mydraw = PictureBox1.CreateGraphics()       ' 创建 Graphics 对象
Dim mypen As New Pen(Color.Black)           ' 创建一个画笔（Pen）对象
mydraw.DrawLine(mypen, 10, 10, 50, 50)      ' 使用 Graphics 对象的方法画直线
mypen.Dispose()                             ' 释放 Pen 对象
mydraw.Dispose()                            ' 释放 Graphics 对象
```

12.2.1 创建 Graphics 对象

创建 Graphics 对象可以有下列 3 种方法。

1）调用窗体或控件的 CreateGraphics 方法创建 Graphics 对象。此时 Graphics 对象表示该窗体或控件的绘图表面。如果想在已存在的窗体或控件上绘图，可以使用此方法。例如：

```
Dim g as Graphics = PictureBox1.CreateGraphics()
```
或

```
Dim g As Graphics
g = PictureBox1.CreateGraphics()
```

表示创建了一个 Graphics 类的对象 g，使 g 对象指向 PictureBox 控件，并获得对绘画表面的控制。

2）利用窗体或控件的 Paint 事件过程中的 PaintEventArgs 类型参数创建 Graphics 对象。在窗体或控件的 Paint 事件过程中有一个 PaintEventArgs 类型的参数，可以使用该参数的 Graphics 属性创建 Graphics 对象。例如，以下代码在窗体的 Paint 事件过程中创建 Graphics 对象。

```
Private Sub Form1_Paint(ByVal sender As Object, ByVal e As System.Windows.Forms.
PaintEventArgs) Handles Me.Paint
    Dim g As Graphics
    g = e.Graphics                ' 使用参数 e 的 Graphics 属性创建 Graphics 对象 g
End Sub
```

有关 Paint 事件的使用将在 12.3 节进一步介绍。

3）如果要对图像进行处理，需要使用 Image 类的派生类创建相应的 Graphics 对象。

例如，以下代码创建一个 Graphics 对象，指向一个 Bitmap 对象"d:\Pics\myPic.bmp"。

```
Dim myBitmap as New Bitmap("d:\Pics\myPic.bmp")
Dim g as Graphics = Graphics.FromImage(myBitmap)
```

这样就可以在随后的代码中调用 Graphics 对象的各种方法在图像 d:\Pics\myPic.bmp 上绘图，实现对图像的修改。

例如，设窗体上有一个图片框控件 PictureBox1，以下代码创建一个指向图片框中的图像（d:\panda5.jpg）的 Graphics 对象。

```
PictureBox1.Image = Image.FromFile("d:\ panda5.jpg")        ' 加载图像
Dim g As Graphics = Graphics.FromImage(PictureBox1.Image)    ' 创建 Graphics 对象
```

这样就可以在随后的代码中使用该 Graphics 对象的方法在图像 d:\ panda5.jpg 上绘图，实现对图像的修改。

12.2.2　创建绘图工具

1．Pen 对象

我们在纸上绘图时会用到不同颜色、不同粗细的画笔，在计算机上画图也需要使用不同类型的"画笔"。使用 System.Drawing 命名空间下的 Pen 类可以创建画笔对象，即 Pen 对象。Pen 对象一般在 Graphics 对象中作为参数来使用，用于描述图形的轮廓特征。

（1）创建 Pen 对象

Pen 类的构造函数有以下 4 种格式：

格式一：pen(color)

功能：用指定颜色初始化 Pen 类的新实例。

说明：参数 color 为 Color 结构类型，用于指定画笔的颜色。

例如，以下代码创建一个颜色为红色的 Pen 对象。

```
Dim mypen As Pen
mypen = New Pen(Color.Red)
```

格式二：pen(color, width)

功能：用指定的颜色（color）和宽度（width）初始化 Pen 类的新实例。

说明：参数 color 为 Color 结构类型，用于指定画笔的颜色；参数 width 为 Single 类型，用于指定画笔的宽度。

例如，以下代码创建一个颜色为红色、宽度为 2 的 Pen 对象。

```
Dim mypen As Pen
mypen = New Pen(Color.Red, 2)
```

格式三：pen(brush)

功能：用指定的画刷（Brush 对象）初始化 Pen 类的新实例。

说明：参数 brush 为 Brush 类型的对象，用于指定线条的填充模式。

格式四：pen(brush,width)

功能：用指定的画刷（Brush 对象）和宽度（width）初始化 Pen 类的新实例。

说明：参数 brush 为 Brush 类型的对象，用于指定线条的填充模式；参数 width 为 Single 类型，用于指定画笔的宽度。

有关 Brush 对象的详细信息将在本节稍后介绍。

（2）Pen 对象的属性

Pen 对象的常用属性如表 12-2 所示。

表 12-2　Pen 对象的常用属性

属　　性	说　　明
Color	获取或设置此 Pen 对象的颜色
Width	获取或设置此 Pen 对象的宽度
StartCap	获取或设置通过此 Pen 对象绘制的直线起点使用的线帽样式
EndCap	获取或设置通过此 Pen 对象绘制的直线终点使用的线帽样式
DashStyle	获取或设置通过此 Pen 对象绘制的线的样式
DashCap	获取或设置用此 Pen 对象绘制的虚线终点的线帽样式
Brush	获取或设置用于确定此 Pen 对象特性的 Brush 对象
DashPattern	获取或设置自定义的短划线和空白区域的数组

说明：

1）StartCap、EndCap 属性定义了由 Pen 绘制的直线的起点、终点使用的线帽样式，其值是 System.Drawing.Drawing2D 命名空间下的 LineCap 枚举类型，如表 12-3 所示。

表 12-3　LineCap 枚举类型

成员名称	说明	线帽样式（以 EndCap 为例）
Square	指定方线帽	
Round	指定圆线帽	
Triangle	指定三角线帽	
NoAnchor	指定没有锚	
SquareAnchor	指定方锚头帽	
RoundAnchor	指定圆锚头帽	
DiamondAnchor	指定菱形锚头帽	
ArrowAnchor	指定箭头状锚头帽	

2）DashStyle 属性定义了线的样式，其值是 System.Drawing.Drawing2D 命名空间下的 DashStyle 枚举类型。DashStyle 枚举类型如表 12-4 所示。

表 12-4　DashStyle 枚举

成员名称	说明	线的样式
Custom	用户自定义的线段样式，由 DashPattern 属性决定	自定义样式
Dash	短划线	
DashDot	点划线	
DashDotDot	双点划线	
Dot	点线	
Solid	实线	

3）DashCap 属性定义了短划线的每一段两端的线帽样式，其值是 System.Drawing.Drawing2D 命名空间下的 DashCap 枚举类型。DashCap 枚举类型如表 12-5 所示。

表 12-5　DashCap 枚举类型

成员名称	说明	短划线终点的线帽样式
Flat	指定每一短划线段的两端均为方线帽	
Round	指定每一短划线段的两端均为圆线帽	
Triangle	指定每一短划线段的两端均为三角帽	

4）Brush 属性决定由 Pen 对象绘制的线条的填充模式，详细内容将在本节稍后介绍。

5）DashPattern 属性：该属性用于获取或设置自定义的短划线和空白区域的数组。数组中的元素设置短划线图案中每个短划线和空白区域的长度。第一个元素设置短划线的长度，第二个元素设置空白区域的长度，第三个元素设置短划线的长度，以此类推。虚线图案中，每个短划线和空白区域的长度是数组中的元素值与 Pen 宽度的乘积。如果为此属性指定一个非空（即非 Nothing）的值，则会将该 Pen 对象的 DashStyle 属性设置为 Custom（自定义）。

【例 12-1】设计 Windows 窗体应用程序，编写代码实现，运行时单击窗体，用画笔对象在当前窗体上画直线。如图 12-4 所示。

代码设计：窗体的 Click 事件过程如下：

```
Private Sub Form1_Click(ByVal sender As Object, ByVal e As System.EventArgs)
Handles Me.Click
    ' 创建 Graphics 对象 g
    Dim g As Graphics
    g = Me.CreateGraphics()
    ' 创建画笔对象 mypen 并定义画笔属性
    Dim mypen As Pen
    mypen = New Pen(Color.Red, 10)                      ' 创建红色画笔，画线宽度为 10
    mypen.StartCap = Drawing2D.LineCap.RoundAnchor      ' 起点线帽样式为圆锚头帽
    mypen.EndCap = Drawing2D.LineCap.DiamondAnchor      ' 终点线帽样式为菱形锚头帽
    mypen.DashStyle = Drawing2D.DashStyle.Dash          ' 线的样式为短划线
    mypen.DashCap = Drawing2D.DashCap.Triangle
    ' 短划线每一段终点的线帽样式为带尖的三角帽
    ' 声明 point 结构，定义画线的起点和终点坐标
    Dim pt1 As New Point(30, 50)    ' 创建起点
    Dim pt2 As New Point(200, 50)   ' 创建终点
    ' 画直线
    g.DrawLine(mypen, pt1, pt2)     ' 用画笔 mypen 从 pt1 到 pt2 画一直线
    ' 释放画图对象
    mypen.Dispose()                 ' 释放画笔对象
    g.Dispose()                     ' 释放绘图对象
End Sub
```

以上代码使用了 Graphics 对象的 DrawLine 方法画直线。DrawLine 方法将在 12.2.3 详细介绍。运行时单击窗体，结果如图 12-4 所示。

【例 12-2】设计 Windows 窗体应用程序，编写代码实现，运行时单击窗体，使用 Pen 对象的 DashPattern 属性自定义画线的线条，如图 12-5 所示。

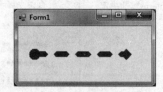

图 12-4　用 Pen 对象画直线

图 12-5　DashPattern 属性示例

代码设计：窗体的 Click 事件过程如下：

```
Private Sub Form1_Click(ByVal sender As Object, ByVal e As System.EventArgs)
Handles Me.Click
    Dim dashArray(3) As Single              ' 定义线型使用的数组 dashArray
    dashArray(0) = 3 : dashArray(1) = 3
    dashArray(2) = 6 : dashArray(3) = 6
    ' 创建 Graphics 对象 g
    Dim g As Graphics
    g = Me.CreateGraphics()
    Dim mypen As Pen
```

```
    mypen = New Pen(Color.Blue, 4)          ' 创建画笔对象：蓝色画笔，宽度为 4
    mypen.DashPattern = dashArray           ' 用 dashArray 数组定义线型
    g.DrawLine(mypen, 20, 30, 300, 30)      ' 从点 (20,30) 到点 (300,30) 画线
    ' 释放画图对象
    mypen.Dispose()                         ' 释放画笔对象
    g.Dispose()                             ' 释放绘图对象
End Sub
```

在以上代码中，dashArray 数组元素的值定义了短划线图案中每个短划线和空白区域的长度。第 1 个元素设置第一个短划线的长度为 3，第二个元素设置第一个空白区域的长度为 3，第三个元素设置第二个短划线的长度为 6，第 4 个元素设置第二个空白区域的长度为 6。实际长度为数组元素值乘以 Pen 的宽度 4，即 12、12、24、24。运行时单击窗体，结果如图 12-5 所示。

2. Brush 对象

Brush 对象（画刷）位于 System.Drawing 命名空间，一般与 Graphics 对象、Pen 对象一起使用，其主要作用是确定对象的填充模式和绘制文本。

Brush 对象是抽象类，本身不能实例化。使用时要从 Brush 类的派生类来创建实例，表 12-6 列出了 Brush 类的部分派生类。

表 12-6　Brush 类的部分派生类

Brush 类	说明
SolidBrush	使用纯色填充
HatchBrush	从大量预设的图案中选择填充时要使用的图案，而不是纯色
LinearGradientBrush	使用渐变颜色填充
TextureBrush	使用图像进行填充

（1）SolidBrush 类

SolidBrush 类的作用是用纯色填充一个区域，填充颜色由 Color 结构定义。SolidBrush 类的构造函数格式如下：

```
SolidBrush(color)
```

功能：用指定的颜色初始化 SolidBrush 类的新实例。

说明：参数 color 为 Color 结构类型，用于指定画刷的颜色。

创建 SolidBrush 对象后，常用 SolidBrush 对象的 Color 属性修改画刷的颜色。

例如，以下代码在当前窗体上绘制一个纯红色的圆和一个纯蓝色的椭圆。

```
Dim g As Graphics = Me.CreateGraphics()     ' 创建 Graphics 对象
Dim myBrush As New SolidBrush(Color.Red)    ' 创建红色画刷
g.FillEllipse(myBrush, 50, 50, 50, 50)      ' 画填充红色的圆
myBrush.Color=Color.Blue                    ' 设置画刷为蓝色
g.FillEllipse(myBrush, 150, 50, 150, 50)    ' 画填充蓝色的椭圆
```

以上代码使用 Graphics 对象的 FillEllipse 方法绘制圆或椭圆，FillEllipse 方法将在 12.2.3 详细介绍。

（2）HatchBrush 类

HatchBrush 类位于 System.Drawing.Drawing2D 命名空间，用于从大量预设的图案中选择填充图案。HatchBrush 类的构造函数有以下两种格式：

格式一：`HatchBrush(hatchstyle, foreColor, backColor)`

功能：使用指定的 HatchStyle 枚举、前景色和背景色初始化 HatchBrush 类的新实例。

格式二：`HatchBrush(hatchstyle, foreColor)`

功能：使用指定的 HatchStyle 枚举和前景色初始化 HatchBrush 类的新实例。

说明：

1) 参数 forecolor、backcolor 为 Color 结构类型，用于指定前景颜色和背景颜色。

2) 参数 hatchstyle 为 HatchStyle 枚举类型。HatchStyle 枚举定义了大量的填充图案。具体枚举值可以参考 MSDN 帮助文档。图 12-6 列出了几种 HatchStyle 枚举值定义的填充图案。

【例 12-3】设计 Windows 窗体应用程序，编写代码实现，运行时单击窗体，在当前窗体上绘制如图 12-6 所示的具有不同填充图案的圆。

代码设计：

图 12-6　HatchStyle 枚举示例

1) 在窗体文件的常规声明段引入 System.Drawing.Drawing2D 命名空间。

```
Imports System.Drawing.Drawing2D
```

2) 在窗体的 Click 事件过程中编写绘图代码。

```
Private Sub Form1_Click(ByVal sender As Object, ByVal e As System.EventArgs)
Handles Me.Click
    Dim g As Graphics = Me.CreateGraphics()              ' 创建绘图对象
    Dim b1, b2, b3, b4, b5, b6 As HatchBrush             ' 定义画刷变量
    b1 = New HatchBrush(HatchStyle.Cross, Color.Red)
    ' 创建红色画刷，填充方式为交叉的水平线和垂直线
    g.FillEllipse(b1, 10, 10, 60, 60)                    ' 画圆
    b2 = New HatchBrush(HatchStyle.DashedDownwardDiagonal, Color.Red)
    ' 创建红色画刷，填充方式为右下斜的虚线
    g.FillEllipse(b2, 110, 10, 60, 60)                   ' 画圆
    b3 = New HatchBrush(HatchStyle.DarkHorizontal, Color.Red)
    ' 创建红色画刷，填充方式为水平线
    g.FillEllipse(b3, 210, 10, 60, 60)                   ' 画圆
    ' 以下创建具有指定填充模式、前景颜色和背景颜色的画刷并画圆
    b4 = New HatchBrush(HatchStyle.DarkVertical, Color.Red, Color.Blue)
    g.FillEllipse(b4, 10, 90, 60, 60)
    b5 = New HatchBrush(HatchStyle.DiagonalBrick, Color.Red, Color.Cyan)
    g.FillEllipse(b5, 110, 90, 60, 60)
    b6 = New HatchBrush(HatchStyle.Plaid, Color.Red, Color.Yellow)
    g.FillEllipse(b6, 210, 90, 60, 60)
End Sub
```

（3）LinearGradientBrush 类

LinearGradientBrush 类位于 System.Drawing.Drawing2D 命名空间，用于定义对某个区域用渐变颜色填充。

使用 LinearGradientBrush 类可以创建双色渐变和自定义多色渐变。默认情况下，双色渐变是沿指定方向从起始色到结束色的均匀水平线性混合。如果渐变方向的两个顶点在同一水平线上或垂直线上，则渐变是沿水平方向从左至右或沿垂直方向自上而下展开的；如果渐变方向的两个顶点不在同一水平线上，则渐变是沿左上角至右下角斜向展开的；还可以自定义渐变方向（角度）。

如果对象的大小超过定义的渐变矩形大小，则重复使用渐变，直至铺满整个对象。

VB.NET 可以定义多种复杂的渐变效果，这里只介绍使用 LinearGradientBrush 类实现双色渐变。其构造函数有以下 3 种格式：

格式一：LinearGradientBrush (point1 , point2, color1, color2)

功能：使用指定的点和颜色初始化 LinearGradientBrush 类的新实例。

说明：

1) 参数 point1 和 point2 是 Point 结构类型，分别表示线性渐变的起点和终点。

2) 参数 color1、color2 是 Color 结构类型，分别表示渐变的起始色、结束色。

格式二：LinearGradientBrush(rect ,color1 ,color2 ,angle)

功能：使用指定的矩形、颜色和方向创建 LinearGradientBrush 类的新实例。

说明：

1）参数 rect 是 Rectangle 结构类型，指定线性渐变矩形。起始点是矩形的左上角，终点是矩形的右下角。

2）参数 color1、color2 是 Color 结构类型，分别表示渐变的起始色、结束色。

3）参数 angle 定义渐变方向的角度，以度为单位从 X 轴正方向按顺时针方向开始计量。

格式三：LinearGradientBrush(rect , color1, color2, linearGradientMode)

功能：使用指定的矩形、颜色和 LinearGradientMode 枚举指定线性渐变的方向，初始化 LinearGradientBrush 类的新实例。

说明：

1）参数 rect 是 Rectangle 结构类型，指定线性渐变矩形。起始点是矩形的左上角，终点是矩形的右下角。

2）参数 color1、color2 是 Color 结构类型，分别表示渐变的起始色、结束色。

3）参数 LinearGradientMode 枚举指定线性渐变的方向，位于 System.Drawing.Drawing2D 命名空间。LinearGradientMode 枚举值如表 12-7 所示。

表 12-7　LinearGradientMode 枚举值

常　　量	描　　述	常　　量	描　　述
BackwardDiagonal	指定从右上到左下的渐变	Horizontal	指定从左到右的渐变
ForwardDiagonal	指定从左上到右下的渐变	Vertical	指定从上到下的渐变

【例 12-4】设计 Windows 窗体应用程序，编写代码实现，运行时单击窗体，在当前窗体上绘制如图 12-7 所示的具有不同渐变效果的图形。

代码设计：

1）在窗体文件的常规声明段位置引入 System.Drawing.Drawing2D 命名空间。

```
Imports System.Drawing.Drawing2D
```

2）在窗体的 Click 事件过程中编写绘图代码。

```
Private Sub Form1_Click(ByVal sender As Object, ByVal e As System.EventArgs)
Handles Me.Click
        Dim g As Graphics = Me.CreateGraphics()
        Dim b1, b2, b3, b4, b5, b6 As LinearGradientBrush    ' 定义渐变画刷变量
        ' 定义的渐变起点和终点在同一水平线上，如图 12-7(a)
        Dim p1 As New Point(10, 10)
        Dim p2 As New Point(70, 10)
        b1 = New LinearGradientBrush(p1, p2, Color.Black, Color.White)
        g.FillEllipse(b1, 10, 10, 60, 60)        ' 画圆，并用 b1 定义的渐变填充
        ' 定义的渐变起点和终点不在同一个水平线上，如图 12-7 中的 (b) 所示
        p1.X = 110 : p1.Y = 10
        p2.X = 170 : p2.Y = 70
        b2 = New LinearGradientBrush(p1, p2, Color.Black, Color.White)
        g.FillRectangle(b2, 110, 10, 60, 60)     ' 画矩形，并用 b2 定义的渐变填充
        ' 定义渐变矩形，并定义渐变角度为 270 度，如图 12-7 中的 (c) 所示
        Dim r1 As New Rectangle(210, 10, 60, 60)
        b3 = New LinearGradientBrush(r1, Color.Black, Color.White, 270)
        g.FillEllipse(b3, r1)                    ' 画圆，并用 b3 定义的渐变填充
        ' 使用 LinearGradientMode.Vertical 枚举定义渐变矩形，如图 12-7 中的 (d) 所示
        Dim r4 As New Rectangle(10, 90, 60, 60)
        b4 = New LinearGradientBrush(r4, Color.Black, Color.White, LinearGradientMode.
Vertical)
        g.FillRectangle(b4, r4)                  ' 画矩形，并用 b4 定义的渐变填充
        ' 使用 LinearGradientMode.BackwardDiagonal 枚举定义渐变矩形，如图 12-7 中的 (e) 所示
        Dim r5 As New Rectangle(110, 90, 60, 60)
```

```
      b5 = New LinearGradientBrush(r5, Color.Black, Color.White, LinearGradientMode.
BackwardDiagonal)
      g.FillEllipse(b5, r5)          ' 画圆，并用 b5 定义的渐变填充
      ' 使用 LinearGradientMode.Horizontal 枚举定义渐变矩形，如图 12-7 中的 (f) 所示
      Dim r6 As New Rectangle(210, 90, 60, 60)
      b6 = New LinearGradientBrush(r6, Color.Black, Color.White, LinearGradientMode.
Horizontal)
      g.FillRectangle(b6, r6)        ' 画矩形，并用 b6 定义的渐变填充
   End Sub
```

运行时单击窗体，在窗体上画出的图形如图 12-7 所示。

（4）TextureBrush 类

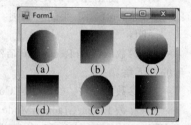

TextureBrush 类位于 System.Drawing 命名空间，用于使用图像来填充形状的内部。TextureBrush 类有很多构造函数，但都需要 Image 对象作为参数来控制填充的图像。这里只介绍其中的一种，其构造函数格式如下：

```
TextureBrush(bitmap)
```

图 12-7　使用 LinearGradientBrush 对象画渐变图形

功能：定义指定的图像对象作为填充图案

说明：参数 bitmap 是 Image 类型的对象。

【例 12-5】设计 Windows 窗体应用程序，编写代码实现，运行时单击窗体，在当前窗体上绘制一个矩形和一个圆形，并用指定的图像进行填充。

素材准备：新建一个 Windows 窗体应用程序项目，将当前项目的所有文件保存到指定的文件夹下，如保存到 example12-5 文件夹下。然后准备两个图像文件，如 "猫 .bmp" 和 "狗 .bmp"，将它们保存到 example12-5\bin\debug 文件夹下。

代码设计：编写窗体的 Click 事件过程，实现用指定的图像填充图形内部。

```
Private Sub Form1_Click(ByVal sender As Object, ByVal e As System.EventArgs)
Handles Me.Click
      Dim g As Graphics = Me.CreateGraphics()
      ' 声明 bitmap 对象并加载图像，bitmap 类是 image 类的子类
      Dim myBitmap1 As Bitmap
      myBitmap1 = Image.FromFile(Application.StartupPath & "\ 猫 .bmp")
      Dim myBitmap2 As Bitmap
      myBitmap2 = Image.FromFile(Application.StartupPath & "\ 狗 .bmp")
      ' 创建 TextureBrush 对象
      Dim b1, b2 As TextureBrush
      b1 = New TextureBrush(myBitmap1)              ' 创建 TextureBrush 对象 b1
      b2 = New TextureBrush(myBitmap2)              ' 创建 TextureBrush 对象 b2
      ' 画矩形、圆形并用指定的 TextureBrush 对象填充其内部
      g.FillRectangle(b1, 30, 30, 100, 100)        ' 画矩形，用 b1 填充
      g.FillEllipse(b2, 150, 30, 100, 100)         ' 画圆形，用 b2 填充
   End Sub
```

运行时单击窗体，结果如图 12-8 所示。

3. Font 对象

当需要输出一些文字时，常常要用到 Font（字体）对象。使用 System.Drawing 命名空间下的 Font 类就可以创建 Font 对象。Font 对象一般在 Graphics 对象中作为参数使用，用于指定文字的字体名称、大小及样式等。Font 对象一经定义，其指定的参数就不能更改，所以要输出不同字体、大小、样式的文字，需要定义不同的 Font 对象。

图 12-8　用图像填充指定区域

Font 类的构造函数众多，例如有以下格式：

```
Font(familyname,emsize,style)
```

功能：用指定的字体、大小、样式初始化 Font 类的新实例。

说明：

1）参数 familyname 为 String 类型，用于指定字体的名称。

2）参数 emsize 为 single 类型，用于指定字体的大小，默认单位为磅。

3）参数 style 为 Fontstyle 枚举类型，用于指定字体样式。Fontstyle 枚举值如表 12-8 所示。

例如，以下代码创建一个字体名称为"隶书"，字体大小为 20，文本加粗的 Font 对象。

表 12-8 Fontstyle 枚举值

常　　量	描　　述
Regular	普通文本
Bold	加粗文本
Italic	倾斜文本
Underline	带下划线的文本
Strikeout	带删除线文本

```
Dim MyFont As New Font(" 隶书 ", 20, FontStyle.Bold)
```

12.2.3 使用 Graphics 对象的方法绘制图形

使用 Graphics 对象的方法，利用上面介绍的各种绘图工具可以绘制丰富的图形。

1. 画直线（DrawLine）

Graphics 对象的 DrawLine 方法用于使用画笔绘制一条连接两个点的直线，有以下两种使用格式：

格式一：`Graphics 对象名 .DrawLine( mypen, pt1 , pt2)`

功能：以 pt1 为起点，pt2 为终点画一条直线。

说明：

1）参数 mypen 为 Pen 对象类型，它确定线条的颜色、宽度和样式。

2）参数 pt1、pt2 为 Point 结构类型，分别表示直线的起点和终点。

格式二：`Graphics 对象名 .DrawLine( mypen, x1, y1, x2, y2)`

功能：以 (x1,y1) 为起点，(x2,y2) 为终点画直线。

说明：参数 x1、y1 表示起点的 x 坐标和 y 坐标；参数 x2、y2 表示终点的 x 坐标和 y 坐标。

例如，使用以下代码在当前窗体上从点（10,10）到点 (100,100) 画一条红色直线。

```
Dim g As Graphics
g = Me.CreateGraphics()
' 创建画笔
Dim mypen As Pen
mypen = New Pen(Color.Red)
' 声明 point 结构
Dim pt1 As New Point(10, 10)      ' 起点
Dim pt2 As New Point(100, 100)    ' 终点
' 画直线
g.DrawLine(mypen, pt1, pt2)
```

【例 12-6】设计 Windows 窗体应用程序，编写代码实现，运行时单击窗体，以窗体中心点为起点，随机画 50 条直线，产生"放花"的效果。

代码设计：本例使用随机函数生成颜色的红、绿、蓝分量值，再用这些分量值创建带随机颜色的画笔，最后使用 Graphics 对象的 DrawLine 方法，以窗体中心为起点画出随机颜色的线条。窗体的 Click 事件过程如下：

```
Private Sub Form1_Click(ByVal sender As Object, ByVal e As System.EventArgs)
Handles Me.Click
    Dim g As Graphics
    g = Me.CreateGraphics()
    Dim mypen As New Pen(Color.Black, 3)' 创建黑色画笔，宽度为 3
    Dim X, Y, X1, Y1 As Integer          ' X,Y 表示窗体中心点坐标, X1,Y1 表示直线终点坐标
    Dim rr, gg, bb As Integer            ' 声明代表颜色的变量红 rr、绿 gg、蓝 bb
```

```
      X = Me.DisplayRectangle.Width / 2      ' 将 X 设置为窗体绘图区宽度的一半
      Y = Me.DisplayRectangle.Height / 2     ' 将 Y 设置为窗体绘图区高度的一半
      ' 以下循环画 50 条随机颜色、以窗体中心为起点、随机终点坐标的直线
      For i = 1 To 50
          rr = Int(Rnd() * 256) : gg = Int(Rnd() * 256) : bb = Int(Rnd() * 256)
          mypen.Color = Color.FromArgb(rr, gg, bb)      ' 生成随机的画笔颜色
          X1 = Int(Rnd() * Me.DisplayRectangle.Width)   ' 生成随机的终点 X 坐标
          Y1 = Int(Rnd() * Me.DisplayRectangle.Height)  ' 生成随机的终点 Y 坐标
          g.DrawLine(mypen, X, Y, X1, Y1)               ' 画直线
      Next i
      mypen.Dispose()
      g.Dispose()
  End Sub
```

窗体的 DisplayRectangle 属性表示窗体显示区域的矩形，是 Rectangle 类型，以上代码使用该矩形的 Width 和 Heigth 属性获取窗体显示区域的宽度和高度。

运行时单击窗体，结果如图 12-9 所示。

【例 12-7】设计 Windows 窗体应用程序，编写代码实现：运行时单击图片框，在图片框上绘制一条 [0°,360°] 的正弦曲线。

界面设计：新建一个 Windows 窗体应用程序项目，向当前窗体添加一个 PictureBox 控件，使用其默认名称 PictureBox1。将 PictureBox1 的 Dock 属性设置 Fill，使其填满整个窗体。

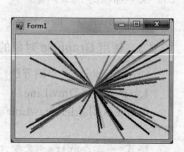

图 12-9　从窗体中心用随机颜色画随机直线

代码设计：VB.NET 没有提供画点的方法，但通过将若干短线连接也能实现绘制曲线。在 [0°，360°] 中，每隔一定度数（如 10°）计算出一个点的坐标（x,sinx），再用 Graphics 对象的 DrawLine 方法将各点连接起来，就可画出正弦曲线。由于 VB.NET 的默认坐标系原点在绘图表面的左上角，为直观起见，这里将坐标系的原点设置在绘图表面（图片框）左侧中间位置，并翻转 y 轴，使其正方向向上。运行时，通过单击图片框画正弦曲线，图片框的 Click 事件过程如下：

```
Private Sub PictureBox1_Click(ByVal sender As System.Object, ByVal e As System.
EventArgs) Handles PictureBox1.Click
      Dim g As Graphics
      g = PictureBox1.CreateGraphics()
      g.TranslateTransform(0, PictureBox1.Height / 2)   ' 设坐标原点在左侧中部
      g.ScaleTransform(1, -1)                           ' 反转 y 轴
      Dim myPen As New Pen(Color.Red, 3)                ' 定义红色画笔，宽度为 3
      Dim x, y As Single          ' 定义 x 表示角度值，y 表示 sinx 的值
      Dim p1, p2 As Point         ' 定义 p1 表示线段起点，p2 表示线段终点
      Dim xscale, yscale As Single
      xscale = PictureBox1.Width / 360    ' xscale 表示 x 轴 1 度的宽度
      yscale = PictureBox1.Height / 2     ' yscale 用于对 sinx 值进行缩放
      p1.X = 0 : p1.Y = 0                 ' 第一个线段起点坐标
      For x = 0 To 360 Step 10
          y = yscale * Math.Sin(x * Math.PI / 180)      ' 求 sinx 值并放大
          p2.X = xscale * x : p2.Y = y                  ' 设置线段终点坐标
          g.DrawLine(myPen, p1, p2)                     ' 从 p1 点到 p2 点画线
          p1 = p2       ' 设置下一条线段的起点坐标 p1 为当前线段的终点坐标
      Next x
      myPen.Color = Color.Blue : myPen.Width = 5        ' 设置画坐标轴的画笔颜色和宽度
      myPen.EndCap = Drawing2D.LineCap.ArrowAnchor      ' 设置画坐标轴的画笔端点为箭头
      g.DrawLine(myPen, 0, 0, PictureBox1.Width, 0)     ' 画 x 坐标轴
      g.DrawLine(myPen, 0, -CInt(PictureBox1.Height / 2), 0, CInt(PictureBox1.Height /
2))   ' 画 y 坐标轴
      myPen.Dispose()
      g.Dispose()
  End Sub
```

运行时单击图片框，结果如图 12-10 所示。

【例 12-8】设计 Windows 窗体应用程序，编写代码实现：运行时单击窗体，在窗体上绘制以下参数方程决定的曲线：

x=sin2t*cost

y=sin2t*sint

其中 t 的取值范围为 [0,2π]。

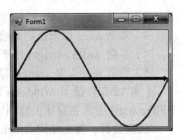

代码设计： 由于正弦函数和余弦函数的取值范围为 [−1,1]，根据方程可以确定 x、y 的取值范围为 −1 ～ 1。为直观起见，这里设置的新坐标系原点在绘图表面的正中心，并翻转 y 轴使其正方向向上。因为 x、y 值太小，因此需要将其放大后，才能较好地用曲线呈现出来。窗体的 Click 事件过程如下：

图 12-10 用 DrawLine 方法画正弦曲线

```
Private Sub Form1_Click(ByVal sender As Object, ByVal e As System.EventArgs)
Handles Me.Click
        Dim p1, p2 As Point                       ' 定义线段的起点和终点
        Dim x, y, t As Single
        Dim Fx, Fy As Single                      ' Fx、Fy 表示窗体显示区域宽度和高度的一半
        Fx = Me.DisplayRectangle.Width / 2
        Fy = Me.DisplayRectangle.Height / 2
        Dim g As Graphics
        g = Me.CreateGraphics()
        Dim myPen As New Pen(Color.Red, 3)        ' 创建红色画笔，宽度为 3
        ' 设置新的坐标系
        g.TranslateTransform(Fx, Fy)              ' 设原点在绘图表面中心
        g.ScaleTransform(1, -1)                   ' 反转 y 轴
        p1.X = 0 : p1.Y = 0                       ' 设置第一个线段的起始点坐标
        ' 以下循环每执行一次画一线段
        For t = 0 To 2 * Math.PI Step 0.001
            x = Math.Sin(2 * t) * Math.Cos(t)
            y = Math.Sin(2 * t) * Math.Sin(t)
            p2.X = Fx * x                         ' 对 x 用窗体宽度的一半进行放大
            p2.Y = Fy * y                         ' 将 y 用窗体高度的一半进行放大
            g.DrawLine(myPen, p1, p2)             ' 在 p1 和 p2 两点之间画直线
            p1 = p2                               ' 设置下一条线段的起点坐标 p1 为当前线段的终点坐标
        Next t
        myPen.Color = Color.Blue : myPen.Width = 3   ' 设置画坐标轴的画笔颜色和宽度
        myPen.EndCap = Drawing2D.LineCap.ArrowAnchor ' 设置画坐标轴的画笔端点为箭头
        g.DrawLine(myPen, -Fx, 0, Fx, 0)          ' 画 x 坐标轴
        g.DrawLine(myPen, 0, -Fy, 0, Fy)          ' 画 y 坐标轴
        myPen.Dispose()
        g.Dispose()
End Sub
```

运行时单击窗体，结果如图 12-11 所示。

2. 画矩形（DrawRectangle 和 Fillrectangle）

Graphics 对象的 DrawRectangle 方法用于绘制矩形框，有以下两种格式：

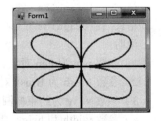

格式一： `Graphics 对象名.DrawRectangle(pen, x, y, width, height)`

图 12-11 用 DrawLine 方法绘制星形曲线

格式二： `Graphics 对象名.DrawRectangle (pen, rect)`

Graphics 对象的 Fillrectangle 方法用于绘制带填充的矩形，有以下两种格式：

格式一： `Graphics 对象名.FillRectangle(brush, x, y, width, height)`

格式二： `Graphics 对象名.FillRectangle(brush, rect)`

说明：

1）参数 pen 为 Pen 对象，用于确定矩形边框的颜色、宽度和样式。

2）参数 brush 为 Brush 对象，用于决定填充特性。

3）参数 x、y 用于指定要绘制的矩形左上角的 x、y 坐标。

4）参数 width、height 用于指定要绘制的矩形的宽度和高度。

5）参数 rect 为 Rectangle 结构类型，表示要绘制的矩形。

【例 12-9】 设计 Windows 窗体应用程序，使用 Graphics 对象的 DrawRectangle 方法和 Fillrectangle 方法在窗体上绘制矩形。

代码设计： 首先使用 Graphics 对象的 DrawRectangle 方法绘制两个矩形框，再使用 Graphics 对象的 Fillrectangle 方法对两个矩形框进行填充。窗体的 Click 事件过程如下：

```
Private Sub Form1_Click(ByVal sender As Object, ByVal e As System.EventArgs)
Handles Me.Click
        Dim g As Graphics
        g = Me.CreateGraphics()
        Dim myPen As New Pen(Color.Blue, 5)              ' 定义蓝色画笔，宽度为 5
        g.DrawRectangle(myPen, 20, 30, 100, 60)          ' 画第一个矩形
        myPen.Color = Color.Red                          ' 修改画笔颜色
        Dim rect As New Rectangle(150, 30, 100, 60)      ' 声明 Rectangle 结构
        g.DrawRectangle(myPen, rect)                     ' 画第二个矩形
        Dim myBrush1 As New Drawing2D.HatchBrush(Drawing2D.HatchStyle.Plaid, Color.
Black, Color.White)                                      ' 定义第一种画刷
        Dim myBrush2 As New SolidBrush(Color.Yellow)     ' 定义第二种画刷
        g.FillRectangle(myBrush1, 20, 30, 100, 60)       ' 用预设图案填充第一个矩形区域
        g.FillRectangle(myBrush2, 150, 30, 100, 60)      ' 用纯色填充第二个矩形区域
        myPen.Dispose()
        myBrush1.Dispose()
        myBrush2.Dispose()
        g.Dispose()
End Sub
```

运行时单击窗体，结果如图 12-12 所示。

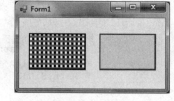

图 12-12 使用 DrawRectangle 和 Fillrectangle 方法绘制矩形

3. 画圆和椭圆（DrawEllipse 和 FillEllipse）

Graphics 对象的 DrawEllipse 方法用于画圆或椭圆，圆或椭圆的大小和形状由约束它的外切矩形决定，有以下两种格式：

格式一： Graphics 对象名 .DrawEllipse(pen, x, y, width, height)

格式二： Graphics 对象名 .DrawEllipse(pen, rect)

Graphics 对象的 FillEllipse 方法用于画带填充的圆或椭圆，圆或椭圆的大小和形状由约束它的外切矩形决定，有以下两种格式：

格式一： Graphics 对象名 .FillEllipse(brush, x, y, width, height)

格式二： Graphics 对象名 .FillEllipse(brush, rect)

说明：

1）参数 pen 为 Pen 对象，用于定义椭圆边线的颜色、宽度和样式。

2）参数 brush 为 Brush 对象，用于定义椭圆的填充特性。

3）参数 x、y 为约束椭圆的矩形左上角的 x、y 坐标。

4）参数 width 和 height 为约束椭圆的矩形的宽度和高度。

5）参数 rect 为 Rectangle 结构，定义约束椭圆的矩形的大小。

【例 12-10】 设计 Windows 窗体应用程序，使用 Graphics 对象的方法画圆柱体。

代码设计： 首先使用 Graphics 对象的 DrawEllipse 方法绘制圆柱的上沿，再使用 Graphics 对象的 FillEllipse 方法绘制圆柱体的底面，最后绘制两条连接上底和下底的直线构成圆柱体。窗体的 Click 事件过程如下：

```
    Private Sub Form1_Click(ByVal sender As Object, ByVal e As System.EventArgs)
Handles Me.Click
        Dim g As Graphics
        g = Me.CreateGraphics()
        Dim myPen As New Pen(Color.Red, 2)           ' 定义红色画笔，宽度为2
        Dim myBrush As New SolidBrush(Color.Gray)    ' 定义灰色画刷
        g.DrawEllipse(myPen, 30, 10, 100, 40)        ' 画无填充的椭圆，圆柱上沿
        g.FillEllipse(myBrush, 30, 70, 100, 40)      ' 画填充椭圆，圆柱底面
        g.DrawLine(myPen, 30, 35, 30, 95)            ' 画圆柱左侧的竖线
        g.DrawLine(myPen, 130, 35, 130, 95)          ' 画圆柱右侧的竖线
        myPen.Dispose()
        myBrush.Dispose()
        g.Dispose()
    End Sub
```

运行时单击窗体，结果如图 12-13 所示。

【例 12-11】 使用 Graphics 对象的 DrawEllipse 方法绘制艺术图案。使一个圆的圆心在另外一个圆的圆周上滚动，画出具有艺术效果的图案，如图 12-14 所示。

图 12-13　用 DrawEllipse 方法
和 FillEllipse 方法画椭圆

界面设计：新建一个 Windows 窗体应用程序项目，向当前窗体添加一个 PictureBox 控件，使用其默认名称 PictureBox1。将 PictureBox1 的 Dock 属性设置为 Fill，使其填满整个窗体。

代码设计：将做轨迹的圆等分为 pace（如 30）份，以 pace 个等分点为圆心画圆。参照图 12-14a 所示的坐标示意图，设 r0 为轨迹圆半径，其值为 PictureBox1 长宽中较短边的四分之一，（r0，r0）为轨迹圆所在矩形左上角的坐标，矩形长和宽分别为 2*r0、2*r0。滚动圆圆心坐标（x0,y0）为（2*r0+r0*Cos(i)，2*r0+r0*Sin(i)），其中"i"为从水平轴正方向（右侧）顺时针转动的角度（以弧度为单位），滚动圆外切矩形的左上角坐标为（x0-r，y0-r),r 为滚动圆半径。设运行时单击图片框 PictureBox1 在图片框上绘图，代码如下：

```
    Imports System.Math
    Public Class Form1
        Private Sub PictureBox1_Click(ByVal sender As Object, ByVal e As System.
EventArgs) Handles PictureBox1.Click
            Dim r0, r As Integer
            Dim i, pace, x0, y0 As Double
            ' 创建 Graphics 对象
            Dim g As System.Drawing.Graphics
            g = PictureBox1.CreateGraphics()
            ' 创建画笔
            Dim mypen As Pen
            mypen = New Pen(System.Drawing.Color.Black)
            ' 获得轨迹圆所在矩形左上角的坐标 (r0,r0) 及半径 r0
            If PictureBox1.DisplayRectangle.Width >= PictureBox1.DisplayRectangle.
Height Then
                r0 = CInt(PictureBox1.DisplayRectangle.Height / 4)
            Else
                r0 = CInt(PictureBox1.DisplayRectangle.Width / 4)
            End If
            r = CInt(0.6 * r0)                          ' r 为轨迹圆半径
            ' g.DrawEllipse(mypen, r0, r0, 2 * r0, 2 * r0)    ' 画轨迹圆
            pace = PI / 20                              ' 将圆周20等分，角度顺时针为正
            For i = 0 To PI * 2 Step pace
                x0 = 2 * r0 + r0 * Cos(i)               ' 取轨迹圆圆周上的点
                y0 = 2 * r0 + r0 * Sin(i)
                ' 画滚动圆，(x0-r,y0-r) 为滚动圆外切矩形左上角坐标
                g.DrawEllipse(mypen, CInt(x0 - r), CInt(y0 - r), 2 * r, 2 * r)
            Next i
```

```
      End Sub
End Class
```

运行时，单击图片框，结果如图 12-14b 所示。如果去除以上代码中的语句 g.DrawEllipse (mypen, r0, r0, 2 * r0, 2 * r0) 前的注释符号 (')，则可以看到画出的轨迹圆。

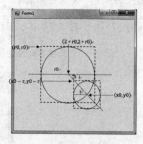

a）轨迹圆坐标示意图　　　　　　　　b）运行界面

图 12-14　用 Graphics 对象的 DrawEllipse 方法绘制艺术图案

4. 画弧（DrawArc）

Graphics 对象的 DrawArc 方法用于画由一个椭圆限定的弧形。弧形是椭圆的一部分，它从起始角开始，扫描指定角度（夹角）后结束，椭圆受其外切的矩形约束。DrawArc 方法有以下两种格式：

格式一：`Graphics 对象名 .DrawArc(pen, x, y, width, height,startAngle, sweepAngle)`

格式二：`Graphics 对象名 .DrawArc( pen, rect, startAngle, sweepAngle)`

说明：

1）参数 pen 是 Pen 对象类型，用于指定弧线的颜色、宽度和样式。

2）参数 x 和 y 用于指定矩形左上角的 x、y 坐标，此矩形定义该弧形所属的椭圆。

3）参数 width 和 height 用于指定矩形的宽度和高度。

4）参数 startangle 为弧的起始角度（以度为单位），为正时，表示从 x 轴正方向按顺时针方向旋转的角度；为负时，表示从 x 轴正方向按逆时针方向旋转的角度。

5）参数 sweepangle 为弧的夹角（以度为单位），为正时，表示从起始角度按顺时针方向旋转的角度；为负时，表示从起始角度按逆时针方向旋转的角度。

6）参数 rect 为 Rectangle 结构类型，它定义了该弧所属的椭圆所在的矩形区域。

【例 12-12】设计 Windows 窗体应用程序，使用 Graphics 对象的 DrawArc 方法在窗体上画弧。

代码设计：为了便于观察所画弧线的位置，以下代码先画出弧线所在的圆，并以圆的中心为交叉点画一对十字交叉线，然后再画一段红色弧线和一段绿色弧线。设运行时单击窗体在窗体上画弧。窗体的 Click 事件过程如下：

```
Private Sub Form1_Click(ByVal sender As Object, ByVal e As System.EventArgs)
Handles Me.Click
      Dim g As Graphics
      g = Me.CreateGraphics
      Dim mypen As New Pen(Color.Blue)      ' 创建红色画笔
      ' 画参照系 ( 圆和一对十字交叉线 )
      g.DrawLine(mypen, 10, 130, 250, 130)
      g.DrawLine(mypen, 130, 10, 130, 250)
      g.DrawEllipse(mypen, 50, 50, 160, 160)
      ' 画弧，起始角为 x 轴正方向沿顺时针方向旋转 60°
      ' 圆弧是从起始位开始沿顺时针方向旋转 45° 画出的弧线
      mypen.Width = 5 : mypen.Color = Color.Red
      g.DrawArc(mypen, 50, 50, 160, 160, 60, 45)
      mypen.Width = 10 : mypen.Color = Color.Green
      ' 画弧，起始角为 x 轴正方向沿逆时针方向旋转 30°
```

```
    '  圆弧是从起始位开始沿逆时针方向旋转 90° 画出的弧线
    g.DrawArc(mypen, 50, 50, 160, 160, -30, -90)
End Sub
```

运行时单击窗体，结果如图 12-15a 所示。弧线的起始角和夹角如图 12-15b 所示。

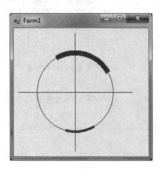 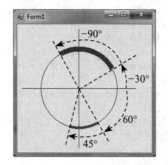

a）画弧结果　　　　　　　　　　b）弧线的起始角和夹角

图 12-15　用 Graphics 对象的 DrawArc 方法画弧

5. **画扇形 (DrawPie 和 FillPie)**

Graphics 对象的 DrawPie 方法用于画扇形的边框，所画的扇形是由其所在的椭圆及两边夹角决定的，有以下两种格式：

格式一：Graphics 对象名 .DrawPie(pen, x, y, width, height, startAngle, sweepAngle)

格式二：Graphics 对象名 .DrawPie(pen, rect, StartAngle, sweepAngle)

Graphics 对象的 FillPie 方法用于画有填充的扇形。所画的扇形是由其所在的椭圆及两边夹角决定的。有以下两种格式：

格式一：Graphics 对象名 .FillPie(brush, x, y, width, height, startAngle, sweepAngle)

格式二：Graphics 对象名 .FillPie(brush, rect, StartAngle, sweepAngle)

说明：

1）参数 pen 是 Pen 对象类型，用于指定扇形边线的颜色、宽度和样式。

2）参数 brush 是 Brush 对象类型，用于确定扇形的填充特性。

3）参数 x、y 用于指定矩形左上角的 x、y 坐标，此矩形定义该扇形所属的椭圆。

4）参数 width 和 height 用于指定矩形的宽度和高度。

5）参数 startangle 为扇形的起始角度（以度为单位）。为正时，表示从 x 轴正方向按顺时针方向旋转的角度；为负时，表示从 x 轴正方向按逆时针方向旋转的角度。

6）参数 sweepangle 为扇形的夹角（以度为单位），为正时，表示从起始角度按顺时针方向旋转的角度；为负时，表示从起始角度按逆时针方向旋转角度。

7）参数 rect 为 Rectangle 结构，它定义了该扇形所属椭圆的矩形区域。

【例 12-13】设计 Windows 窗体应用程序，使用 Graphics 对象的画扇形方法，在图片框上绘制由两种颜色交替排列组成的扇面。

界面设计：新建一个 Windows 窗体应用程序项目，向当前窗体添加一个 PictureBox 控件，使用其默认名称 PictureBox1。将 PictureBox1 的 BorderStyle 设置为 Fixed3D，使其具有立体边框。将 PictureBox1 的 Width 属性值设置为其 Height 属性值的 2 倍，如图 12-16a 所示。

代码设计：为使绘制的扇面高度与图片框的高度相同，这里设置扇面所在的圆由顶点为（0,0）和（PictureBox1.Width, PictureBox1.Width）的矩形决定。扇面是由两种不同填充颜色的一系列小扇形交替排列组成的。整个扇面的起始角度从逆时针 45 度开始，到逆时针 135 度为止。扇形的边框使用 DrawPie 方法绘制；扇形的填充使用 FillPie 方法绘制。设运行时单击图片框，在图片框上绘图，则图片框的 Click 事件过程如下：

```
Private Sub PictureBox1_Click(ByVal sender As System.Object, ByVal e As System.
EventArgs) Handles PictureBox1.Click
    Dim g As Graphics
    g = PictureBox1.CreateGraphics()
    Dim mypen As New Pen(Color.Black)                    ' 创建黑色画笔
    Dim myBrush As New SolidBrush(Color.Red)             ' 创建红色填充的画刷
    Dim i As Integer
    For i = 45 To 135 Step 5
        If i Mod 10 <> 0 Then
            myBrush.Color = Color.Red                    ' 填充颜色为红色
        Else
            myBrush.Color = Color.Yellow                 ' 填充颜色为黄色
        End If
        g.FillPie(myBrush, 0, 0, PictureBox1.Width, PictureBox1.Width, -i, 5)
        ' 画填充扇形
        g.DrawPie(mypen, 0, 0, PictureBox1.Width, PictureBox1.Width, -i, 5)
        ' 画扇形边框
    Next i
End Sub
```

运行时单击图片框，结果如图 12-16b 所示。

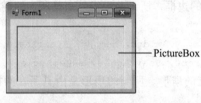

a）设计界面   b）运行界面

图 12-16　使用 DrawPie 和 FillPie 方法画扇形

6. 画多边形 (DrawPolygon 和 FillPolygon)

Graphics 对象的 DrawPolygon 方法用于画由一组 Point 结构所定义的多边形。使用格式如下：

```
Graphics 对象名 .DrawPolygon(pen, points)
```

Graphics 对象的 FillPolygon 方法用于填充由一组 Point 结构所定义的多边形的内部。使用格式如下：

```
Graphics 对象名 .FillPolygon(brush, points, [fillMode])
```

说明：

1）参数 pen 是 Pen 对象类型，用于指定多边形边线的颜色、宽度和样式。

2）参数 brush 是 Brush 对象类型，用于确定多边形的填充特性。

3）参数 points 为 Point 结构类型的数组，它们定义多边形的各顶点，该数组中，每两个相邻点指定多边形的一条边。

4）参数 fillmode 用于确定填充样式，其值是 System.Drawing.Drawing2D 命名空间下的 FillMode 枚举类型，取值可以是 Alternate 或 Winding，省略时默认为 Alternate。

【例 12-14】设计 Windows 窗体应用程序，使用 Graphics 对象的画多边形方法，在窗体上绘制两个五角星。

代码设计：本例画一个没有填充的五角星和两个带有填充颜色的五角星。画五角星之前，需要先明确五角星的 5 个顶点坐标，然后将这 5 个顶点坐标保存在一个 Point 结构类型的数组中，再使用 Graphics 对象的 DrawPolygon 方法或 FillPolygon 方法画出五角星。设运行时单击窗体，将五角星画在窗体上。窗体的 Click 事件过程如下：

```
Private Sub Form1_Click(ByVal sender As Object, ByVal e As System.EventArgs)
Handles Me.Click
        Dim g As Graphics
        g = Me.CreateGraphics()
        '定义画笔
        Dim myPen As New Pen(Color.Blue, 3)                 ' 定义蓝色、宽度为 3 的画笔
        ' 定义无填充的五角星各顶点的坐标
        Dim point1 As New Point(100, 0)
        Dim point2 As New Point(60, 100)
        Dim point3 As New Point(150, 38)
        Dim point4 As New Point(45, 38)
        Dim point5 As New Point(135, 100)
        Dim curvePoints As Point() = {point1, point2, point3, point4, point5}
        ' 定义数组保存五角星各顶点
        g.DrawPolygon(myPen, curvePoints)                   ' 画没有填充的五角星
        ' 使用填充模式画多边形
        Dim myBrush As New SolidBrush(Color.Red)        ' 定义画刷
        ' 定义有填充的五角星各顶点的坐标
        Dim point11 As New Point(230, 0)
        Dim point12 As New Point(195, 100)
        Dim point13 As New Point(280, 38)
        Dim point14 As New Point(180, 38)
        Dim point15 As New Point(265, 100)
        Dim curvePoints1 As Point() = {point11, point12, point13, point14, point15}
        g.FillPolygon(myBrush, curvePoints1, FillMode.Alternate)
        ' 使用 Alternate 模式画有填充的五角星
        Dim point21 As New Point(360, 0)
        Dim point22 As New Point(325, 100)
        Dim point23 As New Point(410, 38)
        Dim point24 As New Point(310, 38)
        Dim point25 As New Point(395, 100)
        Dim curvePoints2 As Point() = {point21, point22, point23, point24, point25}
        ' 用 Fillpolygon 方法画图，指定使用 Winding 模式画有填充的五角星
        g.FillPolygon(myBrush, curvePoints2, FillMode.Winding)
    End Sub
```

运行时单击窗体，绘制如图 12-17 所示的五角星。

7. 写文字（DrawString）

Graphics 对象的 DrawString 方法用于在指定位置使用 Brush 对象和 Font 对象写文字。使用格式如下：

图 12-17　使用 DrawPolygon 和 FillPolygon
方法画五角星

```
Graphics 对象名 .DrawString(s, m_font, m_brush, m_point)
```

说明：

1）参数 s 是 string 类型，用于指定要写的文字。

2）参数 m_font 是 Font 对象类型，用于指定文字的字体、大小、样式等。

3）参数 m_brush 是 Brush 对象类型，用于确定所绘制文字的颜色和纹理。

4）参数 m_point 是 Point 结构，用于指定所绘制文字的左上角坐标。

【例 12-15】设计 Windows 窗体应用程序，使用 Graphics 对象的 DrawString 方法，在窗体上绘制不同样式的文字。

界面设计：新建一个 Windows 窗体应用程序项目，设运行时单击窗体，将文本显示在窗体上。

代码设计：在窗体的 Click 事件过程中，用 LinearGradientBrush 对象、加黑的 50 磅宋体写"渐变的文字"；使用 SolidBrush 对象、倾斜的 30 磅楷体写"旋转的文字"。为了得到旋转的效果，需要使用 Graphics 对象的 RotateTransform 方法将坐标系旋转一个角度，代码如下：

```
Imports System.Drawing.Drawing2D
Public Class Form1
    Private Sub Form1_Click(ByVal sender As Object, ByVal e As System.EventArgs)
Handles Me.Click
        Dim g As Graphics
        g = Me.CreateGraphics()
        ' 定义红黑渐变的画刷
        Dim b1 As New LinearGradientBrush(New Point(10, 10), New Point(60, 60),
Color.Red, Color.Black)
        Dim f1 As New Font("宋体", 50, FontStyle.Bold)      ' 定义加粗的 50 磅宋体
        g.DrawString("渐变的文字", f1, b1, 10, 30)          ' 在（10,30）处写文字
        Dim b2 As New SolidBrush(Color.Blue)               ' 定义蓝色画刷
        Dim f2 As New Font("楷体", 30, FontStyle.Italic)    ' 定义斜体的 30 磅楷体
        g.RotateTransform(30)      ' 坐标系顺时针旋转 30°
        g.DrawString("旋转的文字", f2, b2, 80, 60)          ' 在（80,60）处写文本
    End Sub
End Class
```

运行时单击窗体，在窗体上显示文字如图 12-18 所示。

12.3　Paint 事件

在应用程序运行时，如果已经在某个窗体对象上绘制
了图形，当该窗体对象被移动、改变大小之后，或当一个
覆盖该窗体对象的窗口被移开之后，原来所画的图像可能
不能重现（刷新）而部分消失或全部消失，为避免出现这

图 12-18　使用 DrawString 方法写文字

种情况，可以在窗体的 Paint 事件过程中绘图。当窗体大小发生变化时，会触发 Resize 事件，可
以在窗体的 Resize 事件过程中使用窗体对象的 Refresh 方法触发 Paint 事件。因此可以执行 Paint
事件过程重画图形。

窗体对象的 Paint 事件过程如下：

```
Private Sub Form1_Paint (ByVal sender As Object, ByVal e As System.Windows.Forms.
PaintEventArgs ) Handles MyBase.Paint
   …
End Sub
```

其中参数 e 是一个 PaintEventArgs 类型的参数，用于为 Paint 事件提供数据，使用参数 e 的
Graphic 属性可以创建 Graphics 对象。

【例 12-16】设计 Windows 窗体应用程序，在窗体中画一个米字形，当窗体的大小改变时，
米字形也随着自动调整。

代码设计：

1）在窗体的 Paint 事件过程中编写画米字形的代码。

```
Private Sub Form1_Paint(ByVal sender As Object, ByVal e As System.Windows.Forms.
PaintEventArgs) Handles Me.Paint
    Dim g As Graphics
    g = e.Graphics                          ' 创建 Graphics 对象
    Dim mypen As Pen
    mypen = New Pen(Color.Black)            ' 创建黑色画笔
    Dim X, Y As Integer                     ' 变量 X、Y 用于保存绘图区长、宽的一半
    X = CInt((Me.DisplayRectangle.Width) / 2)
    Y = CInt((Me.DisplayRectangle.Height) / 2)
    ' 画一个米字形
    g.DrawLine(mypen, 0, 0, 2 * X, 2 * Y)
    g.DrawLine(mypen, 2 * X, 0, 0, 2 * Y)
    g.DrawLine(mypen, X, 0, X, 2 * Y)
    g.DrawLine(mypen, 0, Y, 2 * X, Y)
End Sub
```

2）在窗体的 Resize 事件过程中调用 Refresh 方法，这样在窗体大小发生变化时，触发其 Paint 事件过程，在窗体上重画米字形。

```
Private Sub Form1_Resize(ByVal sender As Object, ByVal e As System.EventArgs)
Handles Me.Resize
    Me.Refresh()
End Sub
```

窗体中的米字形在调整窗体大小之前和之后的效果如图 12-19 所示。

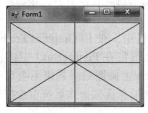

a）窗体大小改变前的状态   b）窗体大小改变后的状态

图 12-19　Paint 事件演示

12.4　保存图像

使用 Image 类的 Save 方法可以将指定格式的图像保存到指定文件中。Save 方法的使用格式如下：

```
Image 对象名.Save(filename, format)
```

说明：

1）参数 filename 是 String 类型，指定文件的名称，图像将保存在此文件中。

2）参数 format 用于指定图像文件的格式，是 System.Drawing.Imaging.ImageFormat 类的属性。ImageFormat 类的属性指示图像格式，如位图（Bmp）、增强型图元文件（Emf）、图标（Icon）等，如表 12-9 所示。

表 12-9　ImageFormat 类的属性

名　称	说　明	名　称	说　明
Bmp	获取位图 (BMP) 图像格式	Jpeg	获取联合图像专家组 (JPEG) 图像格式
Emf	获取增强型图元文件 (WMF) 图像格式	MemoryBmp	获取内存中的位图的格式
Exif	获取可交换图像文件 (Exif) 格式	Png	获取 W3C 可移植网络图形 (PNG) 图像格式
Gif	获取图形交换格式 (GIF) 图像格式	Tiff	获取标记图像文件格式 (TIFF) 图像格式
Guid	获取表示此 ImageFormat 对象的 Guid 结构	Wmf	获取 Windows 图元文件 (WMF) 图像格式
Icon	获取 Windows 图标图像格式		

【例 12-17】设计 Windows 窗体应用程序，向图片框中加载一幅图像，并使用绘图方法在该图像上绘图，最后使用 Image 类的 Save 方法保存绘图后的图像。

界面设计：新建一个 Windows 窗体应用程序项目，向窗体添加一个 Picturebox 控件、3 个 Button 控件、一个 OpenFileDialog 控件和一个 SaveFileDialog 控件，界面如图 12-20a 所示。在属性窗口将 OpenFileDialog 控件的 Filter 属性设置为"所有文件 (*.*)|*.*|BMP 文件 |*.bmp|JPEG 文件 |*.jpg"，将其 FileName 属性值清空；将 SaveFileDialog 控件的 Filter 属性设置为" JPEG 文件 |*.jpg"，DefaultExt 属性设置为"jpg"。

设运行时单击"加载图像"按钮，弹出打开文件对话框，在该对话框选择要加载的图像文件并单击"打开"按钮，指定的图像显示在图片框中；单击"画图"按钮，在图像上画栅栏（垂直的白色线条）；单击"保存图像"按钮，弹出保存文件对话框，指定保存文件名并单击"保存"

按钮，保存绘图后的图像。

代码设计：

1）在"加载图像"按钮 Button1 的 Click 事件过程中，显示打开文件对话框，并将对话框中指定的图像加载到图片框 PictureBox1 中。

```
Private Sub Button1_Click(ByVal sender As System.Object, ByVal e As System.
EventArgs) Handles Button1.Click
    OpenFileDialog1.ShowDialog()                              ' 显示打开对话框
    PictureBox1.Image = Image.FromFile(OpenFileDialog1.FileName)  ' 加载图像
End Sub
```

2）在"画图"按钮 Button2 的 Click 事件过程中，使用 Graphics.FromImage(PictureBox1.Image) 方法创建 Graphics 对象，这样，以后的绘图将在 PictureBox1 中的图像上进行。使用 Graphics 对象的方法画垂直线条。这里在 PictureBox 上画图后，系统不会自动显示所画的图形，需要使用 Invalidate 方法强制整个画面无效，并发送消息通知操作系统重绘控件上的图形。

```
Private Sub Button2_Click(ByVal sender As System.Object, ByVal e As System.
EventArgs) Handles Button2.Click
    Dim g As Graphics = Graphics.FromImage(PictureBox1.Image) ' 创建 Graphics 对象
    Dim p As New Pen(Color.White, 6)    ' 创建白色画笔，宽度为 6
    ' 画垂直线
    For i = 20 To PictureBox1.Width Step 40
        g.DrawLine(p, i, 0, i, PictureBox1.Height)
    Next
    PictureBox1.Invalidate()              ' 使 PictureBox 控件的整个图面无效并导致重绘控件
End Sub
```

3）在"保存图像"按钮 Button3 的 Click 事件过程中，显示保存文件对话框，并用指定的文件名保存绘图后的图像。

```
Private Sub Button3_Click(ByVal sender As System.Object, ByVal e As System.
EventArgs) Handles Button3.Click
    SaveFileDialog1.ShowDialog()              ' 打开保存对话框
    ' 保存文件
    PictureBox1.Image.Save(SaveFileDialog1.FileName, Imaging.ImageFormat.Jpeg)
End Sub
```

运行时，单击"加载图像"按钮加载一幅图像，如图 12-20b 所示，单击"画图"按钮在图像上画垂直线，如图 12-20c 所示，单击"保存图像"按钮保存图像，保存的图像如图 12-20d 所示。

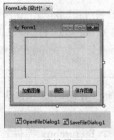  

a) 设计界面   b) 加载图像   c) 画图   d) 保存的图像

图 12-20   保存图像

注：为了便于理解主要内容，本例未考虑容错问题，运行时请按顺序操作。

12.5 清除绘图区

VB.NET 使用 Graphics 对象的 Clear 方法清除整个绘图区域并以指定背景色填充，使用格式如下：

```
Graphics 对象名 .Clear(c)
```

说明：参数 c 是 color 结构类型，用于指定清除绘图区后显示的颜色。

例如，以下代码创建一个 Graphics 对象，使用 Clear 方法清除窗体绘图区域并以 SystemColors. ButtonFace 为背景色填充整个窗体。

```
Dim g As Graphics
g = Me.CreateGraphics
g.Clear(SystemColors.ButtonFace)      ' 清除窗体
Me.Invalidate()                       ' 刷新窗体
```

12.6　上机练习

【练习 12-1】在窗体上绘制由方程 $y=2x^2+x+1$ 所确定的曲线，设 x 在 [-10,10] 区间。

【练习 12-2】设阿基米德螺旋的参数方程为：

$$x=t*sint$$
$$y=t*cost$$

在窗体上绘制 t 在 $[0,4\pi]$ 范围内的阿基米德螺旋线，如图 12-21 所示。

【练习 12-3】在窗体上绘制图 12-22 所示的宝石图。

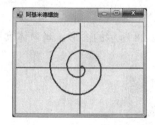

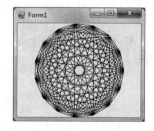

图 12-21　在窗体上绘制的阿基米德螺旋线　　　　图 12-22　宝石图

【练习 12-4】在图片框中绘制如图 12-23 所示的"四瓣花"。"四瓣花"由一系列线条组成，线条的起点坐标 (x1,y1) 和终点坐标 (x2,y2) 由下列方程决定

$$x1=130+ecos(a)$$
$$y1=100-esin\ a$$
$$x2=130+ecos(a+\pi/5)$$
$$y2=100-esin(a+\pi/5)$$

其中，e 由下式决定

$$e=50[1+1/4sin(12a)][1+sin(4a)]$$

其中，a 的取值范围为 $0\sim2\pi$。

【练习 12-5】在窗体上画出如图 12-24 所示的笔记本电脑图形。

图 12-23　四瓣花　　　　　　　　　图 12-24　笔记本电脑图形

【练习12-6】在窗体上绘制如图12-25所示的棋盘。

【练习12-7】在窗体上绘制如图12-26所示的喇叭圆。

图 12-25 棋盘

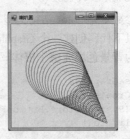

图 12-26   喇叭圆

【练习12-8】在图片框上绘制图12-27所示的图形（分别画在两个图片框里）。

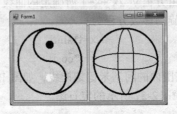

图 12-27   圆、椭圆和弧组成的图形

【练习12-9】用Drawpolygon方法在窗体上画图12-28所示的图形，当窗体大小改变时，图形自动调整大小。

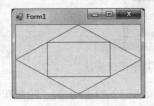

图 12-28   用Drawpolygon方法画菱形图

第 13 章 文　　件

在前面各章中，应用程序所处理的数据都存储在变量或数组中，即数据是保存在内存中的，当退出应用程序时，数据不能被保存下来，但在很多情况下，都要求应用程序保留处理结果或从外部读取数据，因此，在程序设计中引入了文件的概念，使用文件可以将应用程序所需要的原始数据、处理的中间结果以及执行的最后结果以文件的形式保存起来，以便继续使用或打印输出。

VB.NET 扩展了文件的外延，引入了流的概念。本章首先回顾一下传统文件的基本概念，然后以流为主要线索介绍 System.IO 命名空间中与文件和流有关的类的使用。

13.1　文件的基本概念

在计算机系统中，文件是存储数据的基本单位，任何对数据的访问都是通过文件进行的。通常在计算机的外存储设备（如磁盘、磁带）上存储着大量的文件，如文本文件、位图文件、程序文件等，为了便于管理，常将具有相互关系的一组文件放在同一个目录（文件夹）中，系统通过对文件、目录的管理达到管理数据信息的目的。

可以从不同的角度对文件进行分类。例如，按文件存储介质的不同，可以分为磁盘文件、磁带文件、打印文件等；按文件存储内容的不同，可以分为程序文件和数据文件；按文件访问方式的不同，可以分为顺序文件、随机文件和二进制文件。

顺序文件即普通的纯文本文件，其数据是以 ASCII 字符的形式存储的，可以用任何字处理软件进行访问。顾名思义，对顺序文件中数据的操作只能按一定的顺序执行。顺序文件中的一行称为一个记录，读写记录也只能按顺序进行。建立顺序文件时，只能从第一个记录开始，一个记录接一个记录地写入文件。读写文件时，只能快速定位到文件头或文件尾，如果要查找位于中间的数据，就必须从头开始一个记录一个记录地查找，直到找到为止，就好像在录音带上查找某首歌一样。顺序文件的优点是结构简单、访问方式简单。缺点是查找数据必须按顺序进行，而且不能同时对顺序文件进行读写操作。

随机文件是以固定长度的记录为单位进行存储的。随机文件由若干条记录组成，而每条记录又可以包含多个数据项，所有记录包含的数据项数应相同，所有记录的同一个数据项称为一个字段，同一个字段中的数据类型都是相同的。随机文件按记录号引用各个记录，只需简单地指定记录号，就可以很快地访问到该记录。随机文件的优点是可以按任意顺序访问其中的记录；可以在打开文件后，同时进行读写操作。随机文件的缺点是不能用字处理软件查看其中的内容；占用的磁盘存储空间比顺序文件大。

二进制文件是以字节为单位进行访问的文件。由于二进制文件没有特别的结构，整个文件都可以当做一个长的字节序列来处理，所以可以用二进制文件来存放非记录形式的数据或变长记录形式的数据。

在实际操作中，程序员经常从一个文件顺序读出每一个字符，直到文件结束，好像在对一个流动的字符序列进行操作，因此他们常常将文件称为流（文件流）。VB.NET 对文件的操作就认为是对流的操作，除文件流之外，VB.NET 还能对网络流和内存流等进行处理。

VB.NET 调用适当的方法可以像处理文件一样处理来自或发送到 Internet 上的数据，VB.NET 称这样的数据为网络流。

VB.NET 还可以创建以内存而不是磁盘或网络连接作为支持存储区的流，并将这样的流称为内存流。内存流可降低应用程序对临时缓冲区和临时文件的需要。

由于篇幅所限，本章只简单介绍对文件流的基本操作。

13.2 文件的基本操作

VB.NET 的 System.IO 命名空间包括了用来处理文件的各种类，完成管理目录、管理文件和对文件流的读写等操作。

13.2.1 管理目录

System.IO 命名空间下的 Directory 类和 DirectoryInfo 类用于对目录（文件夹）进行管理，包括目录的创建、移动、删除及获取或设置与目录有关的信息等。Directory 类的所有方法都是静态的，不需要创建类的实例，可以直接使用。而 DirectoryInfo 类使用前必须先创建实例。DirectoryInfo 类的构造函数格式如下：

```
DirectoryInfo(path)
```

说明：参数 path 是 String 类型，它指定要在其中创建 DirectoryInfo 对象的路径，path 也可以是一个文件名。

Directory 类能完成的许多功能在 DirectoryInfo 类中都可以找到对应的属性或方法。另外，它们又各自拥有自己特有的属性或方法。表 13-1 列出了 Directory 类和 DirectoryInfo 类的主要方法和属性，并显示了它们的对应关系。

表 13-1 Directory 类和 DirectoryInfo 类的主要方法和属性

Directory 类	DirectoryInfo 类	说明
CreateDirectory 方法	Create 方法 CreateSubdirectory 方法	创建指定目录和子目录
Exists 方法	Exists 属性	确定指定目录是否存在
Delete 方法	Delete 方法	删除目录及其内容
Move 方法	MoveTo 方法	移动目录及其内容
GetFileSystemEntries 方法	GetFileSystemInfos 方法	获取指定目录中所有文件和子目录的名称
GetDirectories 方法	GetDirectories 方法	获取指定目录中子目录的名称，保存在字符串数组中
GetFiles 方法	GetFiles 方法	获取指定目录中文件的名称，保存在字符串数组中
GetCreationTime 方法	CreationTime 属性	获取目录的创建日期和时间
GetLastAccessTime 方法	LastAccessTime 属性	获取指定文件或目录最后被访问的日期和时间
GetLastWriteTime 方法	LastWriteTime 属性	获取指定文件或目录最后被写入的日期和时间
GetDirectoryRoot 方法	Root 属性	获取指定路径的根信息
GetParent 方法	Parent 属性	获取指定子目录的父目录
GetCurrentDirectory 方法		获取应用程序的当前工作目录
	FullName 属性	获取目录的完整路径

1．创建目录

使用 Directory 类的 CreateDirectory 方法和 DirectoryInfo 类的 Create 方法或 CreateSubdirectory 方法都可以创建目录。

（1）使用 Directory 类的 CreateDirectory 方法创建目录

格式：`Directory.CreateDirectory(path)`

功能：按参数 path 指定的路径创建所有目录和子目录。

说明：参数 path 是一个 String 类型，指定要创建的目录。

例如，在 d 盘根目录下创建目录 fruits，然后在 fruits 下面再创建两个子目录 apple 和 orange，代码如下：

```
Directory.CreateDirectory("d:\fruits\apple")
Directory.CreateDirectory("d:\fruits\orange")
```

（2）使用 DirectoryInfo 类的 Create 方法创建目录

格式：`DirectoryInfo 对象名 .Create()`

功能：按 DirectoryInfo 对象指定的路径创建目录。

例如，在 d 盘根目录下创建目录 fruits，在 fruits 下创建子目录 apple，代码如下：

```
Dim dir1 As New DirectoryInfo("d:\fruits\apple")    ' 创建 DirectoryInfo 对象
dir1.Create()                                       ' 创建目录 d:\fruits\apple
```

（3）使用 DirectoryInfo 类的 CreateSubdirectory 方法创建子目录

格式：`DirectoryInfo 对象名 .CreateSubdirectory(path)`

功能：在 DirectoryInfo 对象指定的路径中创建子目录，子目录由参数 path 指定。

例如，在 D:\fruits 目录下创建子目录 orange，代码如下：

```
Dim dir2 As New DirectoryInfo("d:\fruits")    ' 创建 DirectoryInfo 对象 dir2
dir2.CreateSubdirectory("orange")             ' 在 d:\fruits 下创建子目录 orange
```

使用上述方法创建目录时，如果要创建的目录不存在，则创建一个新的目录；如果要创建的目录已经存在，则不做任何操作。编写程序时，通常先判断要创建的目录是否已经存在，然后再进行操作。使用 Directory 类的 Exists 方法或 DirectoryInfo 类的 Exists 属性可以判断目录是否存在。例如，可以使用以下代码创建目录：

```
If Directory.Exists("d:\apple") Then
    MsgBox(" 目录已存在! ")
Else
    Directory.CreateDirectory("d:\apple")
End If
```

2．删除目录

使用 Directory 类和 DirectoryInfo 类的 Delete 方法可以删除目录。

（1）使用 Directory 类的 Delete 方法删除目录

格式：`Directory.Delete(path, [recursive])`

功能：删除由参数 path 指定的目录。

说明：参数 path 是 String 类型，用于指定要删除的目录的名称；参数 recursive 是 Boolean 类型，recursive 为 True 时，将删除此目录下的所有目录和文件，为 False 或省略时，只能删除空目录。

例如，删除 d:\orange 目录及其中的所有目录和文件，代码如下：

```
Directory.Delete("d:\orange", True)
```

（2）使用 DirectoryInfo 类的 Delete 方法删除目录

格式：`DirectoryInfo 对象名 .Delete([recursive])`

功能：删除 DirectoryInfo 对象指定的目录。

说明：参数 recursive 是 Boolean 类型，recursive 为 True 时，删除此目录下的所有目录和文件，为 False 或省略时，只能删除空目录。

例如，删除 d:\orange 目录及其中的所有目录和文件，代码如下：

```
Dim dir2 As New DirectoryInfo("d:\orange")
dir2.Delete(True)
```

3．移动目录

使用 Directory 类的 Move 方法和 DirectoryInfo 类的 MoveTo 方法可以移动目录。

（1）使用 Directory 类的 Move 方法移动目录

格式：`Directory.Move(sourceDirName, destDirName)`

功能：将文件或目录及其内容移到新位置。

说明：参数 sourceDirName 是 String 类型，指定要移动的文件或目录的路径；参数 destDirName

是 String 类型，指定 sourceDirName 要移到的新位置的路径。如果 sourceDirName 是一个文件名，则 destDirName 也必须是一个文件名。

例如，将目录 d:\orange 移动到 d:\apple 目录下，代码如下：

```
Directory.Move("d:\orange", "d:\apple\orange")
```

（2）使用 DirectoryInfo 类的 MoveTo 方法移动目录

格式：`DirectoryInfo 对象名 .MoveTo(destDirName)`

功能：将 DirectoryInfo 对象指定的文件或目录移动到新位置。

说明：参数 destDirName 是 String 类型，指定要移到的新位置的路径。

例如，将目录 d:\orange 移动到 d:\apple 目录下，代码如下：

```
Dim dir2 As New DirectoryInfo("d:\orange")
dir2.MoveTo("d:\apple\orange")
```

说明：当目标目录 d:\apple\orange 已经存在时，以上两种移动方法都将出错。另外，移动目录时，源路径和目标路径必须具有相同的根，否则也会出错。

4. 检索目录和文件

使用 Directory 类的 GetFileSystemEntries 方法可以获得指定目录中的所有目录和文件名；使用 Directory 类的 GetDirectories 方法可以获得指定目录中的所有目录名；使用 Directory 类的 GetFiles 方法可以获得指定目录中的所有文件名。这些方法返回的都是字符串类型的数组。每一个数组元素对应一个目录名或文件名。

另外，使用 DirectoryInfo 类的 GetFileSystemInfos、GetDirectories、GetFiles 方法也可以实现上述功能。

【例 13-1】在文本框中列出 c:\windows 目录下的目录名、文件名、目录和文件名。

界面设计：新建一个 Windows 窗体应用程序项目，向当前窗体添加一个文本框，使用其默认名称 TextBox1，将其 Multiline 属性设置为 True，ScrollBars 属性设置为 Both，WordWrap 属性设置为 False，使其带有双向滚动条，Dock 属性设置为 Top，使其填满窗体顶部；添加 3 个命令按钮，设名称依次为 Button1、Button2、Button3，将命令按钮的 Text 属性分别设置为"显示目录"、"显示文件"、"显示目录和文件"。界面如图 13-1 所示。

代码设计：

1）在窗体文件的常规声明段引入 System.IO 命名空间。

```
Imports System.IO
```

2）编写"显示目录"按钮 Button1 的 Click 事件过程，使用 Directory 类的 GetDirectories 方法获取 c:\windows 目录下的所有目录名称，并显示在文本框 TextBox1 中。

```
Private Sub Button1_Click(ByVal sender As System.Object, ByVal e As System.
EventArgs) Handles Button1.Click
    TextBox1.Text = ""
    Dim mystring As String()      ' 定义一个一维字符串类型的空数组
    Dim s As String
    ' 获取路径 "c:\windows" 下的所有目录名并保存到数组中
    mystring = Directory.GetDirectories("c:\windows")
    ' 将数组中的所有元素，即目录名显示在文本框中，每行显示一个
    For Each s In mystring
        TextBox1.Text = TextBox1.Text & s & vbCrLf
    Next
End Sub
```

3）编写"显示文件"按钮 Button2 的 Click 事件过程，使用 Directory 类的 GetFiles 方法获取 c:\windows 目录下的所有文件名称并显示在文本框 TextBox1 中。

```
Private Sub Button2_Click(ByVal sender As Object, ByVal e As System.EventArgs)
```

```
Handles Button2.Click
      TextBox1.Text = ""
      Dim mystring As String()   ' 定义一个一维字符串类型的空数组
      Dim s As String
      ' 获取路径 "c:\windows" 下的所有文件名并保存到数组中
      mystring = Directory.GetFiles("c:\windows")
      ' 将数组中的所有元素，即文件名显示在文本框中，每行显示一个
      For Each s In mystring
          TextBox1.Text &= s & vbCrLf
      Next
   End Sub
```

4）编写"显示目录和文件"按钮 Button3 的 Click 事件过程，使用 Directory 类的 GetFile-SystemEntries 方法获取 c:\windows 目录下的所有目录名和文件名，并显示在文本框 TextBox1 中。

```
Private Sub Button3_Click(ByVal sender As Object, ByVal e As System.EventArgs)
Handles Button3.Click
      TextBox1.Text = ""
      Dim mystring As String()   ' 定义一个一维字符串类型的空数组
      Dim s As String
      ' 获取路径 "c:\windows" 下的所有目录名和文件名并保存到数组中
      mystring = Directory.GetFileSystemEntries("c:\windows")
      ' 将数组中的所有元素，即目录名和文件名显示在文本框中，每行显示一个
      For Each s In mystring
          TextBox1.Text &= s & vbCrLf
      Next
   End Sub
```

图 13-1 显示了运行时单击各命令按钮的结果。

a）显示目录　　　　　　b）显示文件　　　　　　c）显示目录和文件

图 13-1　显示目录和文件

5. 获取与目录有关的信息

与目录有关的信息一般包括目录的创建时间，最后被访问、修改的时间，目录所包含的文件和子目录的个数等。使用 Directory 类的方法和 DirectoryInfo 类的属性都可以获取关于目录的信息。

【例 13-2】设计 Windows 窗体应用程序，运行时在文本框中输入某个已经存在的目录名称，单击"显示信息"按钮，查看该目录的部分属性，包括其子目录数、子目录中的文件数、父目录、根目录、创建时间、最后被访问的时间和最后被修改的时间。

界面设计：新建一个 Windows 窗体应用程序项目，参照图 13-2a 设计界面，其中，文本框 TextBox1 用于输入目录信息，文本框 TextBox2 用于显示目录信息。将文本框 TextBox2 的 Multiline 属性设置为 True，ScrollBars 属性设置为 Both，WordWrap 属性设置为 False，使其带有双向滚动条。

代码设计：

1）在窗体文件的常规声明段引入 System.IO 命名空间。

```
Imports System.IO
```

2）编写命令按钮 Button1 的 Click 事件过程，创建 DirectoryInfo 对象，使其指向文本框 TextBox1 中输入的目录，然后使用 DirectoryInfo 对象的属性和方法获取指定目录的信息，并显示在文本框 TextBox2 中。

```
Private Sub Button1_Click(ByVal sender As System.Object, ByVal e As System.
EventArgs) Handles Button1.Click
        Dim dirInfo As New DirectoryInfo(Trim(TextBox1.Text))
        ' 初始化 DirectoryInfo 类的新实例, 指向特定目录
        If Not dirInfo.Exists Then        ' 如果目录不存在
            MsgBox(" 指定的目录不存在 ")
            TextBox1.Focus()
            TextBox1.SelectAll()
        Else
            ' 调用 DirectoryInfo 对象的属性, 显示目录信息
            TextBox2.Text = " 目录" & dirInfo.FullName & "共有" & _
                    dirInfo.GetDirectories().Length & "个子目录" & _
                    " , 包含" & dirInfo.GetFiles().Length & "个文件" & vbCrLf & vbCrLf
            TextBox2.Text = TextBox2.Text & "父目录为: " & dirInfo.Parent.FullName &
vbCrLf
            TextBox2.Text = TextBox2.Text & "根 目录 为: " & dirInfo.Root.FullName &
vbCrLf & vbCrLf
            TextBox2.Text = TextBox2.Text & "创 建 时 间: " & dirInfo.CreationTime &
vbCrLf
            TextBox2.Text = TextBox2.Text & "最后被访问时间: " & dirInfo.LastAccessTime
& vbCrLf
            TextBox2.Text = TextBox2.Text & "最后被修改时间: " & dirInfo.LastWriteTime &
vbCrLf
        End If
    End Sub
```

运行时，在文本框 TextBox1 中输入 " c:\windows\system32"，单击 "显示信息" 按钮，结果如图 13-2b 所示。如果输入一个不存在的目录，则用消息框给出提示。

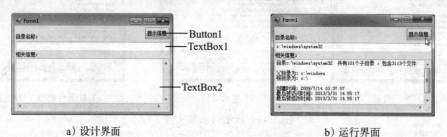

a）设计界面   b）运行界面

图 13-2   查看目录的属性

13.2.2   管理文件

VB.NET 使用 File 类和 FileInfo 类对文件进行管理，包括文件的创建、打开、复制、移动、删除及获取与文件有关的信息等。File 类的所有方法都是静态的，不需要创建类的实例，可以直接使用。而 FileInfo 类使用前必须先创建实例。FileInfo 类的构造函数格式如下：

```
FileInfo(fileName)
```

说明：参数 fileName 是 String 类型，指定一个文件的完全限定名或相对文件名。路径不能以目录分隔符结尾。

File 类能完成的许多功能在 FileInfo 类中都可以找到对应的属性或方法，另外，它们又各自拥有自己特有的属性或方法。表 13-2 列出了 File 类和 FileInfo 类用于管理文件的主要方法和属性。

表 13-2 File 类和 FileInfo 类用于管理文件的主要方法和属性

File 类	FileInfo 类	说明
Copy 方法	CopyTo 方法	复制文件
Move 方法	MoveTo 方法	移动文件
Delete 方法	Delete 方法	删除文件
Exists 方法	Exists 属性	确定文件是否存在
GetAttributes 方法	Attributes 属性	获取文件的属性
GetCreationTime 方法	CreationTime 属性	获取文件的创建时间
GetLastAccessTime 方法	LastAccessTime 属性	获取指定文件最后被访问的时间
GetLastWriteTime 方法	LastWriteTime 属性	获取指定文件最后被写入的时间
	FullName 属性	获取文件的完整路径及文件名
	Directory 属性	获取父目录的实例，是 DirectoryInfo 对象类型
	DirectoryName 属性	获取表示目录的完整路径的字符串
	Extension 属性	获取表示文件扩展名部分的字符串
	Length 属性	获取当前文件的大小
	Name 属性	获取文件名

1．复制文件

复制文件可以使用 File 类的 Copy 方法完成，也可以使用 FileInfo 类的 CopyTo 方法完成。

（1）使用 File 类的 Copy 方法复制文件

格式：`File.Copy(sourceFileName,destFileName,overwrite)`

功能：将 sourceFileName 指定的源文件复制到 destFileName 指定的目标文件。

说明：

1）参数 sourceFileName 和 destFileName 是 String 类型。sourceFileName 指定要复制的源文件名；destFileName 指定目标文件的名称，不能是目录。当 sourceFileName 指定的文件不存在时将出错。

2）参数 overwrite 为 Boolean 类型，如果可以改写目标文件，则为 True，否则为 False。当参数 overwrite 为 False 且目标文件已存在时，将出错。

例如，将文件 d:\apple.txt 复制到 d:\orange.txt，代码如下：

```
If File.Exists("d:\apple.txt") Then
    File.Copy("d:\apple.txt", "d:\orange.txt", True)
Else
    MsgBox(" 文件不存在！ ")
End If
```

（2）使用 FileInfo 类的 CopyTo 方法复制文件

格式：`FileInfo 对象名 .CopyTo(destFileName, overwrite)`

功能：将 FileInfo 对象名指向的源文件复制到 destFileName 指定的目标文件。

说明：

1）参数 destFileName 为 String 类型，表示要复制到的目标文件的名称。

2）参数 overwrite 为 Boolean 类型。如果可以改写目标文件，则为 True，否则为 False。当参数 overwrite 为 False 且目标文件已存在时，将出错。

例如，将文件 d:\apple.txt 复制到 d:\orange.txt，代码如下：

```
Dim myfile1 As New FileInfo("d:\apple.txt")        ' 创建 FileInfo 对象
If myfile1.Exists Then
    myfile1.CopyTo("d:\orange.txt", True)
Else
    MsgBox(" 文件不存在！ ")
End If
```

2．移动文件

（1）使用 File 类的 Move 方法移动文件

格式：`File.Move(sourceFileName, destFileName)`

功能：将 sourceFileName 指定的源文件移动到 destFileName 指定的目标文件。

说明：参数 sourceFileName 和 destFileName 为 String 类型。sourceFileName 表示要移动的源文件的名称；destFileName 表示要移动到的目标文件的名称。如果源文件不存在或目标文件已存在，Move 方法都将出错。

例如，将 d:\apple.txt 移动到 c 盘，移动后的文件名为 orange.txt，代码如下：

```
If File.Exists("c:\orange.txt") Then
    MsgBox("指定的目标文件已存在，移动文件失败")
Else
    If File.Exists("d:\apple.txt") Then
        File.Move("d:\apple.txt", "c:\orange.txt")
    Else
        MsgBox("指定的源文件不存在！")
    End If
End If
```

（2）使用 FileInfo 类的 MoveTo 方法移动文件

格式：`FileInfo 对象名.MoveTo(destFileName)`

功能：将 FileInfo 对象名指向的源文件移动到 destFileName 指定的目标文件。

说明：destFileName 是 String 类型，表示要移动到的目标文件的名称。当源文件不存在或目标文件已存在时，MoveTo 方法都将出错。

例如，将文件 d:\apple.txt 移动到 c 盘，文件名为 orange.txt，代码如下：

```
Dim myfile As New FileInfo("d:\apple.txt")
If File.Exists("c:\orange.txt") Then
    MsgBox("指定的目标文件已存在，移动文件失败")
Else
    If myfile.Exists Then
        myfile.MoveTo("c:\orange.txt")
    Else
        MsgBox("指定的源文件不存在！")
    End If
End If
```

3．删除文件

（1）使用 File 类的 Delete 方法删除文件

格式：`File.Delete(path)`

功能：删除指定的文件。删除文件时，不管文件是否存在，此方法都没有任何提示信息。

说明：参数 path 是 String 类型，指定要删除的文件的路径及名称。

例如，以下代码删除文件 d:\orange.txt，删除之前给出消息提示。

```
If File.Exists("d:\orange.txt") Then
    Dim a As MsgBoxResult
    a = MsgBox("确实要删除文件" & "d:\orange.txt" & "吗?", MsgBoxStyle.Information
+ MsgBoxStyle.OkCancel, "注意")
    If a = MsgBoxResult.Ok Then
        File.Delete("d:\orange.txt")
    End If
End If
```

（2）使用 FileInfo 类的 Delete 方法删除文件

格式：`FileInfo 对象名.Delete()`

功能：删除 FileInfo 对象名指向的文件，删除文件时，不管文件是否存在，此方法都没有任何提示信息。

例如，以下代码删除文件 d:\apple.txt，删除之前给出消息提示。

```
Dim myfile As New FileInfo("d:\apple.txt")
If myfile.Exists Then
    Dim a As MsgBoxResult
    a = MsgBox(" 确实要删除文件 " & "d:\apple.txt" & " 吗 ?", MsgBoxStyle.Information
+ MsgBoxStyle.OkCancel, " 注意 ")
    If a = MsgBoxResult.Ok Then
        myfile.Delete()
    End If
End If
```

4. 获取文件的相关信息

File 类和 FileInfo 类有许多共同的方法或属性都可以获取指定文件的某些信息，如文件的大小、创建时间等。

FileInfo 类的 Attributes 属性用于获取或设置当前文件或目录的属性，这些属性包括文件的存档、压缩、目录、隐藏、脱机、只读等。其值是 System.IO 命名空间下的 FileAttributes 枚举类型。FileAttributes 枚举部分成员如表 13-3 所示。

FileAttributes 枚举类型具有 FlagsAttribute 特性，也就是说，其成员值可以按位组合。可以将文件的每一个属性看成是对应于某个二进制串的 1 位（标志位），如果文件具有该属性，则对应的标志位为 1，否则为 0。例如，如果文件具有"只读"属性，则对应"只读"属性的标志位为"1"，所以要判断文件的属性是否为"只读"，

表 13-3 FileAttributes 枚举成员列表

FileAttributes 成员名称	说　明
Archive	存档文件
Compressed	压缩文件
Directory	目录文件
Encrypted	加密文件
Hidden	隐藏文件
Offline	脱机文件
ReadOnly	只读文件
System	系统文件
Temporary	临时文件

就需要用 FileAttributes.ReadOnly 值（例如对应二进制串 0…010…0）和 Attributes 属性进行"与"运算，如果结果不为 0，则表示此文件的属性为"只读"，否则，此文件的属性不是"只读"。依据相同的原理可判断出文件的其他属性。

【例 13-3】当在 Windows 系统下查看某文件的属性时，会弹出类似图 13-3 的对话框，显示文件的位置、大小等信息。编写 Windows 应用程序实现该功能。

界面设计： 新建一个 Windows 窗体应用程序项目，添加一个 OpenFileDialog 控件，使用其默认名称 OpenFileDialog1，将其 FileName 属性清空，将其 Title 属性设置为"请选择文件"，继续参照图 13-3a 添加必要的 Button 控件、TextBox 控件、Label 控件和 CheckBox 控件，设置好窗体和各控件的 Text 属性，并用直线控件 LineShape 对它们进行分组。

设运行时通过单击"选择文件"按钮，弹出打开文件对话框，在该对话框中选择文件并单击"打开"按钮，显示所选择的文件信息，包括文件名，文件的位置和大小，文件的创建时间、修改时间和访问时间，以及文件的只读、系统和隐藏属性。

代码设计：

1）在窗体文件的常规声明段引入 System.IO 命名空间。

```
Imports System.IO
```

2）在"选择文件"按钮 Button1 的 Click 事件过程中使用 FileInfo 对象获取文件信息。

```
Private Sub Button1_Click(ByVal sender As System.Object, ByVal e As System.
EventArgs) Handles Button1.Click
    ' 弹出打开文件对话框
    If OpenFileDialog1.ShowDialog() = DialogResult.OK Then
```

```
' 用打开文件对话框指定的文件创建 FileInfo 对象
Dim myfile As New FileInfo(OpenFileDialog1.FileName)
' 使用 FileInfo 对象的属性，获取文件的相关信息
TextBox1.Text = myfile.FullName                    ' 获取文件的完整路径及文件名
Label3.Text = myfile.Directory.Root.FullName        ' 获取文件的根目录名
Label5.Text = myfile.Length & " 字节 "              ' 获取文件的长度
Label7.Text = myfile.CreationTime                   ' 获取文件的创建时间
Label9.Text = myfile.LastWriteTime                  ' 获取文件的最后修改时间
Label11.Text = myfile.LastAccessTime                ' 获取文件的最后访问时间
' 获取文件的只读、系统和隐藏属性
CheckBox1.Checked = myfile.Attributes And FileAttributes.ReadOnly
CheckBox2.Checked = myfile.Attributes And FileAttributes.System
CheckBox3.Checked = myfile.Attributes And FileAttributes.Hidden
Else
    MsgBox(" 未选择文件! ")
End If
End Sub
```

运行时单击"选择文件"按钮，弹出打开文件对话框，从中选取一个文件，单击"打开"按钮，显示结果如图 13-3b 所示。

a）设计界面　　　　　　　　　　　　　b）运行界面

图 13-3　获取文件属性信息

13.3　流

数据并不总是存在于文件中，而是存在于各种类型的数据源中，如文件、输入/输出设备、内存缓冲区、网络等。为此，VB.NET 扩展了传统文件的概念，引入了"流"（stream）的概念。流是字节序列的抽象概念，可以把流看做是一个通道，数据可以沿着这个通道"流"到各种数据源中。流技术的最大的优点是：当学会如何操作某一个数据源时，就可以把这种技术扩展到其他数据源，而无须再学习另外一种操作数据源的方法。

VB.NET 通过丰富的流对象实现对"流"的处理，提供了读写"流"的各种操作。Stream 类是所有流的抽象基类。Stream 类及其派生类提供了对不同类型数据源的输入和输出方法，使程序员不必了解操作系统和基础设备的具体细节就能方便地操作各种数据源。

以下仅针对文件流简单介绍相关流类。

13.3.1　FileStream 类

Filestream 类是 Stream 类的派生类，主要用于对文件流进行操作。

1. 创建 FileStream 对象

FileStream 类有许多构造函数，其简单格式如下：

格式一：`FileStream(path, mode)`

功能：使用指定的路径和创建模式初始化 FileStream 类的新实例。

格式二：`FileStream(path, mode, access)`

功能：使用指定的路径、创建模式、读/写权限初始化 FileStream 类的新实例。

说明：

1）参数 path 为 String 类型，表示与 FileStream 对象关联的流文件的相对路径或绝对路径。

2）参数 mode 是 FileMode 枚举类型的常量，表示文件的创建或打开方式。FileMode 枚举常量如表 13-4 所示。

3）参数 access 是 FileAccess 枚举类型的常量，用于确定 FileStream 对象对文件的访问方式。FileAccess 枚举常量如表 13-5 所示。对于没有 access 参数的构造函数，如果将 mode 参数设置为 Append，则访问权限默认为 Write。

例如，创建一个 FileStream 对象 fs1，指定以添加形式打开文件，以便对文件进行写操作，代码如下：

表 13-4　FileMode 枚举常量

FileMode 常量	说明
Append	以追加方式打开现有文件
Create	创建新文件。如果文件已存在，则覆盖它
CreateNew	创建新文件。如果文件已存在，则出错
Open	以只读方式打开文件
OpenOrCreate	创建或打开文件。如果文件存在，则打开；否则，创建新文件

表 13-5　FileAccess 枚举常量

常　　数	说　　明
Read	可以对文件进行读访问
ReadWrite	可以对文件进行读和写访问
Write	可以对文件进行写访问

```
Dim fs1 As New FileStream("d:\myfile.txt", FileMode.Append)
```

2．FileStream 对象的属性和方法

创建 FileStream 对象后，就可以调用 FileStream 对象的方法对文件进行读写操作了。表 13-6 列出了 FileStream 对象的主要方法和属性。

表 13-6　FileStream 对象的主要方法和属性

方法/属性	说　　明	方法/属性	说　　明
CanRead 属性	获取当前文件流是否支持读操作	Read 方法	从文件流中读取字节块并写入字节数组中
CanSeek 属性	指示当前文件流是否支持查找功能	Write 方法	从字节数组中读取数据并写入文件流中
CanWrite 属性	获取当前文件流是否支持写操作	Seek 方法	设置文件流当前位置指针
Length 属性	获取用字表示的文件流长度	Close 方法	关闭当前流并释放与之关联的所有资源
Position 属性	获取或设置文件流的当前位置		

下面介绍 FileStream 对象的几个主要方法。

1）Write 方法：用于将字节块写入文件流，使用格式如下：

`FileStream 对象名 .Write(array, offset, count)`

说明：

❑ 参数 array 是一个 Byte 类型的数组，存放要写入文件中的数据。

❑ 参数 offset 是 Integer 类型，表示 array 数组中从 0 开始的字节偏移量，从此处开始将字节复制到流中。

❑ 参数 count 是 Integer 类型，表示要写入文件的字节数。

❑ 如果写操作成功，则文件流的当前位置前进写入的字节数；如果发生异常，则文件流的当前位置不变。

2）Read 方法：用于从文件流中读取字节块并将该数据写入指定缓冲区中，使用格式如下：

`FileStream 对象名 .Read(array, offset, count)`

说明：

❑ 参数 array 是一个 Byte 类型的数组，用于存放从文件中读出的数据。

❑ 参数 offset 是 array 数组中的字节偏移量，表示将在此处开始读取字节。

❑ 参数 count 表示要从文件读取的字节数。

3) Seek 方法: 用于定位文件指针。

```
FileStream 对象名 .Seek(offset, origin)
```

说明:

❑ 参数 offset 是 Long 类型, 指定相对于 origin 点的偏移量。

❑ 参数 origin 是 SeekOrigin 枚举常量, 表示开始、结束或当前位置。SeekOrigin 枚举常量如表 13-7 所示。

表 13-7 SeekOrigin 枚举常量

常 数	说 明
Begin	指定文件流的开头
Current	指定文件流的当前位置
End	指定文件流的结尾

【例 13-4】设计 Windows 窗体应用程序, 编写代码实现, 运行时, 单击 "写入" 按钮, 将文本框中的文本写入指定的文件中, 单击 "读出" 按钮, 读取该文件中的内容并显示在另一个文本框中。

界面设计: 新建一个 Windows 窗体应用程序项目, 向窗体添加两个文本框和两个命令按钮; 将文本框的 Multiline 属性设置为 True, ScrollBars 属性设置为 Both, Wordwrap 属性设置为 False, 使文本框带有双向滚动条; 将命令按钮的 Text 属性分别设置为 "写入" 和 "读出"。界面如图 13-4a 所示。

设运行时在文本框 TextBox1 中写入一段文字, 单击 "写入" 按钮, 将文本框 TextBox1 中的文字写入文件 d:\myfile.txt 中; 单击 "读出" 按钮, 将 d:\myfile.txt 文件中的内容读出并显示在文本框 TextBox2 中。

代码设计: 由于 FileStream 类的 Read、Write 方法都是针对字节数组的, 而在 VB.NET 文本框中的文本是 String 类型, 即一系列的 Unicode 字符, 所以使用 Read 方法从文件中读出数据后, 需要对数据进行解码, 转换成字符; 使用 Write 方法写文件前, 需要对字符进行编码, 转换成字节序列。解码是将一个字节序列转换为一组 Unicode 字符的过程; 编码是将一组 Unicode 字符转换为一个字节序列的过程。

本例使用 UTF8Encoding 类对 Unicode 字符用 UTF-8 格式进行编码和解码。代码中使用 GetBytes 方法, 将字符串中的字符转换成字节后存放在字节数组中; 使用 GetChars 方法, 将字节数组中的字节数据转换成字符后存放在字符数组 (字符串) 中。

1) 在窗体文件的常规声明段引入 System.IO 命名空间。

```
Imports System.IO
```

2) 编写 "写入" 按钮 Button1 的 Click 事件过程, 对文本框 TextBox1 中的文本进行编码, 将文本框中的 Unicode 字符转换为一个字节序列, 然后写入指定的文件中。

```
Private Sub Button1_Click(ByVal sender As System.Object, ByVal e As System.
EventArgs) Handles Button1.Click
    Dim encoder1 As New System.Text.UTF8Encoding()      ' 创建 UTF8Encoding 对象
    ' 对文本框文本进行编码并保存到字节数组中
    Dim buffer1() As Byte = encoder1.GetBytes(TextBox1.Text)
    ' 创建 FileStream 对象, 以追加形式打开文件
    Dim fs1 As New FileStream("d:\myfile.txt", FileMode.Append)
    fs1.Seek(0, SeekOrigin.End)              ' 因为要向文件追加数据, 所以将文件指针移到文件尾
    fs1.Write(buffer1, 0, buffer1.Length)             ' 使用 Write 方法写入数据
    fs1.Close()                          ' 关闭文件
End Sub
```

3) 编写 "读出" 按钮 Button2 的 Click 事件过程, 打开文件 d:\myfile.txt, 从文件读取字节数据保存到字节数组 buffer2 中, 对 buffer2 中的内容进行解码并显示。

```
Private Sub Button2_Click(ByVal sender As System.Object, ByVal e As System.
EventArgs) Handles Button2.Click
    Dim fs2 As New FileStream("d:\myfile.txt", FileMode.Open) ' 创建 FileStream 对象
    Dim fslength As Integer = fs2.Length    ' 获取文件字节数
    Dim buffer2(fslength) As Byte               ' 定义字节数组的大小
```

```
        fs2.Read(buffer2, 0, buffer2.Length)          ' 从文件读取字节数据保存到 buffer2 中
        Dim encoder2 As New System.Text.UTF8Encoding()  ' 创建 UTF8Encoding 对象
        ' 将字节数组中的字节数据解码后写入字符数组 str2 中
        Dim str2() As Char = encoder2.GetChars(buffer2)
        TextBox2.Text = str2                           ' 显示解码后的字符串
        fs2.Close()                                    ' 关闭文件
End Sub
```

运行时，先在文本框 TextBoxt1 中输入一些文本，然后单击"写入"按钮，将文本保存到文件 d:\myfile.txt 中，这时单击"读出"按钮，可以看到文本框 TextBoxt2 中显示的文件内容，如图 13-4b 所示。

a）设计界面

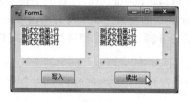
b）运行界面

图 13-4　使用 FileStream 类的方法读写文件

本例使用 FileMode.Append 指定以添加的方式打开文件，因此每次写入的文本都会追加到文件的末尾。

13.3.2　StreamReader 和 StreamWriter 类

使用 StreamReader 和 StreamWriter 类可以方便地对文本文件进行读和写操作。

1．创建 StreamReader 对象

使用 StreamReader 类可以以特定的编码从文件流中读取字符。其构造函数的简单格式如下：

格式一：`StreamReader(stream)`

格式二：`StreamReader(path)`

功能：用 UTF-8 编码，为指定的文件初始化 StreamReader 类的一个新实例。

格式三：`StreamReader(stream, encoding)`

格式四：`StreamReader(path, encoding)`

功能：用指定的字符编码，为指定的文件初始化 StreamReader 类的一个新实例。

说明：

1）参数 stream 指定要读取的文件流，一般是一个 FileStream 对象。它指向一个要打开的流文件。

2）参数 path 是 String 类型，是一个带文件名的完整路径。

3）参数 encoding 表示字符编码，是 System. Text 命名空间下的 Encoding 类的属性，其主要属性值如表 13-8 所示。

例如，为了读取文件 d:\myfile.txt 中的数据，创建一个与之相关联的 StreamReader 对象，可以使用下列两种创建形式：

表 13-8　Encoding 类的主要属性

属　　性	说　　明
ASCII	获取 ASCII（7 位）字符集的编码
Default	获取系统的当前编码
Unicode	获取采用 Little-Endian 字节顺序的 Unicode 格式的编码
UTF7	获取 UTF-7 格式的编码
UTF8	获取 UTF-8 格式的编码

```
Dim myfile As New FileStream("c:\myfile.txt", FileMode.Open)
Dim sr As New StreamReader(myfile, System.Text.Encoding.Default)
```

或

```
Dim sr As New StreamReader("c:\myfile.txt", System.Text.Encoding.Default)
```

其中，System.Text.Encoding.Default 表示使用系统正在使用的编码方式。写应用程序时，一般不推荐使用默认编码，应使用 UTF8Encoding 或 UnicodeEncoding 编码。

2．StreamReader 对象的方法

创建 StreamReader 对象后，可以使用其方法对指定的文件进行多种操作，如从文件中读取数据。

1）Read 方法：Read 方法从指定流中读取一个字符或一组字符，有以下两种格式。

格式一：StreamReader 对象名.Read()

功能：读取指定流中的当前位置的字符并使当前字符位置前进一个字符。该方法返回读取的字符的 Integer 类型的编码，如果没有可读取的字符，则返回 −1。

例如，以下代码读取例 13-4 生成的文件 d:\myfile.txt 中的全部字符，并显示在文本框 TextBox1 中。

```
Dim sr As New StreamReader("d:\myfile.txt", System.Text.Encoding.UTF8)
Dim a As Integer
a = sr.Read()
Do While a <> -1
    TextBox1.Text = TextBox1.Text & ChrW(a)
    a = sr.Read()
Loop
```

StreamReader 对象的 Peek 方法与该 Read 方法具有类似的功能，只是使用 Peek 方法读取字符之后，当前字符的位置保持不变。

格式二：StreamReader 对象名.Read(buffer, index, count)

功能：从当前流中读取指定的字符数到指定位置开始的缓冲区，并返回已读取的字符数，如果已到达流的末尾并且未读取任何数据，则返回 0。

说明：参数 buffer 是 Char 类型的数组，指定缓冲区；参数 index 是 Integer 类型，指定写入 buffer 的起始位置；参数 count 是 Integer 类型，指定要读取的字符数。

例如，设已经创建了一个 StreamReader 对象，名称为 sr，以下代码读取当前位置开始的 3 个字符并保存到数组 buffer 中。

```
Dim buffer(2) As Char
sr.Read(buffer, 0, 3)          ' 从当前位置开始读取 3 个字符，保存到数组 buffer 中
```

2）ReadLine 方法：该方法读取流中的一行字符。使用格式如下：

```
StreamReader 对象名.ReadLine()
```

说明：该方法返回值是 String 类型，包含读取的行（不包括回车换行字符），读完后，当前位置指针移到下一行开头。如果到达流的末尾，则返回 Nothing。

例如，以下代码读取例 13-4 生成的文件 d:\myfile.txt 中的全部行并显示在文本框 TextBox1 中。

```
Dim sr As New StreamReader("d:\myfile.txt", System.Text.Encoding.UTF8)
Dim s As String
s = sr.ReadLine
Do While s <> Nothing
    TextBox1.Text = TextBox1.Text & s & vbCrLf
    s = sr.ReadLine
Loop
```

3）ReadToEnd 方法：该方法读取流中从当前位置开始到末尾的全部字符。使用格式如下：

```
StreamReader 对象名.ReadToEnd()
```

说明：该方法的返回值是 String 类型，包含了从当前位置到末尾的所有字符。如果当前位置

位于流的末尾，则返回空字符串 ("")。

例如，以下代码读取例 13-4 生成的文件 d:\myfile.txt 中的全部内容并显示在文本框 TextBox1 中。

```
Dim sr As New StreamReader("d:\myfile.txt", System.Text.Encoding.UTF8)
TextBox1.Text = sr.ReadToEnd
```

4）Close 方法：关闭 StreamReader 对象和基础流，并释放与之关联的所有系统资源。使用格式如下：

```
StreamReader 对象名 .Close
```

3. 创建 StreamWriter 对象

使用 StreamWriter 类可以以特定的编码向流中写入字符。StreamWriter 类的构造函数的简单格式如下：

格式一：`StreamWriter(stream)`

格式二：`StreamWriter(path)`

功能：用 UTF-8 编码及默认缓冲区大小，为指定文件初始化 StreamWriter 类的一个新实例。

格式三：`StreamWriter(stream, encoding)`

格式四：`StreamWriter(path, encoding)`

格式五：`StreamWriter(path, append)`

功能：使用指定编码和默认缓冲区大小，为指定文件初始化 StreamWriter 类的新实例。如果指定的文件存在，则允许改写或向文件追加数据；如果文件不存在，则此构造函数将创建一个新文件。

说明：

❑ 参数 path 是 String 类型，表示要写入的完整文件路径。

❑ 参数 stream 为要访问的流。一般是一个 FileStream 对象。

❑ 参数 append 是 Boolean 类型，表示是否将数据追加到文件。如果文件已存在，并且 append 为 true，则数据将被追加到该文件中，否则将创建新文件。

❑ 参数 encoding 表示要使用的字符编码，其值可参见表 13-8。

例如，为了向文件 d:\myfile.txt 中添加数据，创建一个与之相关联的 StreamWriter 对象，代码如下：

```
Dim myfile As New FileStream("d:\myfile.txt", FileMode.Append)
Dim sw As New StreamWriter(myfile, System.Text.Encoding.Default)
```

4. StreamWriter 对象的方法

创建 StreamWriter 对象后，就可以向文件写入数据了，StreamWriter 类提供了 Write 和 WriteLine 方法用于向文件写入数据。

1）Write 方法：用于将指定的数据以文本形式写入文件流，使用格式如下：

```
StreamWriter 对象名.Write(value)
```

说明：参数" value "可以是 Boolean、Decimal、Double、Integer、String、Long、Single、UInteger、ULong 、Char 或 Char() 等类型。

例如，以下代码将字符串" hello "写入文件 d:\a.txt 中。

```
Dim sw As New StreamWriter("d:\a.txt", True)
sw.Write("hello")
sw.Close()
```

2）WriteLine 方法：用于将数据以文本形式写入文件流，并在数据之后写入一个行结束符。使用格式如下：

StreamWriter 对象名 .WriteLine(value)

说明：参数 "value" 可以是 Boolean、Decimal、Double、Integer、String、Long、Single、UInteger、ULong 、Char 或 Char() 等类型。

例如，以下代码将字符串 "hello" 写入文件 d:\a.txt 中，并写入一个行结束符。

```
Dim sw As New StreamWriter("d:\a.txt", True)
sw.WriteLine("hello")
sw.Close()
```

3）Close 方法：关闭当前的 StreamWriter 对象和基础流。使用格式如下：

StreamWriter 对象名 .Close

【例 13-5】将例 13-4 实现的功能改为用 StreamReader 对象和 StreamWriter 对象实现。代码如下：

```
Imports System.IO
Public Class Form1
    Private Sub Button1_Click(ByVal sender As System.Object, ByVal e As System.
EventArgs) Handles Button1.Click
        Dim fs As New FileStream("d:\myfile.txt", FileMode.Append)
        Dim sw As New StreamWriter(fs, System.Text.Encoding.Default)
        sw.WriteLine(TextBox1.Text)    ' 写数据
        sw.Close()
        fs.Close()
    End Sub
    Private Sub Button2_Click(ByVal sender As System.Object, ByVal e As System.
EventArgs) Handles Button2.Click
        Dim fs As New FileStream("d:\myfile.txt", FileMode.Open)
        Dim sr As New StreamReader(fs, System.Text.Encoding.Default)
        Dim s As String
        s = sr.ReadLine
        TextBox2.Text = ""
        Do While s <> Nothing
            TextBox2.Text = TextBox2.Text & s & vbCrLf
            s = sr.ReadLine
        Loop
        sr.Close()
        fs.Close()
    End Sub
End Class
```

注意，以上代码中的 sr.Close() 和 fs.Close() 顺序不能颠倒，否则将出错。

13.3.3 BinaryReader 和 BinaryWriter 类

使用 BinaryReader 和 BinaryWriter 类可以方便地对二进制文件进行读操作和写操作。

二进制文件没有行的概念，其中的数据是紧凑存储的。当用二进制编辑器打开二进制文件时，看到的是一些由二进制表示的数据。那么为什么还要使用二进制文件呢，主要有以下几个原因：

1）二进制文件比文本文件节约空间，这两种文件存储字符型数据时并没有差别，但是在存储数值，特别是实型数值时，二进制文件更节省空间。

2）内存中参加计算的数据都是用二进制无格式存储的，因此，使用二进制存储文件就更快捷。如果存储为文本文件，则需要一个转换的过程。在数据量很大时，两者会有明显的速度差别。

3）一些比较精确的数据，使用二进制存储不会造成有效位的丢失。

1. 创建 BinaryWriter 对象

使用 BinaryWriter 类能以二进制形式将数据写入流，并支持用特定的编码写入字符串。以下是 BinaryWriter 类的简单构造函数格式。

格式一：`BinaryWriter()`

功能：初始化 BinaryWriter 类的新实例。

格式二：`BinaryWriter(output)`

功能：基于所指定的流和特定的 UTF-8 编码，初始化 BinaryWriter 类的新实例。

说明：参数 output 指定要写入的流，一般是一个 FileStream 对象。

格式三：`BinaryWriter(output, encoding)`

功能：基于所指定的流和字符编码，初始化 BinaryWriter 类的新实例。

说明：参数 encoding 为字符编码，其值可参见表 13-8。

例如，以追加（FileMode.Append）方式创建 FileStream 对象 myfile，并以此和指定的字符编码（System.Text.Encoding.Default）初始化 BinaryWriter 类的新实例 bw，代码如下：

```
Dim myfile As New FileStream("d:\myfile.txt", FileMode.Append)
Dim bw As New BinaryWriter(myfile, System.Text.Encoding.Default)
```

2．BinaryWriter 对象的方法

使用 BinaryWriter 对象的 Seek 方法定位文件指针后，可以使用其 Write 方法将多种数据写入文件。

1）Seek 方法：设置当前流中的位置。使用格式如下：

```
BinaryWriter 对象名 .Seek(offset, origin)
```

说明：

① 参数 offset 是 Integer 类型，表示相对于 origin 的字节偏移量。

② 参数 origin 是 SeekOrigin 枚举类型。SeekOrigin 枚举类型用于指定在流中的位置，有以下取值：

❑ Begin：指定流的开头。

❑ Current：指定流中的当前位置。

❑ End：指定流的结尾。

例如，设已经创建了一个 BinaryWriter 对象 bw，以下代码将当前位置移动到流的第 5 字节处。

```
bw.Seek(5, SeekOrigin.Begin)
```

2）Write 方法：用于将指定的数据写入当前流，使用格式如下：

```
BinaryWriter 对象名 .Write(value)
```

说明：参数"value"指定要写入流中的数据，可以是 Boolean、Byte、Byte()、Char、Char()、Decimal、Double、Short、Integer、Long、SByte、Single、String、UShort、UInteger、ULong 类型。数据被写入后，流的当前位置（指针）自动前进写入数据的长度（字节数）。

3）Close 方法：关闭 BinaryWriter 对象和基础流。使用格式如下：

```
BinaryWriter 对象名 .Close
```

【例 13-6】设计 Windows 窗体应用程序，将学生的数学、英语、语文成绩写入指定的文件中。

界面设计：新建一个 Windows 窗体应用程序项目，添加一个 SaveFileDialog 控件，使用其默认名称 SaveFileDialog1，并设置以下属性：

❑ DefaultExt 属性：txt。

❑ Filter 属性：所有文件 (*.*)|*.*| 文本文件 (*.txt)|*.txt。

❑ InitialDirectory 属性：d:\。

❑ OverwritePrompt：False。

继续参照图 13-5a 添加必要的 Label 控件、TextBox 控件和 Button 控件，设置好各控件的 Text 属性。

设运行时先弹出保存文件对话框，指定要写入学生信息的文件，然后在文本框输入一个学生

的信息后单击"写入"按钮，将该学生信息添加到文件中，并清空文本框以便继续输入下一个学生信息，完成所有学生信息的输入后，单击"退出"按钮关闭文件，结束程序的运行。

代码设计：

1）在窗体文件的常规声明段引入 System.IO 命名空间。

```
Imports System.IO
```

2）在窗体类的声明段定义结构 students，并声明结构变量、FileStream 变量、BinaryWriter 变量。

```
Public Structure students          ' 定义结构
    Public Name As String          ' 姓名
    Public math As Integer         ' 数学
    Public english As Integer      ' 英语
    Public Chinese As Integer      ' 语文
End Structure
Dim stud As students               ' 声明结构变量
Dim fs As FileStream               ' 声明 FileStream 变量
Dim myfile As BinaryWriter         ' 声明 BinaryWriter 变量
```

3）在窗体的 Load 事件过程中显示保存文件对话框，并根据在对话框中指定的文件创建 FileStream 对象、BinaryWriter 对象。

```
Private Sub Form1_Load(ByVal sender As System.Object, ByVal e As System.
EventArgs) Handles MyBase.Load
    If SaveFileDialog1.ShowDialog() = DialogResult.OK Then
        fs = New FileStream(SaveFileDialog1.FileName, FileMode.Append)
        myfile = New BinaryWriter(fs, System.Text.Encoding.Default)
    Else
        MsgBox(" 请指定要写入的文件 ")
        End
    End If
End Sub
```

4）在"写入"按钮 Button1 的 Click 事件过程中，将各文本框中的学生信息分别保存到结构变量中，然后将结构变量各分量的值写入文件，并清空文本框，以便继续输入。代码中使用 CInt 函数将文本框中的学生成绩转换成 Integer 类型。

```
Private Sub Button1_Click(ByVal sender As System.Object, ByVal e As System.
EventArgs) Handles Button1.Click
    stud.Name = Trim(TextBox1.Text)
    stud.math = CInt(Trim(TextBox2.Text))
    stud.english = CInt(Trim(TextBox3.Text))
    stud.Chinese = CInt(Trim(TextBox4.Text))
    ' 向文件中写入一个学生记录
    myfile.Write(stud.Name)
    myfile.Write(stud.math)
    myfile.Write(stud.english)
    myfile.Write(stud.Chinese)
    TextBox1.Text = "" : TextBox2.Text = ""
    TextBox3.Text = "" : TextBox4.Text = ""
End Sub
```

5）在"退出"按钮 Button2 的 Click 事件过程中，先关闭 BinaryWriter 对象，然后关闭 FileStream 对象，最后结束运行。

```
Private Sub Button2_Click(ByVal sender As System.Object, ByVal e As System.
EventArgs) Handles Button2.Click
    myfile.Close()
    fs.Close()
```

```
      End
End Sub
```

运行界面如图 13-5b 所示。

a）设计界面   b）运行界面

图 13-5   使用 BinaryWriter 对象写入数据

3．创建 BinaryReader 对象

使用 BinaryReader 类能用特定的编码以二进制值的方式读取数据。以下是 BinaryReader 类的简单构造函数格式：

格式一：`BinaryReader(input)`

功能：基于所指定的流和特定的 UTF-8 编码，初始化 BinaryReader 类的新实例。

说明：参数 input 指定要读取的流，一般是一个 FileStream 对象。

格式二：`BinaryReader(input, encoding)`

功能：基于所提供的流和特定的字符编码，初始化 BinaryReader 类的新实例。

说明：参数 encoding 为字符编码，其值可参见表 13-8。

4．BinaryReader 对象的方法

1）Read 方法：BinaryReader 对象的 Read 方法有以下两种格式。

格式一：`BinaryReader 对象名 .Read()`

功能：从流中读取字符，并根据所使用的编码和从流中读取的特定字符向后移动流当前位置的指针。该方法返回读取字符的 Integer 类型的编码，如果没有可读取的字符，则返回 −1。

格式二：`BinaryReader 对象名 .Read(buffer, index, count)`

功能：从缓冲区的指定位置开始，从流中读取指定的字节数或字符数。返回值是读入缓冲区的总字节数或总字符数。如果当前可读取的字节数或字符数没有指定读取的多，返回值可能小于所指定的字节数或字符数；如果到达了流的末尾，返回值可能为 0。

说明：

❑ 参数 buffer 可以是 Byte() 类型，也可以是 Char() 类型，指定要读入数据的缓冲区。

❑ 参数 index 是 Integer 类型，表示缓冲区中的起始点，从该位置开始读入缓冲区。

❑ 参数 count 是 Integer 类型，表示要读取的字节数或字符数。

2）Read* 方法：BinaryReader 对象使用 Read* 方法从流中读取数据，根据所要读取的数据类型或字符编码的不同，Read* 方法有许多形式。例如，ReadInt32 读取 Integer 类型的数据；ReadDouble 读取 Double 类型的数据等。使用 Read* 方法读取的数据类型必须与使用 BinaryWriter 对象的 Write 方法写入的数据类型相匹配，否则会产生意想不到的结果。例如，如果在文件第 20 字节位置写入一个 Integer 类型的数据，那么只有使用 ReadInt32 方法读此数据，才能得到正确的结果。如果使用 ReadDouble 方法在 20 字节处读此数据，读到的结果就是错误的。

3）PeekChar 方法：返回下一个可用的字符，但不改变字节或字符的当前位置。如果已读到文件尾，则返回 −1。使用格式为：

```
BinaryReader 对象名 .PeekChar()
```

4）Close 方法：关闭当前 BinaryReader 对象及基础流。使用格式如下：

```
BinaryReader 对象名 .Close
```

【例 13-7】设计 Windows 窗体应用程序，读取例 13-6 生成的学生成绩信息，计算所有学生每门课的平均成绩，并显示原始数据和计算结果。

界面设计：新建一个 Windows 窗体应用程序项目，添加一个 OpenFileDialog 控件，使用其默认名称 OpenFileDialog1，并设置以下属性：

❑ Filter 属性：所有文件 (*.*)|*.*| 文本文件 (*.txt)|*.txt。

❑ Filename 属性：清空。

❑ InitialDirectory：d:\。

继续参照图 13-6a 添加 Label 控件、TextBox 控件和 Button 控件，设置好各控件的 Text 属性，将文本框 TextBox1 设置为带有垂直滚动条，将所有文本框的 ReadOnly 属性设置为 True。

代码设计：

1）在窗体文件的常规声明段引入 System.IO 命名空间。

```
Imports System.IO
```

2）在窗体类的声明段定义结构 students，并声明结构变量、FileStream 变量、BinaryReader 变量。

```
Public Structure students            ' 定义结构
    Public Name As String            ' 姓名
    Public math As Integer           ' 数学
    Public english As Integer        ' 英语
    Public Chinese As Integer        ' 语文
End Structure
Dim stud As students                 ' 声明结构变量
Dim fs As FileStream                 ' 声明 FileStream 变量
Dim myfile As BinaryReader           ' 声明 BinaryReader 变量
```

3）在"读出成绩并计算平均成绩"按钮的 Click 事件过程中，创建 FileStream 对象，再创建 BinaryReader，针对文件中不同类型的数据，使用 BinaryReader 的相应方法进行读取。例如，写入的数学成绩数据类型是 integer 类型，读取时应使用 ReadInt32 方法，否则就会出错。将读取的记录信息保存到结构类型的数组中，并显示在带垂直滚动条的文本框中，计算并显示平均成绩。

```
Private Sub Button1_Click(ByVal sender As System.Object, ByVal e As System.
EventArgs) Handles Button1.Click
    If OpenFileDialog1.ShowDialog = DialogResult.OK Then
        fs = New FileStream(OpenFileDialog1.FileName, FileMode.Open)
        myfile = New BinaryReader(fs, System.Text.Encoding.Default)
        Dim num As Integer = 0
        Dim stud(100) As students
        TextBox5.Text = "     姓名    数学    英语    语文" & vbCrLf
        Do While myfile.PeekChar <> -1  ' 判断文件尾
            stud(num).Name = myfile.ReadString()
            stud(num).math = myfile.ReadInt32()
            stud(num).english = myfile.ReadInt32()
            stud(num).Chinese = myfile.ReadInt32()
            TextBox5.Text &= Space(5) & stud(num).Name & Space(5) & stud(num).
math & Space(5) & stud(num).english & Space(5) & stud(num).Chinese & " " & vbCrLf
            num = num + 1
        Loop
        ' 求所有学生成绩的平均分
        Dim i As Integer
        Dim s1, s2, s3 As Integer
        s1 = 0 : s2 = 0 : s3 = 0
        For i = 0 To num - 1
```

```
                s1 = s1 + stud(i).math
                s2 = s2 + stud(i).english
                s3 = s3 + stud(i).Chinese
            Next
            TextBox2.Text = Format(s1 / num, "0.00")
            TextBox3.Text = Format(s2 / num, "0.00")
            TextBox4.Text = Format(s3 / num, "0.00")
        Else
            MsgBox(" 请选择文件 ")
        End If
End Sub
```

运行时，单击"读出成绩并计算平均成绩"按钮，弹出打开文件对话框，选择要读取数据的文件并单击"打开"按钮，结果如图 13-6b 所示。

a) 设计界面   b) 运行界面

图 13-6 使用 BinaryReader 对象读取数据

对于数据量较小，数据结构不太复杂，处理需求也不高的数据，可以方便地使用文件技术处理实现；对于数据量大，数据结构复杂，处理需求高，且需要共享的数据，使用数据库技术进行处理则更为方便，效率更高。使用 VB.NET 访问数据库的技术将在下一章介绍。

13.4 上机练习

【练习 13-1】设计 Windows 窗体应用程序，参照图 13-7a 设计界面。编程实现：运行时，当从驱动器下拉列表（组合框）中选择某个驱动器后，在左侧的列表框中显示被选中驱动器内的所有文件夹；这时单击某个文件夹，在右侧的列表框中显示此文件夹内的所有文件；当前选择的驱动器名称、在左侧列表框中选择的文件、在右侧列表框中选择的文件名都会显示在下方的文本框中，如图 13-7b 所示。

提示：使用 DriveInfo 类的相关属性和方法可获得系统中的驱动器名称。

a) 设计界面   b) 运行界面

图 13-7 检索目录和文件

【练习 13-2】设计 Windows 窗体应用程序，参照图 13-8a 设计界面。使用 Stream 对象编写一个复制文件的程序，将源文件的内容复制到目标文件。运行时，单击文本框旁边的浏览按钮，可以显示打开文件对话框或保存文件对话框，让用户选择要复制的源文件或目标文件，选择后的文件名会显示在相应的文本框中，用户也可以在文本框中输入文件名。单击"复制"按钮实现文件的复制,运行界面如图 13-8b 所示。

a) 设计界面   b) 运行界面

图 13-8   使用 Stream 对象读写文件

【练习 13-3】在例 13-7 的基础上继续实现:统计每个学生的总成绩、平均分。运行界面如图 13-9 所示。

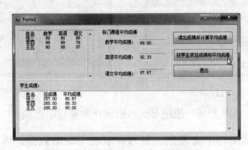

图 13-9   BinaryReader 对象应用

第14章 数 据 库

随着科学技术和社会经济的飞速发展,人们掌握的信息量急剧增加。要充分地开发和利用这些信息资源,就必须有一种技术能对大量的信息进行识别、存储、处理与传播。随着计算机软、硬件技术的发展,20世纪60年代末,数据库技术应运而生,并从70年代起得到了迅速的发展和广泛的应用。数据库技术主要研究如何科学地组织和存储数据,如何高效地获取和处理数据。数据库技术作为数据管理最有效的手段,目前已广泛应用于各个领域。

14.1 数据库的基本概念

以一定的方式组织并存储在一起的相互有关的数据集合称为数据库(DataBase,DB)。对数据库的管理由数据库管理系统来实现。数据库管理系统(DataBase Management System,DBMS)是用户与数据库之间的接口,它可以实现对数据库的管理和操纵,如数据库的建立、数据的查询和更新等。常见的数据库管理系统有 Access、Visual FoxPro、SQL Server、Oracle 等。数据库管理系统运行在一定的硬件和操作系统平台上,人们可以使用开发工具(如 .NET Framework、Visual C++、Delphi 等),利用 DBMS 提供的功能,创建满足实际需求的数据库应用系统。

按数据组织方式的不同,数据库可以分为3种类型:网状数据库、层次数据库和关系数据库。其中,关系数据库是目前应用最多的数据库。

14.1.1 关系数据库的结构

在关系数据库中,数据存储在一些二维表中,各表之间是通过公共字段建立联系的。

1. 表

将相关的数据按行和列的形式组织成的二维表格即为表,表通常用于描述某一种实体。每一个表有一个表名。例如,表14-1就是一个用于描述"学生"这种实体的表。表名称为"学生基本信息"。

表14-2是一个用于描述"专业"这种实体的表,表名称为"专业"。

表14-3是一个用于描述"系"这种实体的表,表名称为"系"。

一个数据库可以有一个或多个表,各表之间存在着某种联系。例如,"学生基本信息"表与"专业"表通过"专业编号"建立了每个学生与各专业之间的联系;"专业"表与"系"表通过"系编号"建立了每个专业与各系之间的联系。每个数据库都有一个名称,如可以将包

表 14-1 "学生基本信息"表

学号	姓名	性别	班级	出生日期	专业编号
120010101	张明	男	建 12-01	94-03-21	001
120010102	李涛	男	建 12-01	94-11-21	001
120010103	刘聪敏	女	建 12-01	94-12-12	001
130020201	陈茜	女	道 13-02	95-08-06	002
130020202	陈建国	男	道 13-02	95-07-05	002
130020203	赵晨曦	女	道 13-02	95-12-23	002
130020204	李威	男	道 13-02	95-03-24	002
130050101	王容	女	网 13-01	94-12-09	005
130050102	刘海保	男	网 13-01	95-07-06	005
130050103	王东新	男	网 13-01	94-12-04	005
130050201	张茂	男	网 13-02	94-12-21	005
130050202	崔国保	男	网 13-02	94-12-23	005
130050203	张朝阳	男	网 13-02	94-07-23	005

表 14-2 "专业"表

专业编号	专业名称	系编号
001	建筑结构	001
002	道桥工程	001
003	暖通空调	002
004	给排水	002
005	网络技术	003
006	软件工程	003

含以上 3 个表的数据库命名为"学生"。

2. 表的结构

每个表由多行和多列构成，表的每一行称为一个记录，如"学生基本信息"表中每个学生的信息就是一个记录，同一个表不应有相同的记录。表的每一列称为一个字段，每个字段有一个字段名。例如，"学生基本信息"表共有 6 列，即 6 个字段，字段名依次为：学号、姓名、性别、班级、出生日期、专业编号。每个字段对应一种数据类型，如"姓名"字段的数据类型为字符串型，"出生日期"字段的数据类型为日期型。记录中的某字段值称为数据项。在一个表中，记录的顺序和字段的顺序不影响表中的数据信息。

字段名称、字段类型、字段长度等要素构成了表的结构。表 14-4 以 SQL Server 数据库为例，描述了"学生"数据库中各表的结构。

表 14-3　"系"表

系编号	系名称
001	土木工程
002	城市建设
003	计算机

3. 关键字

如果表中的某个字段或多个字段的组合能唯一地确定一个记录，则称该字段或多个字段的组合为候选关键字。例如，"学生基本信息"表中的"学号"可以作为候选关键字，因为对于每个学生来说，学号是唯一的。一个表可以有多个候选关键字，但只能有一个候选关键字作主关键字。关键字中的每一个值都必须是唯一的，且不能为空值（Null）。

4. 表间的关联

表间的关联是指按照某一个公共字段建立的表与表之间的联系。例如，"学生基本信息"表与"专业"表之间通过"专业编号"字段建立了其记

表 14-4　"学生"数据库中各表的结构

表名	字段名	字段类型	字段长度
学生基本信息	学号	nchar	9
	姓名	nchar	10
	性别	nchar	1
	年龄	int	
	班级	nchar	7
	出生日期	date	8
	专业编号	nchar	3
专业	专业编号	nchar	3
	专业名称	nchar	20
	系编号	nchar	3
系	系编号	nchar	3
	系名称	nchar	20

录之间的联系。记录之间的联系分为一对一、一对多（或多对一）、多对多联系。常见的是一对多（或多对一）联系。例如，对于"专业"表中的每一个专业编号，在"学生基本信息"表中有多条记录具有相同的专业编号，因此，"专业"表中的专业编号与"学生基本信息"表的专业编号之间是一对多联系。

5. 外部键

设某个字段或字段的组合 F 不是表 A 的主关键字，如果 F 与另一个表 B 的主关键字相对应（也就是两个表的公共字段），则称 F 为表 A 的外部键。通过外部键可以连接两个表，进而筛选、过滤出所需要的数据。例如，"学生基本信息"表中的"专业编号"可以定义为外部键，它与"专业"表中的"专业编号"（主关键字）相关联。外部键的值应当是对应的主关键字值的子集，或者是空（Null）值。例如，"学生基本信息"表中的"专业编号"只能是"专业"表中已经存在的专业编号，或者是空值。

6. 索引

索引是为了加速查找引入的。索引和一本书的目录类似，通过索引可以快速找到有关信息。在书本的目录上有章节名称和页号，相应地，在索引文件中有索引关键字和指针。索引关键字按特定的顺序排序，指针指向表中的记录。查找数据时，数据库管理系统先从索引文件上根据索引关键字找到数据的位置（指针），再根据指针从表中读取数据。索引关键字（或索引字段）既可以是一个字段，也可以是多个字段的组合。在一个表中可以建立多个索引，但只能有一个主索引，主索引的索引关键字的值在整个表中不允许重复，且不能为空值。

例如，要按学生的学号快速检索学生基本信息，可以在"学生基本信息"表中以"学号"为索引关键字建立一个索引约束，取名为"IX_xh"。

通常，只有经常需要按被索引的字段查询数据时，才需要对表创建索引。索引将占用磁盘空间，并且降低添加、删除和修改记录的速度。在多数情况下，索引所带来的检索数据的速度优势，将大大超过它的不足之处，然而，如果应用程序非常频繁地更新数据，或磁盘空间有限，那么最好限制索引的数量。

7. 约束

在设计数据库时，为了确保数据的一致性、完整性，常需要对数据进行一定的约束。例如，以上提到的外部键定义了表的一种约束，即外部键约束，外部键约束限制了一个表的某个字段（或字段组合）的值必须是另一个表的某个字段的值，是一种表和表之间的约束。除此之外，还可以为表定义其他约束，例如以下是常见的约束：

主键约束：限制主键所在字段的值必须唯一且不允许为空。

唯一性约束：限制除主键外的其他一个或多个字段的数据必须唯一，以防止在其中输入重复的值。

检查约束：指定表中一个或多个字段可以接受的数据范围或格式。

默认约束：为指定字段定义一个默认值。在输入数据时，如果没有输入该字段的值，则将该字段的值设置为默认值。

14.1.2 结构化查询语言

建立数据库的目的是有效地管理数据，当代关系数据库系统都是使用结构化查询语言（Structured Query Language，SQL）对数据库进行操作、管理的。SQL 是一种数据库查询和程序设计语言，用于存取数据以及查询、更新和管理关系数据库系统。SQL 包含以下 3 个部分。

- ❑ 数据定义语言（Data Definition Language，DDL）：用来创建数据库、定义数据对象等，如 CREATE、DROP、ALTER 等语句。
- ❑ 数据操纵语言（Data Manipulation Language，DML）：用来对数据库数据进行插入、修改、删除、查询等操作，如 INSERT、UPDATE、DELETE、SELECT 等语句。
- ❑ 数据控制语言（Data Controlling Language，DCL），用来控制对数据库组件的存取许可、存取权限等，如 GRANT、REVOKE、COMMIT、ROLLBACK 等语句。

下面简单介绍对表中的数据进行添加、删除、修改和查询的 SQL 语句。

1. Select 语句

Select 语句的简单格式如下：

```
Select [ALL|DISTINCT] 字段名列表
From 表名列表
[Where 条件] [Order By 排序字段 [ASC|DESC], …]
```

功能：从指定的表中选出满足条件的记录，记录中包含指定的字段。

参数说明：

1）ALL：默认值，表示要显示查询到的所有记录。

2）DISTINCT：在查询结果中如果有多个相同的记录，只取其中的一个。使用 DISTINCT 可以保证查询结果记录的唯一性。

3）字段名列表：指定要在查询结果中包含的字段名，每一个字段的具体形式为：表名.字段名，各项之间用逗号隔开。如果选择所有字段，则不用一一列出字段名，只需写成：表名.*，如果只对一个表进行查询，则"表名"和随后的"."可以省略。

4）表名列表：指定所要查询的表，可以指定多个表，各表名之间用逗号隔开。

5）条件：指定查询的条件。

6）排序字段：将查询结果按该字段排序。

7）ASC、DESC：指定 ASC 时按升序排序，指定 DESC 时按降序排序，默认值为 ASC。

例如，对于前面的"学生"数据库，以下是各查询功能对应的 Select 语句：

1）查询"学生基本信息"表中所有男生的记录，查询结果只包括班级、学号和姓名字段，相应的 Select 语句如下：

```
Select 学生基本信息.班级,学生基本信息.学号,学生基本信息.姓名
From 学生基本信息
Where 学生基本信息.性别 = '男'
```

对于单个表的查询，可以省去各字段名前面的表名，以上 Select 语句可以简写成：

```
Select 班级,学号,姓名 From 学生基本信息 Where 性别 = '男'
```

2）显示"学生基本信息"表中男生的所有信息，相应的 Select 语句如下：

```
Select * From 学生基本信息 Where 性别 = '男'
```

3）显示所有学生的学号、姓名和所在的专业名、系名，需要从"学生基本信息"表、"专业"表和"系"表中查询，相应的 Select 语句如下：

```
Select 学生基本信息.学号,学生基本信息.姓名,专业.专业名称,系.系名称
    From 学生基本信息,专业,系
    Where 学生基本信息.专业编号=专业.专业编号 And 专业.系编号=系.系编号
```

除了以上列出的 From 子句和 Where 子句外，Select 语句还可以有更多的子句和参数，用于完成多种功能，如进行统计、汇总、多重查询等。

例如，"学生成绩"表包含学号、姓名、数学成绩、英语成绩4个字段，以下是各统计功能对应的 Select 语句：

1）统计一共有多少名学生，相应的 Select 语句如下：

```
Select Count(*) As 总人数 From 学生成绩
```

2）统计一共有多少名数学成绩及格的学生，相应的 Select 语句如下：

```
Select Count(*) As 及格人数 From 学生成绩 Where 数学成绩 >= 60
```

3）求所有学生的数学平均成绩和英语平均成绩，相应的 Select 语句如下：

```
Select Avg(数学成绩) As 数学平均成绩,Avg(英语成绩) As 英语平均成绩 From 学生成绩
```

4）求所有学生的数学总成绩和英语总成绩，相应的 Select 语句如下：

```
Select Sum(数学成绩) As 数学总成绩,Sum(英语成绩) As 英语总成绩 From 学生成绩
```

5）求英语最高分和最低分，相应的 Select 语句如下：

```
Select Max(英语成绩) As 英语最高分,Min(英语成绩) As 英语最低分 From 学生成绩
```

2. Insert 语句

使用 Insert 语句可以向一个表中插入（添加）记录。Insert 语句可以有以下两种格式：

格式一：INSERT INTO 表名 [(字段名1,字段名2,…,字段名n)] VALUES (值1,值2,…,值n)

功能：将一系列的"值"作为一条记录插入指定表的指定"字段"中。

格式二：INSERT INTO 表名 [(字段名1,字段名2,…,字段名n)] SELECT 子查询

功能：将一个子查询结果插入指定的表中。

在以上两种形式中，如果省略字段名，则表示要向所有字段插入数据。

例如，"学生"数据库中有一个"新系"表，下面的 Insert 语句表示向"新系"表插入一条新记录，"系编号"字段值为"007"，"系名称"字段值为"建筑系"：

```
Insert Into 新系(系编号,系名称) Values ('007','建筑系')
```

下面的 Insert 语句表示从"新系"表中选择"系编号"为"005"的记录，将其"系编号"、"系名称"值插入"系"表中。

Insert Into 系 Select 系编号,系名称 From 新系 Where 新系.系编号='005'

下面的插入语句表示从"新系"表中选择所有记录,并将其添加到"系"表中。

Insert Into 系 Select 系编号,系名称 From 新系

3. Delete 语句

使用 Delete 语句可以从一个表中删除指定的记录,Delete 语句格式如下:

DELETE FROM 表名 [WHERE 条件]

其中,WHERE 子句用于指定只删除满足条件的记录。如果省略 WHERE 子句,则表示删除指定表的所有记录。

例如,下面的语句从"新系"表中删除所有"系编号"大于或等于"005"的记录。

Delete From 新系 Where 系编号>='005'

下面的语句删除"新系"表中的所有记录。

Delete From 新系

4. Update 语句

使用 Update 语句可以更改表中一个或多个记录的字段值,Update 语句格式如下:

UPDATE 表名 SET 字段名1=值1 [, 字段名2=值2, … , 字段名n=值n] [WHERE 条件]

例如,假设在某"职工工资"表中包含"姓名"、"性别"、"基本工资"、"奖金"、"实发工资"字段,现要给所有女职工增加 2% 的基本工资,可以使用以下语句:

Update 职工工资 Set 基本工资 = 基本工资 * 1.02 Where 性别 = '女'

在增加基本工资之后更新实发工资,可以使用以下语句:

Update 职工工资 Set 实发工资 = 基本工资 + 奖金

14.2 ADO.NET 对象模型

VB.NET 本身不具备对数据库进行操作的功能,它对数据库的处理是通过 ADO.NET 实现的。ADO.NET 是对数据库进行访问和操作的类的集合,是 .NET Framework 的重要组成部分。因此,利用 ADO.NET 技术编写的数据库应用程序必须在 .NET Framework 支持下才能运行。

14.2.1 ADO.NET 结构

ADO.NET 在 System.Data 命名空间提供了两个用于访问和操作数据库的组件,它们是 .NET Framework 数据提供者(Data Provider)和 DataSet。图 14-1 显示了 .NET Framework 数据提供者和 DataSet 之间的关系,是 ADO.NET 的基本结构。

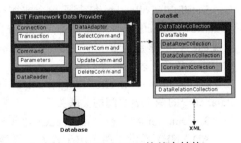

图 14-1　ADO.NET 的基本结构

1. .NET Framework 数据提供者

.NET Framework 提供了与数据源进行交互的方法,能访问包括数据库在内的多种不同类型的数据源。.NET Framework 针对不同的数据源采用不同的类库,这些类库称为数据提供者(Data Provider),数据提供者通常以与之交互的数据源的类型来命名,如 OLEDB 数据提供者、SQL 数据提供者等。

使用 OLEDB 数据提供者可以访问和操纵任何支持进行 OLE 连接的数据库,如 Access、Oracle 和 SQL Server 等,但因为它的通用性,所以它在访问数据库时存在效率问题。微软为了更好地支持目前广泛使用的两个数据库 Oracle 和 SQL Server,加快访问数据库的速度,对 OLEDB 做了专门的扩展和优化,提供了 Oracle 和 SQL 数据提供者,支持对 Oracle 和 SQL

Server 数据库的连接和访问。上述数据提供者分别位于 System.Data.OLEDB 命名空间、System.Data.OracleClient 命名空间和 System.Data.SqlClient 命名空间。

使用 ADO.NET 进行数据库编程时，为了做到一致性，微软在上面提到的 3 个命名空间提供了语法结构相似的对象，对象的用法都大致相同，只是使用的名称略有差别。比如 SqlConnection 对象位于 System.Data.SQLClient 命名空间，而 OleConnection 对象位于 System.Data.OLEDB 命名空间，它们的功能相同、语法结构相似，都是用来与数据库建立连接的对象。程序员只要掌握了其中一种访问数据库的编程方法，稍加修改就可以实现对其他数据库的访问。不同命名空间常用对象的对应关系如表 14-5 所示。

表 14-5　不同命名空间常用对象的对应关系

对象通用名	System.Data.SqlClient 命名空间	System.Data.OracleClient 命名空间	System.Data.OLEDB 命名空间
Connection	SqlConnection	OracleConnection	OleConnection
Command	SqlCommand	OracleCommand	OleCommand
DataReader	SqlDataReader	OracleDataReader	OleDataReader
DataAdapter	SqlDataAdapter	OracleDataAdapter	OleDataAdapter

由表 14-5 可知，.NET Framework 数据提供者主要包含 Connection、Command、DataReader 和 DataAdapter 4 个对象。Connection 对象用于实现到数据库的连接；Command 对象用于提供操作数据库的命令；DataReader 对象用于从数据库获取数据；DataAdapter 对象在 DataSet 对象和数据库之间起到桥梁作用，它使用 Command 对象在数据库中执行 SQL 命令，可以向 DataSet 中加载数据，并可将对 DataSet 中数据的更改同步到数据库。

2. DataSet 对象

DataSet 对象是 ADO.NET 的核心，是专门为独立于任何数据源的数据访问而设计的，因此不管底层的数据源是哪种形式，DataSet 的行为都是一致的。在数据库应用中，数据库中的数据通过 DataAdapter 对象填充 DataSet，然后可以对 DataSet 中的数据进行离线添加、删除、修改、查询等操作，最后，通过 DataAdapter 对象操作 DataSet 实现数据库更新。所以可以把 DataSet 看成是存在于内存中的数据库，对其进行的所有操作都是在内存中完成的。

DataSet 对象的构成如图 14-1 所示，主要包括 DataTableCollection 和 DataRelationCollection 两个集合。

DataTableCollection 包含了一个或多个 DataTable 对象，DataTable 对象实质是由行的集合（DataRowCollection）、列的集合（DataColumnCollection）以及约束集合（ConstraintCollection）组成的。行的集合包含一个或多个 DataRow 对象；列的集合包含一个或多个 DataColumn 对象；约束集合包含了表的各种约束。

DataRelationCollection 集合由 DataRelation 对象构成，每一个 DataRelation 对象定义了 DataSet 中的两个表之间的关联关系。

3. DataSet 对象和 DataReader 对象的区别

ADO.NET 提供了两个用于检索关系数据库的对象：DataSet 对象和 DataReader 对象。这两个对象都可以存储从数据库中检索的数据，但又有各自适用的场合，使用时有许多不同之处，主要不同如下：

1）DatSet 对象连接数据库时是非面向连接的，即是脱机的，数据存放在内存中，相当于一个内存中的数据库；Datareader 对象连接数据库时是面向连接的，读取数据时只能向前按顺序读取，读完数据后由用户决定是否断开连接。

2）DataSet 对象读取、处理数据速度较慢，DataReader 对象读取、处理数据速度较快。

3）在更改 DataSet 对象数据集中的数据后，可以把数据同步到原来的数据库，DataReader 对象中的数据是只读的，不能对数据库进行更新。

14.2.2 ADO.NET 访问数据库的一般步骤

使用 ADO.NET 开发数据库应用程序时，依据使用目的的不同，应遵循不同的操作步骤。

1. 用于快速查询、浏览数据库数据

1）根据使用的数据库，选择合适的 .NET Framework 数据提供者。例如，要访问 SQL Server 数据库，应该使用 SqlClient 数据提供者，即使用 Imports 语句引入相应的命名空间：

```
Imports System.Data.SqlClient
```

2）创建一个 Connection 对象，设置用于连接数据库的连接字符串。例如：

```
Dim conn = New SqlConnection()
conn.ConnectionString= "UID=sa;pwd=sa;database=mytest;server=localhost"
```

3）打开连接。例如：

```
conn.open()
```

4）创建一个 Command 对象，指定要执行的 SQL 语句。例如：

```
Dim sqlcmd = New SqlCommand("select * from test", conn)
```

5）创建一个 DataReader 对象，获取只读的、仅向前的数据集。例如：

```
Dim sqldr As SqlDataReader = sqlcmd.ExecuteReader()
```

6）使用数据绑定控件显示数据。

7）关闭连接。例如：

```
conn.Close()
```

2. 用于更新、查询、浏览数据库数据

1）根据使用的数据库，选择合适的 .NET Framework 数据提供者。例如，要访问 SQL Server 数据库，应该使用 SqlClient 数据提供者，即使用 Imports 语句引入相应的命名空间。

```
Imports System.Data.SqlClient
```

2）创建一个 Connection 对象，设置对象的连接字符串。例如：

```
Dim conn = New SqlConnection()
conn.ConnectionString= "UID=sa;pwd=sa;database=mytest;server=localhost"
```

3）打开连接。例如：

```
conn.Open()
```

4）创建一个 DataAdapter 对象。例如：

```
Dim sqlda As New SqlDataAdapter("select * from mytest_table", conn)
```

5）创建一个 DataSet 对象。例如：

```
Dim sqlds As New DataSet()
```

6）使用 DataAdapter 对象的 Fill 方法填充 DataSet 对象。例如：

```
sqlda.Fill(sqlds, "dataset_table")
```

7）使用数据绑定控件显示数据。

8）对 DataSet 对象数据集的数据进行操作。

9）使用 DataAdapter 对象的 Update 方法将数据的更改同步到数据库。

10）关闭连接。例如：

```
sqlds.Dispose()
sqlda.Dispose()
conn.Close()
```

14.3 ADO.NET 对象编程

使用 ADO.NET 可以方便快捷地建立与多种数据源的连接，并实现对数据源的各种操作。本章仅讨论使用 SqlClient 数据提供者和 DataSet 对象对微软公司的 SQL Server 数据库进行访问和操纵的方法。

14.3.1 SqlConnection 对象

使用数据库之前需要先建立与数据库的连接，以告诉 ADO.NET 的相关对象，今后将与哪个数据库打交道。使用 System.Data.SqlClient 命名空间下的 SqlConnection 类可以实现与数据库的链接。

1. 创建 SqlConnection 对象

使用 SqlConnection 类的构造函数可以创建 SqlConnection 对象，SqlConnection 类的构造函数格式如下：

格式一：`SqlConnection()`

功能：创建 SqlConnection 对象。

格式二：`SqlConnection(connectionString)`

功能：创建 SqlConnection 对象，并指定与数据库通信所需要的参数。

说明：参数 connectionString（连接字符串）为 String 类型，包含了所要连接的数据库名称和连接数据库所必需的参数，主要包括：

1）Server 或 Data Source：指定 SQL Server 数据库服务器的网络地址或数据库实例名称。在本机连接数据库时可以使用"."或 localhost。

2）Database 或 Initial Catalog：指定数据库的名称。

3）UID：指定数据库登录账户名。

4）pwd：指定 UID 用户使用的密码。

5）Integrated Security：指定连接数据库所使用的身份验证模式。为 True 时，将使用当前的 Windows 账户进行身份验证；为 False 时，将使用 SQL Server 账户进行身份验证。

在连接字符串中，各参数用分号（；）隔开。以下是一个连接 SQL Server 数据库的典型连接字符串：

```
"UID=sa;pwd=sa;database=mytest;server=localhost"
```

例如，创建 SqlConnection 对象 conn，以便建立与本机数据库 mytest 的连接，使用 SQL Server 账户进行身份验证，代码如下：

```
Dim conn = New SqlConnection("UID=sa;pwd=sa;database=mytest;server=localhost")
```

如果使用 Windows 账户进行身份验证，则代码如下：

```
Dim conn = New SqlConnection("Integrated Security=true; Initial Catalog=mytest;
server=localhost")
```

2. SqlConnection 对象的属性

1）ConnectionString 属性：为 String 类型，用于获取或设置连接数据库的字符串，其中包含源数据库名称和建立初始连接所需的其他参数，默认值为空字符串。例如：

```
conn.ConnectionString="UID=sa;pwd=sa;database=mytest;server=localhost"
```

2）Database 属性：为 String 类型，获取连接的数据库所使用的数据库的名称，默认值为空字符串。

3）Data Source 属性：为 String 类型，指定 SQL Server 数据库实例的名称或数据库服务器的网络地址。

4）ConnectionTimeout 属性：为 Integer 类型，获取在尝试建立连接时所等待的时间。以秒为单位，默认值为 15 秒。可以在连接字符串中设置该属性。例如：

```
Dim conn = New SqlConnection("UID=sa;pwd=sa;database= 学生管理 ;server=.;Connection
Timeout=30")
```

3．SqlConnection 对象的方法
1）Open 方法：使用 ConnectionString 指定的属性打开与数据库的连接，格式如下：

```
SqlConnection 对象名 .Open()
```

2）Close 方法：关闭与数据库的连接，格式如下：

```
SqlConnection 对象名 .Close()
```

说明：使用 Open 方法如果未能成功建立与数据库的连接，则会报错。因此，在程序设计时需要进行错误异常处理，当有错误发生时显示错误信息，关闭连接。常使用如下代码：

```
Dim conn = New SqlConnection("UID=sa;pwd=sa;database=mytest;server=localhost")
Try
    ' 打开数据库连接
    conn.Open()
Catch sqlEx As SqlException
    MsgBox(sqlEx.Message)
Finally
    ' 关闭数据库连接
    conn.Close()
End Try
```

以上代码使用 Catch 子句捕获在执行 Try 之后的 conn.Open() 连接数据库过程中出现的异常，并将该异常信息使用消息框显示出来。其中，SqlException 类包含了当 SQL Server 返回警告或错误时引发的异常信息。SqlException 对象的 Message 属性包含了描述当前异常的消息。

14.3.2 SqlCommand 对象

打开数据库连接后，如果需要对数据库数据进行操作，就应该创建一个 SqlCommand 对象，使用该对象指定要执行的命令和所使用的连接。

1．创建 SqlCommand 对象
使用 SqlCommand 类的构造函数可以创建 SqlCommand 对象，SqlCommand 类的构造函数的简单格式有以下 3 种：

格式一：`SqlCommand()`
功能：创建 SqlCommand 对象。
格式二：`SqlCommand(cmdText)`
功能：用指定的查询文本 cmdText 创建 SqlCommand 对象。
格式三：`SqlCommand(cmdText,SqlConn)`
功能：用指定的查询文本 cmdText 和 SqlConnection 对象创建 SqlCommand 对象。
说明：
1）参数 cmdText 为 String 类型，一般为包含 SQL 语句的字符串。
2）参数 SqlConn 为 SqlConnection 对象，表示 SqlCommand 所使用的连接。
例如，使用下列语句创建 SqlCommand 对象 sqlcmd，使用 conn 连接到数据库，指定查询文本为"select * from test"（表示查询 test 表中的所有信息）。

```
Dim sqlcmd = New SqlCommand("select * from test", conn)
```

2．SqlCommand 对象的属性
1）CommandText 属性：获取或设置要对数据库执行的 SQL 语句、表名或存储过程，默认值

为空字符串。例如：

```
sqlcmd.CommandText="select * from test"
```

2）CommandType 属性：用来解释 CommandText 属性的含义，其值是 System.Data 命名空间下的 CommandType 枚举类型，如表 14-6 所示。

例如，以下语句设置 CommandType 属性值为 "CommandType.Text"，说明 CommandText 属性中的字符串是一条 SQL 语句。

表 14-6 CommandType 枚举类型

枚举成员	说　　明
Text	SQL 文本命令（默认值）
TableDirect	表的名称
StoredProcedure	存储过程的名称

```
sqlcmd.CommandType = CommandType.Text
```

3）Connection 属性：获取或设置当前的 SqlCommand 对象所使用的 SqlConnection 对象。例如：

```
sqlcmd.Connection=conn
```

3. SqlCommand 对象的方法

1）ExecuteReader 方法：用于执行 CommandText 指示的 SQL 命令，返回一个 SqlDataReader 对象，然后就可以使用 SqlDataReader 对象快速顺序浏览获得的数据。格式如下：

```
SqlCommand 对象名 .ExecuteReader()
```

例如，以下代码使用 SqlCommand 对象 sqlcmd 的 ExecuteReader 方法创建一个 SqlDataReader 对象 Sqldr。

```
Dim Sqldr As SqlDataReader=sqlcmd.ExecuteReader()
```

2）ExecuteScalar 方法：该方法用于执行查询并返回结果集中的第一行第一列元素，一般与聚合函数配合使用，从数据库中检索数据后获得一个统计值。格式如下：

```
SqlCommand 对象名 .ExecuteScalar()
```

3）ExecuteNonQuery 方法：通过执行 SqlCommand 对象中指定的 UPDATE、INSERT 或 DELETE 语句，在不使用 DataSet 的情况下，更改数据库中的数据并返回操作影响的记录数。另外，使用 ExecuteNonQuery 方法也可以完成查询数据库的结构或创建数据库对象（如表）的任务。ExecuteNonQuery 方法如下：

```
SqlCommand 对象名 .ExecuteNonQuery()
```

例如，在数据库表中添加一条记录可以使用下列语句：

```
Dim conn = New SqlConnection("UID=sa;pwd=sa;database=mytest;server=.")
conn.Open()
Dim sqlcmd = New SqlCommand("Insert into mytest_table Values(' 张 宏 ',20,' 男 ')",
conn)
sqlcmd. ExecuteNonQuery()     ' 执行 SQL 命令
conn.close()
sqlcmd.Dispose()
```

【例 14-1】 统计数据库表中的记录（行）数。

数据库设计：假设本机已经安装了 Microsoft SQL Server 2008，并且安装了 SQL Server Management Studio，使用 "开始 | 所有程序 |Microsoft SQL Server 2008|SQL Server Management Studio" 命令，连接到 SQL Server 服务器，进入 SQL Server Management Studio 窗口，在该窗口中创建一个名称为 "学生管理" 的数据库，在该数据库中创建一个 "学生基本信息" 表和一个 "院系" 表，表结构如图 14-2 所示。向表中录入一些数据。

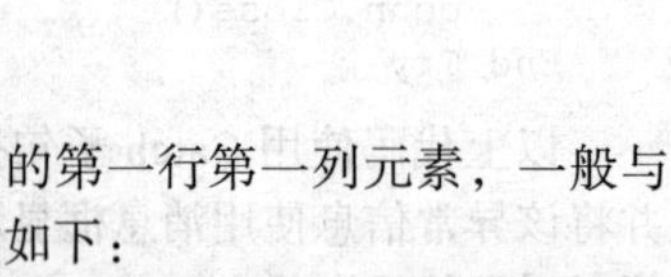

a)"学生基本信息" 表

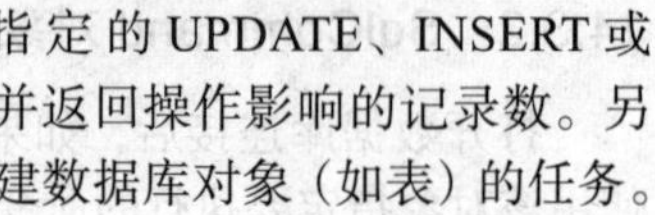

b)"院系" 表

图 14-2 "学生管理" 数据库

界面设计：新建一个 Windows 窗体应用程序项目，向窗体添加一个命令按钮 Button1。

代码设计：

1）在窗体文件的常规声明段引入命名空间 System.Data.SqlClient。

```
Imports System.Data.SqlClient
```

2）在命令按钮的 Click 事件过程中编写代码：首先创建一个 SqlConnection 连接对象，然后打开连接，再创建一个 SqlCommand 对象执行 SQL 语句，统计 "学生基本信息" 表中的记录数，用 MsgBox 显示记录数，最后关闭连接并释放资源。

```
Private Sub Button1_Click(ByVal sender As System.Object, ByVal e As System.
EventArgs) Handles Button1.Click
    Dim conn = New SqlConnection("UID=sa;pwd=sa;database=学生管理;server=.")
    conn.Open()                                '打开与数据库的连接
    Dim sqlcmd = New SqlCommand()              '创建一个 SqlCommand 对象
    sqlcmd.Connection = conn                   '指定 SqlCommand 对象所使用的连接
    sqlcmd.CommandType = CommandType.Text      '指定要执行的命令类型是 SQL 语句
    sqlcmd.CommandText = "select count(*) from 学生基本信息"  '指定 SQL 语句
    '执行 SQL 语句，统计总记录数，并将结果保存到变量 recno
    Dim recno As Integer = CInt(sqlcmd.ExecuteScalar)
    MsgBox("共有" & recno & "条记录")
    conn.Close()
    sqlcmd.Dispose()
End Sub
```

14.3.3 SqlDataReader 对象

SqlDataReader 对象提供了从数据库读取数据的一种方式。与 SqlDataReader 对象关联的数据集是一个只读的数据集，访问时只能向前顺序读取数据，使用 SqlDataReader 对象不能对数据库进行更新，因此比较适合仅需要快速、顺序浏览数据库数据的应用。

1. 创建 SqlDataReader 对象

SqlDataReader 对象没有构造函数，若要创建 SqlDataReader，必须调用 SqlCommand 对象的 ExecuteReader 方法。例如，一般使用如下语句：

```
Dim conn = New SqlConnection("UID=sa;pwd=sa;database=mytest;server=.")
conn.Open()
Dim sqlcmd = New SqlCommand("select * from mytest_table", conn)
'声明 SqlDataReader 对象
Dim sqldr As SqlDataReader
'使用 SqlCommand.ExecuteReader() 方法创建 SqlDataReader 对象
sqldr = sqlcmd.ExecuteReader()
```

2. SqlDataReader 对象的属性

1）Connection 属性：获取与 SqlDataReader 关联的 SqlConnection 对象。

2）FieldCount 属性：获取当前行的列数。

3）HasRows 属性：获取一个值，该值指示 SqlDataReader 是否包含数据行。包含时返回为 True，否则返回 False。

4）Item 属性：根据列序号或列名称获取记录集当前行指定列的列值。第一列的列序号为 0，第二列的列序号为 1，其他以此类推。例如，设已经创建了 SqlDataReader 对象 sqldr，用文本框 TextBox1 显示某行第 2 列列名为 "name" 的列值，可使用下列语句之一：

```
TextBox1.Text =sqldr.Item(1)
```

或

```
TextBox1.Text =sqldr.Item("name")
```

3. SqlDataReader 对象的方法

1) Read 方法: 使 SqlDataReader 记录集指针前进到下一条记录。格式如下:

```
SqlDataReader 对象名 .Read()
```

说明: SqlDataReader 的指针默认位置在第一条记录前面, 因此, 开始访问任何数据时必须先调用 Read 方法调整指针位置。如果还有更多可读取的行, 则 Read 方法返回 True, 否则返回 False, 可以使用该返回值来判断是否还有可读取的行。

2) GetValue 方法: 根据指定的列序号获取记录集当前行指定列的列值。第一列的列序号为 0, 第二列的列序号为 1, 其他以此类推。格式如下:

```
SqlDataReader 对象名 .GetValue(i)
```

说明: 参数 i 为 Integer 类型, 表示从 0 开始的列序号。

例如, 设已经创建了 SqlDataReader 对象 sqldr, 用文本框显示当前行第 5 列的列值。使用的语句如下:

```
TextBox1.Text = sqldr.GetValue(4)
```

3) Get* 方法: 根据 "*" 指定的类型获取指定列的值。格式如下:

```
SqlDataReader 对象名 .Get*(i)
```

说明: 参数 i 为 Integer 类型, 表示从 0 开始的列序号; "*" 代表 Sql Server 支持的任意数据类型, 可以是 INT16、INT32、INT64、Float、Double、Char、String、Boolean 等, 此数据类型必须与指定列的数据类型匹配, 否则将出错。

例如, 设 sqldr 为 SqlDataReader 对象。用文本框显示当前记录第 5 列的值, 此列的数据类型为 Integer。使用的语句如下:

```
TextBox1.Text = sqldr.Getint32(4)
```

4) GetName 方法: 根据列序号获取指定列的名称。格式如下:

```
SqlDataReader 对象名 .GetName(i)
```

说明: 参数 i 为 Integer 类型, 表示从 0 开始的列序号。

5) Close 方法: 关闭 SqlDataReader 对象。格式如下:

```
SqlDataReader 对象名 . Close()
```

【例 14-2】 使用 SqlDataReader 对象在文本框中显示 "学生基本信息" 表中所有学生的班级、学号和姓名。

界面设计: 新建一个 Windows 窗体应用程序项目, 向窗体添加一个文本框控件 TextBox1, 设置其 Multiline 属性为 True, ScrollBars 属性为 Both, WordWrap 属性为 False, 使其带有双向滚动条。添加一个命令按钮 Button1, 设置其 Text 属性为 "显示数据", 如图 14-3a 所示。

代码设计:

1) 在窗体文件的常规声明段引入命名空间 System.Data.SqlClient。

```
Imports System.Data.SqlClient
```

2) 编写 "显示数据" 按钮 Button1 的 Click 事件过, 具体如下:

```
Private Sub Button1_Click(ByVal sender As Object, ByVal e As System.EventArgs)
Handles Button1.Click
    Dim conn = New SqlConnection("UID=sa;pwd=sa;database= 学生管理 ;server=.")
    conn.Open()                          ' 打开与数据库的连接
    Dim sqlcmd = New SqlCommand("select * from 学生基本信息 ", conn)
    Dim sqldr As SqlDataReader
    sqldr = sqlcmd.ExecuteReader()        ' 创建 SqlDataReader 对象
```

```
    Dim stdClass, stdNo, stdName As String
    stdClass = sqldr.GetName(3)    ' 读取"班级"列的名称
    stdNo = sqldr.GetName(0)       ' 读取"学号"列的名称
    stdName = sqldr.GetName(1)     ' 读取"姓名"列的名称
    TextBox1.AppendText(Space(1) & stdClass & Space(8) & stdNo & Space(8) &
stdName & vbCrLf)
    While sqldr.Read()             ' 通过 Read 方法调整指针位置，结合循环逐条读取记录
       ' 读取并显示班级、学号、姓名
       TextBox1.AppendText(sqldr.Item(3) & sqldr.Item(0) & sqldr.Item(1))
       TextBox1.AppendText(vbCrLf)    ' 换行
    End While
    conn.Close()
End Sub
```

运行时，单击"显示数据"按钮，结果如图 14-3b 所示。

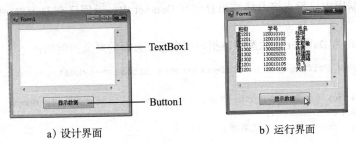

a）设计界面　　　　　　　　　　　　b）运行界面

图 14-3　SqlDataReader 对象的使用

14.3.4　SqlDataAdapter 对象

使用 SqlDataAdapter 对象可以把数据库中的数据填充到 DataSet，以记录集的形式存储于内存中，同时 SqlDataAdapter 对象也可以将 DataSet 中修改过的数据同步到数据库。每个 DataSet 中可以有多个表，每个表都对应一个 SqlDataAdapter。SqlDataAdapter 是数据库和 DataSet 的桥梁。

1. 创建 SqlDataAdapter 对象

使用 SqlDataAdapter 类的构造函数可以创建 SqlDataAdapter 对象，SqlDataAdapter 类的构造函数主要有以下 3 种格式：

格式一：`SqlDataAdapter()`

功能：创建 SqlDataAdapter 对象。

格式二：`SqlDataAdapter(selectCmd)`

功能：用指定的 SqlCommand 对象作为参数创建 SqlDataAdapter 对象。

说明：参数 selectCmd 为 SqlCommand 类型，用于指定一条 SELECT 语句或一个存储过程。

例如，以下代码创建一个 SqlDataAdapter 对象。

```
Dim SelectCmd As New SqlCommand(" Select * from mytest_table ",conn)
Dim adapter As SqlDataAdapter = New SqlDataAdapter(selectCmd)
```

格式三：`SqlDataAdapter(selectCommandText,conn)`

功能：使用由 selectCommandText 指定的 SELECT 语句或存储过程和由 conn 指定的 SqlConnection 对象创建 SqlDataAdapter 对象。

说明：

1）参数 selectCommandText 为 String 类型，指定一条 SELECT 语句或一个存储过程。

2）参数 conn 为 SqlConnection 类型，指定一个与数据库的连接。

例如，设 conn 已经打开，以下代码创建一个 SqlDataAdapter 对象。

```
Dim commandText As String=" Select * from mytest_table"
Dim adapter As SqlDataAdapter = New SqlDataAdapter(commandText, conn)
```

2. SqlDataAdapter 对象的属性

1）SelectCommand 属性：获取或设置一个用于在数据库中查询记录的 Select 语句或存储过程。

2）InsertCommand 属性：获取或设置一个用于在数据库中插入新记录的 Insert 语句或存储过程。

3）DeleteCommand 属性：获取或设置一个用于在数据库中删除记录的 Delete 语句或存储过程。

4）UpdateCommand 属性：获取或设置一个用于在数据库中修改记录的 Update 语句或存储过程。

3. SqlDataAdapter 对象的方法

1）Fill 方法：用数据填充 DataSet，主要有以下 3 种格式：

格式一：`SqlDataAdapter 对象名 .Fill(ds)`

功能：在数据库中执行查询并将结果存储在 DataSet 中。返回已在 DataSet 中成功添加或刷新的行数。

说明：参数 ds 为 DataSet 对象类型，指定用来存储数据的对象。例如：

```
Dim conn = New SqlConnection("UID=sa;pwd=sa;database=mytest;server=.")
conn.Open()
Dim sqlda As New SqlDataAdapter("select * from mytest_table", conn)
Dim sqlds As New DataSet()
sqlda.Fill(sqlds)          ' 填充数据到 sqlds 中
```

执行该格式的 Fill 方法时，在 DataSet 对象中，系统会创建一个新的 DataTable 对象，这个 DataTable 对象拥有 SqlDataAdapter 所包括的字段，DataTable 对象的名称默认为 Table（多个 Table 时分别为 Table1、Table2 等），而不是源表的名称。

格式二：`SqlDataAdapter 对象名 .Fill(ds,srcTable)`

功能：在数据库中执行查询并将结果存储在 DataSet 中的表内，表的名称为 srcTable。

说明：参数 ds 为 dataSet 对象类型，指定用于填充数据的 DataSet 对象；参数 srcTable 为 String 数据类型，指定表的名称。例如：

```
Dim conn = New SqlConnection("UID=sa;pwd=sa;database=mytest;server=.")
conn.Open()
Dim sqlda As New SqlDataAdapter("select * from mytest_table", conn)
Dim sqlds As New DataSet()
sqlda.Fill(sqlds, "dataset_table")     ' 填充数据到 sqlds 中的表 dataset_table 中
```

执行该格式的 Fill 方法时，在 DataSet 对象中会按指定的名称建立一个表，这个表拥有 SqlDataAdapter 包含的所有字段。

格式三：`SqlDataAdapter 对象名 .Fill(dt)`

功能：在数据库中执行查询并将结果存储在 DataTable 中。返回已在 DataTable 中成功添加或刷新的行数。

说明：参数 dt 为 DataTable 对象类型，指定用来存储数据的表，例如：

```
Dim conn = New SqlConnection("UID=sa;pwd=sa;database=mytest;server=.")
conn.Open()
Dim sqlda As New SqlDataAdapter("select * from mytest_table", conn)
Dim dt As New DataTable()          ' 声明 dt 为 DataTable 类型
sqlda.Fill(dt)                     ' 用数据填充表
```

2）Update 方法：将在 DataSet 中已插入、更新或删除的数据同步到数据库。Update 方法有以下 3 种格式：

格式一：`SqlDataAdapter 对象名 .Update(ds)`

功能：将 DataSet 中已插入、更新或删除的行同步到数据库，返回 DataSet 中成功更新的行数。

说明：参数 ds 为 dataSet 类型，指定更新数据库的 DataSet。

格式二：`SqlDataAdapter 对象名 .Update(ds,srcTable)`

功能：将 DataSet 中指定表的已插入、更新或删除的行同步到数据库，返回 DataSet 中成功更新的行数。

说明：参数 ds 为 dataSet 类型，指定用于更新数据库的 DataSet；参数 srcTable 为 String 类型，指定 DataSet 中用于同步数据的数据库表的名称。

例如，向"学生基本信息"表中增加一行并将数据同步到数据库，使用下列语句：

```
Dim conn = New SqlConnection("UID=sa;pwd=sa;database= 学生管理 ;server=.")
conn.Open()    ' 打开与数据库连接
Dim sqlcmd = New SqlCommand("select * from 学生基本信息 ", conn)
Dim da As SqlDataAdapter = New SqlDataAdapter(sqlcmd)
Dim ds As New DataSet
da.Fill(ds, "学生基本信息 ")
……        ' 在这里使用后面将介绍的方法在 dataset 中加入一新行
da.InsertCommand = New SqlCommand("insert into 学生基本信息 values('120010107',' 张三 ',' 男 ',' 建 1201','1994/01/01','001')", conn)
da.Update(ds, "学生基本信息 ")
```

格式三：`SqlDataAdapter 对象名 .Update(dTable)`

功能：将 DataTable 中已插入、更新或删除的行同步到数据库，返回 DataTable 中成功更新的行数。

说明：参数 dTable 为 DataTable 类型，指定用于更新数据库的 DataTable。

综上所述，使用 SqlDataAdapter 对象的 Fill 方法和 SelectCommand 属性可以将由 SelectCommand 属性筛选过的数据填充到 DataSet 对象中；使用 SqlDataAdapter 对象的 InsertCommand 属性、DeleteCommand 属性、UpdateCommand 属性和 Update 方法可以将在 DataSet 对象中更改过的数据同步到数据库。

14.3.5 DataSet 对象

DataSet 对象是 ADO.NET 的核心，是专门为独立于任何数据源的数据访问而设计的。在数据库应用中，数据库中的数据通过 DataAdapter 对象填充 DataSet，然后可以对 DataSet 中的数据进行离线的增加、删除、修改、查询操作，最后，再通过 DataAdapter 对象完成对数据库的更新。

可以将 DataSet 对象看成是存在于内存中的数据库，是可保存表、视图和关系的内存中的对象。DataSet 对象的核心是一个或多个 DataTable 对象的集合。DataTable 对象实质是由行对象（DataRow）的集合 (DataRowCollection) 和列对象（DataColumn）的集合 (DataColumnCollection) 组成的。DataTable 对象中还可以包含数据表的主键、外部键及其他约束信息。DataSet 对象的结构模型如图 14-4 所示。

1. 创建 DataSet 对象

使用 DataSet 类的构造函数可以创建 DataSet 对象，DataSet 类的构造函数格式如下：

```
DataSet()
```

2. DataSet 对象的常用属性和方法

1）Tables 属性：为 System.Data.DataTableCollection 类型，用来获取包含在 DataSet 中的表（DataTable 对象）的集合。如果不存在 DataTable 对象，则该属性返回空值。集合中的表可以使用表名或表的序号值来引用。

例如，设已经创建了 DataSet 对象 ds，使用下列语句获得"学生基本信息"表的行数。

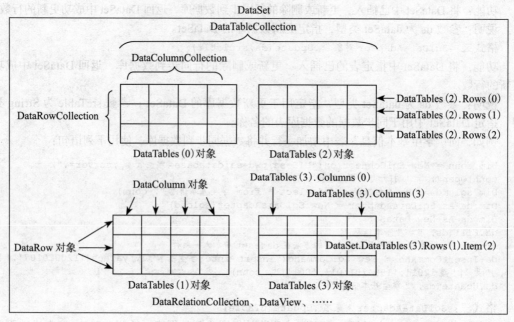

图 14-4 DataSet 对象的结构模型

```
MsgBox(ds.Tables("学生基本信息").Rows.Count)    ' 使用表名引用集合中的表
```

或

```
MsgBox(ds.Tables(0).Rows.Count)    ' 使用表的序号引用集合中的表
```

2）Clear 方法：清除 DataSet 中的所有表中的所有行，格式如下：

```
DataSet 对象名 .Clear()
```

3）Dispose 方法：释放 DataSet 对象占用的资源，格式如下：

```
DataSet 对象名 .Dispose()
```

14.3.6 DataTableCollection 对象

DataTableCollection 是 DataSet 的表的集合，它包含了 DataSet 中的所有 DataTable 对象。程序设计时不能创建 DataTableCollection 对象的实例，只能使用 DataSet 的 Tables 属性访问 DataTableCollection。DataTableCollection 使用 Add、Clear 和 Remove 等方法管理集合中的对象。DataTableCollection 对象包含下列主要的属性和方法。

1）Count 属性：获取集合中表的数量。例如，用文本框显示集合中表的数量，使用下列语句：

```
Text1.Text= ds.Tables.Count    ' 设 ds 是已经创建的 DataSet 对象
```

2）Add 方法：创建一个新的 DataTable 对象，并将其添加到集合中，有以下 3 种格式：

格式一：`DataTableCollection 对象名 .Add()`
格式二：`DataTableCollection 对象名 .Add(table)`
格式三：`DataTableCollection 对象名 .Add(name)`

说明：

① 无参数时，用与其添加顺序相对应的默认名称创建 DataTable。默认名称为"Table1"。

② 参数 table 为 DataTable 类型，指定要添加的 DataTable 对象。

③ 参数 name 为 String 类型，指定要创建的 DataTable 名称。例如，在 DataSet 中添加表"课程信息"，使用下列语句：

```
ds.Tables.Add("课程信息")        '设ds是已经创建的 DataSet 对象
```

3）Remove 方法：从集合中移除指定的 DataTable 对象，有以下两种格式：

格式一：`DataTableCollection 对象名.Remove(table)`

格式二：`DataTableCollection 对象名.Remove(name)`

说明：

①参数 table 为 DataTable 类型，指定要删除的 DataTable 对象。

②参数 name 为 String 类型，指定要删除的 DataTable 的名称。例如，在 DataSet 中删除"课程信息"表，使用下列语句：

```
ds.Tables.Remove ("课程信息")        '设ds是已经创建的 DataSet 对象
```

4）Clear 方法：清除集合中的所有 DataTable 对象，格式如下：

```
DataTableCollection 对象名.Clear()
```

14.3.7 DataTable 对象

DataTable 对象是 ADO.NET 的核心，与内存中的数据表对应，常常与 DataSet 和 DataView 配合使用。

1. 创建 DataTable 对象

使用 DataTable 类的构造函数可以创建 DataTable 对象，DataTable 类的构造函数格式如下：

格式一：`DataTable()`

功能：创建 DataTable 对象。

格式二：`DataTable(tableName)`

功能：根据指定的表名创建 DataTable 对象。

说明：参数 tableName 为 String 类型，用于指定表的名称。

例如，下列语句使用"学生"表名称创建 DataTable 对象 mytable。

```
Dim mytable As DataTable = New DataTable("学生")
```

2. DataTable 对象的属性

1）TableName 属性：获取或设置表的名称。

2）Rows 属性：获取表的行的集合，为 System.Data.DataRowCollection 类型。集合中的行（Row）可以使用行的序号来引用。

例如，在文本框 TextBox1 中显示表"mytable"第 1 行第 2 列的数据，使用下列语句：

```
TextBox1.Text = ds.Tables("mytable").Rows(0).Item(1)
```

3）Columns 属性：获取表的列的集合，为 System.Data.DataColumnCollection 类型。集合中的列（Column）可以使用列的序号或列名来引用。

例如，在文本框 TextBox1 中显示表 "mytable" 中第 2 列的名称，使用下列语句：

```
TextBox1.Text = ds.Tables("mytable").Columns(1).ToString
```

3. DataTable 对象的方法

1）NewRow 方法：创建与该表具有相同架构的新的 DataRow 对象。在 DataTable 中每一行对应一个 DataRow 对象。格式如下：

```
DataTable 对象名.NewRow()
```

说明：只有使用 NewRow 方法才能创建与 DataTable 具有相同架构的新的 DataRow 对象。在创建新的 DataRow 对象之后，可以通过 DataTable 对象的 Rows 属性的 Add 方法将其添加到 DataRowCollection 中。

例如，向 DataSet 中的"学生基本信息"表添加一行，其结构与表其他行的结构相同，使用如下语句：

```
Dim myrow As DataRow
myrow = ds.Tables("学生基本信息").NewRow()    '设 ds 是 DataSet 对象
ds.Tables("学生基本信息").Rows.Add(myrow)
```

2）Dispose 方法：释放 DataTable 对象占用的资源，格式如下：

```
DataTable 对象名.Dispose()
```

14.3.8　DataRowCollection 对象

DataRowCollection 对象是 DataTable 对象的主要组件，是 DataTable（表）的所有行的集合。DataRowCollection 中的每行对应一个 DataRow 对象。可以通过 DataTable 对象的 Rows 属性访问 DataRowCollection。

1. DataRowCollection 对象的属性

1）Count 属性：获取集合中的总行数。

2）Item 属性：获取指定索引处的行，其值是 DataRow 类型。第 1 行的索引序号为 0，第 2 行的索引序号为 1，以此类推。

例如，以下代码输出表 ds.Tables(0) 每一行第 3 列的值。

```
For i = 0 To ds.Tables(0).Rows.Count - 1
    Debug.WriteLine(ds.Tables(0).Rows.Item(i).Item(2))
Next i
```

以上代码相当于：

```
For i = 0 To ds.Tables(0).Rows.Count - 1
    Debug.WriteLine(ds.Tables(0).Rows(i).Item(2))
Next i
```

2. DataRowCollection 对象的方法

1）Add 方法：用于将指定的行添加到 DataRowCollection 对象中，格式如下：

```
DataRowCollection 对象名.Add(row)
```

说明：参数 row 为 DataRow 类型，指定要添加的行。可以使用 DataTable 对象的 NewRow 方法创建 DataRow 对象，然后再调用 Add 方法，将 DataRow 添加到 DataRowCollection 对象中。例如：

```
Dim myrow As DataRow
myrow = ds.Tables(0).NewRow()
ds.Tables(0).Rows.Add(myrow)
```

2）Remove 方法：用于将指定的 DataRow 从 DataRowCollection 对象中删除。格式如下：

```
DataRowCollection 对象名.Remove(row)
```

说明：参数 row 为 DataRow 类型，指定要删除的 DataRow 对象。当执行此方法时，该行中的所有数据都将丢失。

3）Clear 方法：用于删除 DataRowCollection 对象中的所有 DataRow 对象。格式如下：

```
DataRowCollection 对象名.Clear()
```

14.3.9　DataColumnCollection 对象

DataColumnCollection 对象表示表（DataTable 对象）的所有列（DataColumn 对象）的集合，它定义了 DataTable 对象的结构，确定了每个列（DataColumn）所包含数据的类型。可以通过 DataTable 对象的 Columns 属性访问 DataColumnCollection。

1. DataColumnCollection 对象的属性

Count 属性：获取集合中列的数量。

2. DataColumnCollection 对象的方法

1）Add 方法：Add 方法用于创建 DataColumn 对象并将其添加到 DataColumnCollection 对象中。有以下 3 种格式。

格式一：`DataColumnCollection 对象名 .Add()`

格式二：`DataColumnCollection 对象名 .Add(column)`

格式三：`DataColumnCollection 对象名 .Add(columnName)`

说明：

①参数 column 为 DataColumn 类型，指定要加入的 DataColumn 对象。

②参数 columnName 为 String 类型，指定要加入的列的名称。

2）Remove 方法：用于从集合中按指定的 DataColumn 对象或名称删除 DataColumn 对象，有以下两种格式：

格式一：`DataColumnCollection 对象名 .Remove(Column)`

格式二：`DataColumnCollection 对象名 .Remove(name)`

说明：

①参数 column 为 DataColumn 类型，指定要删除的 DataColumn 对象。

②参数 name 为 String 类型，指定要删除的列的名称。

3）Clear 方法：Clear 方法用于清除集合中的所有列。格式如下：

`DataColumnCollection 对象名 .Clear()`

【例 14-3】利用例 14-1 建立的"学生管理"数据库，用文本框显示"学生基本信息"表的学号、姓名、性别、班级、出生日期、院系编号。使用命令按钮实现记录的向前、向后移动，并能够实现简单的增加、修改、删除记录的功能。

界面设计：新建一个 Windows 窗体应用程序项目，参照图 14-5a 设计界面。

设运行时先在文本框中显示"学生基本信息"表的第一条记录，通过单击 Button1 ～ Button4 按钮可以浏览各记录，通过单击 Button5 ～ Button8 按钮可以实现增加记录、修改记录、删除记录和退出功能。运行界面如图 14-5b 所示。

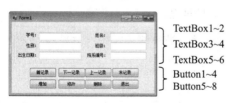

a）设计界面

b）运行界面

图 14-5　浏览和维护"学生基本信息"表界面

代码设计：

1）在窗体文件的常规声明段引入 System.Data.SqlClient 命名空间。

```
Imports System.Data.SqlClient
```

2）在窗体类的声明段声明以下变量：

```
Dim conn As SqlConnection
Dim da As SqlDataAdapter
Dim ds As DataSet
Dim currentpos As Integer          ' 定义保存当前记录位置指针的变量
Dim reccount As Integer            ' 定义保存总记录数的变量
```

3）在窗体类的声明段建立通用过程 opendatabase() 和 showrecord()。opendatabase() 主要完成与数据库建立连接，并将数据填充到 Dataset；showrecord() 完成数据的显示。

```
Private Sub opendatabase()                     ' 建立与数据库的连接
    Dim connstr, sqlcmd As String
    connstr = "UID=sa;pwd=sa;database= 学生管理 ;server=."
    conn = New SqlConnection(connstr)
    conn.Open()                                ' 打开连接
    sqlcmd = "select * from 学生基本信息 "
    da = New SqlDataAdapter(sqlcmd, conn)      ' 创建 SqlDataAdapter 对象
    ds = New DataSet()                         ' 创建 dataset
    da.Fill(ds, " 学生基本信息 ")               ' 填充 dataset
    reccount = ds.Tables(0).Rows.Count         ' 获取总记录数
End Sub
Private Sub showrecord()                       ' 用文本框显示当前记录数据
    TextBox1.Text = ds.Tables(0).Rows(currentpos).Item(0)
    TextBox2.Text = ds.Tables(0).Rows(currentpos).Item(1)
    TextBox3.Text = ds.Tables(0).Rows(currentpos).Item(2)
    TextBox4.Text = ds.Tables(0).Rows(currentpos).Item(3)
    TextBox5.Text = ds.Tables(0).Rows(currentpos).Item(4).ToString
    TextBox6.Text = ds.Tables(0).Rows(currentpos).Item(5)
End Sub
```

4）在窗体加载时连接数据库并显示从数据库获得的首条记录，其事件过程如下：

```
Private Sub Form1_Load(ByVal sender As Object, ByVal e As System.EventArgs)
Handles Me.Load
    opendatabase()      ' 调用 opendatabase 过程连接数据库
    currentpos = 0
    showrecord()        ' 调用 showrecord 过程显示第一条记录
End Sub
```

5）编写 "首记录" 按钮 Button1 的 Click 事件过程。

```
Private Sub Button1_Click(ByVal sender As System.Object, ByVal e As System.
EventArgs) Handles Button1.Click
    currentpos = 0           ' 首记录位置为 0
    showrecord()
End Sub
```

6）编写 "下一记录" 按钮 Button2 的 Click 事件过程。

```
Private Sub Button2_Click(ByVal sender As System.Object, ByVal e As System.
EventArgs) Handles Button2.Click

    If currentpos < ds.Tables(0).Rows.Count - 1 Then
        currentpos = currentpos + 1
        showrecord()
    End If
End Sub
```

7）编写 "上一记录" 按钮 Button3 的 Click 事件过程。

```
Private Sub Button3_Click(ByVal sender As System.Object, ByVal e As System.
EventArgs) Handles Button3.Click
    If currentpos > 0 Then
        currentpos = currentpos - 1
        showrecord()
    End If
End Sub
```

8）编写 "末记录" 按钮 Button4 的 Click 事件过程。

```
Private Sub Button4_Click(ByVal sender As System.Object, ByVal e As System.
```

```
EventArgs) Handles Button4.Click
        If ds.Tables(0).Rows.Count > 0 Then
            currentpos = ds.Tables(0).Rows.Count - 1
            showrecord()
        End If
    End Sub
```

9）编写"增加"按钮 Button5 的 Click 事件过程。当单击"增加"按钮时，按钮上的文字显示为"保存"，除"退出"按钮以外，将其他按钮的 Enabled 属性设置为 False，使它们不可操作，清空所有文本框显示的内容，等待输入新的数据，如图 14-6 所示。单击"保存"按钮可以将新增的数据同步到数据库。

图 14-6　增加及保存数据

增加数据时，先对 DataTable 对象使用 NewRow 方法添加一条记录，然后设置 DataAdapter 对象的 InsertCommand 属性，再调用 DataAdapter 对象的 Update 方法更新数据库。

```
    Private Sub Button5_Click(ByVal sender As System.Object, ByVal e As System.
EventArgs) Handles Button5.Click
        If Button5.Text = "增加" Then
            Button5.Text = "保存"
            TextBox1.Text = "" : TextBox2.Text = "" : TextBox3.Text = ""
            TextBox4.Text = "" : TextBox5.Text = "" : TextBox6.Text = ""
            TextBox1.Focus()
            Button1.Enabled = False : Button2.Enabled = False
            Button3.Enabled = False : Button4.Enabled = False
            Button6.Enabled = False : Button7.Enabled = False
        Else             '将新增加的数据同步到数据库
            Button5.Text = "增加"
            Dim myrow As DataRow
            myrow = ds.Tables("学生基本信息").NewRow()            '创建一新行
            ds.Tables("学生基本信息").Rows.Add(myrow)            '在表中加入一新行
            Dim addsql As String = ""
            addsql = "insert into 学生基本信息 values(" & "'" & TextBox1.Text & "','" &
TextBox2.Text & "','" & TextBox3.Text & "','" & TextBox4.Text & "','" & TextBox5.Text
& "','" & TextBox6.Text & "')"
            da.InsertCommand = New SqlCommand(addsql, conn)
            da.Update(ds, "学生基本信息")        '更新数据库
            ds.Clear()
            da.Fill(ds, "学生基本信息")        '将新数据填充到 dataset
            currentpos = 0                '将当前记录指针设置为第一条记录
            showrecord()                '显示第一条记录
            Button1.Enabled = True : Button2.Enabled = True
            Button3.Enabled = True : Button4.Enabled = True
            Button6.Enabled = True : Button7.Enabled = True
        End If
    End Sub
```

10）编写"修改"按钮 Button6 的 Click 事件过程。当单击"修改"按钮时，按钮上的文字显示为"保存"，除"退出"按钮以外，将其他按钮的 Enable 属性设置为 False，使它们不可操作，将文本框 Textbox1 设置成不可更改，设置焦点在文本框 TextBox2 上并选中其中的所有内容，以便更改数据，如图 14-7 所示。单击"保存"按钮可以将修改的数据同步到数据库。

修改数据时，需要设置 SqlCommand 对象的 Connection、CommandType、CommandText 属性，再调用 SqlCommand 对

图 14-7　修改及保存数据

象的 ExecuteNonQuery() 方法完成对数据库数据的修改。

```
Private Sub Button6_Click(ByVal sender As System.Object, ByVal e As System.
EventArgs) Handles Button6.Click
    If Button6.Text = "修改" Then
        Button6.Text = "保存"
        TextBox1.Enabled = False : TextBox2.Focus() : TextBox2.SelectAll()
        Button1.Enabled = False : Button2.Enabled = False
        Button3.Enabled = False : Button4.Enabled = False
        Button5.Enabled = False : Button7.Enabled = False
    Else
        Button6.Text = "修改"
        TextBox1.Enabled = True
        Dim updatesql As String
        Dim updatecommand As New SqlCommand()
        updatesql = "update 学生基本信息 set " & "学号=" & "'" & TextBox1.Text & "'," _
& "姓名=" & "'" & TextBox2.Text & "'," & "性别=" & "'" & TextBox3.Text & "', " & "班
级=" & "'" & TextBox4.Text & "'," & "出生日期=" & "'" & TextBox5.Text & "'," & "院系
编号=" & "'" & TextBox6.Text & "'" & " where 学号=" & "'" & TextBox1.Text & "'"
        updatecommand.Connection = conn
        updatecommand.CommandType = CommandType.Text
        updatecommand.CommandText = updatesql
        updatecommand.ExecuteNonQuery()                    ' 执行命令
        ds.Clear()
        da.Fill(ds, "学生基本信息")
        Button1.Enabled = True : Button2.Enabled = True
        Button3.Enabled = True : Button4.Enabled = True
        Button5.Enabled = True : Button7.Enabled = True
    End If
End Sub
```

11）编写"删除"按钮 Button7 的 Click 事件过程。当单击"删除"按钮时，系统提示是否确实要删除记录，如果确定删除记录，则需要设置 SqlCommand 对象的 Connection、CommandType、CommandText 属性，再调用 SqlCommand 对象的 ExecuteNonQuery() 方法执行对数据库中数据的删除。

```
Private Sub Button7_Click(ByVal sender As System.Object, ByVal e As System.
EventArgs) Handles Button7.Click
    Dim answer As MsgBoxResult
    Dim delsql As String = ""
    Dim delcommand As New SqlCommand()
    answer = MsgBox("真要删除吗? ", MsgBoxStyle.YesNo Or MsgBoxStyle.Question)
    If answer = MsgBoxResult.Yes Then
        delsql = "delete from 学生基本信息 where 学号=" & "'" & TextBox1.Text & "'"
        delcommand.Connection = conn
        delcommand.CommandType = CommandType.Text
        delcommand.CommandText = delsql
        delcommand.ExecuteNonQuery()         ' 执行命令
        ds.Clear()
        da.Fill(ds, "学生基本信息")
        currentpos = 0
        showrecord()
    End If
End Sub
```

12）编写"退出"按钮 Button8 的 Click 事件过程，释放资源，代码如下：

```
Private Sub Button8_Click(ByVal sender As System.Object, ByVal e As System.
EventArgs) Handles Button8.Click
    ds.Dispose()
    da.Dispose()
```

```
    conn.Close()
    End
End Sub
```

14.4 数据绑定

ADO.NET 不仅提供了大量用于数据库连接、数据处理的对象，也提供了在界面上呈现数据的方法，即数据绑定方法。数据绑定就是将数据源中的数据与窗体上控件的属性进行绑定的过程。当完成数据绑定后，控件上显示的内容将随着数据源记录指针的变化而变化，而控件上内容的改变也会改变数据源中的数据，即影响是双向的。在 Windows 应用程序中，数据绑定一般分为简单数据绑定和复杂数据绑定。

1. 简单数据绑定

简单数据绑定是将控件属性与数据源的单一元素（列）建立一对一关系的绑定。一次仅能显示一个值的控件常常用于简单数据绑定，如 TextBox 控件，Label 控件等。

使用 System.Windows.Forms 命名空间下的 Binding 对象可以实现简单数据绑定功能。Binding 对象负责在控件属性和数据源中的数据元素之间创建简单的绑定。

控件（派生自 System.Windows.Forms.Control 类的任何类）的 DataBindings 属性值是 ControlBindingsCollection 集合类型，包含了该控件的 Binding 对象，通过使用 Add 方法向集合中添加 Binding 对象，可以将控件的任何属性绑定到对象（如 DataTable）的属性。Add 方法常用格式如下：

格式一：`ControlBindingsCollection 对象名 .Add(bind)`

功能：将指定的 Binding 对象添加到集合中。

说明：参数 bind 为 binding 类型，表示要加入集合中的 binding 对象。

格式二：`ControlBindingsCollection 对象名 .Add(propertyName,ds,dataMember)`

功能：使用指定的控件属性名、数据源和数据成员创建 Binding 对象，并将其添加到集合中。

说明：

①参数 propertyName 为 String 类型，指定控件属性的名称。

②参数 ds 为 object 对象类型，指定数据源，可以为 DataSet、DataTable 对象等。

③参数 dataMember 为 String 类型，指定数据源中的数据成员，如数据表中的列名。

例如，设已经向窗体上添加了一个 TextBox 控件，名称为 TextBox1，使用下列语句将 TextBox 控件绑定到"学生基本信息"表的"学号"字段。

```
Dim conn = New SqlConnection("UID=sa;pwd=sa;database=学生管理 ;server=.")
conn.Open()
Dim sqlcmd = New SqlCommand("select * from 学生基本信息", conn)
Dim sqlda As SqlDataAdapter = New SqlDataAdapter(sqlcmd)
Dim sqlds As New DataSet
sqlda.Fill(sqlds, "学生基本信息")
Dim newBind = New Binding("Text", sqlds, "学生基本信息 . 学号")
TextBox1.DataBindings.Add(newBind)
```

以上最后两条语句可以写成：

```
TextBox1.DataBindings.Add("Text", sqlds, "学生基本信息 . 学号")
```

2. 复杂数据绑定

复杂数据绑定是将控件与数据源的一个或多个数据元素进行关联的绑定。可以用一次能同时显示多条记录的控件来完成这种类型的绑定，如 ComboBox 控件、ListBox 控件、DataGridView 控件等。

（1）绑定到 ComboBox、ListBox 等控件

此类数据绑定可以显示数据源某个字段的所有值。通过设置控件的 DataSource 属性指定数据源，如 DataSet、DataTable 等；设置控件的 DisplayMember 属性，将控件绑定到特定数据成员，如某一列，并将数据显示在控件中。

例如，设已经向窗体上添加了一个 ComboBox 控件，名称为 ComboBox1，使用下列语句将 ComboBox 控件绑定到"学生基本信息"表的"姓名"字段。

```
Dim conn = New SqlConnection("UID=sa;pwd=sa;database= 学生管理 ;server=.")
conn.Open()
Dim sqlcmd = New SqlCommand("select * from 学生基本信息 ", conn)
Dim sqlda As SqlDataAdapter = New SqlDataAdapter(sqlcmd)
Dim sqlds As New DataSet
sqlda.Fill(sqlds, "学生基本信息 ")
ComboBox1.DataSource = sqlds            ' 设置数据源
ComboBox1.DisplayMember = "学生基本信息 .姓名 "
```

（2）绑定到 DataGridView 控件

DataGridView 控件提供了以表格形式显示数据的方式，通过与数据源的绑定可以直观地显示和编辑来自多种不同类型数据源的表格数据。将 DataGridView 控件的 DataSource 属性设置为数据源（如 DataSet、DataTable），将 DataMember 属性设置为要绑定到的数据成员（如表名称），即可实现与数据源的绑定。

例如，设已经向窗体上添加了一个 DataGridView 控件，名称为 DataGridView1，使用下列语句可以实现 DataGridView 控件与 DataSet 中"学生基本信息"表的数据绑定。

```
Dim conn = New SqlConnection("UID=sa;pwd=sa;database= 学生管理 ;server=.")
conn.Open()
Dim sqlcmd = New SqlCommand("select * from 学生基本信息 ", conn)
Dim sqlda As SqlDataAdapter = New SqlDataAdapter(sqlcmd)
Dim sqlds As New DataSet
sqlda.Fill(sqlds, "学生基本信息 ")
DataGridView1.DataSource = sqlds                   ' 设置数据源
DataGridView1.DataMember = "学生基本信息 "            ' 设置要绑定的表
```

如果数据源是 DataTable，则可以不设置 DataMember 属性。例如，以上最后两条语句可以写成：

```
DataGridView1.DataSource = sqlds.Tables(0)
```
或
```
DataGridView1.DataSource = sqlds.Tables("学生基本信息 ")
```

3. 数据绑定同步

在 Windows 窗体中进行数据绑定时，经常有多个控件被绑定到同一个数据源，那么就需要一种机制确保在控件的绑定属性之间、控件与数据源之间保持同步。在数据绑定时，都会有一个 Binding 对象来管理控件的属性与数据源相关数据的绑定，那么对于相同数据源就会存在一组 Binding 对象，这样的一组 Binding 对象是由 BindingManagerBase 对象进行管理的，也就是，一个特定的数据源都会对应一个 BindingManagerBase 对象来负责数据源与控件的数据同步。

同一窗体，可能绑定到多个数据源，因此也就会产生多个 BindingManagerBase 对象。

1）创建 BindingManagerBase 对象：BindingManagerBase 是抽象类，所以不能用构造函数创建。创建 BindingManagerBase 对象必须使用 BindingContext 类，BindingContext 类负责管理 BindingManagerBase 对象。每一个由 Control 类中继承而得到的对象，都有单一的 BindingContext 对象。在大多数应用程序中，BindingManagerBase 对象是使用窗体（Form）的 BindingContext 属性创建的。创建 BindingManagerBase 对象格式如下：

```
BindingManagerBase 对象名 = 控件名 .BindingContext( 数据源 [, 数据成员 ])
```

例如，使用下列语句可以创建与数据源 sqlds 中的"学生基本信息"表对应的 BindingManagerBase 对象。

```
Dim bindmgr As BindingManagerBase
bindmgr = Me.BindingContext(sqlds, "学生基本信息")
```

2）BindingManagerBase 对象的 Position 属性：获取或设置绑定到该数据源的控件所指向的表的记录位置。

因为 BindingManagerBase 对象用于管理与同一数据源联系的 Binding 对象。所以当 BindingManagerBase 对象的 Position 属性发生变化时，由 Binding 对象管理的各控件上显示的数据也会随之改变，这样就使得 Windows 窗体上的已经对同一数据源进行数据绑定的控件和数据源保持了同步。

例如，设使用以下代码将窗体上的标签 Label1、文本框 TextBox1 分别与"学生基本信息"表的"学号"和"姓名"进行绑定。

```
Dim conn = New SqlConnection("UID=sa;pwd=sa;database=学生管理 ;server=localhost\
SQLEXPRESS")
conn.Open()    ' 打开与数据库的连接
Dim sqlcmd = New SqlCommand("select * from 学生基本信息", conn)
Dim sqlda As SqlDataAdapter = New SqlDataAdapter(sqlcmd)
sqlda.Fill(sqlds, "学生基本信息")
Dim newBind1 = New Binding("Text", sqlds, "学生基本信息.学号")
TextBox1.DataBindings.Add(newBind1)
Dim newBind2 = New Binding("Text", sqlds, "学生基本信息.姓名")
Label1.DataBindings.Add(newBind2)
```

使用以下代码可以使学生基本信息表的记录指针向后移动一个记录，从而使界面窗体上的标签和文本框显示的记录内容同步显示。

```
Dim bindmgr As BindingManagerBase
bindmgr = Me.BindingContext(sqlds, "学生基本信息")
bindmgr.Position = bindmgr.Position + 1
```

14.5 应用举例

【例 14-4】设计一个学生基本信息管理程序，主界面如图 14-8 所示。主界面包括 3 个主菜单标题：查询、维护和退出。图 14-8a 为"查询"菜单下的子菜单项，用于按指定方式查询信息；图 14-8b 为"维护"菜单下的子菜单项，用于对指定的表进行添加记录、修改记录和删除记录；"退出"菜单用于结束运行。

a）"查询"主菜单   b）"维护"子菜单

图 14-8　主界面（Form1）

运行时，在"查询"子菜单中选择"按学号"查询后，打开如图 14-9 所示的界面，输入学号并单击"查询"按钮可以显示查询结果；选择"按班级"查询后，打开如图 14-10 所示的界面，输入班级名称并单击"查询"按钮可以显示查询结果，单击下方的按钮可以浏览表中的数据。

运行时，在"维护"子菜单中选择"编辑"后，打开如图 14-11 所示的维护界面，在维护界面上可以对表记录进行添加、删除、修改操作，并可以浏览记录。

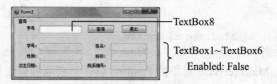

图 14-9　按学号查询（Form2）

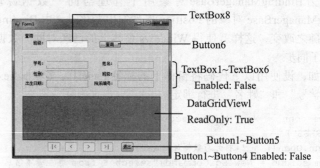

图 14-10　按班级查询（Form3）

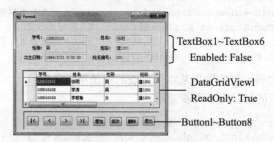

图 14-11　数据维护对话框（Form4）

界面设计：

1）设计主界面。新建一个 Windows 窗体应用程序项目，按图 14-8，在主界面（Form1）上设计主菜单及其子菜单项。

2）使用"项目|添加 Windows 窗体"命令向当前项目添加其他窗体（Form2 ～ Form4），按图 14-10 ～图 14-12 设计查询界面和维护界面，参照图示将相关控件的 Enabled 属性设置为 False。设置 DataGridView 的 ReadOnly 属性为 True。

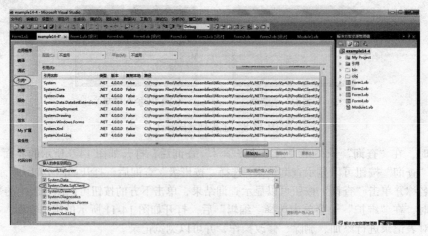

图 14-12　项目属性对话框

代码设计：

1）引入程序需要的各命名空间。当程序只涉及较少的窗体时，可以在每个窗体的窗体文件常规声明段用 Imports 引入命名空间。但当程序包含较多窗体和模块时，再用 Imports 就会显得非常麻烦。Microsoft Visual Studio 提供了在项目级引入命名空间的方法。

新建一个 Windows 窗体应用程序项目后，在"解决方案资源管理器"窗口，单击"显示所有文件"按钮 ，再双击" My Project"选项，打开如图 14-12 所示的项目属性对话框，在左侧选择"引用"选项卡，向下移动滚动条，在对话框左下角会出现"导入的命名空间"选项，选择希望导入的命名空间，即可实现在项目级引入命名空间。本例引入了 System.Data.SqlClient 命名空间等。

2）使用"项目|添加新项"命令向当前项目添加一个标准模块，在标准模块中定义全局变量。

```
Module Module1
    Public conn As SqlConnection
    Public da As SqlDataAdapter
    Public ds As DataSet
    Public bm As BindingManagerBase
End Module
```

3）编写主界面 Form1 的代码。

①在 Form1_Load 事件过程中编写代码，建立与数据库的连接，创建 DataSet 对象并用数据库中的数据填充 DataSet。

```
Private Sub Form1_Load(ByVal sender As Object, ByVal e As System.EventArgs)
Handles Me.Load
    Dim connstr, sqlcmd As String
    connstr = "UID=sa;pwd=sa;database=学生管理;server=."
    sqlcmd = "select * from 学生基本信息"
    conn = New SqlConnection(connstr)
    conn.Open()                        ' 打开连接
    da = New SqlDataAdapter(sqlcmd, conn)
    ds = New DataSet()                 ' 创建 dataset
    da.Fill(ds, "学生基本信息")          ' 填充 dataset
End Sub
```

②编写主界面 Form1 的"查询|按学号"、"查询|按班级"、"维护|编辑"、"退出"子菜单项的 Click 事件过程。

```
' "查询 | 按学号" 子菜单
Private Sub 按学号 ToolStripMenuItem_Click(ByVal sender As System.Object, ByVal e
As System.EventArgs) Handles 按学号 ToolStripMenuItem.Click
    Form2.Show() ' 显示 Form2
End Sub
' "查询 | 按班级" 子菜单
Private Sub 按班级 ToolStripMenuItem_Click(ByVal sender As System.Object, ByVal e
As System.EventArgs) Handles 按班级 ToolStripMenuItem.Click
    Form3.Show() ' 显示 Form3
End Sub
' "维护 | 编辑" 子菜单
Private Sub 编辑 ToolStripMenuItem_Click(ByVal sender As System.Object, ByVal e As
System.EventArgs) Handles 编辑 ToolStripMenuItem.Click
    Form4.Show() ' 显示 Form4
End Sub
' "退出 " 菜单：释放资源，退出系统
Private Sub 退出 EToolStripMenuItem_Click(ByVal sender As System.Object, ByVal e
As System.EventArgs) Handles 退出 EToolStripMenuItem.Click
    conn.Close()
    conn.Dispose()
    da.Dispose()
```

```
        ds.Dispose()
        End
    End Sub
```

4）编写 Form2 的代码。

①编写"查询"按钮 Button1 的 Click 事件过程，实现按"学号"进行查询。

```
Private Sub Button1_Click_1(ByVal sender As System.Object, ByVal e As System.
EventArgs) Handles Button1.Click
    If TextBox8.Text <> "" Then
        Dim sqlcmd As String
        sqlcmd = "select * from 学生基本信息 where 学号=" & "'" & TextBox8.Text & "'"
        da = New SqlDataAdapter(sqlcmd, conn)
        ds = New DataSet()              ' 创建 dataset
        da.Fill(ds, "学生基本信息")        ' 填充 dataset
        If ds.Tables(0).Rows.Count <> 0 Then
            TextBox1.DataBindings.Add("Text", ds, "学生基本信息.学号")
            TextBox2.DataBindings.Add("Text", ds, "学生基本信息.姓名")
            TextBox3.DataBindings.Add("Text", ds, "学生基本信息.性别")
            TextBox4.DataBindings.Add("Text", ds, "学生基本信息.班级")
            TextBox5.DataBindings.Add("Text", ds, "学生基本信息.出生日期")
            TextBox6.DataBindings.Add("Text", ds, "学生基本信息.院系编号")
        Else
            MsgBox("未查到！")
            TextBox8.Focus()
            TextBox8.SelectAll()
        End If
    Else
        MsgBox("不能为空！")
    End If
End Sub
```

②编写"退出"按钮 Button2 的 Click 事件过程，关闭当前窗口，返回主界面。

```
Private Sub Button2_Click(ByVal sender As System.Object, ByVal e As System.
EventArgs) Handles Button2.Click
    Me.Close()
End Sub
```

③编写文本框 TextBox8 的 TextChanged 事件，清除各文本框和数据源的绑定。

```
Private Sub TextBox8_TextChanged(ByVal sender As System.Object, ByVal e As
System.EventArgs) Handles TextBox8.TextChanged
    ' 清除绑定
    TextBox1.DataBindings.Clear() : TextBox2.DataBindings.Clear()
    TextBox3.DataBindings.Clear() : TextBox4.DataBindings.Clear()
    TextBox5.DataBindings.Clear() : TextBox6.DataBindings.Clear()
End Sub
```

5）编写 Form3 的代码。

①编写"查询"按钮 Button6 的 Click 事件过程，绑定文本框、DataGridView，并创建与数据源对应的 BindingManagerBase 对象。

```
Private Sub Button6_Click(ByVal sender As System.Object, ByVal e As System.
EventArgs) Handles Button6.Click
    If TextBox8.Text <> "" Then
        Dim sqlcmd As String
        sqlcmd = "select * from 学生基本信息 where 班级=" & "'" & TextBox8.Text & "'"
        da = New SqlDataAdapter(sqlcmd, conn)
        ds = New DataSet()        ' 创建 dataset
        da.Fill(ds, "学生基本信息")      ' 填充 dataset
        If ds.Tables(0).Rows.Count <> 0 Then
```

```
            Button1.Enabled = True : Button2.Enabled = True
            Button3.Enabled = True : Button4.Enabled = True
            ' 绑定文本框
            TextBox1.DataBindings.Add("text", ds, "学生基本信息.学号")
            TextBox2.DataBindings.Add("text", ds, "学生基本信息.姓名")
            TextBox3.DataBindings.Add("text", ds, "学生基本信息.性别")
            TextBox4.DataBindings.Add("text", ds, "学生基本信息.班级")
            TextBox5.DataBindings.Add("text", ds, "学生基本信息.出生日期")
            TextBox6.DataBindings.Add("text", ds, "学生基本信息.院系编号")
            ' 绑定 DataGridView
            DataGridView1.DataSource = ds.Tables("学生基本信息")
            ' 创建与数据源对应的 BindingManagerBase 对象 bm
            bm = Me.BindingContext(ds, "学生基本信息")
        Else
            MsgBox("未查到! ")
            TextBox8.Focus() : TextBox8.SelectAll()
        End If
    Else
        MsgBox("不能为空! ")
    End If
End Sub
```

②编写 Button1_Click 事件过程，实现将记录指针移动到第一条记录。

```
Private Sub Button1_Click(ByVal sender As System.Object, ByVal e As System.
EventArgs) Handles Button1.Click
    bm.Position = 0
    DataGridView1.CurrentCell = DataGridView1.Rows(bm.Position).Cells(0)
End Sub
```

③编写 Button2_Click 事件过程，实现将记录指针移动到上一条记录。

```
Private Sub Button2_Click(ByVal sender As System.Object, ByVal e As System.
EventArgs) Handles Button2.Click
    If bm.Position > 0 Then
        bm.Position = bm.Position - 1
        DataGridView1.CurrentCell = DataGridView1.Rows(bm.Position).Cells(0)
    Else
        MsgBox("已到第一条记录")
    End If
End Sub
```

④编写 Button3_Click 事件过程，实现将记录指针移动到下一条记录。

```
Private Sub Button3_Click(ByVal sender As System.Object, ByVal e As System.
EventArgs) Handles Button3.Click
    If bm.Position < bm.Count - 1 Then
        bm.Position = bm.Position + 1
        DataGridView1.CurrentCell = DataGridView1.Rows(bm.Position).Cells(0)
    Else
        MsgBox("已到最后一条记录")
    End If
End Sub
```

⑤编写 Button4_Click 事件过程，实现将记录指针移动到最后一条记录。

```
Private Sub Button4_Click(ByVal sender As System.Object, ByVal e As System.
EventArgs) Handles Button4.Click
    bm.Position = bm.Count - 1
    DataGridView1.CurrentCell = DataGridView1.Rows(bm.Position).Cells(0)
End Sub
```

⑥编写"退出"按钮 Button5 的 Click 事件过程，关闭当前窗口，返回主界面。

```
Private Sub Button5_Click(ByVal sender As System.Object, ByVal e As System.
EventArgs) Handles Button5.Click
    Me.Close()
End Sub
```

⑦编写文本框 TextBox8 的 TextChanged 事件，清除各文本框和数据源的绑定，同 Form2 的相关代码。

6）编写 Form4 的代码，实现数据维护功能，可以完成增加记录、修改记录、删除记录等操作。

①在 Form4 的 Load 事件过程中绑定数据源，创建与数据源对应的 BindingManagerBase 对象。

```
Private Sub Form4_Load(ByVal sender As System.Object, ByVal e As System.
EventArgs) Handles MyBase.Load
        Dim sqlcmd As String
        sqlcmd = "select * from 学生基本信息 "
        da = New SqlDataAdapter(sqlcmd, conn)
        ds = New DataSet()                  ' 创建 dataset
        da.Fill(ds, " 学生基本信息 ")          ' 填充 dataset
        TextBox1.DataBindings.Add("text", ds, " 学生基本信息 . 学号 ")
        TextBox2.DataBindings.Add("text", ds, " 学生基本信息 . 姓名 ")
        TextBox3.DataBindings.Add("text", ds, " 学生基本信息 . 性别 ")
        TextBox4.DataBindings.Add("text", ds, " 学生基本信息 . 班级 ")
        TextBox5.DataBindings.Add("text", ds, " 学生基本信息 . 出生日期 ")
        TextBox6.DataBindings.Add("text", ds, " 学生基本信息 . 院系编号 ")
        DataGridView1.DataSource = ds.Tables(" 学生基本信息 ")
        bm = Me.BindingContext(ds, " 学生基本信息 ")
    End Sub
```

②编写 Button1 ～ Button4 的 Click 事件过程，移动记录指针，其代码与窗体 Form3 中的 Button1 ～ Button4 的 Click 事件过程相同，略。

③编写"增加"按钮 Button5 的 Click 事件过程。当单击"增加"按钮时，按钮上的文字显示为"保存"，除"退出"以外的其他按钮的 Enable 属性设置为 False，使它们不可操作，清空所有文本框显示的内容，等待输入新的数据，如图 14-13 所示。单击"保存"按钮，可以将新增的数据同步到数据库。

图 14-13　增加记录

增加数据时，先要在 DataTable 中用 NewRow 方法添加一条记录，然后设置 DataAdapter 对象的 InsertCommand 属性，再调用 DataAdapter 对象的 Update 方法回填数据库。代码如下：

```
Private Sub Button5_Click_1(ByVal sender As System.Object, ByVal e As System.
EventArgs) Handles Button5.Click
    If Button5.Text = " 增加 " Then
        Button5.Text = " 保存 "
        TextBox1.Text = "" : TextBox2.Text = "" : TextBox3.Text = ""
        TextBox4.Text = "" : TextBox5.Text = "" : TextBox6.Text = ""
        TextBox1.Enabled = True : TextBox2.Enabled = True
        TextBox3.Enabled = True : TextBox4.Enabled = True
        TextBox5.Enabled = True : TextBox6.Enabled = True
        TextBox1.Focus()
        Button1.Enabled = False : Button2.Enabled = False
        Button3.Enabled = False : Button4.Enabled = False
        Button6.Enabled = False : Button7.Enabled = False
    Else        ' 将新增加的数据同步到数据库
        Button5.Text = " 增加 "
        Dim myrow As DataRow
        myrow = ds.Tables(" 学生基本信息 ").NewRow()   ' 在表中加入一新行
        ds.Tables(" 学生基本信息 ").Rows.Add(myrow)
```

```
        Dim addsql As String
        addsql = "insert into 学生基本信息 values(" & "'" & TextBox1.Text & "','" &
TextBox2.Text & "','" & TextBox3.Text & "','" & TextBox4.Text & "','" & TextBox5.Text
& "','" & TextBox6.Text & "')"
        da.InsertCommand = New SqlCommand(addsql, conn)
        da.Update(ds, "学生基本信息")           ' 更新数据库
        ds.Clear()
        da.Fill(ds, "学生基本信息")             ' 将新数据填充到 dataset
        DataGridView1.DataSource = ds.Tables("学生基本信息")
        bm.Position = bm.Count - 1
        Button1.Enabled = True : Button2.Enabled = True
        Button3.Enabled = True : Button4.Enabled = True
        Button6.Enabled = True : Button7.Enabled = True
        TextBox1.Enabled = False : TextBox2.Enabled = False
        TextBox3.Enabled = False : TextBox4.Enabled = False
        TextBox5.Enabled = False : TextBox6.Enabled = False
    End If
End Sub
```

④编写"修改"按钮 Button6 的 Click 事件过程。当单击"修改"按钮时，按钮上的文字显示为"保存"，除"退出"按钮以外的其他按钮的 Enable 属性设置为 False，使它们不可操作，文本框 TextBox1 也设置成不可更改，设置焦点在文本框 TextBox2 上并选中其中的所有内容，等待更改数据，如图 14-14 所示。单击"保存"按钮，可以用修改后的数据更新数据库。

图 14-14　修改记录

修改数据时，需要设置 SqlCommand 对象的 Connection、CommandType、CommandText 属性，再调用 SqlCommand.ExecuteNonQuery() 方法完成对数据库数据的更新。代码如下：

```
Private Sub Button6_Click(ByVal sender As System.Object, ByVal e As System.
EventArgs) Handles Button6.Click
    If Button6.Text = "修改" Then
        Button6.Text = "保存"
        TextBox1.Enabled = False
        TextBox2.Focus() :  TextBox2.SelectAll()
        Button1.Enabled = False : Button2.Enabled = False
        Button3.Enabled = False : Button4.Enabled = False
        Button5.Enabled = False : Button7.Enabled = False
        TextBox1.Enabled = False :TextBox2.Enabled = True
        TextBox3.Enabled = True : TextBox4.Enabled = True
        TextBox5.Enabled = True : TextBox6.Enabled = True
    Else
        Button6.Text = "修改"
        TextBox1.Enabled = True
        Dim updatesql As String = ""
        Dim updatecommand As New SqlCommand()
        updatesql = "update 学生基本信息 set " _
            & "学号 =" & "'" & TextBox1.Text & "'," _
```

```
                    & "姓名=" & "'" & TextBox2.Text & "'," _
                    & "性别=" & "'" & TextBox3.Text & "'," _
                    & "班级=" & "'" & TextBox4.Text & "'," _
                    & "出生日期=" & "' " & TextBox5.Text & "' ," _
                    & "院系编号=" & "'" & TextBox6.Text & "'" _
                    & " where 学号=" & "'" & TextBox1.Text & "'"
            updatecommand.Connection = conn
            updatecommand.CommandType = CommandType.Text
            updatecommand.CommandText = updatesql
            updatecommand.ExecuteNonQuery()        ' 执行命令
            ds.Clear()
            da.Fill(ds, "学生基本信息")
            Button1.Enabled = True : Button2.Enabled = True
            Button3.Enabled = True : Button4.Enabled = True
            Button5.Enabled = True : Button7.Enabled = True
            TextBox1.Enabled = False : TextBox2.Enabled = False
            TextBox3.Enabled = False : TextBox4.Enabled = False
            TextBox5.Enabled = False : TextBox6.Enabled = False
            DataGridView1.DataSource = ds.Tables("学生基本信息")
            bm.Position = bm.Count - 1
        End If
    End Sub
```

⑤编写"删除"按钮 Button7 的 Click 事件过程。当单击"删除"按钮时，提示是否确实要删除记录，如果确定要删除记录，则需要设置 SqlCommand 对象的 Connection、CommandType、CommandText 属性，再调用 SqlCommand 对象的 ExecuteNonQuery() 方法执行对数据库中数据的删除。代码如下：

```
Private Sub Button7_Click(ByVal sender As System.Object, ByVal e As System.
EventArgs) Handles Button7.Click
        Dim answer As MsgBoxResult
        Dim delsql As String = ""
        Dim delcommand As New SqlCommand()
        answer = MsgBox("真要删除吗？", MsgBoxStyle.YesNo Or MsgBoxStyle.Question)
        If answer = MsgBoxResult.Yes Then
            delsql = "delete from 学生基本信息 where 学号=" & "'" & TextBox1.Text & "'"
            delcommand.CommandType = CommandType.Text
            delcommand.Connection = conn
            delcommand.CommandText = delsql
            delcommand.ExecuteNonQuery()           ' 执行命令
            ds.Clear()
            da.Fill(ds, "学生基本信息")
            DataGridView1.DataSource = ds.Tables("学生基本信息")
            bm.Position = bm.Count - 1
        End If
    End Sub
```

⑥编写"退出"按钮 Button8 的 Click 事件过程，关闭当前窗口，返回主界面。

```
Private Sub Button8_Click(ByVal sender As System.Object, ByVal e As System.
EventArgs) Handles Button8.Click
        Me.Close()
    End Sub
```

14.6   上机练习

【练习 14-1】启动 SQL Server Management Studio，在其中建立一个 SQL Server 数据库"职

工"，该数据库包括"职工基本信息"表和"工资"表，结构如表 14-7、表 14-8 所示。

表 14-7 "职工基本信息"表

字段名	类型	长度	字段名	类型	长度
职工编号	nchar	4	出生日期	Date	
姓名	nchar	10	职称	nchar	16
性别	nchar	1	部门	nchar	30

表 14-8 "工资"表

字段名	类型	长度	字段名	类型	长度
职工编号	nchar	4	房租	float	
基本工资	float		水电费	float	
奖金	float		应发工资	float	

【练习 14-2】在 SQL Server Management Studio 中向练习 14-1 生成的表中录入一些数据，其中，"工资"表中的"应发工资"不输入数据。

【练习 14-3】设计 Windows 窗体应用程序，编写代码实现：使用 ComboBox 控件显示"职工基本信息"表中的性别字段的内容。

【练习 14-4】设计 Windows 窗体应用程序，编写代码实现：使用 DataGridView 控件在窗体上以表格形式显示"职工基本信息"表中的数据。

【练习 14-5】参照例 14-4 的界面建立一个职工信息管理系统。其中，"查询"功能包括"按部门查询"和"按职称查询"，查询结果显示的字段包括两个表中的所有字段。"数据维护"功能包括对"职工基本信息"表的维护。

提示：如果数据库中有多张表，就要建立多个 DataAdapter 对象与之对应。本练习应建立两个 DataAdapter 对象 da1、da2 分别对应"职工基本信息"表和"工资"表。当两张表的内容被填充到 DataSet 中后，可使用 Tables(0) 和 Tables(1) 引用"职工基本信息"表和"工资"表。

参 考 文 献

[1] Michael Halvorson. Visual Basic 2010 从入门到精通 [M]. 张丽蘋，汤涌涛，曹丹阳，译. 北京：清华大学出版社，2011.

[2] 邱仲潘，宋志军. Visual Basic 2010 中文版从入门到精通 [M]. 北京：电子工业出版社，2011.

[3] James Foxall. Visual Basic 2010 入门经典 [M]. 梅兴文，译. 北京：人民邮电出版社，2011.

[4] Bill Sheldon. Visual Basic 2010 & .NET 4 高级编程 [M]. 彭珲，等译. 6 版. 北京：清华大学出版社，2011.

[5] P J Deitel，H M Deitel. Visual Basic 2008 大学教程 [M]. 徐波，姚雪存，译. 北京：电子工业出版社，2010.

[6] 陈志泊. Visual Basic.NET 程序设计教程 [M]. 北京：人民邮电出版社，2009.

[7] 吴名星，贺宗梅. Visual Basic.NET 2008 原理与系统开发 [M]. 北京：清华大学出版社，2009.

[8] 刘炳文. 精通 Visual Basic.NET 中文版 [M]. 北京：机械工业出版社，2004.